城市中低压配电网
标准化建设改造典型案例

国家电网有限公司设备管理部　编

中国电力出版社
CHINA ELECTRIC POWER PRESS

内 容 提 要

本书是配电网建设改造工作的专业参考书，全书共13章，主要内容包括概述、中低压配电网建设改造目标及原则、中压配电网网格化划分原则与建设改造流程、中压配电网目标网架结构选取与构建、中低压配电网建设改造评估、中压电缆网建设改造典型案例、中压架空网建设改造典型案例、低压配电网建设改造典型案例、中低压配电网智能化建设改造典型案例、中低压配电网分布式电源消纳典型案例、煤改电建设改造典型案例、输变配一体化建设改造典型案例和配电网项目建设成效跟踪评价典型案例。

本书可供从事中低压配电网规划、工程设计、设备管理、生产运维、配电自动化、工程管理等专业工作的技术人员学习使用，也可供大专院校相关专业师生阅读参考。

图书在版编目（CIP）数据

城市中低压配电网标准化建设改造典型案例/国家电网有限公司设备管理部编. —北京：中国电力出版社，2019.3（2022.2重印）
ISBN 978-7-5198-2964-3

Ⅰ. ①城… Ⅱ. ①国… Ⅲ. ①城市配电–配电系统–改造–案例 Ⅳ. ①TM727.2

中国版本图书馆CIP数据核字（2019）第028509号

出版发行：中国电力出版社
地　　址：北京市东城区北京站西街19号（邮政编码100005）
网　　址：http://www.cepp.sgcc.com.cn
责任编辑：罗翠兰
责任校对：黄　蓓　郝军燕
装帧设计：张俊霞
责任印制：石　雷

印　　刷：三河市万龙印装有限公司
版　　次：2019年3月第一版
印　　次：2022年2月北京第三次印刷
开　　本：710毫米×1000毫米　16开本
印　　张：25.25
字　　数：395千字
印　　数：8001—8500册
定　　价：120.00元

《城市中低压配电网标准化建设改造典型案例》

编　委　会

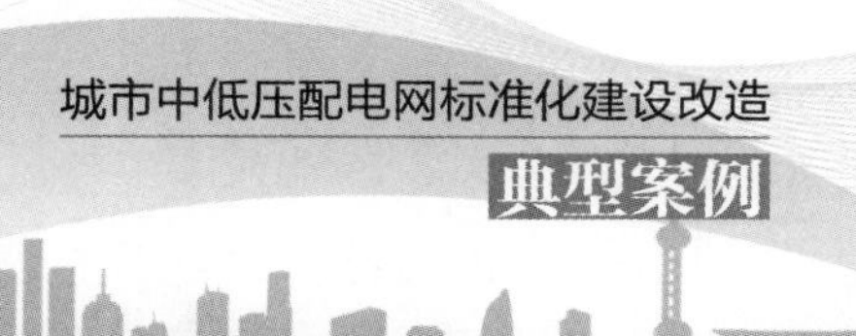

前 言

配电网是能源互联网的重要基础，是影响供电服务水平的关键环节，是服务经济社会发展、服务民生的重要基础设施，如果将主网比作是电力“高速公路”，那么配电网就是连接千家万户的“最后一公里”。伴随我国经济社会的不断发展，人民生活水平日益提高，对配电网供电可靠性和供电质量的需求越来越高。同时，分布式新能源发电、配电网智能化、物联网等新技术发展日新月异，正在改变当前和未来的配电网形态。

近年来，国家逐步加大配电网建设改造的投入力度，力求从根本上扭转配电网发展滞后的局面，配电网尤其是中低压配电网建设改造任务越来越重。本书是国家电网有限公司众多从事中低压配电网建设改造工作技术骨干多年来工作成果和专业智慧的总结和凝炼。全书系统总结了配电网标准化建设改造工作中涉及的网架结构、设备选型、分布式电源接入、配电网智能化等方面的技术原则，探讨了中压配电网网格化规划的建设改造流程、目标网架结构构建、配电网建设改造评估方法等关键技术问题。同时，书中还系统剖析了典型中压电缆网架空网建设改造、低压配电网建设改造、中低压配电网智能化建设改造、分布式电源消纳、煤改电建设改造、输变配一体化建设改造和配电网项目建设成效跟踪评价共八大类十九项工程实践案例。

本书将会对我国城市配电网建设改造提供有力的技术与实践支撑，是从事中低压配电网规划、工程设计、设备管理、生产运维、配电自动化、工程管理等专业工作的技术人员必不可少的专业参考书，同时也可供配电网规划咨询、工程设计、电力高校师生研读。

在编写过程中，本书得到了国网浙江省电力有限公司、国网山西省电力有限公司、国网江苏省电力有限公司、国网福建省电力有限公司、国网天津市电力公司和国网经济技术研究院等单位的大力支持，中国电力出版社罗翠兰女士提出了许多宝贵的意见，在此一并表示衷心的感谢！

限于作者水平，书中难免有错误和不足之处，恳请读者批评指正。

编　者

2019 年 1 月

目 录

第1章 概 述

当前，中国特色社会主义已进入新时代，正处于全面建成小康社会的关键时期，保民生、控污染等任务要求更高，社会主要矛盾已经转化为人民日益增长的美好生活需要和不平衡不充分发展之间的矛盾。坚持以服务人民为中心，加快配电网建设改造，满足人民日益增长的美好生活用能需求，保障全国人民一道迈入小康社会，是新时代电网发展的重要使命。城市是推动经济社会发展的重要载体，我国城市正处于从高速发展到高质量发展的战略转型期。城市配电网作为城市重要的基础设施，中低压配电网与终端用户连接紧密，提升其可靠性水平和供电质量保障城市经济社会健康发展和满足人民美好生活的客观需求。加强城市配网智能化发展，集成运用新技术，大力提升城市配电网自动化、信息化、互动化水平，建成安全可靠、优质高效、绿色低碳、智能互动的城市配电网，是保障城市科学发展和绿色发展的客观选择。

由于配电网涉及电压等级多、覆盖面广、项目繁杂、工程规模小，应用场景千差万别，配电网专业人员对各类技术标准的应用难以做到融会贯通、有的放矢，加之不同区域长期以来形成了各自习惯性的做法，往往积重难返。在城市10kV及以下配电网建设改造过程中，仍然存在部分专业人员对公司配电网发展理念的贯彻落实不到位，配电网网架改造与城市发展规划衔接不紧密，二次配置与一次网架不协调，各级电网建设改造不同步，煤改电、分布式电源和电动汽车接入不规范等问题。配电网现有的建设和管理水平与配电网的定位和发展需求仍然存在较大差距。国家电网有限公司（简称国家电网公司）高度重视配电网建设改造工作，针对目前城市配电网存在的问题，开展10kV及以下配电网标准化建设改造，明确了按照“四个一”的工作要求（项目储备“一图一表”、设备选型“一步到位”、建设工艺“一模一样”、管控信息“一清二楚”），将资产全寿命周期管理理念以及公司配电网技术导则、典型设计、标准物料等标准化建设成果落实到配电网建设改造全过程，全面提升配电网建设改造“安全、质量、效率、效益水平”指导思想，确定了“统一组织、分级实施、统筹推进、示范引领、全面覆盖、专业协同”工作原则。通过推行城市配电网网格化管理，深入分析电网现状，规范编制项目需求，提出网格化建设改造模式，细化建设改造方案，落实标准化、差异化建设理念，提升城市配电网网架结构标准化水平，提高供电质量和供电能力，建成安全可靠、经济高效、技术先进、环境友好、与小康社会相适应的现代城市配电网。

本书提及的城市中低压配电网是指 DL/T 5729《配电网规划设计技术原则》中提及的 C 类及以上供电区域城市的 10kV 及以下电网。本书旨在系统分析和解读配电网建设改造相关的技术原则，总结提炼国家电网公司经营区内的典型实践案例，同时对配电网建设改造方案的实施细则、注意事项等进行详细说明形成实用型的操作指南，为广大从事配电网建设改造的专业人员提供参考借鉴。

本书主要介绍了城市配电网建设改造发展目标、内容以及技术原则；配电网网格化建设改造基本方法及工作流程；中压配电网网架构建；配电网建设改造评估。并根据以上内容，主要选取不同省公司城市中低压配电网建设改造典型案例进行说明，包含电缆网建设改造、架空网建设改造、中低压智能化建设改造、分布式电源及多元负荷接入、低压配电网建设改造、输配变一体化建设改造案例共 19 个。

第2章 中低压配电网建设改造目标及原则

2.1 配电网建设发展目标

打造现代化城市配电网，要秉承“安全、优质、经济、绿色、高效”的发展理念，从结构、设备、技术、管理等方面入手，推行标准化建设，按照“四个一”（项目储备“一图一表”、设备选型“一步到位”、建设工艺“一模一样”、管控信息“一清二楚”）的工作要求开展城市配电网建设改造工作，打造具备“安全可靠、优质高效、绿色低碳、智能互动”特征的城市配电网。

（1）安全可靠。采用成熟可靠、技术先进、自动化程度高的配电设备，建成坚强合理、灵活可靠、标准统一的配电网结构，提升供电可靠性。到目标年A+、A、B、C类区域用户年平均停电时间分别不超过5min、52min、3h和12h，供电可靠率分别达到99.999%、99.990%、99.965%和99.863%以上。10kV主干线路联络率达到100%，10kV线路$N-1$通过率达到100%。

（2）优质高效。建成科学高效的配电网运营管控体系，加强经济运行管理，减少电能损耗，提高供电质量，贯彻全寿命周期管理理念，提高配电设备利用效率，实现资源优化配置和资产效率最优。A+、A、B、C类区域综合电压合格率分别达到99.99%、99.97%、99.95%、99.79%。

（3）绿色低碳。综合应用新技术，提升城市配电网接纳分布式电源及多元化负荷的能力，服务电动汽车充电设施发展，保障充换电设施无障碍接入。注重节能降耗、节约资源，实现配电网与环境友好协调发展。

（4）智能互动。建成全覆盖的配电自动化系统和配网智能化运维管控平台，提升设备状态管控力和运维管理穿透力，实现配网可观、可控。以配电网为支撑，逐步构建能源互联网，促进能源与信息深度融合，推动能源生产和消费革命。建立智能互动服务体系，满足个性化、多元化用电需求，提高供电服务品质，实现源网荷友好互动。

2.2 配电网建设改造内容

城市配电网建设应进一步深化配电网标准化，在配电网整体规划框架下，以“网格”为落脚点，坚持“因地制宜、一步到位、统筹兼顾、分步实施”的原则，在城市配电网网架结构、设备选型、智能化建设和多元负荷消纳等方面开展建设改造工作。

1. 加快构建坚强合理的网架结构

坚持目标网架引领，落实标准化、差异化建设理念，规范主干网架结构，提高标准接线比例，建成结构规范、运行灵活、适应性强的现代化城市配电网网架结构，为提高供电可靠性奠定基础。

（1）针对新建配电网：一是遵循差异配置的原则，分区域构建结构简单、标准统一、界限清晰的目标网架；二是针对各供电区域可靠性需求，提升配网建设标准，形成适应城市发展的配电网典型供电模式，实现配电网建设的标准化、模块化；三是优化线路通道，与城市规划、土地规划相结合，实现土地、走廊的提前预留，保障中压配电网支撑电源点的建设需求。

（2）针对存量配电网：一是按照“远近结合、分步实施”的原则，科学制定过渡方案，对于未满足目标网架标准接线要求的现状电网，结合配电网建设、市政和用户业扩工程适时改造，经济高效地过渡至目标网架。二是优化调整现有中压线路联络与分段设置，全面提升配网互联互供能力，彻底解决中压配电网结构不清晰、联络不合理、交叉或迂回供电等问题，提高配网负荷转供能力。

2. 积极推动配网设备技术升级

通过精简设备类型、优化设备序列、规范技术标准，提高配电网设备通用性、互换性。按照“成熟可靠、技术先进、节能环保”原则，注重节能降耗、兼顾环境协调，采用技术成熟、免（少）维护、低损耗、小型化具备可扩展功能的设备。完善智能设备技术标准体系，引导设备制造科学发展，推进配网设备一二次融合，提升设备本体智能化水平，同时结合配电网改造计划，逐步开

展存在安全隐患及非节能型配电设备的升级换代。

3. 大力推进智能配电网建设

建设开放式新一代配电自动化系统，打造具备“智能感知、数据融合、智能决策”三大特点的智能配电网。以国家电网公司“十三五”配网规划为依据，按照配电自动化与配网网架“统筹规划、同步建设”的原则，采取“主站一体化、终端和通信差异化”的模式，全面推进配电自动化建设。遵从智能配电网信息化“两系统一平台”顶层架构，推进新一代配电自动化主站建设；按照增量配网同步实施配电自动化，既有配网差异化改造原则，开展配电自动化线路改造；推广新技术试点应用，推广一二次设备融合、智能配变终端及低压物联网、智能分布配电自动化等新技术应用。

4. 实现分布式电源及多元负荷全接入全消纳

推广应用新技术，满足分布式电源广泛接入的要求，提升配电网对分布式电源的消纳能力，合理布局，有序建设。做好配电网建设改造方案与充换电设施布局的衔接，建设电动汽车智能充换电服务网络，提高电动汽车充换电站投运率和分散式充电桩通电率。

2.3 配电网建设改造技术原则

2.3.1 配电网建设改造基本原则

2.3.1.1 中压配电网供电安全准则

中压配电网在A+、A、B、C类供电区域内的供电安全准则如表2-1所示。

表2-1 中压配电网供电安全准则

供电区域类型	供电安全准则
A+、A、B类	应满足$N-1$
C类	宜满足$N-1$

注 1. “满足$N-1$”指中压配电网发生$N-1$停运时，非故障段应通过继电保护自动装置、自动化手段或现场人工倒闸尽快恢复供电，故障段在故障修复后恢复供电。

2. $N-1$停运指中压配电网线路中一个分段（包括架空线路的一个分段，电缆线路的一个环网单元或一段电缆进线本体）故障或计划退出运行。

2.3.1.2 中压配电网供电安全水平

供电安全标准规定了不同电压等级配电网单一元件故障停运后，允许损失负荷的大小及恢复供电的时间。配电网供电安全标准的一般原则为：接入的负荷规模越大、停电损失越大，其供电可靠性要求越高、恢复供电时间要求越短。根据组负荷规模的大小，中压配电网供电安全水平应选取 DL/T 256《城市电网供电安全标准》中规定的供电安全 1 级和 2 级，如表 2-2 所示。

表 2-2　配电网的供电安全水平

供电安全等级	组负荷范围（MW）	对应范围	单一故障条件下组负荷的停电范围及恢复供电的时间要求
1	≤2	低压线路、配电变压器	维修完成后：恢复对组负荷的供电
2	2～12	中压线路	（1）3h 内：恢复（组负荷-2MW）。 （2）维修完成后：恢复对组负荷的供电

注　1. 负荷组（load group）指由单个或多个供电点构成的集合。
　　2. 组负荷（group load）指负荷组的最大负荷。

1. 第一级供电安全水平要求

对于停电范围不大于 2MW 的组负荷，允许故障修复后恢复供电，恢复供电的时间与故障修复时间相同。

该级停电故障主要涉及低压线路故障、配电变压器故障，或采用特殊安保设计（如分段及联络开关均采用断路器，且全线采用纵差保护等）的中压线段故障。停电范围仅限于低压线路，或配电变压器故障所影响的负荷，或特殊安保设计的中压线段，中压线路的其他线段不允许停电。

该级标准要求单台配电变压器所带的负荷不宜超过 2MW，或采用特殊安保设计的中压分段上的负荷不宜超过 2MW。

2. 第二级供电安全水平要求

对于停电范围在 2～12MW 的组负荷，其中不小于组负荷减 2MW 的负荷应在 3h 内恢复供电；余下的负荷允许故障修复后恢复供电，恢复供电的时间与故障修复时间相同。

该级停电故障主要涉及中压线路故障，停电范围仅限于故障线路上的负荷，而该中压线路的非故障段应在 3h 内恢复供电，故障段所带负荷应小于 2MW，

可在故障修复后恢复供电。

A+类供电区域的故障线路的非故障段应在5min内恢复供电，A类供电区域的故障线路的非故障段应在15min内恢复供电，B、C类供电区域的故障线路的非故障段应在3h内恢复供电。

该级标准要求中压线路应合理分段，每段上的负荷不宜超过2MW，且线路之间应建立适当的联络。

2.3.1.3　低压配电网供电安全准则

（1）低压配电网中，当一台配电变压器或低压线路发生故障时，应在故障修复后恢复供电，但停电范围仅限于配电变压器或低压线路故障所影响的负荷。

（2）低压配电网不宜分段，且不宜与其他台区低压配电网联络。

（3）重要用户配电站的低压配电装置可相互联络，故障或检修状态下互为转供。

2.3.2　中压配电网目标网架结构选取原则

合理的电网结构是满足供电可靠性、提高运行灵活性、降低网络损耗的基础。配电网的中压和低压两个层级间应相互匹配、强简有序、相互支援，以实现配电网技术经济的整体最优。

2.3.2.1　中压配电网网架结构

（1）中压配电网应根据变电站位置、负荷密度和运行管理的需要，分成若干个相对独立的供电区。分区应有大致明确的供电范围，正常运行时一般不交叉、不重叠，分区的供电范围应随新增加的变电站及负荷的增长而进行调整。

（2）城市配电网网架结构构建过程中应加强中压主干线路之间的联络，在分区之间构建负荷转移通道。中压配电网结构应具备网络重构能力，便于实现故障自愈。

（3）中压电缆线路一般可采用环网结构，环网室（箱）通过环进环出方式接入主干网。中压架空线路主干线应根据线路长度和负荷分布情况进行分段（一般不超过5段），并装设分段开关，重要分支线路首端亦可安装分段开关。

（4）中压配电网应有与各类供电区域可靠性相匹配的网架结构，具体推荐表如表2-3所示。

表 2-3　　10kV 配电网目标电网结构推荐表

供电区域类型	推荐电网结构
A+	电缆网：双环网、单环网
A	电缆网：双环网、单环网
	架空网：多分段适度联络
B	架空网：多分段适度联络
	电缆网：单环网
C	架空网：多分段适度联络
	电缆网：单环网

（5）双环网、单环网电缆线路的最大负荷电流不应大于其额定载流量的50%，转供时不应过载。

（6）架空线路采用多分段、适度联络接线方式时，运行电流宜控制在安全电流的 70%以下；采用多分段、单联络接线方式时，运行电流宜控制在安全电流的 50%以下；当超过时应采取分流（分路、倒路）措施，线路每段负荷宜均匀，均预留转供负荷的裕度（架空线路推荐多分段、两联络；多分段、单联络接线方式）。

（7）应根据城乡规划和电网规划，预留目标网架的廊道，以满足配电网发展的需要。

2.3.2.2　低压配电网网架结构

（1）低压配电网结构应简化安全，宜采用辐射式结构。

（2）低压配电网应以配电站供电范围实行分区供电。低压架空线路可与中压架空线路同杆架设，但不应跨越中压分段开关区域。

（3）采用双配变配置的配电站，两台配变的低压母线之间可装设联络开关。

2.3.3　中低压配电网建设型式及设备选型

2.3.3.1　中压电缆线路及设备

1. 开关站

（1）开关站建设型式。

1）建设条件（超出建设条件的应单独设计）。

环境温度：－30～＋40℃；

相对湿度：在 25℃时，空气相对湿度不超过 95%，月平均不超过 90%。

2）设有中压配电进出线、对功率进行再分配的配电装置。相当于变电站母线的延伸，可用于解决变电站进出线间隔有限或进出线走廊受限，并在区域中起到电源支撑的作用。开关站内必要时可附设配电变压器。

3）开关站一般配置双电源，分别取自不同变电站或同一座变电站的不同母线。

4）开关站适用于上级变电站 10kV 间隔资源紧缺的负荷密集区域。

5）开关站电气主接线型式可划分为单母线分段（带联络）、两个独立的单母线和单母线三分段（带联络）。开关站电气主接线选择见表 2－4。

表 2－4　开关站电气主接线选择表

电气主接线	进出线回路数	适用范围
单母线分段（带联络）、两个独立的单母线	2 进（4 进），6～12 回馈线	A＋、A、B、C 类区域
单母线三分段	4 进，6～12 回馈线	A＋、A 类区域

注　推荐单母分段接线型式（参照《国家电网公司配电网工程典型设计　10kV 配电站房分册》）。

（2）开关站设备选型。

1）开关站选型。开关柜选型见表 2－5。

表 2－5　开关柜选型表

电气主接线	设备选型	适用范围
单母线分段（带联络）、两个独立的单母线	金属铠装移开式或气体绝缘金属封闭式	A＋、A、B、C 类区域
单母线三分段	金属铠装移开式	A＋、A 类区域

注　参照《国家电网公司配电网工程典型设计　10kV 配电站房分册》。

2）开关柜主要设备选型。

10kV 开关柜主要设备选择结果见表 2－6。

表 2－6　10kV 开关柜主要设备选择结果表

设备名称	型式及主要参数	备注
真空断路器	630（1250）A，25kA	

续表

设备名称	型式及主要参数	备注
电流互感器	进线及分段回路：① 600/5A；② 1000/5A	二次额定电流可选 5A 或 1A
电压互感器	（1） $10kV/\sqrt{3}$:$0.1kV/\sqrt{3}$:0.1kV/3 ； （2） $10kV/\sqrt{3}$:$0.1kV/\sqrt{3}$:0.1kV/3:0.1kV/3 ； （3） 10kV/0.1kV/0.1	3 种可选
避雷器	17/45kV	可选 12/41kV
主母线	1250A	
站用变压器	干式 30kVA，10.5±5%/0.4kV，U_K%=4	可选

注　参照《国家电网公司配电网工程典型设计　10kV 配电站房分册》。

3）开关柜进线开关选用断路器，应设置纵差、速断、过流保护，馈线开关选用断路器，应设置速断、过流保护。开关站应按配电自动化要求设计并留有发展余地。

4）开关柜宜使用金属铠装移开式或气体绝缘金属封闭式开关柜，柜内选用真空断路器，操动机构采用动作性能稳定的弹簧储能机构，具备手动和电动操作功能，满足综合自动化接口要求。

2. 环网室（箱）

（1）环网室（箱）建设型式。

1）建设条件（超出建设条件的应单独设计）。

环境温度：−30～+40℃；

相对湿度：在 25℃时，空气相对湿度不超过 95%，月平均不超过 90%。

2）环网室（箱）适用于电缆主干网，用于 10kV 电缆线路环进环出及分接负荷，宜建于 A+、A、B、C 类供电区域的负荷中心区。

3）电缆网中分段联络设施优先采用环网室型式，当布点确实困难时，可采用环网箱型式。

4）供电电源采用双电源时，应分别接入两个环网柜，中压为两条独立母线。

5）供电电源采用单电源时，按建设构成单环网接线，配置一个环网柜，中压为单条母线。

6）环网室（箱）应设置在车辆、行人不易触碰及且电缆进出方便的地方。

7）环网室（箱）宜采用有线通信方式。

8）环网室、环网箱电气接线。环网室电气接线见表2－7。

表2－7　　环网室电气接线表

电气主接电线	10kV进出线回路数	设备选型	布置方式	适用范围
单母线分段（两个独立单母线）	2进（4进），2～12回馈线	进、出线负荷开关或断路器	户内单列布置	A+、A、B、C
单母线分段（两个独立单母线）	2进（4进），2～12回馈线	进、出线负荷开关或断路器	户内双列布置	A+、A、B、C
单母线三分段	4进，6～12回馈线	进、出线负荷开关或断路器	户内双列布置	A+、A

注　推荐单母线分段（两个独立单母线）（参照《国家电网公司配电网工程典型设计　10kV配电站房分册》）。

环网箱电气接线见表2－8。

表2－8　　环网箱电气接线表

电气主接电线	有/无电压互感器	设备选型	配电自动化	适用范围
单母线	无电压互感器，无电动操作机构	进、出线负荷开关或断路器	—	A+、A、B、C
单母线	有电压互感器，有电动操作	进、出线负荷开关或断路器	遮蔽立式	A+、A、B、C

注　接入环网的环网箱应同步建设（预留）自动化安装及位置（常年湿度大于70%的区域应考虑加装除湿器）（参照《国家电网公司配电网工程典型设计　10kV配电站房分册》）。

9）智能监控设备。

a. 每个配电站房配备一台采集前置机，采集前置机可以将配电房的视频监控子系统（温度、湿度、水浸、烟感）、控制子系统（灯光、空调、除湿机、风机、水泵）等汇总集中展示。内置电源模块为所有外部传感器、外接摄像头提供集中供电。满足国家电网公司企业标准，并能够将数据上送到中心主站配电站房综合监控系统，同时接收、执行中心主站下发的各类控制、操作命令。中心主站可通过网络对采集前置机进行远程参数配置，站内必须实现无线信号覆盖。

b. 环境温湿度、水位等模拟信息均通过RS485接口传输并连接至综合监控系统、传感装置满足MODBUS通信协议接入采集前置机。门禁、进水报警、排风控制、排水泵的水泵控制器、空调等开关量信息通过硬接点连接接入采集前置机。

c. 视频摄像头（云台球机）部署在配电柜前、后的墙壁上，分别对对侧配电柜进行监视，了解设备的运行情况以及方便监控配电房的全景，摄像头（枪机）安装于大门对两侧侧墙上，确保能看到大门前。

d. 环境温湿度检测：采用数显电子温湿度监测仪，可将温湿度信息输出至采集前置机，并可通过采集前置机控制加热、排风和除温系统的启停。

e. 自动录影（不低于 5min）、分辨率不低于 960×720（24 帧/s），自动保持 1 个月。

f. 具备 5000mAh 及以上可充电锂电池作为后备电池，满负荷情况下为成套采集前置机及设备供电时间不少于 30min。

（2）环网室（箱）设备选型。

1）负荷开关柜主要设备选型。

10kV 负荷开关柜主要设备选择结果见表 2－9。

表 2－9　　10kV 负荷开关柜主要设备选择结果表

设备名称	型式及主要参数	备注
负荷开关	630A，20kA	
电流互感器	进线：600/5A 馈线：300/5A	馈线可根据实际情况选择
避雷器	17/45kV	可选 12/41kV
主母线	630A	

注　参照《国家电网公司配电网工程典型设计　10kV 配电站房分册》。

2）断路器柜主要设备选型。

10kV 断路器柜主要设备选择结果见表 2－10。

表 2－10　　10kV 断路器柜主要设备选择结果表

设备名称	型式及主要参数	备注
断路器	630A，20kA	
电流互感器	馈线测量回路：300/5A	馈线可根据实际情况选择
避雷器	17/45kV	可选 12/41kV
主母线	630A	

注　参照《国家电网公司配电网工程典型设计　10kV 配电站房分册》。

3）环网室（箱）进线开关选用负荷开关（断路器），不设置保护（带保护）。

馈线开关采用断路器，应设置速断、过流保护。

4）环网柜中的负荷开关可采用真空或气体灭弧开关，如配置断路器宜采用真空开关，绝缘介质宜采用空气绝缘、气体绝缘等材料，环网柜宜优先采用环保型开关设备，且具有电缆终端测温的功能。安装于环网箱内的环网柜宜选择满足环境要求的小型化全绝缘、全封闭共箱型，并预留扩展自动化功能的空间。

3. 配电室

（1）配电室建设型式。

1）建设条件（超出建设条件的应单独设计）。

环境温度：－30～＋40℃；

相对湿度：在 25℃时，空气相对湿度不超过 95%，月平均不超过 90%。

2）供电电源采用双电源时，应分别接入两个环网柜，中压为两条独立母线。配出采用负荷开关—熔断器组合电器用于保护变压器，两台变压器，低压为单母线分段。

3）供电电源采用单电源时，按规划建设构成单环网接线，配置一个环网柜，中压为单条母线，配出采用负荷开关—熔断器组合电器用于保护变压器，一台或两台变压器，低压采用单母线或单母线分段。

4）配电室一般独立建设。受条件所限必须进楼时，可设置在地下一层，但不宜设置在最底层。其配电变压器宜选用干式，并采取屏蔽、减振、防潮措施。

5）10kV 地下及半地下配电室没有无线信号覆盖时，应考虑有线通信方式。

6）配电室电气主接线型式可划分为单母线、单母线分段（带联络）、两个独立的单母线。配电室电气接线见表 2－11。

表 2－11　　配电室电气接线表

电气主接线	10kV 进出线回路数	变压器类型	适用范围
单母线	2 回进线，2 回馈线	油浸式 2×630	A、B、C
		干式 2×800	A、B、C
单母线分段（两个独立单母线）	2 进（4 进），2～12 回馈线	油浸式 2×630	A+、A、B
		干式 2×800	A+、A、B
		干式 4×800	A+、A

注　推荐单母线分段（带联络），干式 2×800 型式；单母线分段（带联络），油浸式 2×630 型式（参照《国家电网公司配电网工程典型设计　10kV 配电站房分册》）。

（2）配电室设备选型。

1）中压环网柜主要设备选择。

10kV 环网柜主要设备选择结果见表 2－12。

表 2－12　10kV 环网柜主要设备选择结果表

设备名称	型式及主要参数	备注
负荷开关柜	进、馈线回路：630A，20kA	
电流互感器	变压器回路：100/5A	可根据实际情况选择
避雷器	17/45kV	可选 12/41kV
主母线	630A	

注　参照《国家电网公司配电网工程典型设计　10kV 配电站房分册》。

2）环网设备应满足防污秽、防凝露的要求，可安装温湿度控制器及除湿装置，在容量满足要求的情况下，选用电压互感器柜供电。

3）变压器宜选用 GB 20052—2013《三相配电变压器能效限定值及能效等级》规定的能效二级及以上干式变压器，单台变压器容量不宜超过 800kVA。

4）变压器额定变比采用 10（10.5）kV±5（2×2.5）%/0.4kV，联结组别宜采用 Dyn11（城区或供电半径较小地区的三相变压器额定变比推荐 10.5±2×2.5%/0.4kV；郊区或供电半径较大、布置在线路末端的三相变压器额定变比推荐 10±2×2.5%/0.4kV）。

5）低压可选用固定式、固定分隔式和抽屉式低压成套柜。

6）低压进线和联络开关应选用框架断路器，宜选用瞬时脱扣、短延时脱扣、长延时脱扣三段保护，宜采用分励脱扣器，一般不设置失压脱扣。出线开关选用框架断路器或塑壳断路器。

7）低压配电进线总柜（箱）应配置 T1 级电涌保护器，宜配置 RS485 通信接口。

4. 箱式变电站（简称箱变）

（1）箱式变电站建设型式。

1）建设条件（超出建设条件的应单独设计）。

环境温度：－30～＋40℃；

相对湿度：在 25℃时，空气相对湿度不超过 95%，月平均不超过 90%。

2）箱式变电站分为美式箱变和欧式箱变两种型号，综合考虑电网运行、安全等因素推荐采用欧式箱变。

3）箱式变电站一般用于配电室建设改造困难区域，如架空线路入地改造地区、配电室无法扩容改造的场所，以及施工用电、临时用电等，宜小型化。

4）欧式箱变采用单母线接线方式。0.4kV 侧全部采用单母线接线。

（2）箱式变电站设备选型。

1）箱式变电站选型。箱式变电站选型见表 2－13。

表 2－13　　箱式变电站选型表

项　目	欧式箱变
变压器容量（kVA）	400、500、630（S13 及以上节能型油浸式变压器）
电气主接线和进出线回路数	高压侧：单母线接线方式、1～2 回进线，1 回馈线。 低压侧：4～6 回馈线
10kV 设备短路电流水平（kA）	20kA
无功补偿	可按 10%～30%变压器容量补偿，并按无功需量自动投切
主要设备选择	高压侧：气体绝缘负荷开关柜、气体绝缘负荷开关柜＋熔断器； 节能型变压器：低损耗、全密封、油浸式； 低压侧：空气断路器
适用范围	A、B、C

注　推荐容量为 400kVA、630kVA 欧式箱式变压器（参照《国家电网公司配电网工程典型设计　10kV 配电站房分册》）。

2）10kV 电压等级设备短路电流水平为 20kA。0.4kV 电压等级设备短路电流水平不宜小于 30kA。

3）变压器宜选用 GB 20052—2013《三相配电变压器能效限定值及能效等级》规定的能效二级及以上、全密封、油浸式变压器，接线组别宜采用 Dyn11。

4）10kV 欧式箱变，进（馈）线采用气体绝缘负荷开关柜；至变压器单元采用气体绝缘负荷开关—熔断器组合柜，熔断器采用撞针式熔断器。

5）10kV 箱式变电站应设置 0.4kV 总进线断路器，宜采用框架式，配电子脱扣器，电子脱扣器具备良好的电磁屏蔽性能和耐温性能，一般不设失压脱扣。

6）10kV 箱式变电站馈线采用空气断路器、挂接开关或低压柜组屏，空气断路器应根据使用环境配热磁脱扣或电子脱扣。低压进线侧宜装设 T1 级带 RS485 通信接口电涌保护器。

5. 电缆线路

（1）电缆线路建设型式。

1）建设条件（超出建设条件的应单独设计）。

环境温度：−40～+45℃；

相对湿度：在25℃时，空气相对湿度不超过95%，月平均不超过90%。

2）下列情况可采用电缆线路：

a. 依据市政规划，明确要求采用电缆线路且具备相应条件的地区；

b. 规划A+、A类供电区域及B、C类重要供电区域；

c. 走廊狭窄，架空线路难以通过而不能满足供电需求的地区；

d. 易受热带风暴侵袭的沿海地区；

e. 供电可靠性要求较高并具备条件的经济开发区；

f. 经过重点风景旅游区的区段；

g. 电网结构或运行安全的特殊需要。

3）电缆线路一般采用直埋、排管、电缆沟、隧道等敷设方式。

a. 直埋：适用于电缆数量较少、敷设距离短（不宜超过50m）、地面荷载比较小、地下管网比较简单、不易经常开挖和没有腐蚀土壤的地段，不适用于城市核心区域及向重要用户供电的电缆。

b. 排管：适用于地下管网密集的城市道路或挖掘困难的道路通道；城镇人行道开挖不便且电缆分期敷设地段；规划或新建道路地段；易受外力破坏区域；电缆与公路、铁路等交叉处；城市道路狭窄且交通繁忙的地段；不建议采用非开挖形式。

c. 电缆沟：适用于道路、厂区、建筑物内电缆出线集中且不需采用电缆隧道的区域；城镇人行便道或绿地等区域。在盖板不可开启区域，不应选择电缆沟形式。

d. 电缆隧道：适用于规划集中出线或走廊内电缆线路20根及以上、重要变电站、发电厂集中出线区域、局部电力走廊紧张且回路集中区域。

4）地下电缆敷设路径起、终点及转弯处应设置电缆警示桩或行道警示砖，以便警示及掌握电缆路径的实际走向。

（2）电缆线路选型。

1）推荐采用交联聚乙烯绝缘电力电缆，并根据使用环境采用具有防水、防蚁、阻燃等性能的外护套。

2）推荐使用铜芯电缆，电缆载流量以实际限流表为准。在同样的电流下，同截面的铜芯电缆的发热量比铝芯电缆小得多，使得运行更安全；同截面的铜芯电缆要比铝芯电缆允许的载流量（能够通过的最大电流）高30%左右。

3）变电站馈出至中压开关站的干线电缆截面不宜小于铜芯 $300mm^2$，馈出的双环网、双射网、单环网干线电缆截面不宜小于铜芯 $240mm^2$。其他专线电缆截面应满足载流量及动、热稳定的要求；中压开关站馈出电缆和其他分支电缆的截面应满足载流量及动、热稳定的要求（电缆主干线铜芯电缆截面推荐400、$300mm^2$，分支线铜芯电缆截面推荐150、$70mm^2$）。

2.3.3.2 中压架空线路及设备

1. 柱上变压器

（1）柱上变压器建设型式。

1）建设条件（超出建设条件的应单独设计）。

环境温度：－40～＋45℃；

相对湿度：在25℃时，空气相对湿度不超过95%，月平均不超过90%。

2）配电变压器应按“小容量、密布点、短半径”的原则配置，尽量靠近负荷中心，根据需要也可采用单相变压器。

3）变压器容量选择应适度超前于负荷需求，并综合考虑配电网经济运行水平，年最大负载率不宜低于50%。

（2）柱上变压器设备选型。

1）柱上变压器选型。

10kV柱上变压器容量推荐见表2－14。

表2－14　　10kV柱上变压器容量推荐表

供电区域类型	三相柱上变压器容量（kVA）	单相柱上变压器容量（kVA）
A＋、A、B、C类	≤400	≤100

注　无励磁调压变压器推荐容量200、400kVA，有载调容调压变压器推荐容量400（125）kVA。单相变压器推荐容量30、50、100kVA。

2）变压器宜选用GB 20052—2013《三相配电变压器能效限定值及能效等

级》规定的能效二级及以上、全密封、油浸式变压器。

3）三相变压器的变比在城区或供电半径较小地区建议采用 10.5±2×2.5%/0.4kV；郊区或供电半径较大、布置在线路末端的建议采用 10±2×2.5%/0.4kV。

4）三相变压器联结组别 Dyn11。

5）当低压用电负荷时段性或季节性差异较大、平均负荷率比较低时，非噪音敏感区域，推荐非晶合金配电变压器或有载调容变压器；负荷及电压波动较大的配变台区，推荐有载调压配电变压器。

2. 柱上开关

（1）柱上开关建设型式。

1）一般采用柱上负荷开关作为线路分段、联络开关。长线路后段（超出变电站过流保护范围）、大分支线路首端、用户分界点处可采用柱上断路器。

2）规划实施配电自动化的地区，开关性能及自动化原理应一致，并预留自动化接口。

3）线路分段、联络开关一般配置一组隔离开关，可根据运行环境与经验选择单独配置或外挂型式，也可选用隔离开关内置型式或组合式柱上负荷开关。

4）对过长的架空线路，当变电站出线断路器保护段不满足要求时，可在线路中后部安装重合器，或安装带过流保护的断路器。

（2）柱上开关设备选型。

1）柱上负荷开关采用 SF_6 气体绝缘或真空或 SF_6 灭弧，弹簧或电磁操动机构，气体绝缘的操动机构内置于封闭气箱内，SF_6 年泄漏率不大于 0.05%，壳体防护等级不低于 IP67，外绝缘采用瓷或复合绝缘，额定电流 630A，额定短时耐受电流不小于 20kA/4s，短路关合能力为 E3 级。

2）柱上断路器采用 SF_6 气体或空气绝缘，真空灭弧，弹簧或电磁操动机构，气体绝缘的操动机构内置于封闭气箱内，外绝缘采用瓷或复合绝缘。额定电流 630A，额定短路开断电流不小于 20kA，额定机械操作寿命不低于 10 000 次，SF_6 气体绝缘开关 SF_6 年泄漏率不大于 0.05%，壳体防护等级不低于 IP67（推荐使用一二次融合断路器）。

3）柱上开关宜采用全封闭绝缘结构，采用电动操动机构，具备电动并可手动操作功能，操作电压 DC 24V/DC 48V，采用外置或内置 TV、设置熔断器保护

和内置TA形式，开关本体配置26芯航空插座。

3. 架空线路

（1）架空线路建设型式。

1）架空线路建设改造，宜采用单回线架设以适应带电作业，导线三角形排列时边相与中相水平距离不宜小于800mm；若采用双回线路，耐张杆宜采用竖直双排列；若通道受限，可采用电缆敷设方式。

市区架空线路路径的选择、线路分段及联络开关的设置、导线架设布置（线间距离、横担层距及耐张段长度）、设备选型、工艺标准等方面应充分考虑带电作业的要求和发展，以利于带电作业、负荷引流旁路，实现不停电作业。

2）规划A+、A、B、C类供电区域10kV架空线路一般选用12m或15m环形混凝土电杆；环形混凝土电杆一般应选用非预应力电杆，交通运输不便地区可采用轻型高强度电杆、组装型杆或窄基铁塔等。A+、A、B类供电区域的繁华地段受条件所限，耐张杆可选用钢管杆。对于受力较大的双回路及多回路直线杆，以及受地形条件限制无法设置拉线的转角杆可采用部分预应力混凝土电杆，其强度等级应为O级、T级、U2级3种。

（2）架空线路选型。

1）规划A+、A、B、C类供电区域、林区、严重化工污秽区，以及系统中性点经低电阻接地地区宜采用中压架空绝缘导线。

2）一般区域采用耐候铝芯交联聚乙烯绝缘导线；沿海及严重化工污秽区域可采用耐候铜芯交联聚乙烯绝缘导线，铜芯绝缘导线宜选用阻水型绝缘导线；走廊狭窄或周边环境对安全运行影响较大的大跨越线路可采用绝缘铝合金绞线或绝缘钢芯铝绞线。

3）A+、A、B、C类供电区域平原线路档距不宜超过50m。山区、河湖等区域较大跨越线路可采用中强度铝合金绞线或钢芯铝绞线，沿海及严重化工污秽等区域的大跨越线路可采用铝锌合金镀层的钢芯铝绞线、B级镀锌层或防腐钢芯铝绞线，空旷原野不易发生树木或异物短路的线路可采用裸铝绞线。档距应结合地形情况经计算后确定。

4）中压架空线路导线截面。

中压架空线路导线截面选择见表2-15。

表 2-15　中压架空线路导线截面选择表　（单位 mm^2）

规划供电区	规划主干线导线截面（含联络线）	规划分支导线截面
A+、A、B	240 或 185	≥95
C	≥120	≥70

注　架空线路主干线截面推荐 $240mm^2$，分支线截面推荐 150、$70mm^2$。

2.3.3.3　低压配电网设备

1. 低压电缆分支箱

（1）低压电缆分支箱建设型式。

1）建设条件（超出建设条件的应单独设计）。

环境温度：－25～＋40℃；

相对湿度：在 25℃时，空气相对湿度≤90%。

2）低压电缆分支箱为单母线接线。

（2）低压电缆分支箱设备选型。

1）低压电缆分支箱型式。

低压电缆分支箱选型见表 2-16。

表 2-16　低压电缆分支箱选型表

进出线回路数	一进二出	一进三出	一进四出	一进六出
额定电流	进线 400A，出线 250A/160A			
进线开关	隔离开关			
出线开关	塑壳断路器		熔断器式隔离开关	

注　参照国家电网公司 380/220V 配电网工程典型设计。

2）低压电缆分支箱可户内外落地、挂墙安装，可配置塑壳式断路器保护或熔断器—刀闸保护。

3）母线及馈出均绝缘封闭，同时预留验电接地功能。

2. 低压柱上综合配电箱

（1）低压柱上综合配电箱建设型式。

1）适用于柱上变压器低压侧，实现低压电能分配、计量、保护、控制、无功补偿功能。

2）综合配电箱内还应配置具有计量、电能质量监测无功补偿控制、运行状

态监控等功能的智能配变终端。

（2）低压柱上综合配电箱设备选型。

1）低压柱上综合配电箱型式。

低压柱上综合配电箱选型见表2－17。

表2－17　　低压柱上综合配电箱选型表

<table>
<tr><th>设备名称</th><th colspan="4">型式及主要参数</th><th>备注</th></tr>
<tr><td>进线开关</td><td colspan="4">400kVA：630A
200kVA：400A
100kVA：400A</td><td></td></tr>
<tr><td rowspan="4">出线开关</td><td>变压器容量</td><td>一出</td><td>两出</td><td>三出</td><td rowspan="4"></td></tr>
<tr><td>400kVA</td><td>—</td><td>400A×2</td><td>400A×3</td></tr>
<tr><td>200kVA</td><td>—</td><td>400A×2</td><td>400A×3</td></tr>
<tr><td>100kVA</td><td>200A×1</td><td>200A×2</td><td>200A×3</td></tr>
<tr><td>主母线</td><td colspan="4">全绝缘母线，额定电流600A/400A/200A</td><td>相序从上到下为A相，B相，C相</td></tr>
<tr><td>计量用互感器配置</td><td colspan="4">400kVA：800/5；
200kVA：400/5；
100kVA：200/5</td><td>0.2S级，计量用互感器应安装加密电子标签，根据营销计量要求调整</td></tr>
<tr><td>测量用互感器配置</td><td colspan="4">400kVA：800/5；
200kVA：400/5；
100kVA：200/5</td><td></td></tr>
<tr><td>无功补偿</td><td colspan="4">400kVA：2×20△＋1×10△＋10Y；
200kVA：2×20△＋1×15△＋5Y；
100kVA：1×10△＋1×15△＋5Y</td><td>根据负荷情况调整</td></tr>
</table>

注　参照国家电网公司380/220V配电网工程典型设计。

2）母线及馈出均绝缘封闭。

3）视情况选配无功补偿装置。配置时无功补偿容量根据配电变压器容量和负荷性质通过计算确定，一般按照变压器容量10%～30%进行配置，可分组自动投切。补偿方式为单、三相混合补偿。

4）配电箱进线宜选择带弹簧储能的熔断器式隔离开关，并配置栅式熔丝片和相间隔弧保护装置，避免负荷波动较大时造成频发停电，提高故障切除选择性和防止故障情况下对设备造成损伤。出线开关应选用具有过流保护的断路器，用于低压TT系统的还应具备剩余电流保护功能；城镇区域负荷密度较大，且仅供1回低压出线的情况下，可取消出线断路器，简化保护配合。

5）综合配电箱内还应配置具有计量、电能质量监测无功补偿控制、运行状态监控等功能的智能配电变压器终端。

6）如有必要时，低压综合配电箱增加散热降温设计，预留风扇安装位置。

7）对供电可靠性要求较高区域，可结合实际需求配置应急发电车快速接入装置。

3. 低压架空线路

（1）低压架空线路建设型式。

1）各类供电区域低压架空线路宜选用12m环形混凝土电杆，环形混凝土电杆一般应采用非预应力电杆，交通运输不便地区可采用其他型式电杆。考虑负荷发展需求，可按10kV线路电杆选型，为10kV线路延伸预留通道。

2）低压线路应有明确的供电范围，供电半径应满足末端电压质量的要求。原则上A+、A类供电区域供电半径不宜超过150m，B类不宜超过250m，C类不宜超过400m。

（2）低压架空线路选型。

1）低压架空线路应采用绝缘导线。一般区域采用耐候铝芯交联聚乙烯绝缘导线，沿海及严重化工污秽区域可采用耐候铜芯交联聚乙烯绝缘导线，供电通道比较紧张，政策处理难度较大区域可采用集束导线。

2）主干线选用120～185mm^2，分支线选用35～120mm^2，接户线选用70mm^{2}及以下截面的导线，并进行热稳定校验。零线宜与相线等截面、同型号。

4. 低压电缆线路

（1）低压电缆线路建设型式。

1）下列情况可采用电缆线路：

a. 负荷密度较高的规划A+、A类供电区域中心区；

b. 建筑面积较大的新建居民楼群、高层住宅区、科技园区；

c. 主要干道或重要地区；

d. 市政规划要求采用电缆的地区。

2）低压电缆敷设可采用排管、沟槽、直埋等敷设方式。穿越道路时，应采用抗压力的保护管进行防护。

3）低压电缆敷设引上电杆应选用户外终端，并加装分支手套及耐候护管，

防水、防老化。户内外电缆终端、中间接头宜采用硅橡胶冷缩型等电缆附件。

（2）低压电缆线路选型。

1）低压电缆选型。

低压电缆型号、名称及适用范围见表2－18。

表2－18　　低压电缆型号、名称及适用范围表

<table>
<tr><th colspan="2">型号</th><th>名　称</th><th>适用范围</th></tr>
<tr><td rowspan="4">铜芯</td><td>ZC－YJY22</td><td>阻燃C级交联聚乙烯绝缘钢带铠装聚乙烯护套电力电缆</td><td rowspan="2">可在土壤直埋敷设，能承受机械外力作用，但不能承受大的拉力</td></tr>
<tr><td>ZC－YJY22</td><td>阻燃C级交联聚乙烯绝缘钢带铠装聚氯乙烯护套电力电缆</td></tr>
<tr><td>ZC－YJY</td><td>阻燃C级交联聚乙烯绝缘聚乙烯护套电力电缆</td><td rowspan="2">不能承受机械外力作用</td></tr>
<tr><td>ZC－YJY</td><td>阻燃C级交联聚乙烯绝缘聚氯乙烯护套电力电缆</td></tr>
<tr><td rowspan="2">铝芯</td><td>ZC－YJLV22</td><td>阻燃C级交联聚乙烯绝缘钢带铠装聚氯乙烯护套铝芯电力电缆</td><td>可在土壤直埋敷设，能承受机械外力作用，但不能承受大的拉力</td></tr>
<tr><td>ZC－YJLV</td><td>阻燃C级交联聚乙烯绝缘聚氯乙烯护套铝芯电力电缆</td><td>不能承受机械外力作用</td></tr>
</table>

注　推荐铜芯，阻燃C级交联聚乙烯绝缘钢带铠装聚氯乙烯护套电力电缆（参照国家电网公司380/220V配电网工程典型设计）。

2）电力电缆的选用应满足负荷要求、热稳定校验、敷设条件、安装条件、对电缆本体的要求、运输条件等。

3）电力电缆通常情况下采用交联聚乙烯绝缘，应具有挤塑外护套。

4）低压电缆截面为16～240mm^2；三相供电电缆根据低压接地系统型式采用4芯或5芯，单相供电电缆采用2芯，其中N线截面与相线相同。

2.3.4　中低压配电网接地方式

中性点接地方式可分为直接接地方式和非直接接地方式。非直接接地方式包括消弧线圈接地、电阻接地和不接地。中性点接地方式对供电可靠性、人身安全、设备绝缘水平、继电保护方式及通信干扰等有直接影响。配电网应综合考虑可靠性与经济性，选择合理的中性点接地方式。同一区域内宜统一中性点接地方式，以利于负荷转供；中性点接地方式不同的配电网应避免互带负荷。

2.3.4.1　中压配电网中性点接地方式选择原则

（1）单相接地故障电容电流在 10A 及以下，宜采用中性点不接地方式。

（2）单相接地故障电容电流在 10～150A，宜采用中性点经消弧线圈接地方式。

（3）单相接地故障电容电流达到 150A 以上，宜采用中性点经低电阻接地方式，并应将接地电流控制在 150～800A 范围内。

2.3.4.2　中压电缆和架空混合型配电网中性点经低电阻接地方式应采取措施

（1）提高架空线路绝缘化程度，降低单相接地跳闸次数。

（2）完善线路分段和联络，提高负荷转供能力。

（3）降低配电网设备、设施的接地电阻，将单相接地时的跨步电压和接触电压控制在规定范围内。

2.3.4.3　低压配电网中性点接地方式

低压配电网主要采用 TN、TT 接地方式，其中 TN 接地方式主要采用 TN－C－S、TN－S。用户应根据用电特性、环境条件或特殊要求等具体情况，正确选择接地系统。具体接线方式如图 2－1、图 2－2 所示。

1. TN 接地方式

TN 接地方式见图 2－1。

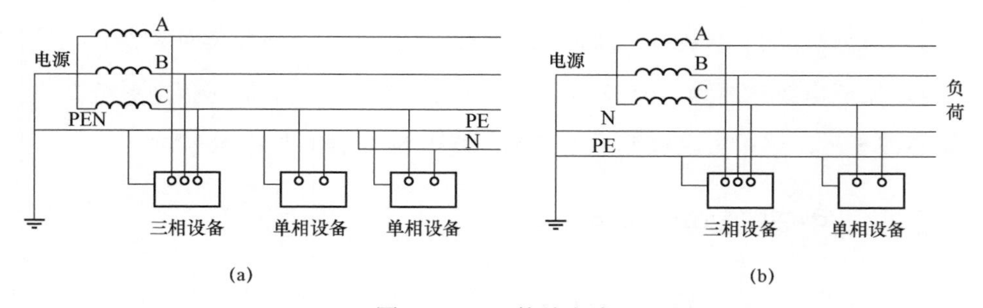

图 2－1　TN 接地方式

（a）TN－C－S 接地方式；（b）TN－S 接地方式

A、B、C—三相相序；PE—保护线；PEN—保护中心线；N—中心线

2. TT 接地方式

TT 接地方式见图 2－2。

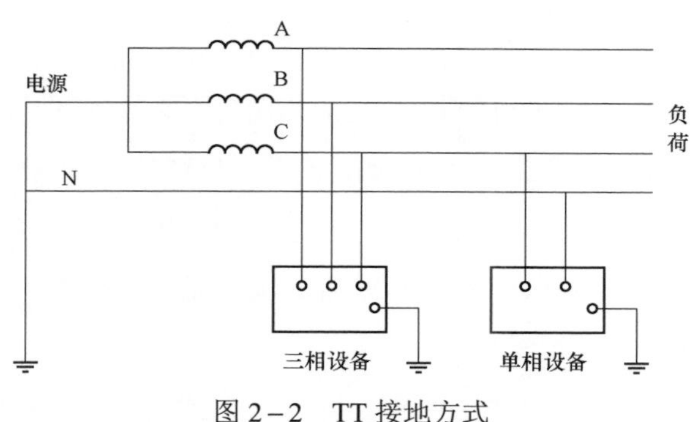

图 2-2 TT 接地方式

A、B、C—三相相序；N—中心线

2.3.5 无功补偿和电压调整方式

2.3.5.1 无功补偿

（1）配电网规划需保证有功和无功的协调，电力系统配置的无功补偿装置应在系统有功负荷高峰和负荷低谷运行方式下，保证分（电压）层和分（供电）区的无功平衡。变电站、线路和配电台区的无功设备应协调配合，按以下原则进行无功补偿配置。

1）无功补偿装置应按就地平衡和便于调整电压的原则进行配置，可采用变电站集中补偿和分散就地补偿相结合，电网补偿与用户补偿相结合，高压补偿与低压补偿相结合等方式。接近用电端的分散补偿装置主要用于提高功率因数，降低线路损耗；集中安装在变电站内的无功补偿装置主要用于控制电压水平。

2）应从系统角度考虑无功补偿装置的优化配置，以利于全网无功补偿装置的优化投切。

3）变电站无功补偿配置应与变压器分接头的选择相配合，以保证电压质量和系统无功平衡。

4）对于电缆化率较高的地区，必要时应考虑配置适当容量的感性无功补偿装置。

5）大用户应按照电力系统有关电力用户功率因数的要求配置无功补偿装置，并不得向系统倒送无功。

6）在配置无功补偿装置时应考虑谐波治理措施。

7）分布式电源接入电网后，原则上不应从电网吸收无功，否则需配置合理的无功补偿装置。

（2）配电变压器的无功补偿装置容量应依据变压器负载率、负荷自然功率因数等进行配置，其中城市按照15%～25%比例配置，城镇按照15%～30%比例配置。

（3）当配变低压侧按上述原则配置无功补偿容量后，10kV线路电压水平仍不能满足要求的，经分析论证可采取提高低压侧无功补偿度、装设线路无功补偿设备、配置调压器等措。

（4）单相最大负载率超过80%的重载台区，或因特殊负荷随机变化引起三相负荷不平衡、采取运维管理措施后仍难以治理的配电台区，可采用三相负荷自动调节技术措施进行治理。三相负荷自动调节装置目前主要有换相开关型、电容型和电力电子型三种型式，宜采用电力电子型三相负荷自动调节装置。

2.3.5.2　电压调整方式

中压配电网应有足够的电压调节能力，将电压维持在规定范围内，主要有下列方式：

（1）通过配置无功补偿装置进行电压调节。

（2）选用有载或无载调压变压器，通过改变分接头进行电压调节。

（3）通过线路调压器进行电压调节。

2.3.6　低压配电网建设改造

低压线路改造应同步考虑供电半径、三相不平衡率、导线截面、无功配置、低电压、涌流、户均容量和应急供电接口等问题。

（1）台区低压供电半径，应按照DL/T 5729—2016《配电网规划设计技术导则》相关要求控制。

（2）居民户均配电变压器容量。

结合地方相关规定和行业标准选取新建配电变压器分别按居民户均配电变压器容量，建议A+、A类和B、C类新建配电变压器分别按居民户均配电变压器容量8～6kVA、6～4kVA测算需求进行容量配置。

2.3.7　智能化建设改造

配电自动化是提升配网生产管理水平和提高供电可靠性的重要技术手段，

是配电智能化建设的重要内容。按照配电自动化与配网网架“统筹规划、同步建设”的原则，采取“主站一体化、终端和通信差异化”的模式，全面推进配电自动化建设，着力提升配电自动化应用水平，全面支撑配电网精益管理和精准投资，不断提高配电网供电可靠性、供电质量和效率效益。

2.3.7.1 主站一体化建设要求

智能配电网建设主要包括“智能感知、数据融合、智能决策”三个方面，配电自动化主站作为配电网智能感知的重要环节，以配电网调度监控和配电网运行状态采集为主要应用方向。按照“地县一体化”构建新一代配电自动化主站系统，根据统一规划、分步实施思想开展配电主站建设，支撑配电网调控运行、生产运维管理、状态检修、缺陷及隐患分析等业务，并为配电网规划建设提供数据支持。配电主站系统设计与建设中采用标准通用的软硬件平台，遵循标准性、可靠性、可用性、安全性、扩展性及先进性原则。

主站建设分为三种方式：一是生产控制大区分散部署、管理信息大区集中部署方式；二是生产控制大区、管理信息大区系统均分散部署方式；三是生产控制大区、管理信息大区系统集中部署方式。

2.3.7.2 终端差异化建设总体要求

在统一配电自动化主站建设标准的基础上，针对不同网架结构开展终端差异化改造，满足不同类型供电区域建设需要。

1. 增量配网同步实施配电自动化

对于新建配电线路和开关等设备，按照配电自动化规划，结合配电网建设改造项目同步实施配电自动化建设。对于电缆线路中新安装的开关站、环网箱等配电设备，按照“三遥”（遥测、遥信、遥控）标准同步配置终端设备；对于架空线路，根据线路所处区域的终端和通信建设模式，选择“三遥”或“二遥”（遥测、遥信）终端设备，确保一步到位，避免重复建设。

2. 既有配网开展差异化改造

对于既有配电线路，根据供电区域、目标网架和供电可靠性的差异，匹配不同的终端和通信建设模式开展建设改造。电缆线路选择关键的开关站、环网箱进行改造，杜绝片面追求“全三遥”造成的一次设备大拆大建；架空线路配电自动化改造，以新增“三遥”或“二遥”成套化开关为主，原有开关原则上不拆除，并跟随配网建设同步改造，用于实现架空线路多分段。

2.3.7.3　配电自动化终端技术要求

新建 10（20）kV 柱上开关、环网箱（室）、开关站等设备实现配电自动化功能，优先选用一二次融合的设备；存量断路器、柱上负荷开关、环网箱配电自动化改造可整体更换为一二次融合的设备，也可配套加装独立的配电自动化终端 DTU、FTU。

1. DTU

DTU 标准参数值见表 2－19。

表 2－19　　　　DTU 标准参数值

序号	参数名称		单位	标准参数值
1	环境条件	最低温度	℃	－40
		最高温度	℃	+70
		相对湿度	%	10～100
		最大绝对湿度	g/m^3	35
2	电压输入标称值		V	AC 100V/AC 220V
3	电流输入标称值		A	5/1
4	工作电源			AC 220V，双路
5	开关测控容量			（1）容量配置：8 回路，适用于 5～8 回线路的站所； （2）遥测：每台采集至少 6 个电压（2 组母线电压和 2 个零序电压）、每回路采集至少 3 个电流量（A 相、C 相和零序）。 （3）遥信：每回路配置遥信量不少于 5 个，包括开关合位、开关分位、地刀位置、开关储能、远方/就地等。 （4）遥控：每回路配置遥控量至少 2 个（分闸/合闸控出）
6	电压测量精度			相电压 0.5 级 零序电压 0.5 级
7	电流测量精度			相测量值 0.5 级（≤$1.2I_n$）； 相保护值≤3%（≤$10I_n$）； 零序电流 0.5 级
8	有功功率、无功功率精度			1 级
9	遥信电源			DC 24V/48V 自适应
10	遥信分辨率		ms	≤5
11	软件防抖动时间			10～1000ms 可设
12	交流电流回路过载能力			$1.2I_n$，连续工作；$20I_n$，1s
13	交流电压回路过载能力			$1.2U_n$，连续工作；$2U_n$，1s

续表

序号	参数名称		单位	标准参数值
14	守时精度			每24h误差应不大于2s
15	控制输出	触点额定功率		交流250V/5A、380V/2A或 直流110V/0.5A的纯电阻负载
		触点寿命	次	通、断≥105
16	通信接口	串行口		至少4个可复用的RS232/RS485串口
		RJ45以太网络	个	≥2
17	通信协议			（1）满足DL/T 634标准的101或104通信规约； （2）满足国家电网公司最新的配电自动化系统应用DL/T 634.5101—2002实施细则、配电自动化系统应用DL/T 634.5104—2009实施细则； （3）满足国家电网公司最新的配电自动化终端参数配置规范
18	终端功耗			（1）DTU核心单元正常运行直流功耗≤20W（不含通信模块电源、配电线损采集模块、电源管理模块）； （2）整机功耗≤50VA（含配电线损采集模块、不含通信模块、不含后备电源）
19	配套电源要求	电源管理模块要求		电源管理模块长期稳定输出≥80W，瞬时输出≥500W，持续时间≥15s
		通信电源输出		额定DC 24V，稳态负载能力≥24V/15W，瞬时输出≥24V/20W，持续时间≥50ms
		操作电源输出		额定DC 48V，瞬时输出≥48V/8A，持续时间≥15s
		配电线损采集模块电源输出		额定DC 48V，稳态负载能力≥48V/10W
20	后备电源方式			A：免维护阀控铅酸蓄电池 额定电压DC48V，单节电池≥7Ah，使用寿命≥3年，保证完成“分–合–分”操作并维持配电终端及通信模块至少运行4h
				B：超级电容 应保证分闸操作并维持配电终端及通信模块至少运行15min，使用寿命≥6年
21	安装方式			户外立式：通过户外柜方式，在环网单元、箱式变电站外部安装
22	DTU柜体尺寸及颜色		mm	不大于高1300×宽600×深400（不含通信箱），颜色为RAL7035或Z32
23	DTU接线方式			航空接插件
24	配电线损采集模块	电压输入标称值		AC 100V/AC 220V
		电流输入标称值	A	5/1
		测量容量		（1）8回路，适用于5～8回线路的站所； （2）采集3个电压、每回路采集3个电流量：A、B和C相
		有功电能计量准确度		0.5S级

续表

序号	参数名称		单位	标准参数值
24	配电线损采集模块	无功电能计量准确度		2 级
		脉冲常数		1500imp/kWh
		工作电源		DC 48V
		超级电容后备电源		维持模块运行时间不低于 5s
		终端功耗	W	整机功耗不大于 10
		交流电流回路过载能力		1.2I_n，连续工作；20I_n，1s
		交流电压回路过载能力		1.2U_n，连续工作
		守时精度		每 24h 误差应不大于 2s
		通信接口	个	1 个 RS232 或 RS485 串口
		通信协议		DL/T 634 标准的 101 通信规约
		结构形式		标准 19 英寸 2U 机箱
		安装方式		机架式安装
		接口形式		电流接口采用 JP12 型端子，电压接口采用 5.08 间距插拔式接线端子（4 芯端子），通信及电源接口采用 5.08 间距插拔式接线端子（5 芯端子），脉冲接口采用 DB25 公头接口
25	不锈钢户外柜体尺寸		mm	不含 TV 安装位置： 不大于高 1900×宽 800×深 800
				含 TV 安装位置： 不大于高 1500×宽 800×深 1200
26	平均无故障工作时间		h	≥50 000

2. FTU

FTU 标准参数值见表 2－20。

表 2－20　　FTU 标准参数值

序号	名称	单位	标准参数值
1	电压输入标称值	V	线电压：220； 零序：6.5
2	电流输入标称值		相电流：5A 或 1A； 零序电流：1A
3	工作电源		AC 220V，单路
4	开关测控容量		遥测：采集 1 个线电压，采集三相电流、零序电流、零序电压； 遥信：不少于 3 个，包括开关合位和未储能、手柄位置等遥信； 遥控：1 路（合闸、分闸）

续表

序号	名称		单位	标准参数值
5	电压测量精度			相电压：≤0.5%（0.5 级）； 零序电压：≤0.5%（0.5 级）
6	电流测量精度			相测量值 0.5 级（≤$1.2I_n$）， 相保护值≤3%（≤$10I_n$）， 零序电流 0.5 级
7	有功功率、无功功率精度			≤1%（1 级）
8	遥信电源		V	DC 24
9	遥信分辨率		ms	≤5
10	软件防抖动时间		ms	10～1000 可设
11	交流电流回路过载能力			$1.2I_n$，连续工作；$20I_n$，1s
12	交流电压回路过载能力			$1.2U_n$，连续工作
13	守时精度			每 24h 误差应不大于 2s
14	控制输出	触点容量		交流 250V/5A、直流 80V/2A 或直流 110/0.5A 纯电阻负载
		触点寿命	次	通、断≥105
15	通信接口	RS232	个	≥1
		RJ45 以太网络	个	≥1
16	通信协议			（1）满足 DL/T 634 标准的 101、104 通信规约； （2）满足国家电网公司最新的配电自动化系统应用：DL/T 634.5101—2002 实施细则、配电自动化系统应用，DL/T 634.5104—2009 实施细则； （3）满足国家电网公司最新的配电自动化终端参数配置规范
17	无线通信模块	通信制式		支持 4G/3G/2G 五模自适应，包括： （TD－LTE/FDD－LTE/TD－SCDMA/WCDMA/GPRS）
		通信接口		至少 2 路 RS232 串行接口，9600bit/s；或 1 个 10/100M 全双工以太网接口
		基本功能		端口数据监视功能、网络中断自动重连功能等
		安装方式		嵌入式安装
		接口的插拔寿命	次	≥500
		工作电源	V	DC 24 电压输入，正负偏差 20%
18	终端功耗			核心单元正常运行直流功耗≤10W（不含通信模块和电源管理模块）； 整机运行功耗≤30VA（不含通信模块和后备电源）
19	配套电源	电源管理模块要求		长期稳定输出≥50W，短时输出≥300W/15s
		通信电源要求		额定 DC 24V，长期稳定输出≥15W，瞬时输出≥20W/50ms
		配套操作机构电源要求		分/合闸/储能额定电源 DC 24V，短时输出≥24V/10A、持续时间≥15s

续表

序号	名称	单位	标准参数值
20	后备电源方式（招标方根据需要填写“A”或“B”，二者选择其一）		A：免维护阀控铅酸蓄电池 额定电压 DC 24V，单节电池不小于 7Ah，使用寿命≥3 年，保证完成“分－合－分”操作并维持配电终端及通信模块至少运行 30min
			B：超级电容应保证分闸操作 1 次，并维持配电终端及通信模块至少运行 2min，超级电容使用寿命≥6 年
21	安装方式		杆/塔挂式安装
22	接口方式		航空接插件
23	平均无故障工作时间		≥50 000
24	结构形式		罩式
25	防护等级		不低于 IP67
26	环境温度	℃	－40～＋70

3. 一二次融合开关

一二次融合开关标准参数值见表 2－21。

表 2－21　　一二次融合开关标准参数值

序号	名　　称		单位	标准参数值
1	SF_6 断路器			
1.1	型号			
1.2	结构形式			共箱式
1.3	灭弧方式			SF_6
1.4	绝缘介质			SF_6
1.5	额定电压		kV	12
1.6	额定电流		A	630
1.7	额定电缆充电开断电流		A	10
1.8	额定线路充电开断电流		A	1
1.9	温升试验电流			$1.1I_r$
1.10	额定工频 1min 耐受电压	相对地/相间	kV	42
		断口间	kV	48
1.11	额定雷电冲击耐受电压（1.2/50μs）峰值	相对地/相间	kV	75
		断口间	kV	85
1.12	额定短时耐受电流及持续时间		kA/s	20/4
1.13	额定峰值耐受电流		kA	50

续表

序号	名　　称	单位	标准参数值
1.14	额定短路开断电流	kA	20
1.15	额定短路关合电流	kA	50
1.16	主回路电阻	μΩ	
1.17	机械稳定性	次	≥10 000
1.18	外绝缘最小爬电距离	mm	372
1.19	额定短路开断电流开断次数	次	≥8
1.20	SF_6 气体年漏气率	%	≤0.1
1.21	断口距离	mm	≥35
1.22	分、合闸不同期	ms	≤2
2	操作机构		
2.1	操动机构型式或型号		弹簧
2.2	操作方式		电动，并具备手动操作功能
2.3	电动机电压	V	DC 24
3	隔离开关（如果有）		
3.1	是否有隔离刀闸		无
3.2	隔离刀结构型式		无
3.3	隔离刀联动要求		无
4	电流互感器（内置式）		
4.1	额定电流比		相电流：600A/5A 或 600A/1A 零序电流：20A/1A
4.2	准确级	级	相电流：保护 5P10 级、测量 0.5 级 零序电流：一次侧输入电流为 1A 至额定电流时相对误差≤3%，一次电流输入 100A 时，保护相对误差≤10%
4.3	容量		相 TA：额定 5A 时≥10VA，额定 1A 时≥1VA； 零序 TA：0.5VA
4.4	温度范围	℃	−40～70
5	零序电压传感器（内置式）		
5.1	变比		（$10kV/\sqrt{3}$）/（6.5V/3）
5.2	准确级	级	3P
5.3	局部放电	pC	≤20（$1.2U_m/\sqrt{3}$）
5.4	与开关组合后绝缘电阻（开关相对地）	MΩ	>1000
5.5	实现方式		

续表

序号	名　　称	单位	标准参数值
6	电源电压互感器（外置式）		
6.1	数量	只	2
6.2	额定电压比		线电压测量：10kV/0.1kV 供电电压：10kV/0.22kV
6.3	准确级	级	相电压：0.5 级；供电电压：3 级
6.4	温度范围	℃	－40～70
6.5	局部放电	pC	≤20（$1.2U_m/\sqrt{3}$）
6.6	测量绕组输出容量	VA	≥10
6.7	供电绕组输出容量		≥300VA，短时容量≥500VA/1s

2.3.7.4　配电自动化终端选点

以一次网架和设备为基础，统筹规划，结合配电网接线方式、设备现状、负荷水平和不同供电区域的供电可靠性要求进行自动化改造，原则上关键分段开关、联络开关、重要分支首开关应配置配电自动化终端。同杆架设的多回线路，应在同一杆塔处，同步完成多回线路对应开关的改造。

1. 分段开关终端布点原则

分段开关的配电自动化改造应综合考虑分段开关之间的用户数量和线路长度，建议选取关键位置的分段开关开展配电自动化改造；以标准 3 分段网架为目标，建议在线路主干线上选取不少于 2 个关键分段开关进行改造；对于长度较长的线路，可在主干线上增设配电自动化开关。

2. 联络开关终端布点原则

考虑负荷转供需求，建议联络开关进行配电自动化改造。其中，针对小区供电线路形成的多级电缆接线，可只改造小区首级开关站或配电房的中压开关柜、环网柜；对于“三遥”线路或“二遥”“三遥”混合线路上未改造的联络开关，按“三遥”进行改造；对于“二遥”线路上未改造的联络开关，如互为联络线路均为“二遥”线路，可按“二遥”进行改造。

3. 分支开关终端布点

对于配变数量大于 3 台或者容量大于 1000kVA 或长度大于 1km 的分支线路，建议在分支线首段建设断路器作为分支开关，并进行配电自动化改造，其“二

遥”“三遥”属性与主线自动化开关“二遥”“三遥”属性一致。同时根据配网级差保护情况，建议分支开关启用分级保护功能，并具备远程调定值和“二遥”上传功能。

典型接线方式配电自动化布点选取：

（1）电缆网。

1）单环网：按照配电自动化终端布点原则，涉及一次设备新建、改造均应同步完成配电自动化改造；存量设备以每条线路建议至少选取两个关键开闭所、环网箱（室）的开关进行自动化改造；联络开关建议进行自动化改造，优先实现三遥功能。单环网接线方式配电自动化布点选取见图2-3。

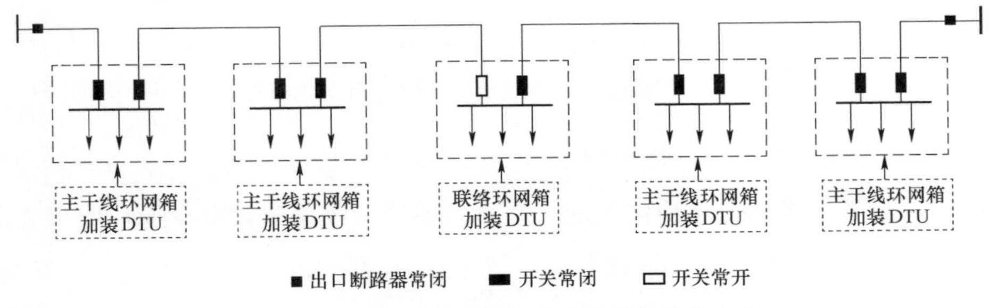

图2-3 单环网典型接线方式配电自动化布点

2）双环网：按照配电自动化终端布点原则，涉及一次设备新建、改造均应同步完成配电自动化改造；存量设备每条线路建议至少选取两个关键两个关键开闭所、环网箱（室）的开关进行自动化改造；联络开关建议优先选择同一设备作为联络点，并进行自动化改造，优先实现“三遥”功能。双环网接线方式配电自动化布点选取见图2-4。

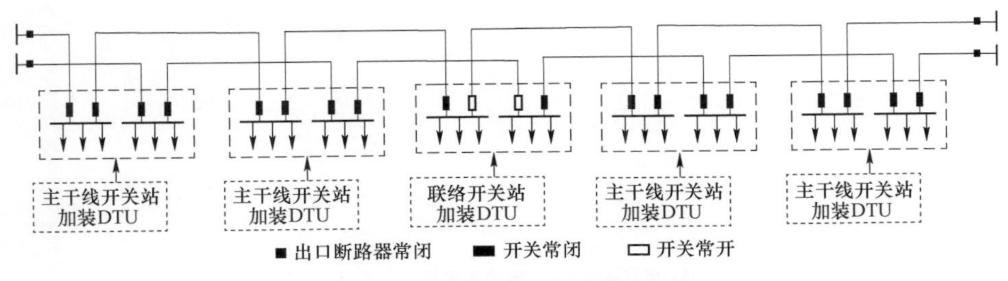

图2-4 双环网典型接线方式配电自动化布点

（2）架空网。

1）辐射式：按照配电自动化终端布点原则，涉及一次设备新建、改造均应同步完成配电自动化改造；存量设备每条线路建议至少选取两个关键分段开关进行自动化改造；对于长度较长的线路，可在主干线上增设配电自动化开关。辐射式典型接线方式配电自动化布点见图2-5。

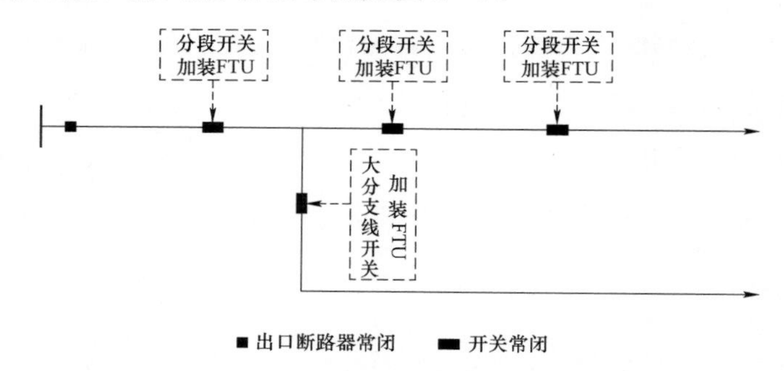

图2-5 辐射式典型接线方式配电自动化布点

2）多分段适度联络：按照配电自动化终端布点原则，涉及一次设备新建、改造均应同步完成配电自动化改造；存量设备每条线路建议至少选取两个关键分段开关进行自动化改造；联络开关建议进行自动化改造，并优先实现“三遥”功能。对于长度较长的线路，可在主干线上增设配电自动化开关。架空网多分段适度联络配电自动化布点见图2-6。

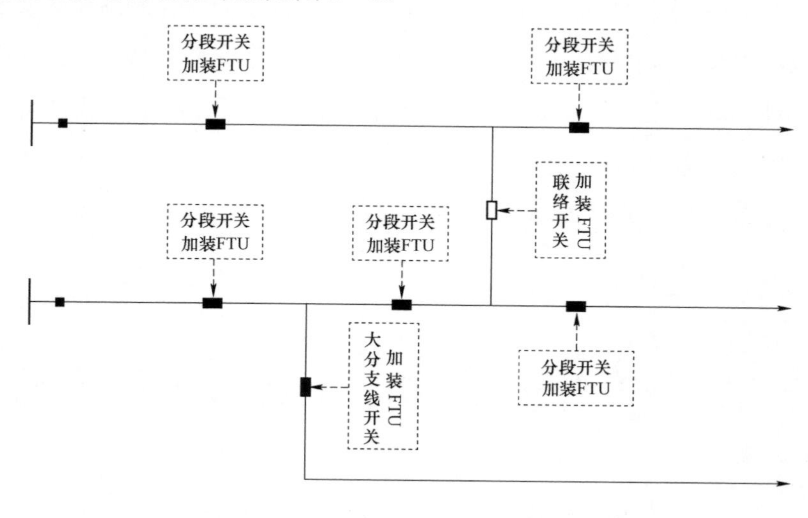

图2-6 多分段适度联络典型接线方式配电自动化布点

2.3.7.5 配电自动化终端配置

配电终端及对应的10（20）kV柱上开关、环网箱（室）、开关站统一按三遥标准或“二遥”进行配置，根据建设原则选择“三遥”功能或“二遥”功能。

（1）A+、A类区域应优先实现“三遥”功能全部启用，B类区域以“三遥”功能启用为主，C类区域根据各单位具体自动化规划开展建设。

（2）建议在变电站保护时限符合条件下，变电所出线开关、分支线开关、用户专变分界开关继电保护按照三级级差原则配置。

2.3.7.6 配电自动化通信配置

（1）按照光纤、无线专网、载波优先顺序，实现配电终端“三遥”功能；无线专网、无线公网通信方式实现“二遥”功能。

（2）采用光纤通信方式时同步敷设。对于既有配电自动化线路改造，采用就近原则，将光缆敷设至配电自动化改造点。

（3）A+、A类供电区域优先选择光纤通信方式。B、C类区域，根据电缆和架空线通道资源、无线网络信号强度，灵活选择通信方式。

（4）对无线专网规划覆盖范围内，须同步考虑OLT、光配、ONU、分光器等通信传输设备，光缆随电缆或架空导线区域，新上配电终端宜采用公专网通用无线模块。

（5）针对光纤地下管道光缆敷设困难且无线专网未能稳定覆盖的站点，需要建设“三遥”终端的，可利用电缆载波通信装置实现通信。

2.3.8 分布式电源接入

（1）分布式电源接入应符合NB/T 32015—2013《分布式电源接入配电网技术规划》的相关规定。

（2）接入10kV配电网的电源可采用专线接入变电站低压侧或开关站的出线侧，在满足电网安全运行及电能质量要求时，也可采用T接方式并网。

（3）在分布式电源接入前，应对接入的配电线路载流量、变压器容量进行校核，并对接入的母线、线路、开关等进行短路电流和热稳定校核，如有必要也可进行动稳定校核。

（4）在满足供电安全及系统调峰的条件下，接入单条线路的电源总容量不应超过线路的允许容量；接入本级配电网的电源总容量不应超过上一级变压器的额定容量以及上一级线路的允许容量。

（5）电源接入后配电线路的短路电流不应超过该电压等级的短路电流限定值，否则应重新选择电源接入点。

（6）分布式电源并网点的系统短路电流与电源额定电流之比不宜低于 10。

（7）分布式电源并网点应安装易操作、可闭锁、具有明显开断点、带接地功能、可开断故障电流的开断设备。

（8）在满足上述技术要求的条件下，电源并网电压等级可按表 2－22 的规定确定。

表 2－22　　电源并网电压等级参考表

电源总容量范围	并网电压等级	电源总容量范围	并网电压等级
8kW 及以下	220V	400kW～6MW	10kV
8kW～400kW	380V	6MW～50MW	35、66、110kV

2.3.9　电动汽车充换电设施接入

接入一般技术原则：

（1）根据峰谷电价政策，在满足用车需求的前提下可采取随机延时、排队延时合闸等技术措施保证有序充电，避免高峰负荷叠加，改善电网负荷特性，提高电网运行经济性、可靠性。

（2）充换电设施所选择的标准电压应符合 GB/T 156《标准电压》的要求。供电电压等级应根据充换电设施的负荷，经过技术经济比较后确定。供电电压等级一般可参照表 2－23 确定。

表 2－23　　充换电设施电压等级

供电电压等级	并网电压等级
220V	10kW 及以下单相设备
380V	100kW 及以下
10kV	100kW 以上

（3）220V 充电设施宜接入低压电缆分支箱或低压配电箱；380V 充电设备

宜接入低压线路或变压器的低压母线。接入10kV配电网的充换电设施，容量不大于3000kVA时，宜接入公用10kV线路或接入开关站、环网室（箱）等；容量大于3000kVA时，宜专线接入，充换电设施10kV专线接入方式示意见图2－7。

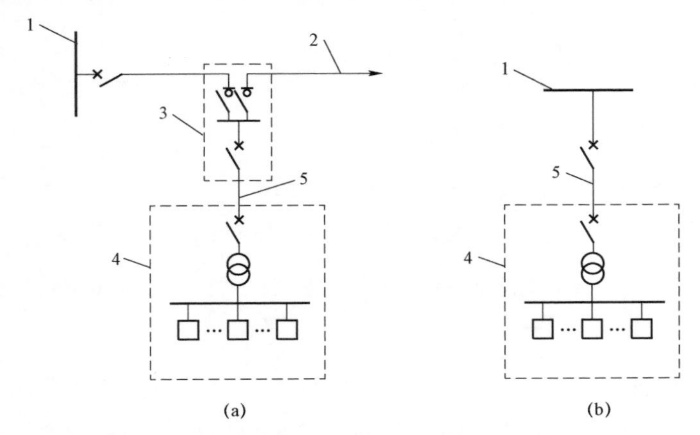

图2－7 充换电设施10kV专线接入方式示意图

（a）接入10kV开关站/环网室（箱）；（b）10kV专线接入

1—变电站母线；2—10kV公线；3—10kV开关站/环网室（箱）；4—充换电设施；5—10kV专线

（4）新建居住小区应考虑给充电设施的配电容量留有裕度，交流小功率充电桩可设置在居住小区，应引导有序充电，避免高峰负荷叠加冲击配电网和谐波污染。

（5）充电设施均应配备电能计量装置，宜具有以下功能：

1）提供对于有序充电的技术支持，使高峰负荷不叠加。

2）具备经济模式，能够适应峰谷电价的机制。

3）谐波检测和电能质量监测。

（6）充换电设施建设。

1）充换电站的选址、供配电、监控及通信系统的建设应符合GB 50966《电动汽车充电站设计规范》、GB/T 29772《电动车电池更换站通用技术要求》的规定。

2）大型公用电动汽车充换电站宜采用专用变压器，其不宜接入其他无关的负荷。

3）居住小区充电设施可根据充电桩容量和数量采用由小区配电室接线，或由低压电缆分支箱接线，低压线路供电半径通过负荷距校核满足末端电压质量的要求。新建居住小区的配电室、低压电缆分支箱应建设或预留低压出线间隔、以及至规划机动车位区域的电缆通道，并视现场情况敷设多孔排管，为电动汽车充电桩预留。

2.3.10 煤改电建设改造

2.3.10.1 煤改电负荷需求测算

电采暖主要分为集中式与分散式两种方式：

对于集中式供热方式，供电能力主要依据原有锅炉的容量确定，一般按照1蒸吨等效700kW供热负荷来测算，并留有适当裕度。集中式供热方式宜采用专变供电。

对于分散式供热方式，供电能力主要依据单位面积供热负荷确定。每户供电能力应在原有负荷容量的基础上累加电采暖户均容量进行测算，不同地区电采暖户均容量可参考表2－24。

表2－24　　电采暖户均负荷配置参考表

采暖方式		电采暖户均负荷（W/m^2）
集中式	集中电锅炉	150～170
	地源热泵	50～65
	空气源热泵	50～65
分散式	蓄热式电暖气	200～240
	空气源热泵	50～65
	单户电锅炉	130～150

注　1. 表中给出电采暖户均负荷配置参考区间；变压器容量配置应综合台区各户电采暖设备视在功率考虑，同时系数按0.8以上考虑；大负荷期间，变压器负载率不应低于70%。
2. 由于北方各省份和城市之间气象条件差异性明显，仅在表中给出电采暖负荷户均配置参考范围。
3. “电采暖户均容量”可结合建筑类型（楼房、联排平房、独立平房）建筑保温情况及电采暖方式（电暖气、电热膜、电热地板、地源热泵）等因素适当调整。

2.3.10.2 中压网架结构

（1）当相邻变电站供电范围相互交叉、供电边界不清晰，或相邻变电站、同一变电站的主变压器负载率不均衡时，应新建或改造线路，调整区域配电网网架结构，合理划分变电站供电范围，解决主变压器负载不均衡问题。当接入开关间隔不满足要求时，考虑新建配电室、开闭站、环网柜等。

（2）“煤改电”区域内的用户应加装用户分界开关，明确上级变电站出线开关、主干线分段开关、用户分界开关的保护定值配合要求，实现用户内部故障快速隔离。

2.3.10.3 配电变压器

柱上变压器容量选取 200kVA、400kVA；配电室单台变压器容量不宜超过 800kVA，变压器可选用：

油浸变压器：400kVA、630kVA。

干式变压器：400kVA、630kVA、800kVA、1000kVA（适用于特殊情况）。

2.3.10.4 配电室

配电室应预留应急发电车接口，现场不具备接入条件时，可将应急发电车接入点引出至室外合适位置。接入点开关容量应满足供应负荷要求。

2.3.10.5 通信及配电自动化

（1）“煤改电”建设改造工程（含配套通信）应同步开展配电自动化建设，配电自动化终端可采用光纤、无线公（专）网等通信方式。现有光纤通信已覆盖的配电线路，其新建配电终端应采用光纤通信方式。

（2）“煤改电”线路宜配置具备接地故障检测能力的远传型故障指示器，提高短路、接地故障定位能力。

2.3.10.6 节能环保及新技术应用

（1）C 类供电区域电源点暂时不能满足供暖负荷需求时，可采用 35kV 预装式变电站作为应急电源。

（2）“煤改电”区域 10kV 架空线路可安装调压器、串并联补偿电容器等装置提高电压质量；对于功率因数较低的配变台区应优先采取电采暖设备就地无功平衡措施。

（3）配电台区可采用一体化变台。配电线路宜采用节能型铝合金线路金具。

（4）雷害多发区域线路，可试点应用绝缘横担、绝缘电杆等新材料。

2.3.10.7 用户接入

（1）对于二级及以上“煤改电”重要用户，其电源配置应符合 GB/Z 29328《重要电力用户供电电源及自备应急电源配置技术规范》的有关规定。

（2）低压用户宜加装具备过流保护功能的剩余电流保护装置。

第 3 章　中压配电网网格化划分原则与建设改造流程

3.1　网格化建设改造基本涵义与作用

配电网涉及电压等级多、覆盖面广、项目繁杂、工程规模小，同时又直接面向社会，与城乡发展规划、用户多元化需求、新能源和分布式电源发展密切相关，建设需求随机性大。但在目前配电网发展过程中，受配电网建设与城市规划衔接不足，建设时序不确定等因素影响，造成建设目标偏于宏观，电网问题不能真实对应到具体设备或项目，电网项目管理无法面面俱到，配网建设落地难、路径资源稳定难等客观事实，严重影响了配电网发展建设。

为了扭转这种被动局面，需要从源头上寻找一种配电网建设改造的新方法，从而形成具有约束力的区域电网控制性方案，实现对地区经济发展的有效引领作用。在这样背景下基于网格化理念的新一代配电网建设改造模式应运而生，灵活应用“分区、网格、单元”的理念规范、引导电网建设改造，将成今后配电网建设改造新的趋势。

配电网网格化建设改造是按照既定的规则，将建设改造区域切分为若干区块，并进行层级划分与属性标识，在此基础上以最小区域为单位开展配电网建设改造方案的制定。基于网格化的电网建设改造方案其颗粒度明显提升，可以有效挖掘底层需求与问题，提升建设改造方案的适应性与可操作性；同时网格化分区体系的构建，也可以使配电网管理者与建设者从一个新的角度去看待网架的发展变化，网格边界的划定在一定程度上也固化了建设改造范围，使配电网建设与改造保持有效衔接，对于建设安全可靠、优质高效、绿色低碳、智能

互动的配电网具有重要意义。

按照“供电分区—供电网格—供电单元”构建的网格化划分体系，同城市功能定位紧密结合，与城市发展规划动态衔接，在该理念指导下的建设改造方案通过多维度电网诊断、底层问题摸排、精准需求提出，形成负面清单；通过科学预测明确供电网格的负荷发展及空间分布；依据典型供电模式差异化制定目标网架，通过“一图一表一书”等形式，以供电单元为最小单位逐年细化建设方案，形成标准化网架结构。建设改造方案的颗粒度、时效性与可实施性将得到全面提升，同时以网格为载体将相关信息反馈至电网运维层面，提升运维管理水平，有效推动配电网安全、优质、经济、绿色、高效地发展。

3.2 网格化划分原则与影响因素

3.2.1 网格化分区体系

网格化分区体系构建主要考虑满足供区相对独立性、网架完整性、管理便利性等方面需求，根据电网规模和管理范围，按照目标网架清晰、电网规模适度、管理责任明确的原则，将中压配电网供电范围划分为若干供电分区，一个供电分区包含若干个供电网格，一个供电网格由若干组供电单元组成，网格化分区体系层级关系见图3-1。

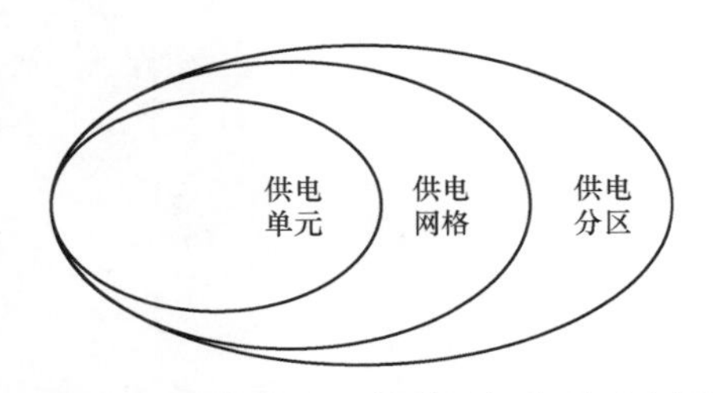

图3-1 网格化分区体系层级关系示意图

根据上述体系划分思路，网格化建设改造工作将配电网供电范围，在地理上细化为供电分区和供电网格两个地域层级，同时考虑建设项目要素，将供电网格内的线路以接线为单位，划分为供电单元，形成三个层级的网格体系，明确各层级内和层级间的电网、设备、管理等关系。

供电分区：指按照行政区域边界和相对独立的配网建设、运维、抢修服务及管理权限边界，将配电网划分为结构相对独立，具有一定的“自治自愈”能力的供电分区，供电分区包含A+、A、B、C、D、E六类供电区域。

供电网格：指在供电分区内部，以目标年负荷预测为基准，结合道路、河流、山丘等地理特征，考虑变电站供区、标准网架结构、线路供区与布局、可靠性要求等因素，在地理上划分形成的较小供电区，可结合城乡控制性详细规划中的功能分区进行划分。

供电单元：指在一个供电网格内由一组典型接线组别供电的区块。

3.2.2 网格化划分原则

1. 供电分区划分原则

市区一般按一个供电营业部管辖地域范围作为一个供电分区，县域按管辖地域范围作为一个供电分区。供电所无中压线路运维管理权限的，应参照基本划分原则，按有利于本单位配电网规划、建设、运维、抢修服务全过程贯通的方式，进行合理划分，确保工作协调统一、高效衔接。现状年、过渡年、目标年的供电分区划分应基本保持一致。供电分区划分示意见图 3－2。

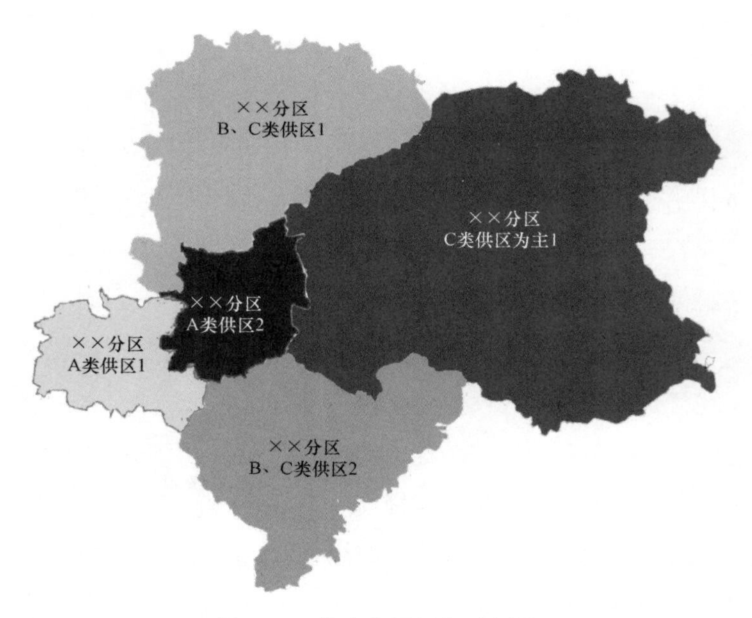

图 3－2　供电分区划分示意图

2. 供电网格划分

供电网格一般由若干个相邻的、供电区域分类等级相同或相近的、用电性质或对供电可靠性要求基本一致的地块（或用户区块）组成。一般应：具备 2

个及以上主供电源，且电源间具备一定转供能力，包含2～6个供电单元。现状年、过渡年、目标年的供电网格划分应保持相对稳定性。供电网格划分示意见图3－3。

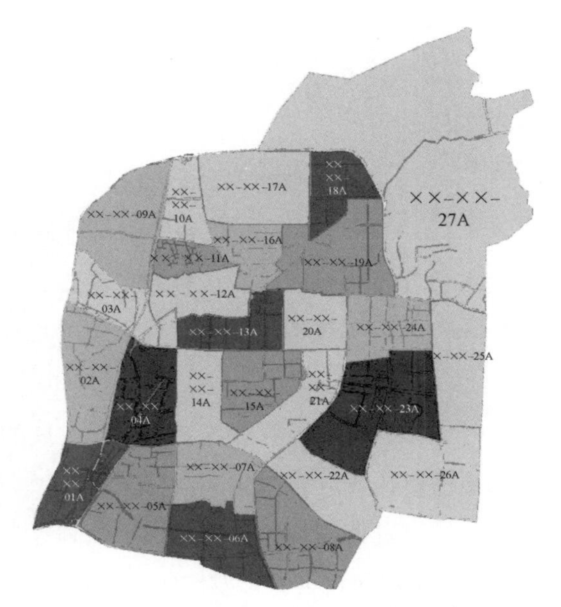

图3－3　A类供电区2网格划分示意图

3. 供电单元划分

供电单元是由一组典型接线组别供电的区块，其划分需要考虑“结构标准、界限清晰、过渡有序、管理清晰”的原则，供电单元是网格化建设改造的基本单位。在技术层面，供电单元为网架分析、网架项目方案提出的最小单元；在管理层面，为网架构建、电网运维的最小项目单元。现状年、过渡年、目标年的供电单元划分应保持相对稳定性。供电单环划分示意见图3－4。

3.2.3　网格化划分影响因素

网格化建设改造工作是以问题诊断为基础、以标准网架为导向、以项目落地为抓手、以供电单元为单位开展目标网架深化、过渡方案细化和建设项目量化的工作，是将网格化分区体系渗透至配电网建设改造的各个环节当中，从新的视角看待配电网建设与发展，提升建设改造方案的颗粒度、精准性、持续性

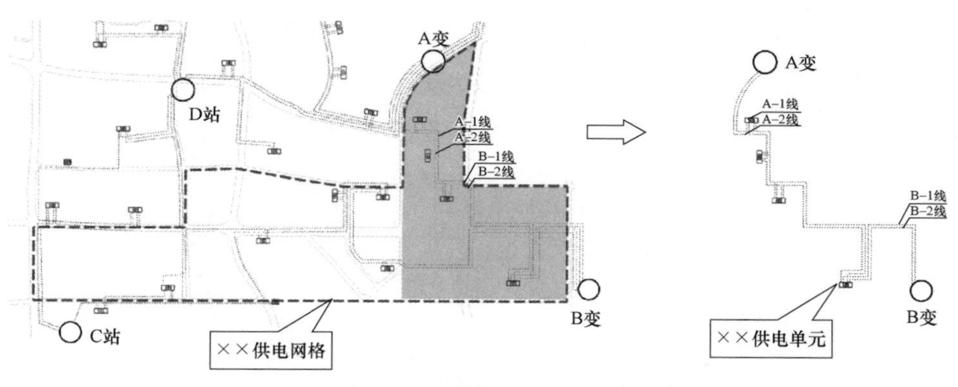

图 3－4　供电单环划分示意图

与可实施性，因此，网格化分区体系构建应从规划、建设、运维等工作组织架构和管理界面出发，综合考虑地域属性、负荷发展、电网规模、建设标准等技术条件制定。

在层级确定时，应考虑与供电电压等级、城市建设发展的充分结合，一方面分区体系层级应与配电网电压等级有明确的对应关系，另一方面分区体系层级关系的确定应充分考虑城市发展规划、控制性详细规划等市政规划中结构体系，通过分区体系明确，将电网建设与城市发展统一协调。

在规模确定时，应明确不同层级最小单位的具体规模，规模设置应考虑电网建设改造方案实施的合理性与便捷性，大小有度、界线清晰、供电独立，避免为了网格化而划分网格，由于不同层级基本单元规模设置的不合理，影响配电网建设改造方案的提出与实施。

目前国内配电网网格化建设改造工作刚刚起步，从主要省市调研结果看，网格划分工作主要以地区控制性详细规划文件所提供的用地属性、负荷密度、片区分块等资料为边界条件，适度考虑变电站的布点，但对电网结构的考虑较少，致使网格划分结果与网架结构关联度差，无法通过网格、单元的划分对目标网架及年度建设改造方案形成指导、约束与优化，降低了网格化建设改造工作推进的效率，因此在网格化理念引入、分区体系构建的具体操作过程中应关注以下几方面关键要素。

1. 影响网格划分的因素

网格分区体系是在电网层级体系与城市规划分区体系间建立一种联系，在

划分过程中需要综合考虑以下因素：

（1）自然分界：网格、单环划分不应跨越河流、山岭自然地理分界等。

（2）市政规划：网格划分与市政规划分区分片相协调，对发展不确定区域先按单一片区进行管理，单元划分不应跨越市政规划边界。

（3）建设差异化：网格与单元划分应根据区域建设开发情况差异化考虑，对于建成区应考虑电网现状实际情况因地制宜划分网格，网格划分适应网架建设与优化，对城市新区网格划分应考虑远期布局合理性与过渡便捷性，通过网格划分规范增量电网建设。

（4）供电范围：一组接线的供电能力能满足用户需求时，尽量不要出现用户被单元切割的情况。

2. 网格划分与优化

网格化分区体系构建作为指导网格化建设改造的基本要素，应保持完整性、持续性，减少反复调整对相关成果的影响，因此现状年、过渡年、目标年的供电分区划分应基本保持一致，供电网格和供电单元划分应保持稳定性。网格化分区体系应在反复解读建设改造区域城乡发展规划与上位电网规划基础上开展，同时在目标年空间负荷预测完成后，结合相关结果进行局部优化。

3. 供电网格成熟程度分类

对供电网格成熟程度分类是开展差异化建设改造工作的关键，通过网格成熟程度分类，区分存量电网与增量电网，据此制定差异化的建设目标与建设改造策略，提升建设改造方案的精准性与指导性。

关于供电网格成熟程度可将其分为 3 种：一是负荷发展成熟网格，土地被最大限度地利用，几乎不再有负荷增长空间的区域，一般为城市建成区；二是快速发展网格，有长远的发展，且远景负荷较为明确，有足够负荷上升空间的区域，一般为城市新区；三是发展不确定网格，即没有明确详细的区域规划设计，在负荷增长空间方面存在有很多不确定性的区域。

网格化分区体系构建过程中，应结合负荷预测结果在供电网格远期负荷总量趋于或大于饱和的前提下，对供电网格进一步细分与优化，前两种在确定其目标网格大小时应按照标准接线的供电能力进行适度调节，确保内部线路能够独立实现网格的稳定供电，满足电力负荷需求，为防止日后用电负荷大幅增长或其他意外，还应留有适当的裕度；而对于第三种网格，考虑到负荷尚不确定这一要素，为避免出现一些事故，有必要将该区域视为单一的网格加以管理.直至日后电力负荷明确后再对其进行合理划分。

3.3 网格化建设改造工作内容与流程

网格化建设改造主要工作流程可以分为体系构建与网格划分、电网评估与诊断、多维度需求预测与分析、目标网架构建、建设改造方案提出、空间布局规划和建设成效评估等七个阶段，网格化建设改造工作流程见图3－5。

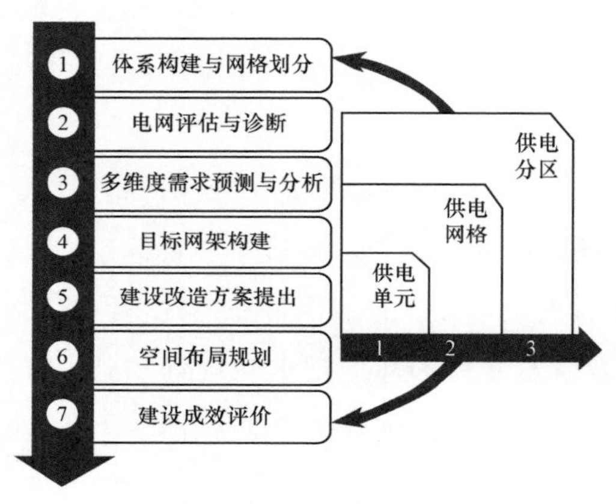

图3－5　网格化建设改造工作流程

1. 体系构建与网格划分

体系构建与网格划分是网格化建设改造工作的基础，根据网格划分原则及建设改造区域规模明确其分区体系层级，在此基础上依照分区、网格、单元的相关划分原则开展划分工作，并形成分区、网格、单元划分的相关结果。

2. 电网评估和诊断

网格化建设改造工作需要立足于电网现状分析与评价，按照现行规划技术原则，城市配电网现状评估从安全可靠、优质高效、绿色低碳和智能互动等四个方面开展工作，采用的评价指标见第五章。

结合目前电网建设发展情况，近期配电网现状评价工作应重点诊断配网结构规范性、重点分析电网供给能力、重点评价配网转供能力三个方面，基于相关评估结果，按照影响电网安全运行、制约电网负荷转移、组网不规范、选型不规范、设备运行状况不佳等对电网运行与发展影响程度不同进行问题分级，建立问题分级库，作为后续建设改造方案指导。现状电网评估诊断主要工作见图3－6。

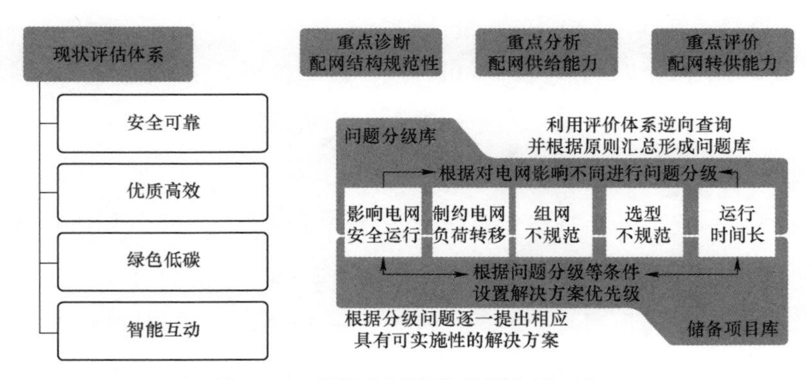

图 3－6　现状电网评估诊断主要工作

3. 多维度需求预测与分析

网格化建设改造工作基于电力需求预测展开，以分区和网格为单位充分发掘现代城市配电网特征，主要包括全方位掌握历史年负荷增长趋势、多维度分析多元化负荷特性和多类型建筑差异化用电需求等。

在掌握城市多维度负荷需求特性的基础上，根据城市基础控规资料及不同地块用电需求，采用多样化预测方法进行目标年空间负荷预测。预测过程中考虑地块开发程度以及电动汽车等多元负荷发展情况差异化开展，预测结果要同城市功能定位相匹配。

过渡年负荷预测在目标年负荷预测基础上，根据地块建设开发情况、业扩报装情况等进行分网格回推，实现由点及面、由远及近的过渡年预测。

城市配电网电力需求预测流程见图 3－7。

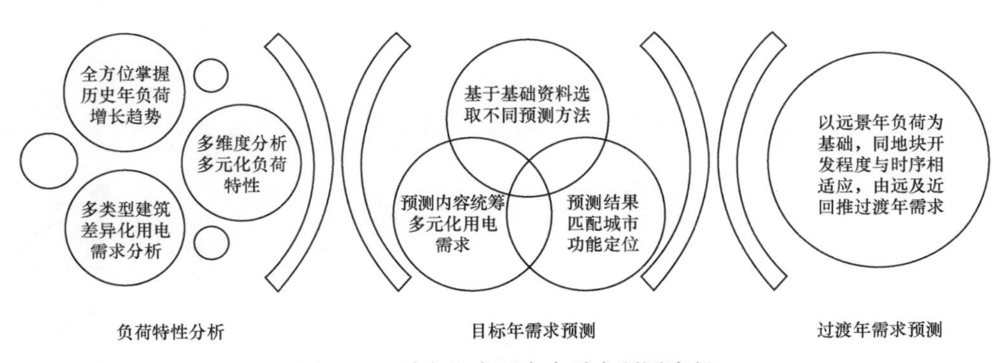

图 3－7　城市配电网电力需求预测流程

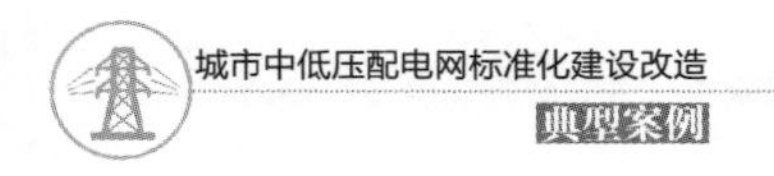

4. 目标网架构建

目标网架规构建应统筹考虑城市总规、区域控规、主网电源布局等上位发展建设成果，下级电网支撑上级电网布点、上级电网引导下级电网构建，考虑分级适配、远近衔接、差异化、标准化原则。

目标网架构建应基于网格化建设分区体系逐级展开，不同层级目标网架构建工作任务不同，目标网架构建流程示意见图 3－8，其中：

（1）在供电单元层面，应依据 DL/T 5729—2016《配电网规划设计技术导则》要求，确定供电单元接线模式和配置方案，以地区控制性详细规划为基础，在供电单元内合理设置开关站、环网室（箱）、配电室等设施布局，并构建满足地区可靠性需求的中压主干接线；

（2）在供电网格层面，应以高压配电网变电站布局、区域总体规划为指导，综合考虑标准接线全覆盖、有效满足变电站负荷转移需求以及高压变电站间隔资源高效利用等边界条件，对供电单元目标网架构建结果进行优化；

（3）在供电分区层面，综合考虑城市道路空间资源体系建设情况、输配各级电网对通道资源的需求，从一体化角度出发，以供电安全可靠、资源利用高效为原则，在供电区域范围内对目标网架构建结果进行优化。

最终形成结构规范、配置统一、安全可靠、经济高效、协调统一的区域中压配电网目标网架。

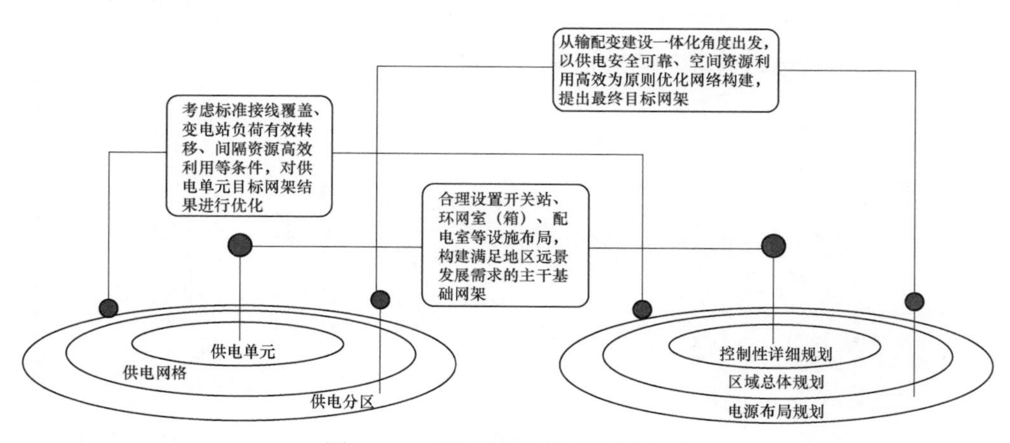

图 3－8　目标网架构建流程示意图

发展成熟程度不同的地区，其目标网架构建工作重心也有所不同，其中发

展成熟阶段配电网目标网架构建方案制定充分考虑区域负荷密度高、供电可靠性高、空间资源紧张的特点，立足现状电网，重点开展电网结构优化工作，坚持统一、规范、简单的原则，配电网接线方式趋于标准化，在运行方式、可靠性要求允许的前提下，消除复杂联络。

发展起步阶段配电网目标网架构建方案制定充分考虑区域负荷发展不确定性，立足搭建具有较强适应性的供电体系，主干线路布局尽可能利用道路通道资源；开关站、环网室（箱）布点充分考虑负荷发展，全面覆盖有效布局，有效争取电力设施建设空间资源。

5. 建设改造方案提出

建设改造方案提出应按照“基础项目库提出、一项多能整合、时间窗口排序”的流程逐步开展，其中：

基础项目库提出：以问题清单以及电网发展性、结构性、设备性等内部需求为依据，统筹考虑市政民生、安全生产等外部需求，以目标网架为引导，按照问题分级逐一提出解决方案、按照标准接线分供电单元提出优化方案、按照电源建设时序逐一提出配套送出方案，形成建设改造初步项目库。

一项多能整合：对基础项目库相关项目功能性进行逐一分析，以供电网格为单位考虑电网相互协调及项目方案对整体电网的影响，以解决最主要、最突出、最紧迫的问题为首要任务，以节约资源、减少停电次数、满足未来新增负荷为目标，在合理范围内、以最小的代价、最大限度兼顾网格内多项需求，同步解决网格内更多与之相关存在问题为原则，对具体项目进行一项多能整合与优化。

时间窗口排序：建设改造方案时序排定应以时间窗口为指导，对于初步项目库的具体项目开展解决问题严重程度、配套电源点建设时序、供电用户通电时间需求、相关市政配套建设完成时间等因素，建立该项目建设时间窗口，以时间窗口为单位对初步库进行排序，形成基于时间窗口的建设改造流程。

对于优化后的建设项目库，按照“一图一表一书”（地理接线图、项目需求明细表、项目需求建议书）要求进行方案说明编制，按优先级别分别纳入规划储备库。基于时间窗口的网格化建设改造方案提出流程示意见图3-9。

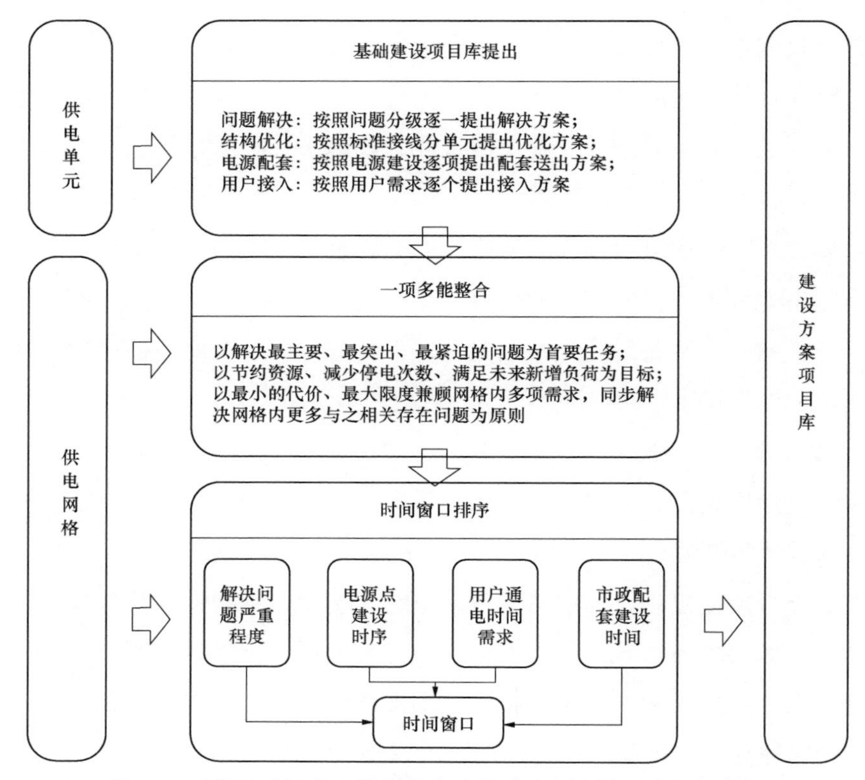

图 3-9　基于时间窗口的网格化建设改造方案提出流程示意图

6. 空间设施布局规划

基于目标网架构建方案，综合考虑多种因素在供电网格层面明确环网室（箱）以及主次干道排管资源需求，其中，以典型设计为基础开展环网室（箱）布局建设，以目标网架为基础开展道路排管建设，并跟踪道路建设情况，提出排管建设时间需求；在供电分区层面结合市政管线资源规划情况，整合电力设施布局规划结果，形成空间资源需求库，实现电网建设改造与其他市政规划的多规合一。并将成果纳入城乡总体规划或控制性详细规划。多规协调的空间设施布局规划提出流程示意见图 3-10。

7. 建设成效评价

建设成效分析重点对接建设目标要求，以网格为单位，测算各水平年各项指标结果评价核心指标满足程度；以网架构建结果为基础分析不同状态下的网架负荷转移能力，评价网架可靠性与运行灵活性；以成效为导向，评价年度实施方案对电网建设相关影响。

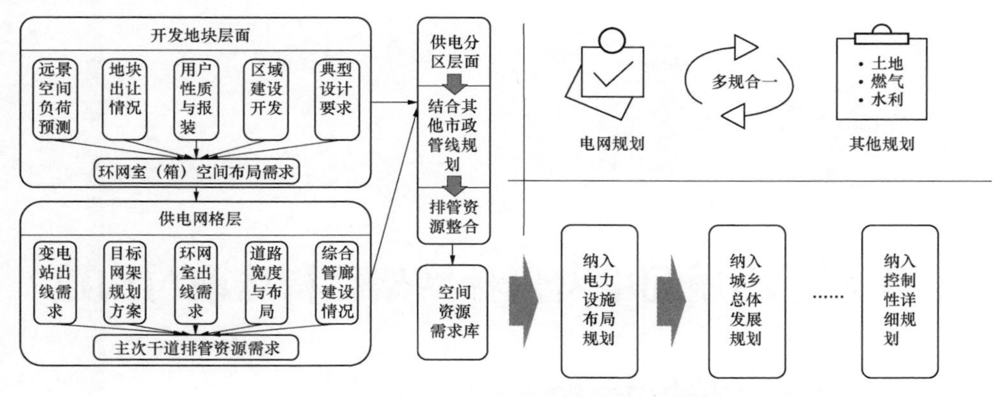

图 3－10　多规协调的空间设施布局规划提出流程示意图

第 4 章　中压配电网目标网架结构选取与构建

4.1　目标网架结构选取

4.1.1　目标网架结构特点

中压配电网目标网架典型接线方式有“电缆双环网”“电缆单环网”“架空多分段单联络”“架空多分段两联络”和“架空多分段三联路”五种方式，不同接线方式其结构与运行特点各有不同，主要特点如下。

1. 电缆双环网接线

电缆双环网是由 2 座及以上变电站不同主变的中压侧分别馈出 2 回中压电缆线路，经由若干环网室（箱）后分别形成两个并列单环构成主干环网，配电室由环网室（箱）出线供电，采用辐射式和单环网形成次级网络，与主干网共同构成电缆双环网。电缆双环网典型接线示意见图 4－1。

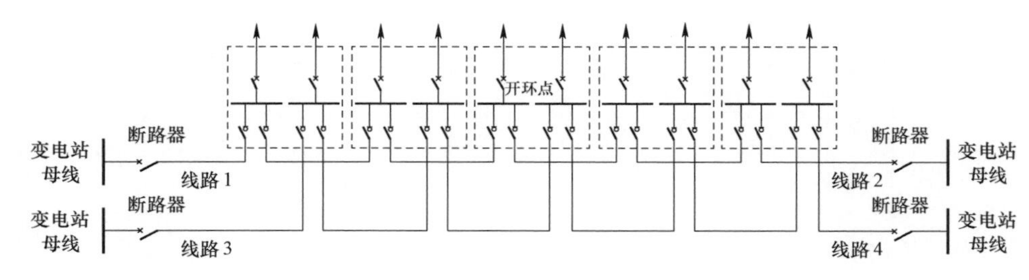

图 4－1　电缆双环网典型接线示意图

供电负荷：主干采用 ZC－YJV$_{22}$－400（300）电缆时，接线组供电总负荷控制在 15（13）MW 左右，接线组别线路满足 $N-1$ 要求。

环网室（箱）：电缆双环网接线组别内起分段、联络作用的环网室（箱）宜控制在5（10）座，可根据实际情况调整。

运行方式：合理设置常开开环点。当接线组中任一段线路故障，隔离故障点、闭合开环点开关，故障点后段负荷转供至联络线路，由另一侧电源供电。

2. 电缆单环网接线

电缆单环网是一般由变电站不同主变低压侧分别馈出1回中压电缆线路，经由若干环网室（箱）后形成单环结构作为主干网，两回线路应优先来自不同的高压电源，不具备条件时应来自不同的中压母线。配电室由环网室（箱）出线供电，采用辐射式和单环网形成次级网络，与主干网共同构成电缆单环网。电缆单环网典型接线示意见图4－2。

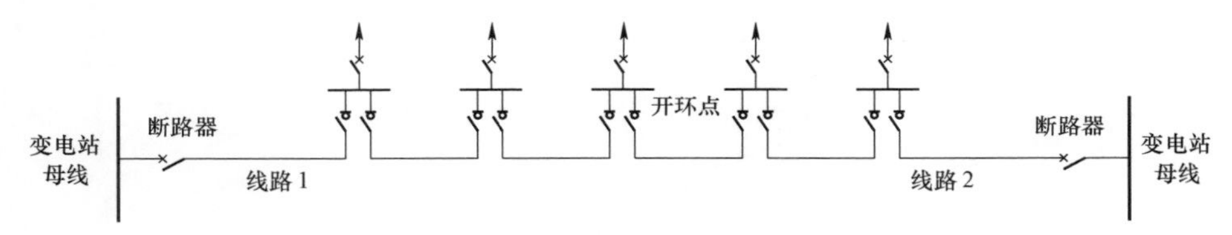

图4－2 电缆单环网典型接线示意图

供电负荷：主干采用ZC－YJV_{22}－400（300）电缆时，接线组供电总负荷控制在7.5（6.5）MW左右，接线组别线路满足$N-1$要求。

环网箱（室）：电缆单环网接线组别环入单母线环网箱（室）宜控制在6～7座，可根据实际情况调整。

运行方式：合理设置常开开环点。当接线组中任一段线路故障，隔离故障点、闭合开环点开关，故障点后段负荷转供至联络线路，由另一侧电源供电。

3. 架空多分段单联络接线

架空多分段单联络是通过一个联络开关，将来自不同变电站（开关站）的中压母线或相同变电站（开关站）不同中压母线的两条馈线连接起来。架空多分段单联络典型接线示意见图4－3。

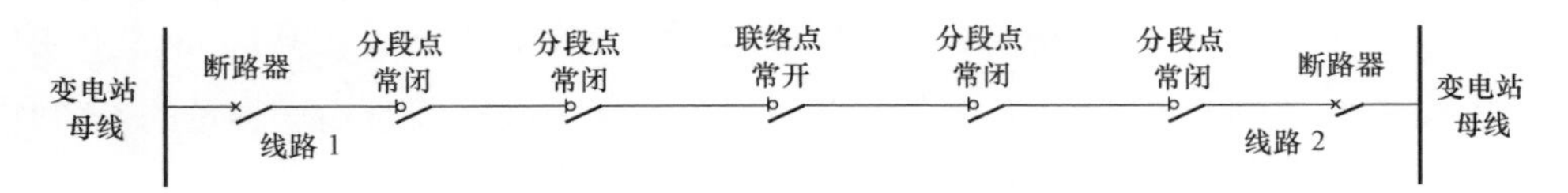

图4－3 架空多分段单联络典型接线示意图

供电负荷：接线组供电总负荷控制在接线组线路输送容量之和的50%以内；

单条线路供电负荷宜控制在线路输送容量的50%以内。

分段数：架空多分段单联络接线组别分段总数宜控制在4～8段，根据用户数量或线路长度可适度调整。

运行方式：合理设置常开联络点。接线组中任何一个分段故障，隔离故障分段、闭合联络开关，故障分段后段负荷转供至联络线路，由另一侧电源供电。

4. 架空多分段两联络、三联络接线

架空多分段适度联络结构是通过2～3个联络开关，将一条中压线路与来自不同变电站（开关站）或相同变电站不同母线的其他两条中压线路联络，任何一个区段故障，均可通过联络开关将非故障段负荷转供到相邻线路，线路分段点的设置应随网络接线及负荷变动进行相应调整。架空多分段两联络、三联络典型接线示意见图4－4。

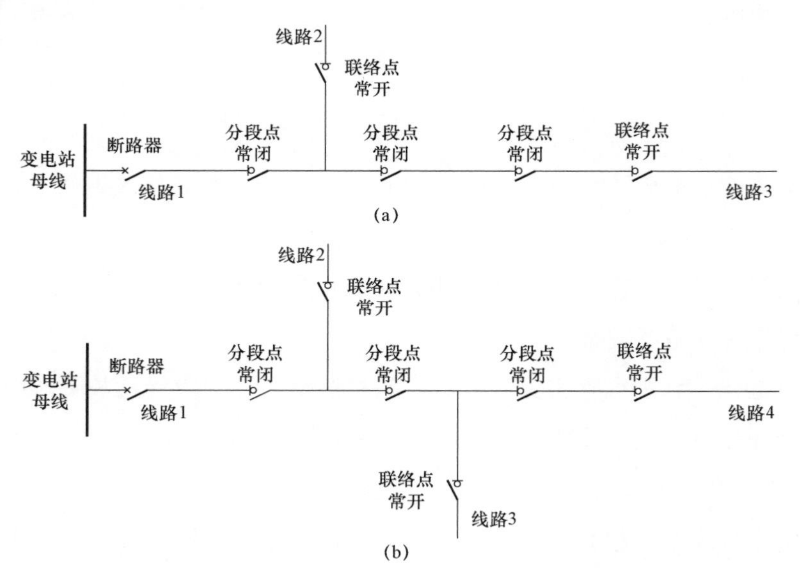

图4－4　架空多分段两联络、三联络典型接线示意图
（a）多分段两联路；（b）架空多分段三联路

供电负荷：接线组供电总负荷控制在接线组线路输送容量之和的66.7%（两联络）、75%（三联络）以内；单条线路供电负荷宜控制在线路输送容量的66.7%（两联络）、75%（三联络）以内。

分段数：架空多分段两联络或三联络接线组别中单条线路分段数不宜超过4段，可根据用户数量或线路长度可适度调整。

运行方式：合理设置常开联络点。接线组中任何一个分段故障，隔离故障分段、合理判断并闭合联络开关，故障分段后段负荷转供至联络线路，由另一侧电源供电。

4.1.2 目标网架结构技术经济分析

典型接线方式选择过程中将接触到网络规模计算、供电可靠性计算、建设经济性等多项内容，通过综合分析研究不同类型供电区内不同类型接线方式的适应性，分析过程中将不同接线方式拆简为最基本的单元，利用可靠性、经济性等多种模型进行计算，最后将计算结果转化为可对比的数据参数，通过对比分析并选取适应当地特点的典型目标接线方式。

1. 多种模型原理介绍

（1）配电网规模计算分析。对于不同类型供电区典型接线方式选择不仅考察单一环网结构相关运行参数，同时还需考虑组成一定规模的网络后其相关运行参数情况，且同一负荷密度下，不同接线方式由于其运行参数有所差异，因此网络规模也有所不同，直接影响到配电网建设投资，故在各项指标参数分析之初，首先需进行网络规模计算，确定计算模型实际网络规模，为此设计了配电网规模计算分析模块。其分析计算方法如下：

1）网络规模计算：在边界条件设置完成之后，即可进行配电网规模计算，计算过程中考虑资源利用率最大化原则，即变电站、线路供电负荷不超过正常方式输送限额的前提下，尽可能将资源全部利用。

2）计算结果修正：由于规模计算采用利用率最大化方式，初步计算结果中会出现一定异常现象，如变电站负载不平均，线路分布均衡度差异较大等，可通过人工对其进行局部调整，形成最终计算结果。

配电网规模分析计算主要分析不同负荷密度，不同接线方式下和出线回路数、变电站供电范围等，计算过程中首先利用供电半径与变电站间距确定变电站供电范围，其中供电半径按照以下公式计算

$$r=\sqrt{\frac{P}{\pi k_p}} \tag{4-1}$$

式中 r——供电半径，km；

P——变电站所能供出的最大负荷，MW；

k_p——不同负荷密度，MW/km²。

变电站间距按照以下公式计算

$$D=2r \tag{4-2}$$

模型电网各个变电站供电范围按照以下方式计算

$$S_{sqr}=DD \tag{4-3}$$

在明确变电站与模型电网供电范围后，根据负荷密度不同计算变电站出线规模，作为后续网架搭建的基础。变电站出线规模按照以下公式计算

$$N=\frac{P}{k_k P_l} \tag{4-4}$$

式中 P——变电站供区负荷，MW；

P_l——线路最大负荷，MW；

k_k——系数，不同组网模式下，取值不同。如：单辐射取 1；“手拉手”取 0.5；三分段三联络取 0.75。

（2）可靠性计算模型。可靠性计算模型目前使用较为广泛，并已经实践证明比较切合实际，能够反映配电系统结构和运行特性的是以元件组合关系为基础的故障模式后果分析法。故障模式后果分析法（FMEA）首先列出系统全部可能的状态，以段作为负荷转移的最小单位，以每一个线路元件为对象，分析每一个基本故障事件及其后果，然后利用元件可靠性数据，如故障率、故障恢复时间等，选择某些合适的故障判据对系统的所有状态进行分析，建立故障模式后果表，查清每个基本故障事件及其后果，然后加以综合，求出系统的可靠性指标。

数学描述从分析一次故障事件入手。首先，发生故障，开关拉闸，查找故障所在段。然后，故障段隔离，进行故障排除，开关闭合。故障段之前负荷由母线恢复供电；其余部分负荷与故障事件相关联的停运时间，在负荷能转移到联络线时等于联络开关操作时间，在负荷不能转移时则等于元件故障排除时间。

馈线上可能有变压器、开关、线路三类元件故障，考虑一段上所有可能出现的故障事件，结合元件可靠性数据，得到一段上（假设为第 k 段）所有故障事

件引起的用户停电持续时间

$$CID_k = \sum_{N=1}^{3} [M_N \lambda_N \times (C_1 t_a + t_N + C_2 t_b)] \tag{4-5}$$

式中 M_N——段上第 N 类元件数（线路取平均分段长度，km；用户变压器取台数，台；开关取台数，台）；

λ_N——第 N 类元件的故障率，次/（km•年）、次/（km•年）；

C_1——故障段之前能由母线恢复供电的所有用户数之和，km；

t_a——出线开关、分段开关操作时间，h；

t_N——第 N 类元件故障排除时间，h；

C_2——故障段之后能由联络线恢复供电的所有用户数之和，户；

t_b——联络开关操作时间，h。

以此逐一计算馈线中各段的停电时户数，得到一整条馈线的停电时户数，进而得到变电站及整个配电网的停电时户数，以元件组合关系为基础的故障模式后果分析法的指标。可靠性计算流程示意见图 4－5。

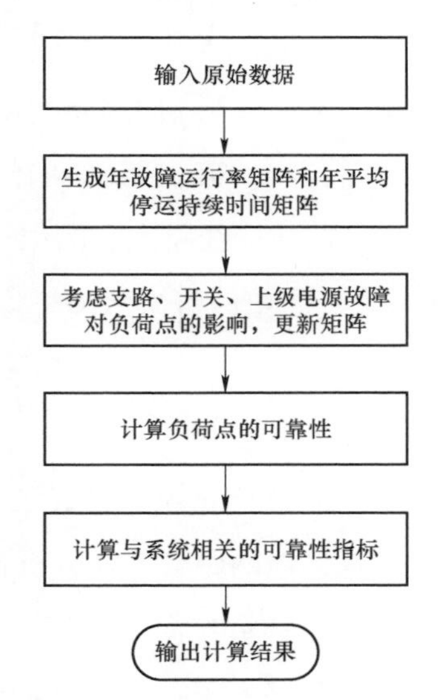

图 4－5 可靠性计算流程示意图

采用故障模式后果分析过程中，首先需要假定一定的边界条件。在此范围内，分析不同负荷密度、不同接线方式下，可靠性计算结果的变化情况。基本假设条件如下：

不考虑设备定期检修试验、施工扩建、用户申请停电、外部影响等因素停电，只考虑故障抢修停电；

任何故障，无论是单相或其他故障都将断开三相，即任何故障都将断开断路器；

当线路中某一部分发生故障时，输电线路的修复是在故障后及时进行的，当修复完毕后，立即投运；

忽略恶劣气候等不可预知的因素影响。

可靠性计算模型计算分析时，先从样本模型中提取若干线路及其所构成的环网结构，将其设备及运行数据采集计算模块分析系统，然后对采集样本进行相关可靠性指标计算，以典型线路及环网供电可靠性为基础，采用概率分析法推算整个样本模型供电可靠性，计算指标包括：

1）分段线路的停电时间 T_i。

$$T_i = Lf_m T_m + L_i f_f T_f \tag{4-6}$$

式中 T_i——i 分支所在主干线的停电时间，h；

f_m——主干线故障率，次/（km•年）；

T_m——主干线故障修复时间，h；

L_i——i 段分支线的长度，h；

f_f——分支故障率，次/（km•年）；

T_f——分支故障修复时间，h。

2）配电网供电可靠率 *ASAI*（Average Serverice Availability Index）。

$$ASAI = \left(1 - \frac{\text{用户平均停电时间}}{\text{统计期间时间}}\right) \times 100\% = \left(1 - \frac{\sum N_i T_i}{8760 N_{总}}\right) \times 100\% \tag{4-7}$$

式中 N_i——第 i 段线路的用户数，户；

T_i——第 i 段线路的停电时间，h；

$N_{总}$——线路上总的用户数，户。

3）配电网每次故障平均持续时间 *SAIDI*。

$$SAIDI = \frac{\sum(\text{故障停电时间})}{\text{故障停电次数}}(\text{h / 次}) = \frac{\sum N_i T_i}{N_{总}} \tag{4-8}$$

可靠性计算模型设置了如下参数：电网元件的可靠性参数、负荷密度、配电网网格电网参数。在分析计算开始之前，先检查设置基本参数。可靠性方面：在可靠性计算方面需要设置架空线、电缆、主干线、分支线、负荷开关、分段开关、联络开关、环网站、开关站等设备的故障率，平均修复时间，隔离开关操作时间、备自投动作时间、线路用户配电变压器规模等。

变电站部分：这一部分主要设置变电站数量、容量规模、变电站负载率等。

线路部分：该部分主要设置目标网架中常用的几类不同型号线路的限额电流、输送功率等。

电网元件的可靠性参数设置见表 4–1 和表 4–2。

表 4－1　　电网元件的可靠性参数设置

设备类型	故障率		平均修复时间（h）	操作时间（h）
	单位	值		
电缆	次/（km·年）	0.032 4	6	
架空	次/（km·年）	0.12	3.35	
出口断路器	次/（台·年）	0.001	7.5	1.5
配电变压器	次/（台·年）	0.05	6	
开关站（环网单元）	次/（台·年）	0.009 2	12	
分段或联络开关	次/（台·年）	0.012 4	4	1

表 4－2　　电网元件的可靠性参数设置

变电站部分	变电站规模			
	台数	容量（MVA）	负载率	地形系数
	3	50	0.5	1.3
线路部分	线路型号	载流限额（A）	—	
	YJV22－300	481		
	YJV22－400	539		
	LGJ－185	400		
	LGJ－240	480		

（3）电网建设经济性分析模型。电网建设经济性分析，在电网单位设备造价基础上，根据所构建模型电网计算规模，测算总体建设投资，在此基础上根据模型电网实际供出负荷总量，测算单位负荷建设投资。可以将整个计算过程分为三个部分，即电网建设投资、停电损失以及单位负荷投资。

1）电网建设投资计算。本次电网建设投资计算以单条线路沿线中压配电网建设产生投资为基础，再根据不同负荷密度下电网规模差异，进行总体测算，具体公式如下

$$Z_L = (L_k C_0 + C_d + N_f C_f) \times N \tag{4-9}$$

式中　L_k——主干线长度，km，考虑线路的地形系数，乘以 1.3。

C_0——单位长度的线路投资，万元/km。

C_d——出口断路器的投资，万元/台。

N_f——线路的分段开关数，台。

C_f——分段开关的投资，万元。架空线路的分段开关为负荷开关，电缆线

路的分段开关为主馈线上的环网室（箱）。

N——变电站不同接线模式下的出线回路数。

2）停电损失计算。配电系统的停电损失分为直接经济损失和间接经济损失，前者即为电力部门因为系统停电而减少的经济效益，后者即为停电造成的社会影响所引起的经济损失。计算停电损失（又称缺电成本）的方法有多种，它们大多是建立在对用户进行详细调查的基础上，这种调查的实施难度较大且所得数据的准确性也较差。本书基于产电比的概念来计算配电系统的停电损失。产电比是指某一时期（年）某一地区内国民生产总值（GDP）与所消耗电能的比值（元/kWh），它描述了某一时期（年）某一地区内单位电能所创造的经济效益，是对电能货币价值的一种社会度量。本次模型计算过程中采用以下公式进行停电损失计算。

$$C_s = \alpha kP \times SAIDI \times (a + k) \tag{4-10}$$

式中 P——线路所带的最大负荷，MW（注意：不同组网模式下线路所允许带的最大负荷不同）；

$SAIDI$——系统平均停电持续时间，h；

a——电力企业的综合售电收益，即电力企业的供电纯利润，元/kWh，它是售电价与企业供电成本的差值，即直接停电经济损失；

k——产电比，即间接经济损失；

α——不同组网模式下的系数，手拉手模式的系统为 0.5；三分段三联络的系数为 0.75，不同联络数目，该系数不同。

3）单位负荷投资。在得到不同负荷密度下不同组网模式构建的模型电网总体投资与停电损失的基础上，根据以下公式，进行单位负荷投资计算

$$C = (Z_L + C_s) / P \times 10\,000 \tag{4-11}$$

2. 典型目标接线方式的技术经济计算结果

一般来讲联络与分段是表征中压配电网接线方式的重要指标，在研究过程中从接线方式中联络与分段数入手，由少至多逐一进行匹配分析，并将分析结果进行汇总对比，既在一个确定的负荷密度区间内，由无分段无联络开始，逐步改变组网模式联络与分段数量，得到一系列与之相关的匹配计算结果，以此作为典型接线方式特征的分析基础。根据前文相关模型计算出不同负荷密度线电网结构在变化过程中相关指标变化，具体见表 4－3。

表 4-3　　不同负荷密度下不同接线方式可靠性与经济性指标变化表

序号	负荷密度（万 kW/km^2）	计算指标	单分段无联络	两分段单联络	三分段单联络	四分段单联络	两分段两联络	三分段两联络	三分段三联络	四分段二联络	四分段三联络	四分段四联络	五分段四联络	六分段四联络	电缆单环网	电缆双环网
1	0.6	供电可靠率（%）	99.941	99.973	99.982	99.986	99.979	99.984	99.986	99.987	99.988	99.990	99.991	99.992 0	99.991 8	99.991 2
2	0.8		99.944	99.974	99.983	99.987	99.980	99.985	99.987	99.988	99.989	99.990	99.991	99.992 0	99.993 8	99.991 7
3	1		99.946	99.975	99.984	99.987	99.980	99.985	99.987	99.988	99.989	99.990	99.992	99.993 0	99.994 9	99.993 5
4	1.2		99.948	99.976	99.984	99.988	99.980	99.986	99.987	99.988	99.989	99.990	99.992	99.993 0	99.995 2	99.993 8
5	1.4		99.949	99.977	99.985	99.988	99.981	99.986	99.988	99.989	99.990	99.991	99.992	99.993 0	99.998 3	99.997 9
6	1.6		99.950	99.977	99.985	99.989	99.981	99.986	99.988	99.989	99.990	99.991	99.992	99.993 0	99.999 1	99.999 1
7	1.8		99.951	99.978	99.985	99.989	99.981	99.986	99.988	99.989	99.990	99.991	99.992	99.993 0	99.999 1	99.999 1
8	2		99.952	99.978	99.986	99.989	99.981	99.987	99.988	99.989	99.990	99.991	99.992	99.993 0	99.999 3	99.999 3
9	2.2		99.953	99.978	99.986	99.989	99.981	99.987	99.988	99.989	99.990	99.991	99.992	99.994 0	99.999 5	99.999 3
10	2.4		99.953	99.978	99.986	99.989	99.981	99.987	99.988	99.990	99.990	99.991	99.992	99.994 0	99.999 4	99.999 4
11	2.6		99.954	99.979	99.986	99.989	99.982	99.987	99.988	99.990	99.990	99.991	99.993	99.994 0	99.999 3	99.999 4
12	2.8		99.954	99.979	99.986	99.990	99.982	99.987	99.988	99.990	99.990	99.991	99.993	99.994 0	99.999 2	99.999 5
13	3		99.955	99.979	99.986	99.990	99.982	99.987	99.988	99.990	99.990	99.991	99.993	99.994 0	99.999 1	99.999 7
14	3.2		99.955	99.979	99.986	99.990	99.982	99.987	99.988	99.990	99.991	99.991	99.993	99.994 0	99.999 0	99.999 7
15	3.4		99.955	99.979	99.987	99.990	99.982	99.987	99.988	99.990	99.991	99.991	99.993	99.994 0	99.999 0	99.999 5
16	3.6		99.956	99.979	99.987	99.990	99.982	99.987	99.988	99.990	99.991	99.991	99.993	99.994 0	99.999 0	99.999 5
17	3.8		99.956	99.980	99.987	99.990	99.982	99.987	99.989	99.990	99.991	99.991	99.993	99.994 0	99.998 9	99.999 5
18	4		99.956	99.980	99.987	99.990	99.982	99.988	99.989	99.990	99.991	99.991	99.993	99.994 0	99.998 7	99.999 5

续表

序号	负荷密度（万 kW/km^2）	计算指标	单分段无联络	两分段单联络	三分段单联络	四分段单联络	两分段两联络	三分段两联络	三分段三联络	四分段二联络	四分段三联络	四分段四联络	五分段四联络	六分段四联络	电缆单环网	电缆双环网
19	0.6	单位建设投资（万元/kW）	210.23	453.77	479.4	504.91	408.35	430.08	379.26	464.46	398.33	332.15	332.07	364.02	2107	2421.84
20	0.8		184.06	401.74	427.34	452.86	362.83	384.58	340.17	418.89	359.25	299.56	299.48	331.43	2044.13	2234.63
21	1		166.8	367.39	392.98	418.5	332.78	354.55	314.38	388.81	333.45	278.05	277.97	309.92	2036.64	2111.08
22	1.2		153.19	340.33	365.91	391.43	309.11	330.89	294.05	365.11	313.13	261.1	261.03	292.98	1951.95	2013.73
23	1.4		143.77	321.6	347.17	372.69	292.72	314.51	279.98	348.7	299.05	249.37	249.29	281.25	1945.32	1946.34
24	1.6		134.87	303.91	329.47	354.99	277.25	299.04	266.69	333.21	285.77	238.29	238.21	270.17	1898.94	1882.69
25	1.8		128.07	290.38	315.94	341.46	265.41	287.21	256.52	321.36	275.6	229.81	229.74	261.69	1875.6	1834.02
26	2		122.31	278.93	304.48	330	255.4	277.2	247.92	311.33	267	222.64	222.57	254.53	1859.77	1792.84
27	2.2		117.6	269.57	295.11	320.63	247.2	269.01	240.89	303.13	259.97	216.78	216.71	248.66	1830.45	1759.14
28	2.4		113.94	262.28	287.82	313.34	240.83	262.64	235.41	296.75	254.5	212.22	212.14	244.1	1807.65	1732.93
29	2.6		109.75	253.96	279.49	305.02	233.55	255.36	229.16	289.46	248.24	207	206.93	238.88	1781.59	1702.98
30	2.8		106.09	246.67	272.21	297.73	227.18	248.99	223.69	283.08	242.77	202.44	202.37	234.32	1758.79	1676.77
31	3		103.48	241.47	267	292.52	222.62	244.44	219.78	278.52	238.86	199.18	199.11	231.06	1742.5	1658.05
32	3.2		100.34	235.22	260.75	286.28	217.16	238.98	215.09	273.05	234.17	195.27	195.2	227.15	1722.96	1635.59
33	3.4		98.24	231.06	256.59	282.11	213.52	235.34	211.96	269.4	231.05	192.66	192.59	224.55	1709.93	1620.61
34	3.6		95.63	225.86	251.38	276.9	208.97	230.79	208.05	264.85	227.14	189.4	189.33	221.29	1693.64	1601.89
35	3.8		93.53	221.69	247.22	272.74	205.33	227.15	204.92	261.2	224.01	186.79	186.73	218.68	1680.61	1586.91
36	4		91.96	218.57	244.09	269.62	202.59	224.42	202.58	258.46	221.67	184.84	184.77	216.72	1670.84	1575.68

对于架空接线在同一负荷密度下，联络数量一定的基础上，随着分段的增加，供电可靠性也随之增加，但当分段数超过 5 段以后，供电可靠性增幅明显下降，但其电网建设投资增幅不变。在同一负荷密度下，供电可靠性随着联络数量增加而同步上升，从无联络到有联络变化最为明显，之后随着联络数的增加，可靠性增幅逐步下降，超过 3 个联络之后增幅下降较更为明显。电缆双环接线与单环接线可靠性在受到负荷密度影响，当负荷密度在 $10MW/km^2$ 以内时，电缆单环网与双环网可靠性基本相同，随着负荷密度增加电缆双环供电可靠性逐步高于电缆单环可靠性，当负荷密度超过 $20MW/km^2$ 以后，电缆双环网对高密度地区适应性逐步凸显。

4.1.3 目标网架结构适应性选取

从目前中压配电网建设发展形势看，标准化建设、规范化管理是必然的趋势，配电网网架构建作为指导电网建设发展关键性依据，需要明确接线方式选择。根据电网建设与发展需求提出典型接线方式选择标准。对于电网网架接线方式选择应遵循“统一标准、完善存量、规范增量、经济适用”四个方面原则，具体如下。

统一标准：明确各类接线方式结构、设备配置、规模控制及运行方式等标准，以典型接线方式为标准，以标准接线覆盖率为指标，推进网架结构优化，同一区域（网格）规范至同一种接线方式。

完善存量：对于现状发展成熟地区配电网目标网架接线方式选择以适应性为基础，接线方式选择考虑可操作性，对存量电网以沿用现有接线方式，优化与规范为主。

规范增量：对于增量配电网接线方式选择考虑区域建设发展需求，以投资界面为选择基础，同时确保后续建设应按照标准化典型接线方式予以推进。

经济适用：对于接线方式选择应考虑建设过程中的合理过渡与建设改造经济性。

基于本章不同负荷密度下不同网架结构可靠性计算结果，在技术原则统一指导下，对不同类型供电区推荐以下几类接线方式。供电区域类型的网架结构方式一般性选择推荐见表 4－4。

表 4-4　　供电区域类型的网架结构方式一般性选择推荐

典型电网结构	A+	A	B	C
架空多分段三联路			√	√
架空多分段两联络			√	√
架空多分段单联络			√	√
电缆双环网	√	√	√	
电缆单环网	√	√	√	√

4.2 目标网架结构构建

配电网网架结构优化方案应基于近中期电力需求预测，以目标网架构建结果为指导，根据供电单元成熟程度不同，按照区域内变电站建设时序，统筹变电站间资源分配，对城市建成区、城市新区采用差异化策略。

4.2.1 建成区目标网架构建

城市建成区道路交通体系已经完善，区域发展成熟，土地利用基本处于饱和状态，负荷发展相对较慢，电网已经发展成熟。其配电网基本覆盖整个区域，存在部分区域网架结构不清晰、供电区域交叉等问题。

城市建成区整体配电网结构优化应立足于现有网架，对于已形成标准接线的供电单元，应按供电区域的建设目标，进一步优化网架，合理调整分段，控制分段接入容量，提升联络的有效性，加强变电站之间负荷转移，逐步向电缆环网、架空多分段适度联络的目标网架过渡。对于网架结构复杂、尚未形成标准接线的区域，应按目标网架结构，适度简化线路接线方式，取消冗余联络及分段，逐步向标准接线建设改造。

优化过程中充分利用“分区、网格、单元”的分区体系，通过合理划分过渡期供电单元、差异化制定优化策略和有效衔接目标网架等手段开展城市建成区网架优化方案。

1. 网架过渡优化供电单元分类及划分

城市建成区中压网架优化工作以供电单元为单位展开，首先将供电单元内

的网架结构同目标网架进行对比，根据一致程度将供电单元分为目标接线单元、过渡接线单元和交叉供电单元三种类型。其中：

1）目标供电单元，单元内 10kV 电网已经实现目标接线且供区不存在交叉。

2）过渡供电单元，其供区范围同目标网架保持一致，但网架结构尚未实现目标网架。

3）交叉供电单元，供电单元边界与目标网架供区不一致，网架结构也未实现目标网架。可分为非典型接线和跨区供电接线两种情况。

作为网架优化的重要依据，合理进行过渡阶段供电单元划分是后续工作开展的基础，本书提出通过主干层辨识、"一看、二找、三调整"的方式进行过渡期供电单元的划分。

（1）主干层辨识。

主干层由主环节点［开关站、环网室（箱）］、主干线路等构成。主干层辨识是网架构建的重要部分，后续网架结构的优化将主要在被认定的主干线当中实施，为下一步网架切割重组提供重要依据。

1）主环节点辨识。

将具备下列性质的环网节点作为主环节点：

a. 位于线路唯一联络通道（结合地理图）；

b. 多条联络通道情况下，优选站间联络通道；

c. 环网节点出线总装见容量在 3MVA 以上；

d. 环网节点出线含有重要用户。

主环节点辨识过程中对节点性质一并予以定位，即明确今后网架优化与改造过程中该节点作为环网室或开关站存在。

2）主干线路辨识。

以主环节点为基础辨识主干线路路径，辨识中考虑线路联络方向、供电区域分布等因素，通过辨识明确现状配电网主干线路走向以及线路基本供电区域，通过辨识避免大容量节点在网架优化初期被排除出主干线路路径。一般认为具备以下特征的线路作为主干线路：

a. 由变电站或开关站馈出、承担主要电能传输与分配功能线路。

b. 具备联络功能的线路段。

c. 串接主环节点的线路段。

通过主干线路路径辨识，明确主干线路走向，同时避免大容量支线被排除在外，导致后续网架优化时产生问题，也为后续结构调整打下基础。

（2）供电单元划分。

将供电单元划分作为网架构建的重要手段，通过灵活应用供电单元，以点带面、自下而上地优化与构建各阶段网架。本次提出“一看、二找、三调整”的供电单元划分方法。

一看，看变电站布点及中压主干线路路径，进行接线组的划分。在主干层辨识结果的基础上，结合电源布局，以运行经济、结构清晰为依据，将现有网架划分为若干接线组，作为供电单元边界划分的前提。

二找，找接线组主供区域。依据接线组划分结果，查找各主环节点的供电范围，整合为供电单元的区域范围，形成供电单元初步划分结果。

三调整，调整优化供电单元供区范围，完成供电单元划分。基于供电单元的初步划分结果，结合后续建设改造过程中面临的实际情况，再对其调整优化，最终完成供电单元划分。

2. 不同类型供电单元网架优化策略

按照供电单元分类，秉承“成熟一批、固化一批”的建设改造思路，针对不同、差异化开展供电单元内的网架优化工作。其中：

（1）目标供电单元，原则上不再安排网架调整的建设改造方案，只考虑设备技术改造及用户接入工程，用户接入工程应严格遵循该供电网格典型接线方式要求，避免形成新的不规范结构。

（2）过渡供电单元，优先考虑在供电单元内部简化网架结构并逐步过渡至目标网架，原则上不再考虑供电单元间新增联络。

（3）交叉供电单元，建设改造方案应以供电单元为实施界限，原则上不再考虑同周边供电单元形成联络。对于供电单元内的复杂联络，以目标网架为指导分析优化改造的实际需求，规范建设标准、强化主干线路。

3. 复杂联络接线网架优化方案制定策略

对于现状存有的非典型接线应以过渡接线单元划分为依据，逐步简化单元内配电网线路联络方式和层级结构，主要工作有以下几个方面：

（1）优化联络节点、拆解冗余联络。

根据线路负荷分布情况，合理优化联络点位置，单一分段内有两个以上联络点或全线有三个以上联络点。结合变电站新出线工程和用户接入工程逐步向标准化方向过渡，不同接线之间的交叉联络、主干辨识后定义的分支联络应逐步予以解开。优化联络节点、拆解冗余联络示意见图4－6。

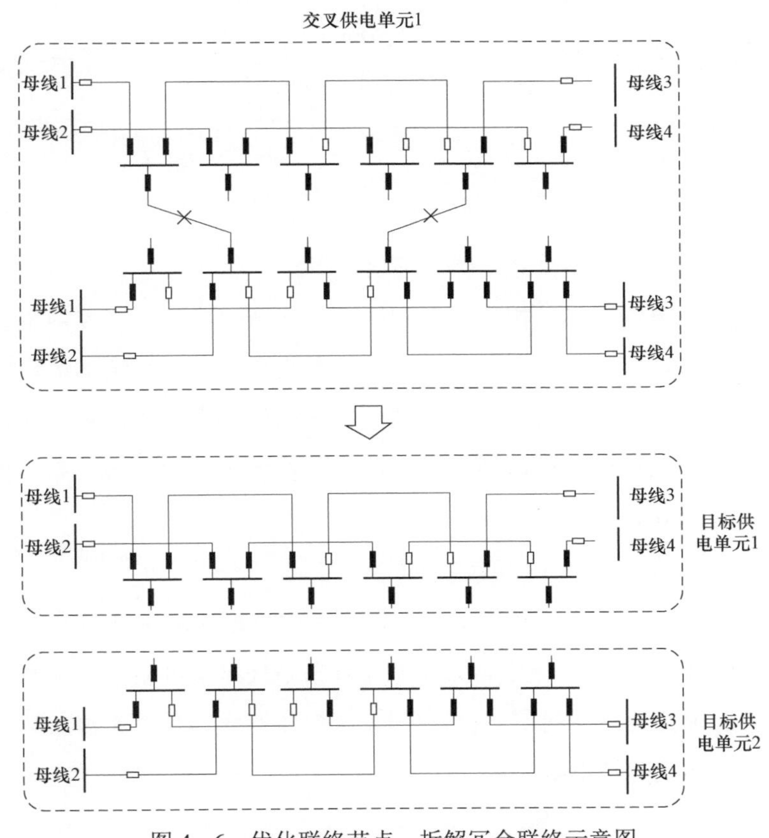

图4－6　优化联络节点、拆解冗余联络示意图

（2）合理选择电源、控制节点容量。

合理选择供电单元的上级电源，避免出现交叉、迂回供电，减少同站联络，提升配电网运行灵活性和负荷转移能力。合理设置或调整分段点或环网室（箱）接入容量，缩小因故障导致的停电范围。

（3）提升资源利用效率、优化网架结构。

优化过程中还可以目标网架为引导，进行存有复杂联络的交叉供电单元（供电变电站）的间隔资源利用效率进行分析，优先对占用电力资源过剩的单元进行网络优化，理出多余的电力资源。调整资源过剩地块电力资源与资源匮乏的单元线路联络构成标准接线。提升资源利用效率、优化网架结构示意见图 4－7。

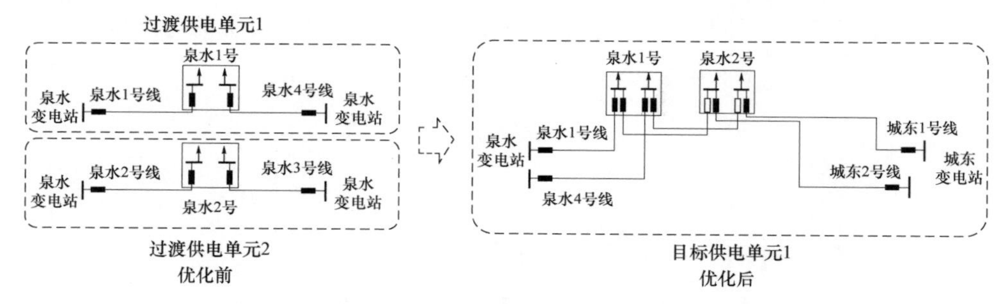

图 4－7　提升资源利用效率、优化网架结构示意图

（4）差异化处理联络关系、优先强化主干。

对于复杂的电缆网络结构，通过利用主干层辨识结果，过渡网架优化改造方案提出时，可以优对辨识之后的主环节及其相关线路进行结构优化，其他非主环节点暂时不做调整。后期随着区域内各目标环逐步成型，对次要联络环网点逐步进行解环以形成标准单环网或双环网。差异化处理联络关系、优先强化主干示意见图 4－8。

（5）规范增量接入、保持网架标准。

对于供电单元内部今后新增用户，优先考虑就近接入主环节点（节点控制容量未超标的情况下），如无法接入按照主环节点控制标准新建主环节点，按照标准接线方式单独设立环网室（箱），对于架空线路大容量可考虑新架设线路，即增量电网严格按照标准接入。

4.2.2　新区目标网架构建

城市新区总体发展规划明确，远景负荷明确，区域内负荷发展速度较快，是近期主要的负荷增长点，配电网表现为现状配电网初具规模，但仍处于成长期，架空电缆混供现象严重、网架结构薄弱情况突出。

城市新区配电网建设可按照政府建设时序一次性成型，在固化现有线路运行方式的基础上，结合变电站资源、用户用电时序、市政配套电缆沟建设情况、中压线路利用率等因素按照投资最小、后期建设浪费最少的原则逐步向目标网架过渡。

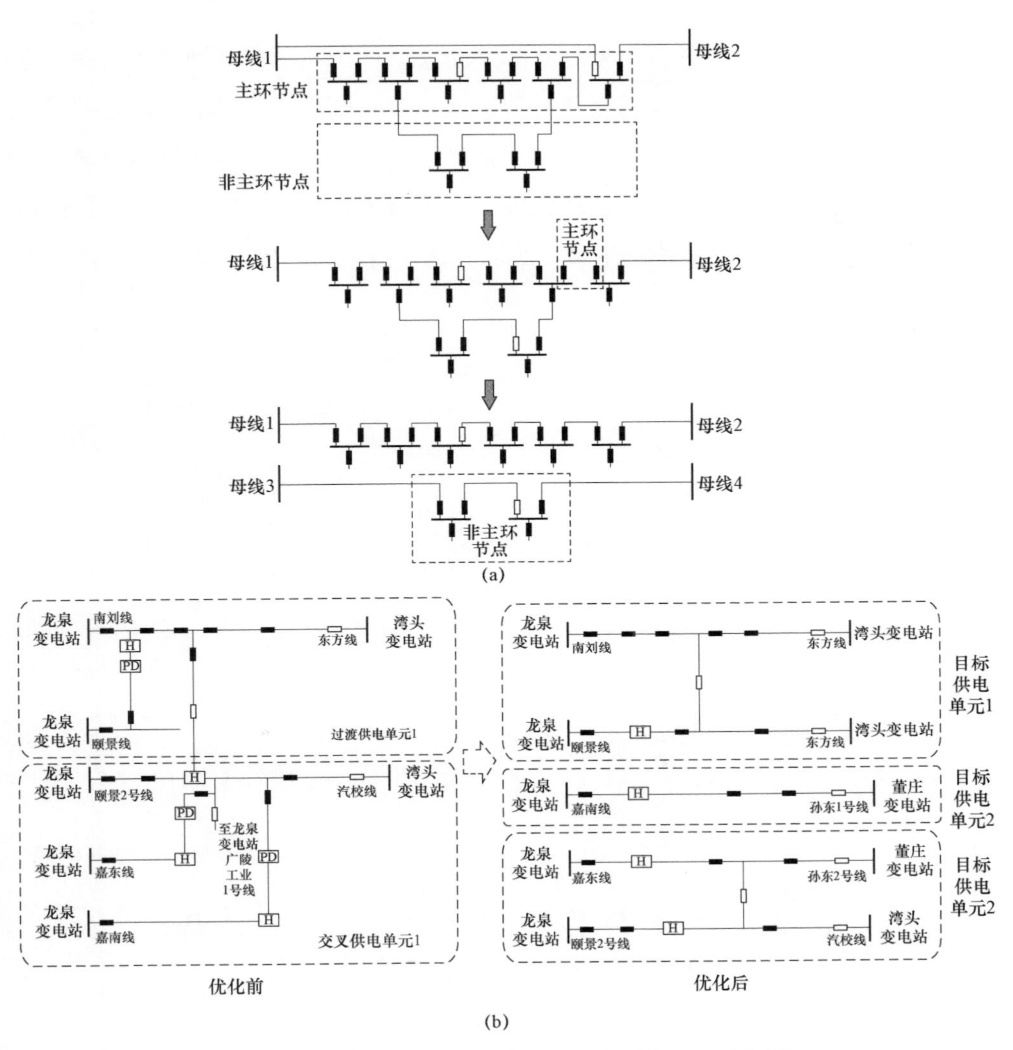

图 4－8 差异化处理联络关系、优先强化主干示意图

（a）电缆网；（b）架空网

对于采用电缆网接线的城市新区，网架建设完全按照典型供电模式标准化推进，在初期电源不足的情况下，按照“先有网后有荷”的思路，先构建标准的环网长链或 T 型接线，后续随着供电电源的完善，逐步进行网架切割，由标准长链变为标准短链。以双环接线为例，介绍城市新区部分网架优化方法。

1. 双环长链优化向短链优化方案

城市新区建设初期由于负荷发展水平、电源布局等因素影响，无法一次性建成目标网架，过渡期网架建设时主干环网路径可参考目标网架地理走向，结合区域用户开发以及后续变电站布置合理布局，主干环网在满足运行安全可靠性的前提下，尽可能覆盖有供电需求的区域。当区域负荷逐步增长，环网线路供电能力不能满足需求时，根据目标网架典型接线方式，结合新建变电站送出工程，有针对性的开断已建成双环长链，形成两个或多个双环短链，满足供电需求同时也负荷目标网架构建结果。双环长链开断示意见图 4-9。

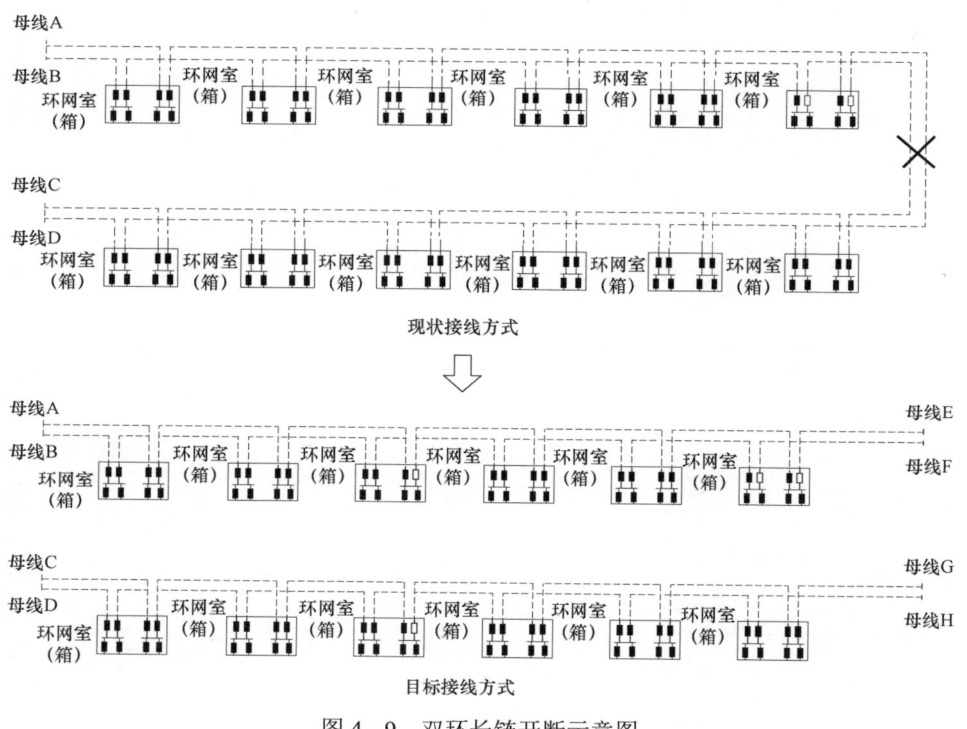

图 4-9　双环长链开断示意图

双环长链开断到双环短链的方式，对城市新区配电网发展有较强的适应性，通过主干环性按照标准接线一次性建成，一方面在城市建设发展初期已经按照目标网架获取了相关通道资源，基础设施建设投入资本最小，另一方面用户接入均按照目标网架一次性建成，以较高的供电可靠性持续满足用户需求，后续网架结构优化、切改仅涉及变电站出线段，避免重复建设与改造。

2. T 型接线灵活应用

由于城市新区地块开发存有不确定性，负荷分布、电源布局存有不均衡性，在发展过程中局部地区无法按目标网架一次性建成，构建远端长链受到通道、

电源布局等因素影响暂时无法实现，可以采用T接方式进行过渡，架空网可以形成多分段两联络或三联络接线，电缆网可以形成T接型接线，以双环网为例，可以结合其周边区域发展、电源建设以及线路负荷发展趋势等进行综合分析，合理选择路径与上级电源，新出两回电缆线路T接入现有双环接线，同时调整线路运行方式，调整开环点，实现经济、可靠供电。后续结合目标网架，在适当时期对双环T型接线进行开断，形成两个标准双环，实现向目标网架过渡。T型双环过渡示意见图4－10。

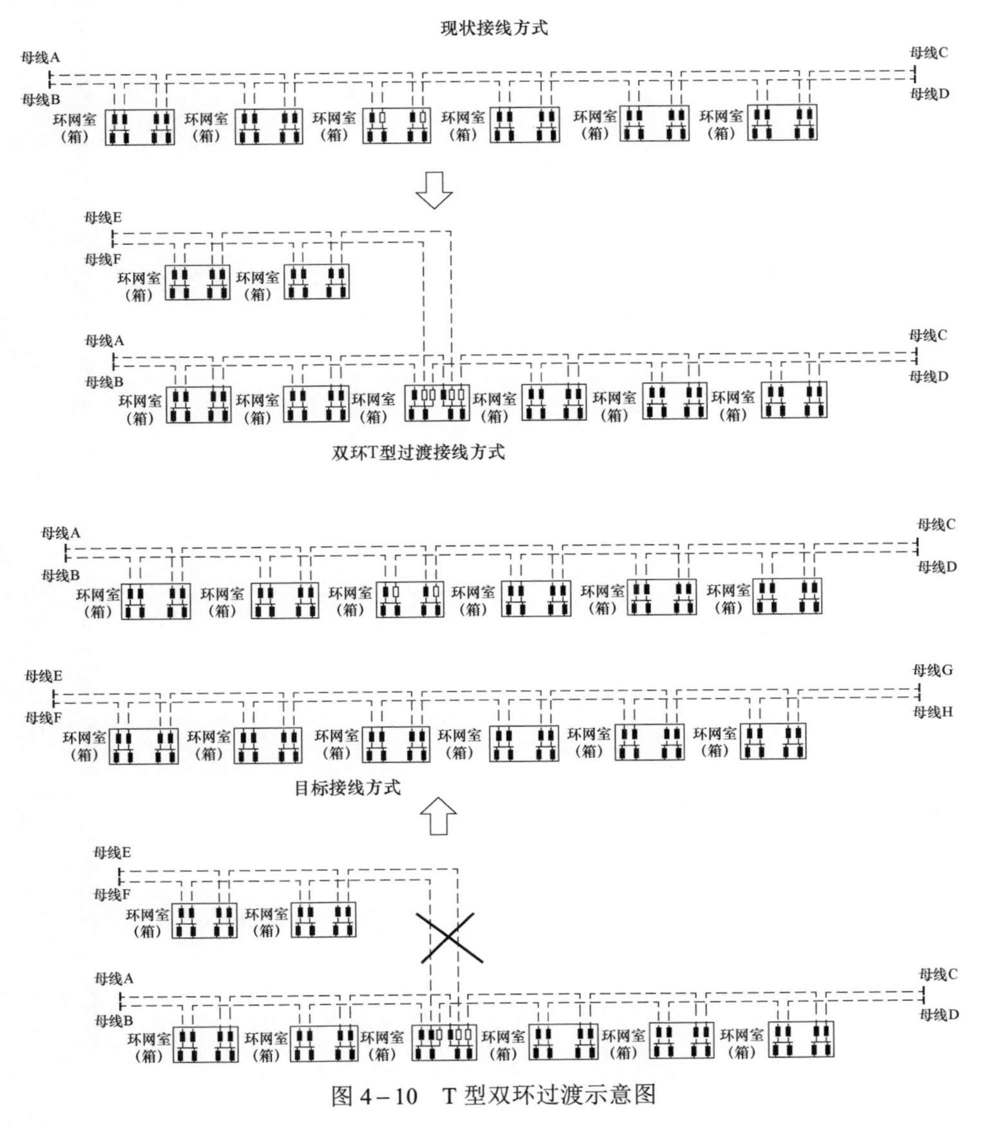

图4－10　T型双环过渡示意图

根据现有建设经验，采用双环 T 型接线作为过渡方式具有较强的适应性与经济性，但需要强调的是 T 型接线是一种过渡方式，不宜将其作为目标接线方式长期保留（架空网络需要根据目标网架构建结果针对性保留），采用该方式过渡时，应配套后续与之对应解环方案，避免网架结构复杂化，如果有条件的情况下，应采用标准接线一次建成为首选。

第 5 章　中低压配电网建设改造评估

5.1 配电网建设改造评估指标体系

5.1.1 建设改造评估指标体系

配电网建设改造评估指标体系是在大量对现状电网分析基础上，研究各类电网规划、建设、运营技术导则，基于“安全可靠性、优质高效、绿色低碳、智能互动”建设目标，通过提炼各类技术原则中对电网建设有关键作用的技术标准，按照指标本身属性和电力部门运营管理习惯来建立指标体系。

本次评估体系是基于“安全可靠性、优质高效、绿色低碳、智能互动”四个维度构建，其中，安全可靠类评估指标主要有供电可靠率、网架结构标准化、变电站全停全转率、线路 $N-1$、供电半径、联络率等方面；优质高效类评估指标主要为综合电压合格率等指标；绿色低碳类评估指标主要为本地清洁能源消纳率、电能占终端能源消费比例等相关指标；智能互动类包括配电自动化覆盖率、智能电表覆盖率等指标。评估指标体系如表 5－1 所示。

表 5－1　　配电网建设改造评估指标汇总表

序号	指标分类	指标名称
1	安全可靠	10（20）kV 配电网结构标准化率
2		10（20）kV 线路联络率
3		10（20）kV 线路电缆化率
4		10（20）kV 线路站间联络率
5		10（20）kV 线路 $N-1$ 通过率
6		变电站全停全转率

续表

序号	指标分类	指标名称
7	安全可靠	10（20）kV 母线全停全转率
8		10（20）kV 线路重载比例
9		10（20）kV 架空线路绝缘化率
10		10（20）kV 馈线间隔利用率
11		供电可靠率
12	优质高效	综合电压合格率
13	绿色低碳	本地清洁能源消纳率
14		电能占终端能源消费比例
15		10kV 及以下综合线损率
16	智能互动	配电自动化覆盖率
17		智能电表覆盖率

5.1.2 评估指标说明

本次评估指标涉及 4 个维度 17 个分项评估指标，具体指标说明如下：

（1） 10（20）kV 配电网结构标准化率。

计量单位：%。

指标释义：采用标准结构的 10kV 线路条数占 10（20）kV 线路总条数的比例。

计算方法：10（20）kV 配电网标准化结构占比（%）为采用标准结构的 10kV 线路条数与 10kV 线路总条数比值的百分数。

（2） 10（20）kV 线路联络率。

计量单位：%。

指标释义：实现联络的 10kV 线路条数占 10（20）kV 线路总条数的比例。

计算方法：10（20）kV 线路联络率（%）为存在联络的 10（20）kV 线路条数与 10（20）kV 线路总条数比值的百分数。

（3） 10（20）kV 线路电缆化率。

计量单位：%。

指标释义：建设改造区新建 10kV 线路电缆线长度占 10（20）kV 新建线路

总长度的比例。

计算方法：10（20）kV 线路电缆化率（%）为建设改造区所有新建 10（20）kV 线路电缆线长度之和与所有新建 10（20）kV 线路总长度比值的百分数。

（4）10（20）kV 线路站间联络率。

计量单位：%。

指标释义：存在站间联络的 10kV 线路条数占 10（20）kV 线路总条数的比例。

计算方法：10（20）kV 线路站间联络率（%）为存在站间联络的 10（20）kV 线路条数与 10（20）kV 线路总条数比值的百分数。

（5）10（20）kV 线路 $N-1$ 通过率。

计量单位：%。

指标释义：满足 $N-1$ 的 10kV 线路条数占 10kV 线路总条数的比例。

计算方法：10（20）kV 线路 $N-1$ 通过率（%）为满足 $N-1$ 的 10kV 线路条数与 10kV 线路总条数比值的百分数。

（6）变电站全停全转率。

计量单位：%。

指标示意：全停全转是指变电站全站停役后，其中压公用线路所带负荷可以通过中压线路全部转移至其他变电站。

计算方法：电站全停转供率（%）为满足全停全转的变电站数量与变电站总数比值的百分数。

（7）10（20）kV 母线全停全转率。

计量单位：%。

指标示意：母线全停全转是指变电站一条母线故障或停役后，其公用线路所带负荷通过配电线路全部转移至其他母线所带线路。

计算方法：10（20）kV 母线全停全转率（%）为满足全停全转的母线数量与母线总数量比值的百分数。

（8）10（20）kV 线路重载比例。

计量单位：%。

指标示意：重载线路在线路总数中的占比，其中线路重载是指最大负载率达到70%以上且持续1h以上的线路。

计算方法：10（20）kV 线路重载比例（%）为重载线路条数与线路总条数比值的百分数。

（9）10（20）kV 架空线路绝缘化率。

计量单位：%。

指标释义：10（20）kV 线路架空绝缘线路长度占10（20）kV 线路架空线路总长度的比例。

计算方法：10（20）kV 架空线路绝缘化率（%）为所有10（20）kV 线路架空绝缘线路长度之和与所有10（20）kV 线路架空线路总长度比值的百分数。

（10）10（20）kV 馈线间隔利用率。

计量单位：%。

指标释义：馈线间隔利用率是指变电站已用间隔与变电站间隔总数的比值。

计算方法：馈线间隔利用率（%）为已使用的馈线间隔数与馈线间隔总数比值的百分数。

（11）供电可靠率。

计量单位：%。

指标释义：不计系统电源不足限电影响的供电可靠率。

计算方法：供电可靠率＝［1－（系统平均停电时间－系统平均受外部影响停电时间）/统计期间时间］×100%。

（12）综合电压合格率。

计量单位：%。

指标释义：实际运行电压偏差在限值范围内的累计运行时间与对应总运行统计时间的百分比。

计算方法：综合电压合格率＝0.5×A 类监测点合格率＋0.5×（B 类监测点合格率＋C 类监测点合格率＋D 类监测点合格率）/3。

（13）本地清洁能源消纳率。

计量单位：%。

指标释义：清洁能源在本地消纳的比例。

计算方法：本地清洁能源消纳率（%）为本地清洁能源发电电量与本地消纳

清洁能源电量比例的百分数。

（14）电能占终端能源消费比例。

计量单位：%。

指标释义：电能消费占本地终端能源消费的比重。

计算方法：电能占终端能源消费比例（%）为电能消费与终端能源总消费比例的百分数。

（15）10kV及以下综合线损率。

计量单位：%。

指标释义：10kV及以下电网损耗电量占10kV电网输送总电量的比例。

计算方法：10kV及以下综合线损率（%）为10kV及以下电网损耗电量与10kV电网输送总电量比例的百分数。

（16）配电自动化覆盖率。

计量单位：%。

指标释义：配置配电自动化终端线路在区域线路中的占比。

计算方法：配电自动化覆盖率为区域内符合终端配置要求的中压线路条数占区域内中压线路总条数比例的百分数。

（17）智能电表覆盖率。

计量单位：%。

指标释义：智能电表使用比例。

计算方法：智能电表覆盖率（%）为使用智能电表数占总电表数的百分数。

根据上述指标定义、使用范围等因素，设定上述指标的约束边界条件，并按照相关技术导则设置目标值，具体约束条件与目标值见表5-2。

表5-2　　评估指标约束条件与目标值选取

序号	指标分类	指标名称	限制类	趋势类	目标值			
					A+	A	B	C
1	安全可靠	10（20）kV配电网结构标准化率	√		100%			
2		10（20）kV线路联络率		正向	100%			
3		10（20）kV线路电缆化率		正向	根据地区实际情况差异化制订			
4		10（20）kV线路站间联络率		正向	根据地区实际情况差异化制订			

续表

序号	指标分类	指标名称	限制类	趋势类	目标值			
					A+	A	B	C
5	安全可靠	10（20）kV 线路 $N-1$ 通过率		正向	100%			
6		变电站全停全转率		正向	根据地区实际情况差异化制订			
7		10（20）kV 母线全停全转率		正向	根据地区实际情况差异化制订			
8		10（20）kV 线路重载比例	√		目标年不超过 5%			
9		10（20）kV 架空线路绝缘化率	√		100%			
10		10（20）kV 馈线间隔利用率		逆向	根据地区实际情况差异化制订			
11		供电可靠率	√		100%	99.99%	99.97%	99.86%
12	优质高效	综合电压合格率	√		99.99%	99.97%	99.95%	99.79%
13	绿色低碳	本地清洁能源消纳率		正向	根据地区实际情况差异化制订			
14		电能占终端能源消费比例		正向	根据地区实际情况差异化制订			
15		10kV 及以下综合线损率		逆向	根据地区实际情况差异化制订			
16	智能互动	配电自动化覆盖率	√		100%			
17		智能电表覆盖率	√		100%			

5.2 分布式电源消纳能力评估

随着分布式电源的大规模接入，配电网中分布式电源渗透率逐步升高。当分布式电源渗透率升高至一定程度后，配电网系统由单电源结构变为多电源结构，潮流大小和方向发生改变，抬高接入点及附近电压，甚至超过电压要求上限。而且，由于分布式电源出力的波动性、随机性，使得电压波动大，容易出现闪变、畸变，以及其因波动出力不足或退出运行而导致系统缺电，影响系统的可靠性。为了确保配电网安全可靠运行，需要定量评估配电网中分布式电源的消纳能力。消纳能力评价包括适应性评价和最大消纳能力测算。

1. 适应性评价

（1）评价指标。首先根据待接入配电网的分布式电源的新增容量，与接入电压等级进行容量适配性分析，适配表格见表 2－22。

为反映分布式电源接入前后配电网运行状态的变化情况，主要从可靠性、负载率和电能质量三方面进行适应性研究，包括 8 项评价指标，涉及各分区电

网适应性评价、各电压等级适应性评价和整体电网适应性评价 3 个层级，见图 5-1，评价标准见表 5-3。

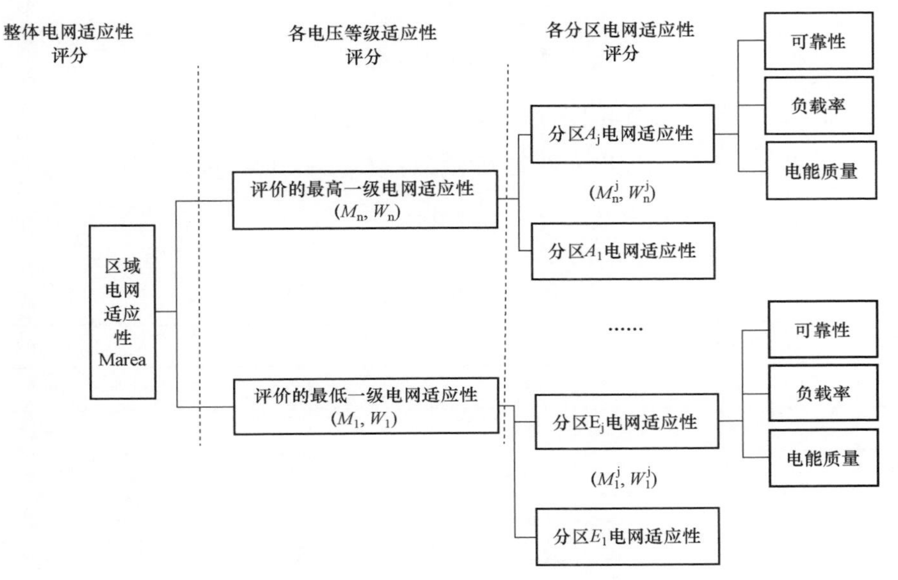

图 5-1 适应性评价指标体系

表 5-3 适应性评价指标

序号	一级指标名称	二级指标名称	指标含义
1	可靠性	变压器可靠性	分布式电源接入电网后，不满足 $N-1$ 的变压器的增加比例
2		线路可靠性	分布式电源接入电网后，不满足 $N-1$ 的线路的增加比例
3	负载率	变压器过载率	分布式电源接入电网后，过载的变压器的增加比例
4		线路过载率	分布式电源接入电网后，过载的变压器的增加比例
5	电能质量	电压偏差超标率	分布式电源接入电网后，电压偏差超标节点的增加比例
6		谐波畸变超标率	分布式电源接入电网后，电压总谐波畸变率超标节点的增加比例
7		谐波电流超标率	分布式电源接入电网后，谐波电流超标节点的增加比例
8		电压波动超标率	分布式电源接入电网后，电压波动超标节点的增加比例

（2）评价方法。采用指标评分加权的方法对待评价的区域电网进行适应性评价。基本思路为根据待评价区域的基础数据，计算得到《分布式电源接入电网评价导则》中的各指标值和对应的指标评分，再由式（5-1）计算得到各指标的加权评分值，得到适应性分析结果。

$$M=\begin{cases}\sum y_k w_k, \forall y_k \geqslant 0 \\ \min(y_k), \exists y_k \prec 0\end{cases} (k=1,\cdots,m) \quad (5-1)$$

式中 M——所选区域配电网的适应性评分；

y_k——所选区域配电网的第 k 项指标数值；

m——所选区域配电网评价指标项数，$m \leqslant 8$；

w_k——所选区域配电网的第 k 项指标权重，m 项权重之和应为 1。

适应性评价指标权重及评分公式见表 5-4。

表 5-4　　适应性评价指标权重及评分公式

序号	一级指标名称	二级指标名称	指标权重	指标评分公式
1	可靠性	变压器可靠性	$w_1=0.15$	$y_1=-100x$
2		线路可靠性	$w_2=0.15$	$y_2=-100x$
3	负载率	变压器过载率	$w_3=0.15$	$y_3=-100x$
4		线路过载率	$w_4=0.15$	$y_4=-100x$
5	电能质量	电压偏差超标率	$w_5=0.1$	$y_5=-100x$
6		谐波畸变超标率	$w_6=0.1$	$y_6=-100x$
7		谐波电流超标率	$w_7=0.1$	$y_7=-100x$
8		电压波动超标率	$w_8=0.1$	$y_8=-100x$

注　评分公式中的 x 为各指标值，y 为各指标的得分。

（3）评价流程。适应性评价流程见图 5-2，主要步骤如下：

1）首先确定配电网评价区域范围。

2）搜集所选区域配电网基础数据，包含分布式电源数据、变压器数据、线路数据和负荷数据等。

3）根据配电网基础数据，计算评价指标体系中的各指标值，根据表 5-4 中的评分公式，计算各指标的评分值。

4）计算所选评价区域的评分值，评价结论分为 3 级，得分大于 0，评价为具备较强的适应能力；评分等于 0，评价为具备适应能力；评分小于 0，评价为不具备适应能力。

5）根据所选评价区域的评分值进行适应性分析，对不具备适应能力的方案重新改造再进行适应性评价。直到最终得到评价结论。

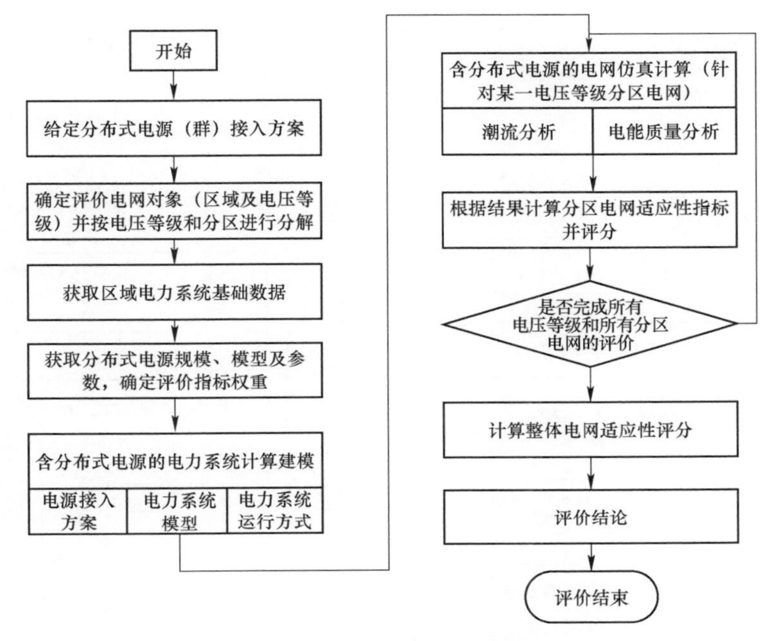

图5-2 适应性评价流程

2. 最大消纳能力测算

（1）测算方法。最大消纳能力测算方法，可采用线性插值法，其定义如下：

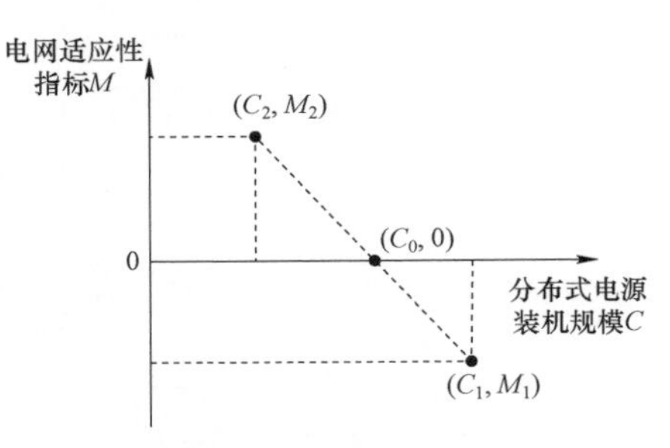

图5-3 线性插值法示意图

线性插值法（见图5-3）：当给定两种分布式电源装机规模 C_1、C_2（$C_2<C_1$），采用表5-4中介绍的评价公式，得到对应电网适应性指标（M_2、M_1），具有 $M_2>0$、$M_1<0$ 的特点，且 C_2 与 C_1 的规模数值差额很小，例如 $1>(C_2/C_1)>0.95$，则 $M=0$ 对应的 C 值（C_0）可由式（5-2）计算。

$$C_0=\frac{C_2M_1-C_1M_2}{M_1-M_2} \tag{5-2}$$

（2）计算流程。最大消纳能力计算流程见图5-4，基本步骤如下：

1）根据现有的分布式电源初始建设方案，进行区域电网适应性评价；

2）迭代调整分布式电源装机规模及接入方案，直至适应性评分为0时终止；

3）当适应性评分接近 0 时，可采用插值法，近似获得可接纳的分布式电源最大容量。

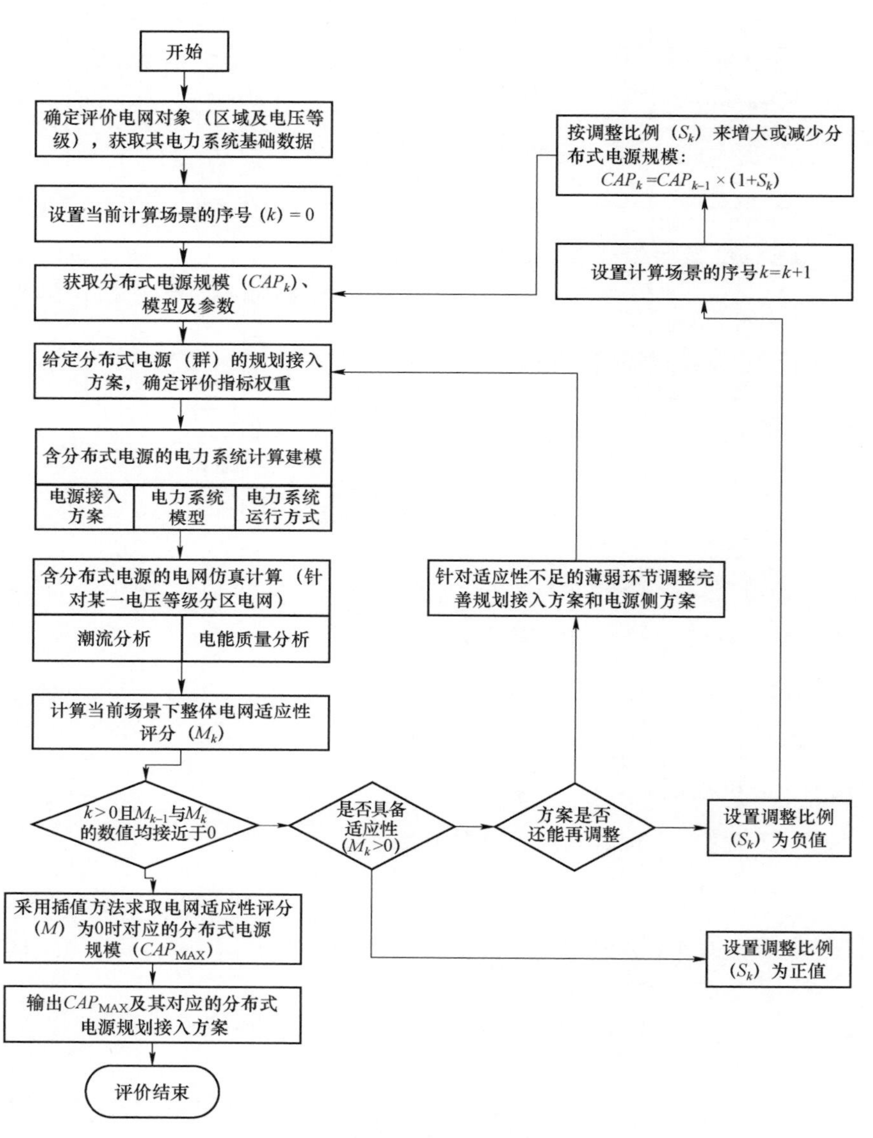

图 5－4　最大消纳能力计算流程

（3）最大消纳能力测算结论。最大消纳能力测算结论，包括分布式电源分电压等级接入规模和接入方案等。

5.3 电动汽车充换电设施接入能力评估

1. 配电网对电动汽车充换电设施接纳能力的影响因素

电动汽车充换电设施接入配电网时，均会影响到其所在配电网的运行状态，严重时会造成配电网运行状态的某些指标不符合要求，从而制约配电网对电动汽车充换电设施的接纳。因此有必要建立城市配电网满足电动汽车充换电设施接入能力指标体系，并对相应的指标进行量化说明。

结合电力系统运行知识，参考国家电网公司下发的《电网发展诊断分析指标体系》以及相关文献资料，建立城市配电网满足电动汽车充换电设施接入能力电网运行指标体系（见表5-5），主要包括安全可靠性、优质性、经济性等一级指标及其下属的各项二级指标。

表5-5　电网运行指标体系

<table>
<tr><th>安全可靠性</th><th>经济性</th><th>协调性</th><th>高效性</th><th>优质性</th></tr>
<tr><td>负载率
（线路、配电变压器）</td><td rowspan="3">网损</td><td rowspan="3">容载比</td><td>负荷率</td><td rowspan="3">电压偏差</td></tr>
<tr><td>N-1通过率</td><td rowspan="2">最大负荷利用小时数</td></tr>
<tr><td>供电可靠率</td></tr>
</table>

对该体系内的指标说明如下：

（1）安全可靠性。

1）负载率。电网中各个设备运行时的负荷与其极限负荷的比值，主要为线路和配变负载率，分别如式（5-3）和式（5-4）所示。

$$\begin{cases}\eta_{ij,t}^{L}=x_{ij}[U_{i,t}^{2}g_{ij}-U_{i,t}U_{j,t}(g_{ij}\cos\theta_{ij,t}+b_{ij}\sin\theta_{ij,t})]/P_{ij,\max}\\ \eta_{ij,t}^{L}\leqslant\eta_{ij,\max}^{L}\end{cases}\tag{5-3}$$

$$\begin{cases}\eta_{i,t}^{T}=P_{i,t}^{T}/P_{i,\max}^{T}\\ \eta_{i,t}^{T}\leqslant\eta_{i,\max}^{T}\end{cases}\tag{5-4}$$

式中　$\eta_{ij,t}^{L}$和$\eta_{ij,\max}^{L}$——分别为线路ij在时刻t的负载率和最大负载率，%；

x_{ij}、g_{ij}和b_{ij}——分别为线路ij的电抗（Ω）、电导（S）和电纳（S）参数；

$U_{i,t}$ ——时刻 t 节点 i 处的电压幅值，V；

$P_{ij,\max}$ ——线路 ij 的最大传输有功功率，kW；

$\eta_{i,t}^{T}$ 和 $\eta_{i,\max}^{T}$ ——分别为变压器 i 在时刻 t 的负载率和最大负载率，%；

$P_{i,t}^{T}$ 和 $P_{i,\max}^{T}$ ——分别为变压器 i 在时刻 t 的负荷以及最大有功功率，kW。

2）$N-1$ 通过率。一般用配电网中满足 $N-1$ 安全准则的最低线路数与线路总数的比值，来量化配电网的 $N-1$ 通过率，如式（5－5）所示。

$$\begin{cases} B = \dfrac{L_{N-1}}{L} \times 100\% \\ B \geqslant B_{\min} \end{cases} \tag{5-5}$$

式中 B 和 $B_{\min}$ ——分别为配电网的 $N-1$ 通过率和最小 $N-1$ 通过率，%；

L_{N-1}、L ——分别为配电网中满足 $N-1$ 安全准则的最低线路数和线路总数，条。

3）供电可靠率。电网运行的可靠性，更多反映在对用户的供电可靠率上，常用的供电可靠率指标为不计及系统电源不足限电的供电可靠率（RS－3），如式（5－6）所示。

$$RS-3 = \left(1 - \frac{T_1 - T_2}{T}\right) \times 100\% \tag{5-6}$$

式中 T_1 ——用户平均停电小时数，h/户；

T_2 ——用户平均限电停电小时数，h/户；

T ——统计期间总小时数，h。

（2）经济性。网络损耗是评估电网运行经济性的常用指标。主要指电网内线路的网络损耗。

$$C = \sum (P_{ij}^2 + Q_{ij}^2) \frac{R_{ij}}{U_{ij}^2} \tag{5-7}$$

式中 C ——电网内所有线路网损功率之和，kW；

P_{ij} 和 Q_{ij} ——分别为线路 ij 的有功（kW）和无功功率（kvar）；

R_{ij} ——线路 ij 的等值电阻，Ω；

U_{ij} ——线路 ij 的电压，V。

（3）协调性。容载比是某一供电区域内变电设备总容量与对应的总负荷的比值，是宏观控制变电容量与负荷协调发展的指标

$$R_S = \frac{S_N}{P_{max}} \tag{5-8}$$

式中 S_N——该区域内的变电总容量，kVA；

P_{max}——该区域内最大负荷，kW。

（4）高效性。负荷率是指配电网中短时间内平均负荷与最大负荷的比值，其表达式为

$$B_1 = \frac{P_{av}}{P_{max}} \times 100\% \tag{5-9}$$

式中 B_1——配电网负荷率，%；

P_{av}、P_{max}——配电网中短时间内平均负荷、最大负荷，kW。

最大负荷利用小时数为

$$T_{max} = A / P_{max} \tag{5-10}$$

式中 T_{max}——年用电最大负荷利用小时，h；

A——年用电量，kWh；

P_{max}——年用电负荷最大值，kW。

（5）优质性。电压偏差合格率（记为A1）是指配电网中满足电压水平要求的节点数与配电网中节点总数的比值，用于评估配电网电压是否达到技术合理水平。其表达式为

$$A_1 = \frac{N_V}{N} \times 100\% \tag{5-11}$$

式中 N_V、N——分别为配电网中满足电压水平要求的节点数和节点总数，个。

电动汽车充电站作为充电负荷接入到配电网中，对配电网系统相当于接入了可变负荷，配电网接纳电动汽车能力定义为配电网在满足电力系统安全、可靠、稳定运行的条件下，能接纳的最大电动汽车充电负荷大小。在空间上，表现为小到一个配变、一条线路能接纳的最大充电负荷，大到一个供电区域同一时间内能接纳的最大充电负荷；在时间上，表现为配电网在某个时间段内能接纳的最大充电电量。

2. 配电网接纳电动汽车能力的多元优化评估模型

（1）多元优化评估模型建模。

根据基于第三章中配电网网格化划分原则，对配电网的拓扑结构进行合理

的网格划分。以实际的地理区域中的主干道为分割依据，将主干道路在地理上所围成的多边形区域划为一个片区。进而分析某一供电区域的不同行业的负荷特性以及其对可靠性的差异化需求，形成约束条件，然后通过建模分析求得配电网对电动汽车的接纳能力。

在此基础上，构建配电网接纳电动汽车能力评估模型，以配电网接纳电动汽车充电负荷最大为优化目标，所考虑的约束条件主要包括：① 考虑缺供电量控制裕度的有功/无功功率平衡约束；② 电压偏差约束；③ 线路有功/无功潮流约束；④ 变电站在运行负载率下的可用容量约束，运行负载率根据可靠性差异化需求整定；⑤ 评估充电站接纳能力时，要考虑充电设施数量约束。电动汽车接纳能力评估模型如图 5-5 所示。

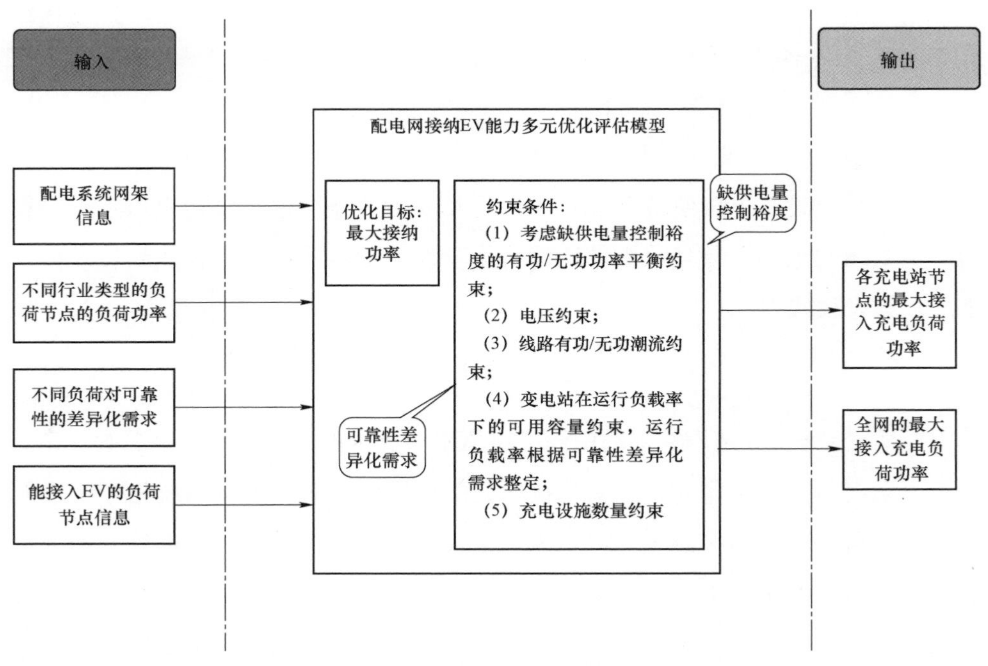

图 5-5　配电网对电动汽车现状接纳能力评估方法

所提出的配电网接纳电动汽车能力的多元优化评估模型目标函数如式（5-12）所示

$$\max \sum_{i=1}^{\Omega_t} P_i^{EV} \tag{5-12}$$

式中 P_i^{EV}——接入节点 i 的电动汽车充电功率，kW。

Ω_c——电动汽车充电节点的个数，随研究目标的不同有两种选择，若研究全网充电负荷的最大接纳能力，则 Ω_c 为全网充电节点的数量。若研究某充电站的充电负荷的最大接纳能力，则 Ω_c 为充电站充电节点的数量。

评估配电网对于电动汽车的接纳能力可以通过借鉴与改进传统配电网的评估指标来实现，主要从系统负荷和电网的安全稳定运行等方面进行考虑，本模型在计及系统故障 $N-1$ 的情况下，重点研究电动汽车充电可能造成的线路和变压器过载、经济运行、电压稳定问题。因此，配电网接纳电动汽车能力需满足以下配电网安全经济约束条件，包括缺供电量裕度约束、潮流等式约束、线路传输功率约束、分层分区变压器额定容量约束和主变负载率约束等。

对上述约束条件进行建模计算，定义电动汽车接纳能力为保证安全约束条件下，在系统传统负荷的基础上配电网能接纳的最大电动汽车充电负荷功率。

（2）求解流程。

配电网接纳电动汽车多元评估模型的求解流程见图5－6。

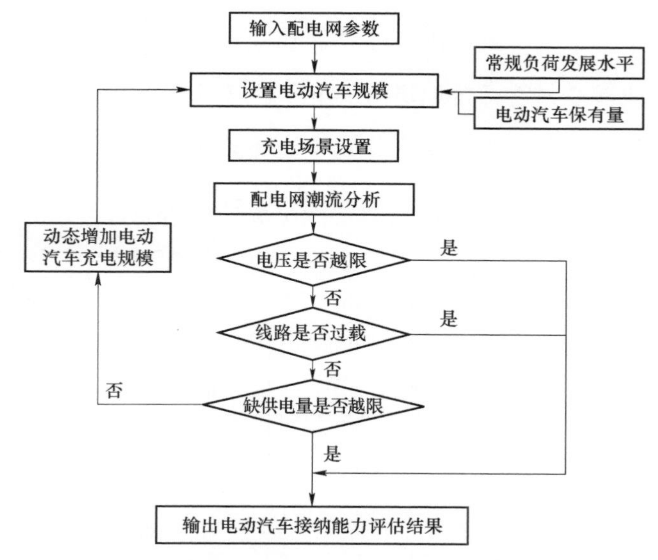

图5－6 配电网接纳电动汽车多元评估模型求解流程

第6章　中压电缆网建设改造典型案例

6.1　电缆双环网建设改造典型案例

6.1.1　建成区电缆双环网建设改造案例

1. 区域概况

城市老城分区（简称老城分区）供电面积 5.13km^2，是城市的行政和经济中心，土地性质以公共管理与公共服务、商服和住宅为主，属于 A 类高可靠供电区域，目前土地开发已经成熟。

老城分区土地开发已经成熟、负荷发展趋于饱和，根据网格化划分原则，将老城分区划分为 4 个供电网格、11 个供电单元，其中地块开发已经成熟的供电单元 9 个、仍有少量待开发地块的供电单元 2 个，各供电单元的详细情况见表 6－1。老城分区供电单元划分结果示意见图 6－1。

表 6－1　　老城分区内供电网格和供电单元划分情况表

序号	所属供电网格	供电单元编号	面积（km^2）	主要用地性质	地块开发程度
1	1号	1－1号	0.46	居住	成熟
2		1－2号	0.41	居住、商业	成熟
3		1－3号	0.29	商业	成熟
4		1－4号	0.22	商业	仍有少量待开发地块
5	2号	2－1号	0.36	居住、商业	成熟
6		2－2号	0.48	居住	成熟
7		2－3号	0.69	居住、商业	成熟

续表

序号	所属供电网格	供电单元编号	面积（km^2）	主要用地性质	地块开发程度
8	3号	3－1号	0.37	居住、商业	成熟
9		3－2号	0.45	商业、居住	仍有少量待开发地块
10	4号	4－1号	0.82	居住	成熟
11		4－2号	0.58	居住	成熟

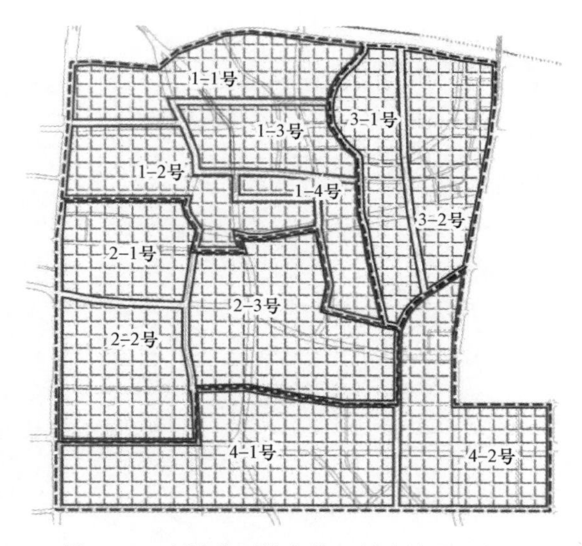

图6－1　老城分区供电单元划分结果示意图

2. 现状电网评估和诊断分析

（1）高压配电网现况。老城分区内有6座110kV变电站，主变压器12台，总容量486MVA。10kV馈线间隔120个，目前剩余16个，间隔利用率86.7%。变电站平均负载率43%，无重载情况。整体上变电站容量相对合理，并从未来发展角度来看，老城分区除少量地块待开发外，其余大部分区域负荷发展已经相对成熟，现有变电站能够满足供区内的用电需求。老城分区高压配电网变电站情况统计见表6－2，老城分区高压配电网变电站布局见图6－2。

表 6-2　　老城分区高压配电网变电站情况统计汇总表

序号	变电站	容量（MVA）	10kV 出线间隔数	已用 10kV 间隔数	剩余 10kV 间隔数	最大负荷（MW）	负载率（%）
1	香桥变电站	2×50	24	20	4	40.8	40.8
2	迪荡变电站	2×50	24	24	0	38.4	38.4
3	城关变电站	2×31.5	20	18	2	25.5	40.5
4	五云变电站	2×40	24	19	5	32.9	41.1
5	延安变电站	2×40	24	22	2	33.2	41.5
6	姜梁变电站	2×31.5	20	17	3	24.4	38.8

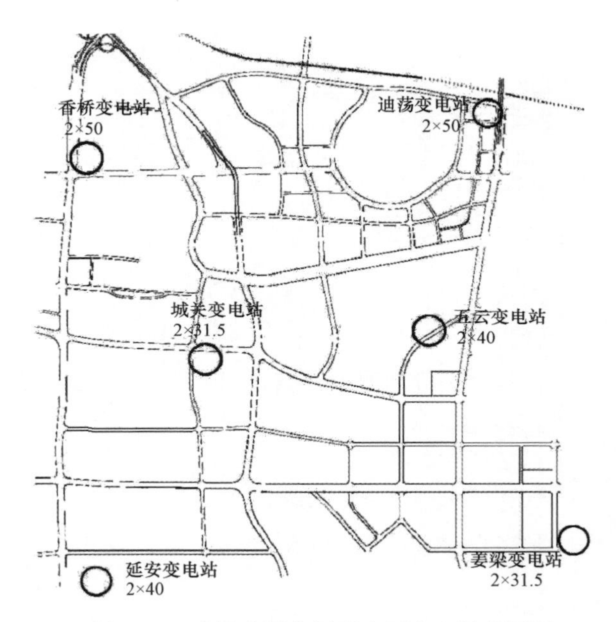

图 6-2　老城分区高压配电网变电站布局图

（2）中压配电网现况。

1）中压电网规模。老城分区 10kV 线路共计 43 条，其中公用线路 39 条、专用线路 4 条，公用线路长度合计 93.6km；现有中压环网室 35 座、环网箱 16 座。中压配电变压器 636 台，容量 290MVA，其中：公用配电变压器 254 台，容量 114MVA。老城分区现状 10kV 配电网规模统计汇总见表 6-3。

表 6-3　　　　老城分区现状 10kV 配电网规模统计汇总表

项目名称		数值
中压线路数量	其中：公用（条）	39
	专用（条）	4
	合计（条）	43
中压线路长度	架空线（km）	0
	电缆线（km）	93.6
	总长度（km）	93.6
公用线路挂接配电变压器	台数（台）	636
	容量（MVA）	290
	其中：公用变压器（台）	254
	公用变压器容量（MVA）	114
中压配电设施数量	柱上开关（台）	0
	柱上负荷开关	0
	开关站（座）	0
	环网室（座）	35
	环网箱（座）	16

2）中压配电网拓扑结构。老城分区中压配电有双环网、双射和非典型接线等 3 种接线方式。其中：双环网 4 组，共计 16 条 10kV 线路，占线路总数的 41%；双射接线 3 组，共计 6 条 10kV 线路，占线路总数的 15%；非典型接线 2 组，共计 17 条 10kV 线路，占线路总数的 44%。老城分区现状 10kV 线路拓扑结构示意见图 6-3。

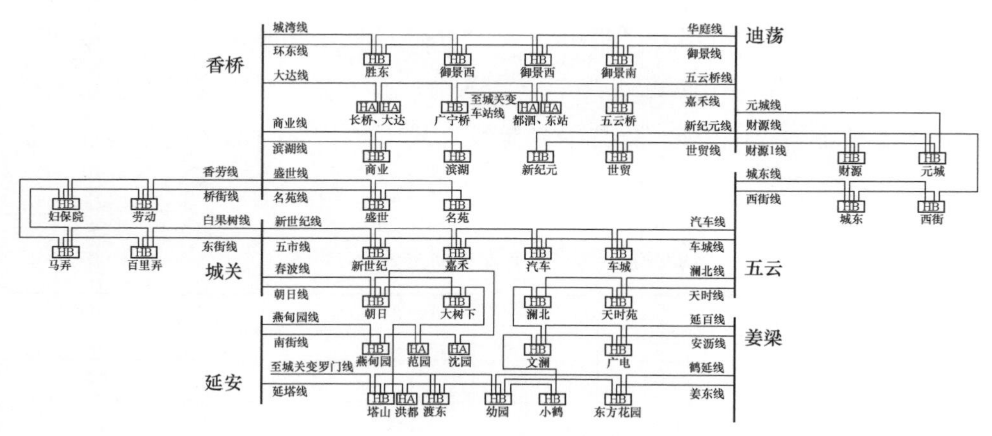

图 6-3　老城分区现状 10kV 线路拓扑结构示意图

3）中压配电网指标评估。

老城分区现状年，老城区配网安全可靠、优质高效、绿色低碳和智能互动四方面指标情况见表6－4。

表6－4　老城分区中低压配电网评估表　%

序号	指标分类	指标名称	指标值
1	安全可靠	10kV配电网结构标准化率	56
2		10kV线路联络率	84.60
3		10kV线路电缆化率	100
4		10kV架空线路大分支线比例	—
5		10kV线路 $N-1$ 通过率	82
6		变电站全停全转率	67
7		10kV母线全停全转率	83
8		10kV线路重载比例	2.60
9		10kV架空线路绝缘化率	—
10		供电可靠率	99.98
11	优质高效	综合电压合格率	100
12	绿色低碳	本地清洁能源消纳率	100
13		电能占终端能源消费比例	55
14		10kV及以下综合线损率	1.97
15	智能互动	配电自动化覆盖率	100
16		智能电表覆盖率	100

由表6－4可以看出，老城分区安全可靠方面有待提升，老城分区现状10kV配电网主要存在问题见表6－5，其中：有6条10kV线路为辐射式接线，不能满足 $N-1$ 校验，且其中名苑线重载；有17条10kV线路为非典型接线。

表6－5　老城分区现状10kV配电网主要存在问题

序号	问题及分级情况		存在问题数量	问题设施和设备清单
1	技术合理性	供电半径过长	0	—
2		干线线规不统一	1	名苑线
3		挂接配电变压器容量过大	0	—

续表

序号	问题及分级情况		存在问题数量	问题设施和设备清单
4	组网规范性	辐射线路	6	盛世线、名苑线、商业线、滨湖线、世贸线、新纪元线
5		环网结构复杂	17	延百线、安沥线、澜北线、天时线、鹤延线、姜东线、罗门线、燕甸园线、南街线、延塔线、春波线、朝日线、元城线、城东线、西街线、财源线、财源2线
6		同站联络	0	—
7	运行安全可靠性	重过载	1	名苑线
8		未通过 $N-1$ 校验	6	盛世线、名苑线、商业线、滨湖线、世贸线、新纪元线

3. 建设目标及边界条件

（1）建设目标。针对A类供电区域可靠性需求，合理选择网架结构，继续强化中压配电网结构标准化，确保供电网格内可靠性水平稳步提升至99.990%。合理选择与供电区类型相匹配的网架结构，针对现状网架结构联络复杂等问题，进一步优化中压配电网网架结构，确保供电区内中压配电网结构可靠和规范，为切实提高供电可靠性奠定基础。老城分区中低压配电网建设目标见表6–6。

表6–6　老城分区中低压配电网建设目标　%

序号	指标分类	指标名称	目标值	现状年	
				指标值	是否实现
1	安全可靠	10kV配电网结构标准化率	100	56	×
2		10kV线路联络率	100	84.60	×
3		10kV线路电缆化率	100	100	√
4		10kV架空线路大分支线比例	0	—	—
5		10kV线路 $N-1$ 通过率	100	82	×
6		变电站全停全转率	100	67	×
7		10kV母线全停全转率	100	83	×
8		10kV线路重载比例	0	2.60	×
9		10kV架空线路绝缘化率	100	—	—
10		供电可靠率	99.990	99.98	×

续表

序号	指标分类	指标名称	目标值	现状年	
				指标值	是否实现
11	优质高效	综合电压合格率	100	100	√
12	绿色低碳	本地清洁能源消纳率	100	100	√
13		电能占终端能源消费比例	上升趋势	55	—
14		10kV 及以下综合线损率	下降趋势	1.97	—
15	智能互动	配电自动化覆盖率	100	100	√
16		智能电表覆盖率	100	100	√

（2）负荷预测。根据老城分区的控制性详规，采用空间负荷预测方法对老城区进行目标年负荷预测。预计老城分区目标年负荷最大负荷达到 141.8MW，负荷密度 27.9MW/km^2。老城区空间负荷预测结果见表 6－7，老城区各供电单元目标年空间负荷分布示意见图 6－4。

表 6－7　　老城区空间负荷预测结果

用电单元编号	供电面积（km^2）	现状年最大负荷（MW）	负荷密度（MW/km^2）	目标年最大负荷（MW）	负荷密度（MW/km^2）
1－1 号	0.46	11	23.9	12.3	26.7
1－2 号	0.41	11.5	28	13.1	32
1－3 号	0.29	11.3	39	12.8	44.1
1－4 号	0.22	10.2	46.4	12.2	55.5
2－1 号	0.36	11.3	31.4	13.6	37.8
2－2 号	0.48	11.2	23.3	12.8	26.7
2－3 号	0.69	11.3	16.4	13.5	19.6
3－1 号	0.37	13.4	36.2	13	35.1
3－2 号	0.45	1.4	3.1	12.8	28.4
4－1 号	0.82	11	13.4	12.4	15.1
4－2 号	0.58	10.9	18.8	13.3	22.9
合计	5.13	109.8	21.4	141.8	27.6

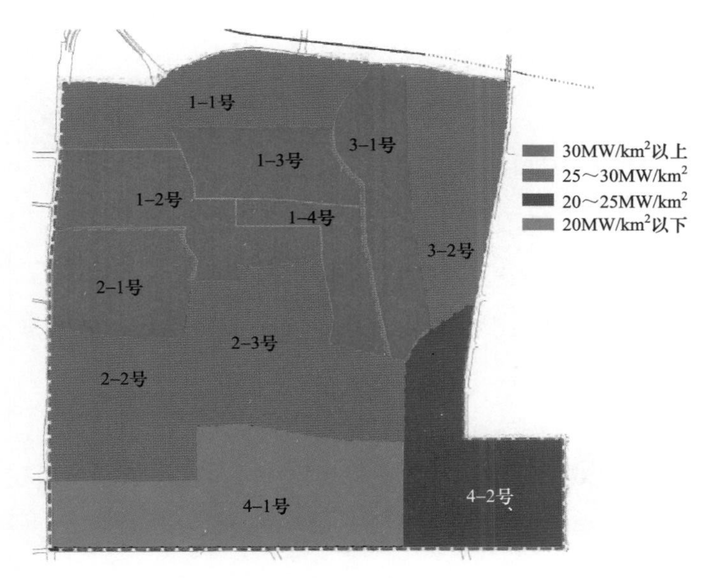

图 6-4 老城区各供电单元目标年空间负荷分布示意图

（3）高压配电网规划情况。老城分区现有变电站布点和变电容量能够满足负荷发展，不考虑新增站点和变电容量。老城分区高压配电网建设情况见表 6-8。

表 6-8　老城分区高压配电网建设情况

序号	指标名称	单位	老城分区	
1	规划年	—	现状年	目标年
2	电压等级序列	kV	110/10	110/10
3	区内电源点	—	香桥变电站、迪荡变电站、城关变电站、五云变电站、延安变电站、姜梁变电站	
4	区内变电容量	MVA	468	468
5	区外电源点	—	—	—
6	可提供变电容量	MVA	—	—

4. 目标网架构建及空间布局规划方案

（1）目标网架构建。A 类供电区域的老城分区现有典型接线方式为电缆双环网，同时作为城市的行政和经济中心，存在相当数量的用电客户属于一、二级负荷，用户双电源需求较多，因此选取电缆双环网为老城分区的典型接线方式。考虑用户分布的集散程度的差异性供电模式采用以下两种。

1）环网室形式电缆双环接线，见图 6－5。

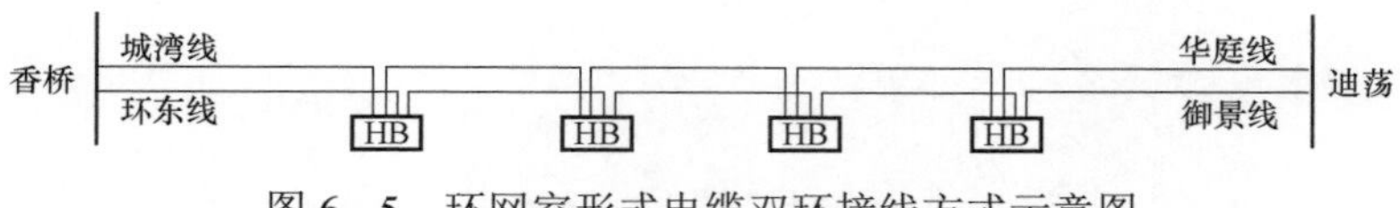

图 6－5　环网室形式电缆双环接线方式示意图

电源点选择：每座环网室进线引自不同变电站。

装备配置情况：电缆主干线采用 YJV22－3×300 导线，环网室采用 HB－2 型，双母线方式，进线 4 条，出线 8～12 条。

运行水平控制：一组双环网接线供电能力 13MW。

规模控制：一组双环网接线环入 4 座环网室；接线组控制容量在 32MVA 以内，每段母线控制在 4MVA 以内。

适用范围：全区。

2）环网室、环网箱混合式电缆双环网接线，见图 6－6。

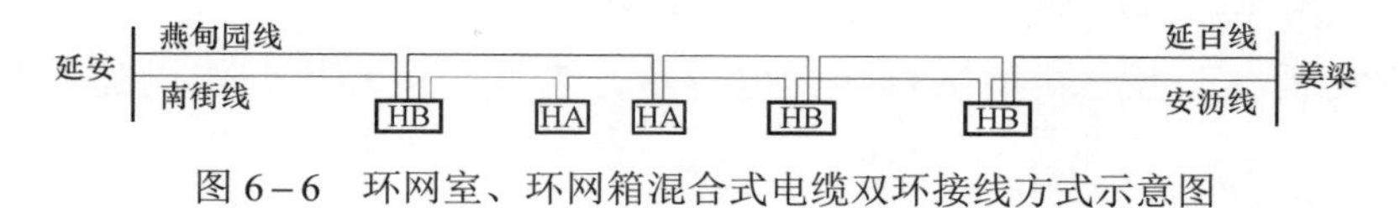

图 6－6　环网室、环网箱混合式电缆双环接线方式示意图

电源点选择：每座环网室（箱）进线引自不同变电站。

装备配置情况：电缆主干线采用 YJV22－3×300 导线；环网室采用 HB－2 型，双母线方式，进线 4 条，出线 8～12 条。环网箱采用 HA－2 型，单母线方式，进线 2 条，出线 4～6 条。

运行水平控制：一组双环网接线供电能力 13MW 左右。

规模控制：环网室 3 座左右，环网箱不宜超过 3 座，接线组控制容量在 32MVA 以内，每段母线控制在 4MVA 以内。

适用范围：环网组供区有零散用电客户。

老城分区 10kV 电网目标年负荷达到 141.8MW，按照一组双环网供电能力为 13MW，理论上需要 11 组电缆双环网接线。目标年老城分区的 10kV 网架由 11 组电缆双环网接线构成，线路总数 44 条，线路平均供电负荷 3.22MW，老城分区内线路整体上满足 $N-1$ 供电安全标准。老城分区 10kV 线路目标网架地理接线示意见图 6－7，老城分区 10kV 线路目标网架拓扑接线示意见图 6－8。

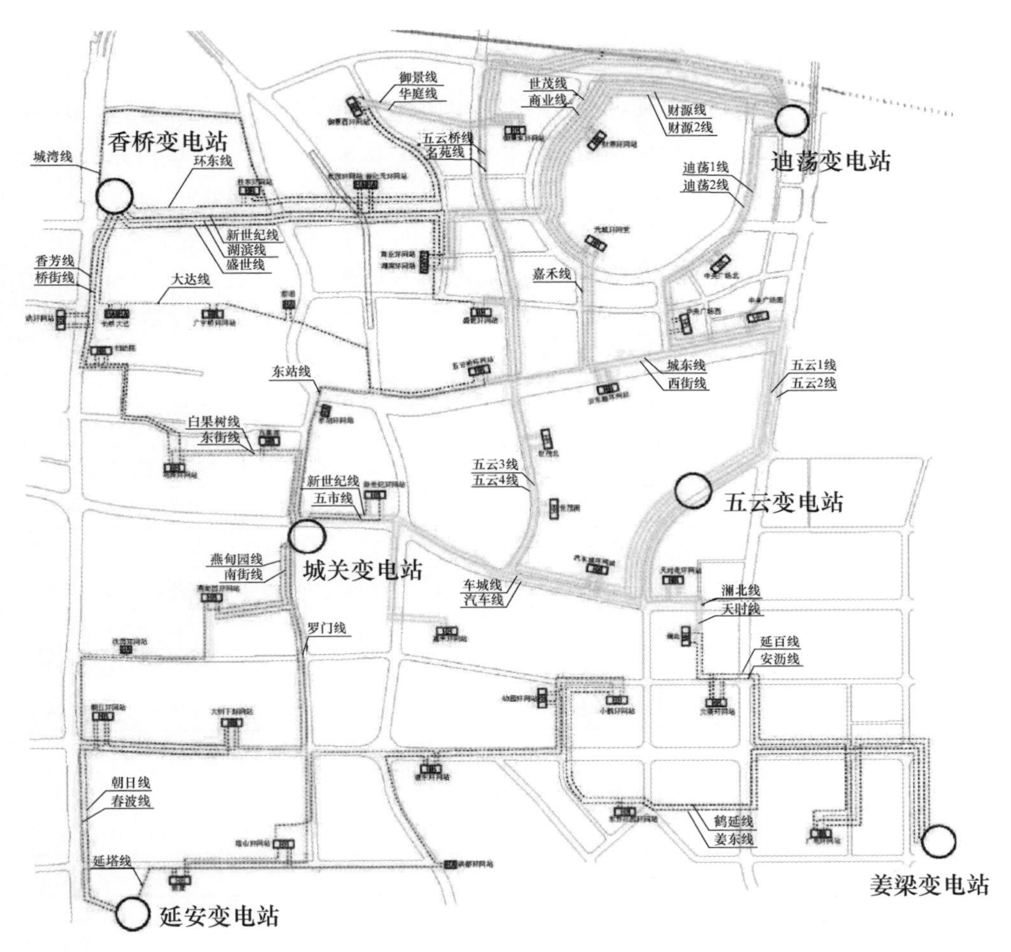

图 6-7　老城分区 10kV 线路目标网架地理接线示意图

香桥变电站 迪荡变电站 五云变电站 城关变电站 姜梁变电站 延安变电站

城湾线 环东线 大达线 商业线 滨湖线 盛世线 名苑线 新世纪线 五市线 春波线 朝日线 燕甸园线 南街线 至城关变罗门线 延塔线

香芳线 桥街线 白果树线 东街线

华庭线 御景线 五云桥线 嘉禾线 新纪元线 世贸线 五云3线 五云4线 汽车线 车城线 澜北线 天时线 延百线 安沥线 鹤延线 姜东线

迪荡1线 迪荡2线 财源线 财源1线 城东线 西街线 五云1线 五云2线

HB 胜东　HB 御景西　HB 御景西　HB 御景南

HA HA 长桥、大达　HB 广宁桥　至城关变车站线　HA HA 都泗、东站　HB 五云桥

HB 商业　HB 滨湖　HB 新纪元　HB 世贸

HB 盛世　HB 名苑　HB 世贸北　HB 世贸南

HB 新世纪　HB 嘉禾　HB 汽车　HB 车城

HB 朝日　HB 大树下　HB 澜北　HB 天时苑

HB 燕甸园　HA 沈园　HB 文澜　HB 广电

HB 塔山　HA 洪都　HB 渡东　HB 幼园　HB 小鹤　HB 东方花园

HB 妇保院　HB 劳动　HB 马弄　HB 百里弄

HB 迪荡　HB 广场北　HB 财源　HB 元城　HB 城东　HB 西街　HB 广场南　HB 广场西

图 6-8　老城分区 10kV 线路目标网架拓扑接线示意图

从分供电单元目标网架建设改造方案来看，至目标年 11 个供电单元均由 1 组电缆双环网供电，供区明确、清晰。各供电单元线路平均负荷在 3.05～3.4MW 之间，供电单元内线路均能够满足 $N-1$ 供电安全标准。老城分区供电单元目标网架建设改造方案见表 6－9。

表 6－9　　　老城分区供电单元目标网架建设改造方案

序号	所属供电网格	供电单元编号	最大负荷（MW）	电源点	线路规模（条）	线路平均负荷（MW）	接线组
1	1 号	1－1 号	12.3	香桥、迪荡	4	3.08	1 组环网室式双环网
2		1－2 号	13.1	香桥、迪荡、城关	4	3.28	1 组环网室式双环网
3		1－3 号	12.8	香桥、迪荡	4	3.20	1 组环网室式双环网
4		1－4 号	12.2	香桥、迪荡、五云	4	3.05	1 组环网室式双环网
5	2 号	2－1 号	13.6	香桥、城关	4	3.40	1 组环网室式双环网
6		2－2 号	12.8	城关、延安	4	3.20	1 组混合式双环网
7		2－3 号	13.5	城关、五云	4	3.38	1 组环网室式双环网
8	3 号	3－1 号	13	迪荡、五云	4	3.25	1 组环网室式双环网
9		3－2 号	12.8	迪荡、五云	4	3.20	1 组环网室式双环网
10	4 号	4－1 号	12.4	城关、延安、姜梁	4	3.10	1 组混合式双环网
11		4－2 号	13.3	五云、姜梁	4	3.33	1 组环网室式双环网
合计		—	141.8	—	44	3.22	11 组双环网

（2）空间布局规划方案。至目标年，基于目标网架建设改造方案，其中电力廊道需求长度 30.1km，均为管沟；配电站（室）59 座，其中环网室 41 座、环网箱 18 座。老城分区 10kV 配电网电力设施布局结果见表 6－10，老城分区 10kV 配电网电力设施空间布局方案见图 6－9。

表 6－10　　　老城分区 10kV 配电网电力设施布局规划结果统计表

类型		单位	数值
管沟	（$18\phi175+2\phi100$）mm^2	km	6
	（$12\phi175+2\phi100$）mm^2	km	7.5
	（$8\phi175+2\phi100$）mm^2	km	16.6
站室	环网室	座	41
	环网箱	座	18

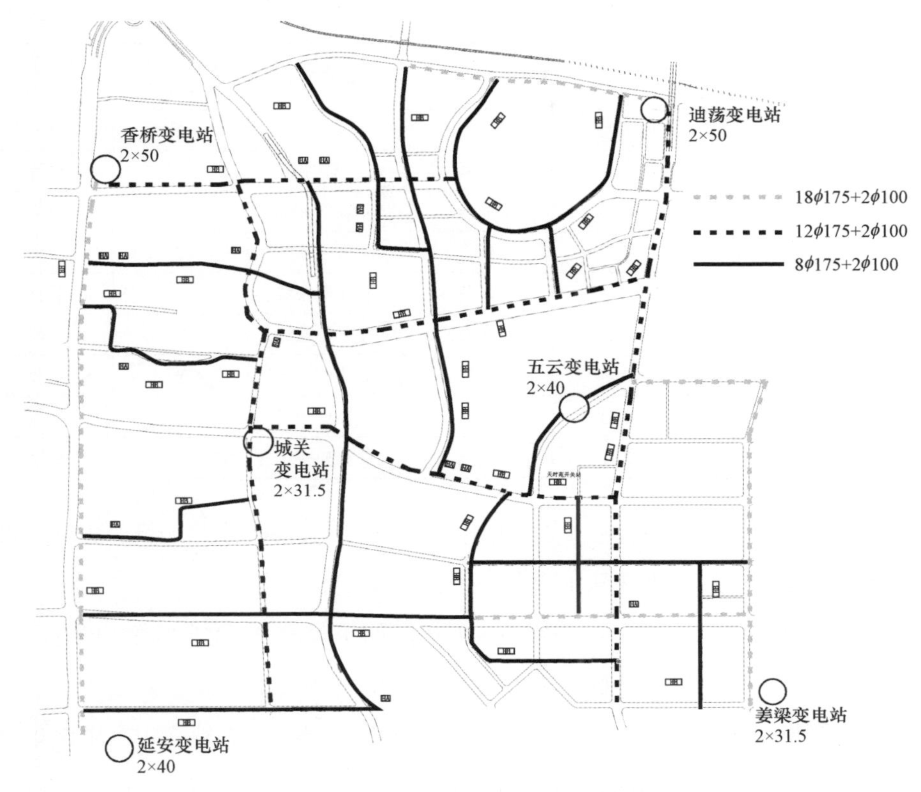

图 6-9 老城分区 10kV 配电网电力设施空间布局方案

5. 建设改造方案制订

（1）建设改造思路。以目标网架接线方式为指导，结合供电单元划分情况，制订建设改造思路。

1）供电单元内网架构建阶段分类。将供电单元内的网架结构同目标网架进行对比，根据一致程度将供电单元分为目标供电单元、过渡供电单元和交叉供电单元 3 种类型。其中：目标供电单元 4 个；过渡供电单元 4 个；交叉供电单元 3 个。老城分区现状 10kV 配电网接线方式分布情况见表 6-11。

表 6-11　　老城分区现状 10kV 配电网接线方式分布情况

序号	所属供电网格	供电单元编号	地块发展阶段	接线方式	是否存在交叉供电	供电单元分类
1	1 号	1-1 号	成熟	双环网接线	否	目标
2		1-2 号	成熟	双环网接线	否	目标

续表

序号	所属供电网格	供电单元编号	地块发展阶段	接线方式	是否存在交叉供电	供电单元分类
3	1号	1–3号	成熟	对射	否	过渡
4		1–4号	发展	直供	否	过渡
5	2号	2–1号	成熟	双环网接线	否	目标
6		2–2号	成熟	非典型接线	是	交叉
7		2–3号	成熟	双环网接线	否	目标
8	3号	3–1号	成熟	非典型接线	否	过渡
9		3–2号	发展	非典型接线	是	过渡
10	4号	4–1号	成熟	非典型接线	是	交叉
11		4–2号	成熟	非典型接线	是	交叉

2）差异化建设改造思路。按照供电单元分类，秉承“成熟一批、固化一批”的建设改造思路，差异化开展供电单元内的网架优化工作。

a. 目标供电单元，即1–1号、1–2号、2–1号和2–3号等供电单元。原则上不再安排网架调整的建设改造方案，仅实施设备技术性改造方案。

b. 过渡供电单元，即1–3号、1–4号、3–1号和3–2号等4个供电单元。优先考虑在供电单元内部简化网架结构并逐步过渡至目标网架，原则上不再考虑供电单元间新增联络。

c. 交叉供电单元，即2–2号、4–1号和4–2号等3个供电单元。建设改造方案应以供电单元为实施界限。对于供电单元内的非典型接线，以目标网架为指导分析优化改造的实际需求，规范建设标准、强化主干线路。

（2）过渡供电单元建设改造。

1）典型方案一：1–4号供电单元。

a. 建设必要性：当前最大负荷10.2MW左右，至目标年12.2MW。现由盛世、名苑环网室供电，两路进线引自香桥变电站，进线不能满足$N-1$，其中名苑线线规偏小且重载。

b. 方案描述：① 新建世贸南、世贸北环2座网室（双母线），五云变电站馈出2路线路，串接形成1组双环网，建设改造方案示意见图6–10；② 第一步完成后，通过开关闭合调整，名苑线负荷转出，将名苑线线径改造为

YJV22－3×300 导线。

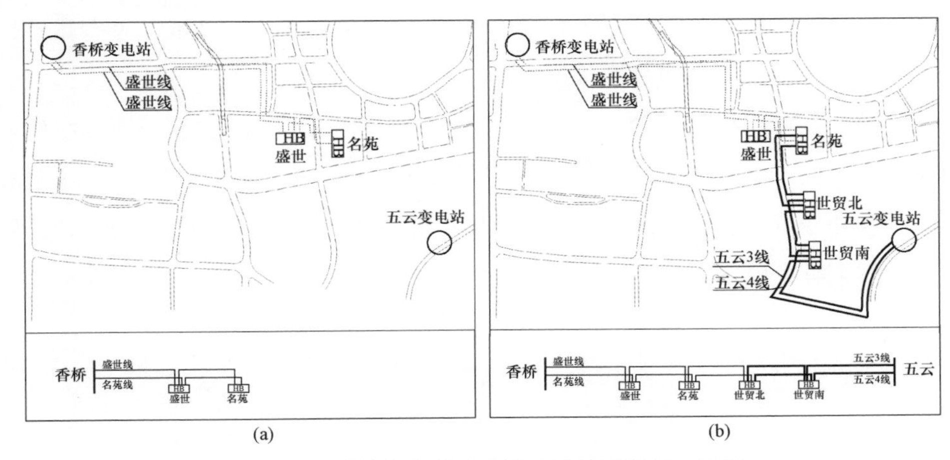

(a) (b)

图 6－10 过渡供电单元建设改造典型案例一示意

（a）改造前；（b）改造后

c. 建设改造成效：满足新增用电需求，消除供电单元内双射接线，形成 1 组双环网接线，实现目标接线。同步解决名苑线线规偏小且重载问题。

2） 典型方案二：1－3 号供电单元。

a. 建设必要性：当前最大负荷 11.3MW 左右，至目标年 12.8MW，负荷基本饱和。现由世茂、新纪元、商业、滨湖环网室供电，电源来自香桥变电站和迪荡变电站，形成两组双射接线，未形成双环网目标接线。

b. 方案描述：由新纪元环网室的不同母线各馈出一路，接入商业环网室的不同母线，形成一组双环网接线，案例示意见图 6－11。

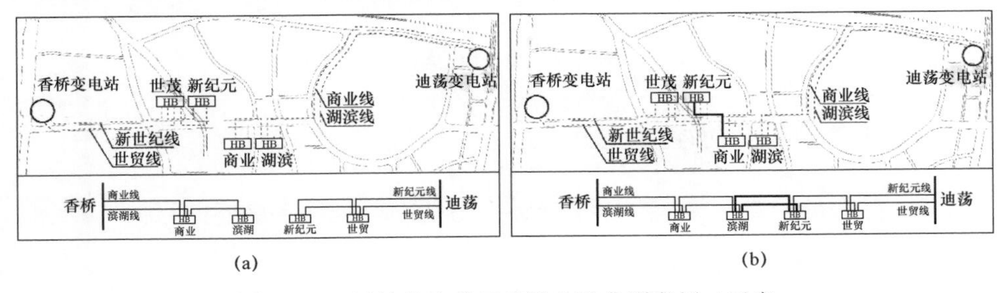

(a) (b)

图 6－11 过渡供电单元建设改造典型案例二示意

（a）改造前；（b）改造后

c. 建设改造成效：消除供电单元内双射接线，形成 1 组站间双环网接线，实现目标接线。

（3）交叉供电单元建设改造。按照第 3 章中提到的复杂联络优化的流程与方法，对老城分区中的 2－2 号、4－1 号和 4－2 号供电单元的非典型接线进行优化改造，从而实现双环网目标接线。

1）建设改造必要性。2－2 号、4－1 号和 4－2 号供电单元内负荷已经饱和，约 38MW。由 12 条 10kV 线路供电，形成 1 组非典型接线，2－2 号、4－1 号和 4－2 号供电单元 10kV 线路地理接线和拓扑结构示意见图 6－12 和图 6－13，网络结构复杂且供区不明确。

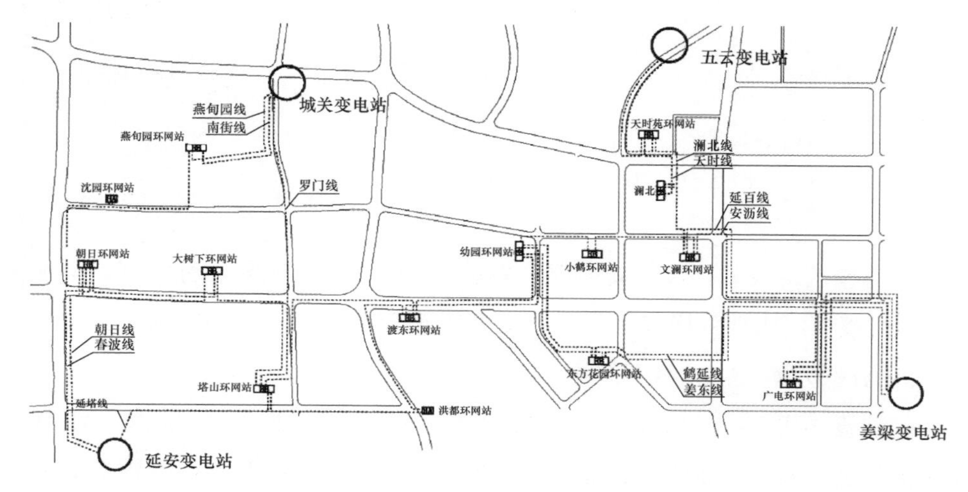

图 6－12　2－2 号、4－1 号和 4－2 号供电单元 10kV 线路地理接线示意图

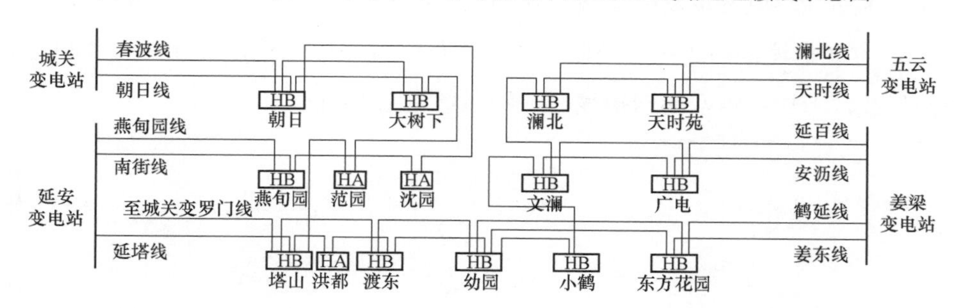

图 6－13　2－2 号、4－1 号和 4－2 号供电单元 10kV 拓扑结构示意图

2）建设改造方案描述。

a. 主干层辨识。

双母线环网室较单母线环网箱的可接入容量大，原则上环网室及其进线作为主干层，环网箱及其进线作为分支层，同时对接入不同环网室的环网箱视情

况而定。目前，建设改造区域内接入不同环网室的环网箱有 3 座，非典型接线主环节点和主干线路辨识地理及拓扑结构示意见图 6－14 和图 6－15，其中：

范园环网箱：为住宅居民供电，接入塔山和大树下环网室。塔山和大树下环网室进线均来自延安变电站，将范园环网箱作为塔山和大树下环网室的主干联络线意义不大，因此将范园环网箱及其进线视作分支层。

沈园环网箱：为住宅居民供电，接入燕甸园和朝日环网室，是燕甸园环网室同其他环网室环网的唯一通道，因此将沈园环网箱及其进线视作主干层。

洪都环网箱：为住宅居民供电，接入塔山和渡东环网室，是渡东环网室同塔山环网室两路联络线之一，因此将洪都环网箱及其进线视作主干层。

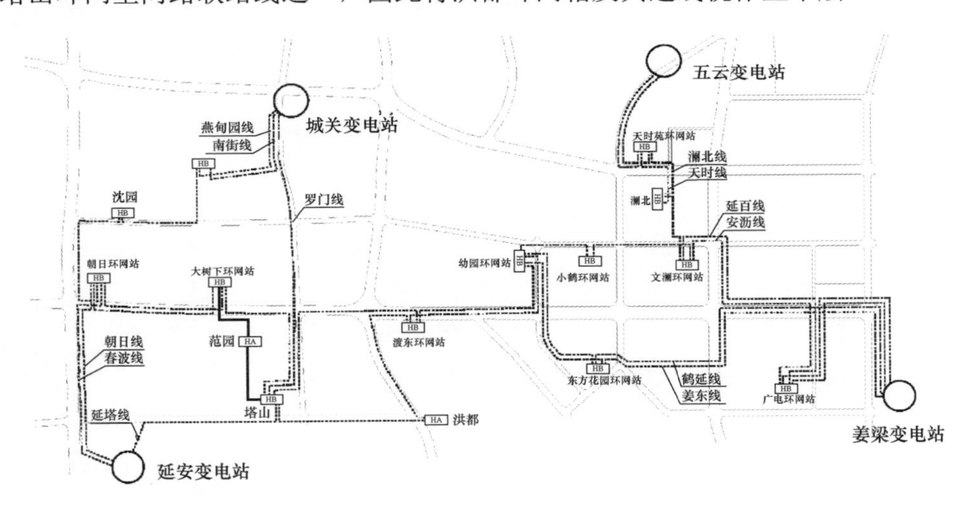

图 6－14 非典型接线主环节点和主干线路辨识地理示意图

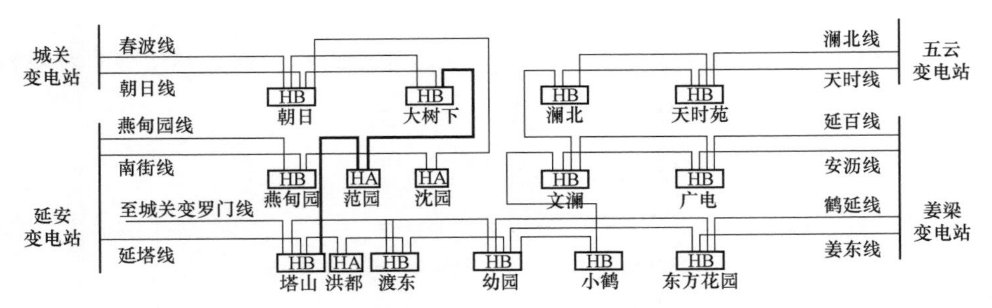

图 6－15 非典型接线主环节点和主干线路辨识拓扑结构示意图

b. 结合供电单元划分识别强相关联络组及其供区。

第一步，看变电站布点及 10kV 线路路径。延安变电站与城关变电站、姜梁变电站与五云变电站之间形成的南—北走向环网，姜梁变电站与延安变电站之间形成的东—西走向环网，运行经济、接线清晰，因此可以将延安变电站—城关变电站、姜梁变电站—五云变电站和姜梁变电站—延安变电站之间的相关联最密切的环网线路分为3组，每组4条。

第二步，找接线组主供区域。通过10kV线路串接配电站（室），按照运行最优，如少迂回、满足$N-1$供电安全标准，明确相关联最密切接线组的主供区域，该区域即为供电单元的范围，12条10kV线路、3组相关联最密切接线组的供区划分如图6－16所示。

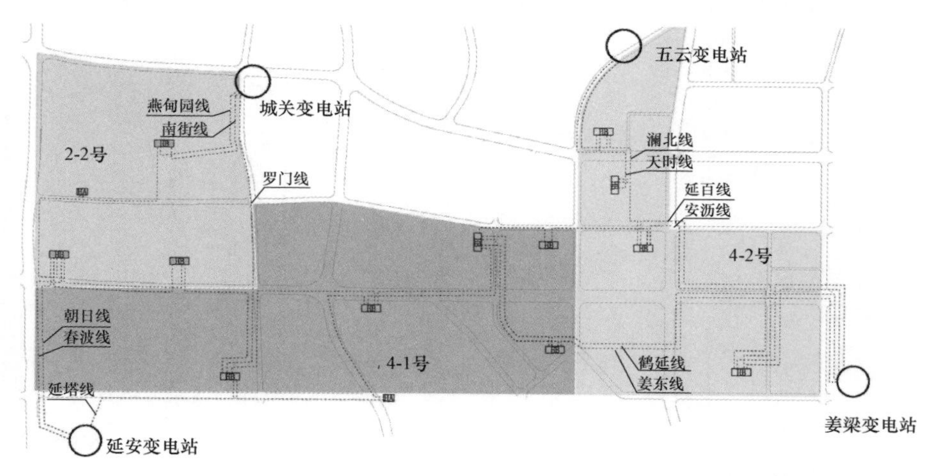

图6－16　2－2号、4－1号和4－2号供电单元10kV接线组供区划分示意图

c. 交叉供电单元内网架优化。

交叉供电单元内网架优化分为断开冗余或非标联络、重构并实现目标接线两个部分，最终完成非典型接线向目标接线的过渡。

第一，拆除或断开供区交叉和冗余联络。

拆除或断开供区交叉和冗余联络示意见图6－17。

首先，拆除4－1号供电单元同2－2号供电单元、4－2号供电单元之间的供区交叉联络线：拆除大树与塔山环网室之间的联络、拆除文澜与小鹤环网室之间的联络，形成4条线路联络组向对应供电单元独立供电。

其次，断开东方花园同幼圆环网室联络（朝日环网室相关联的主干线路已

有5条)、沈园环网箱同朝日环网室联络(为环入小鹤环网室做准备)。

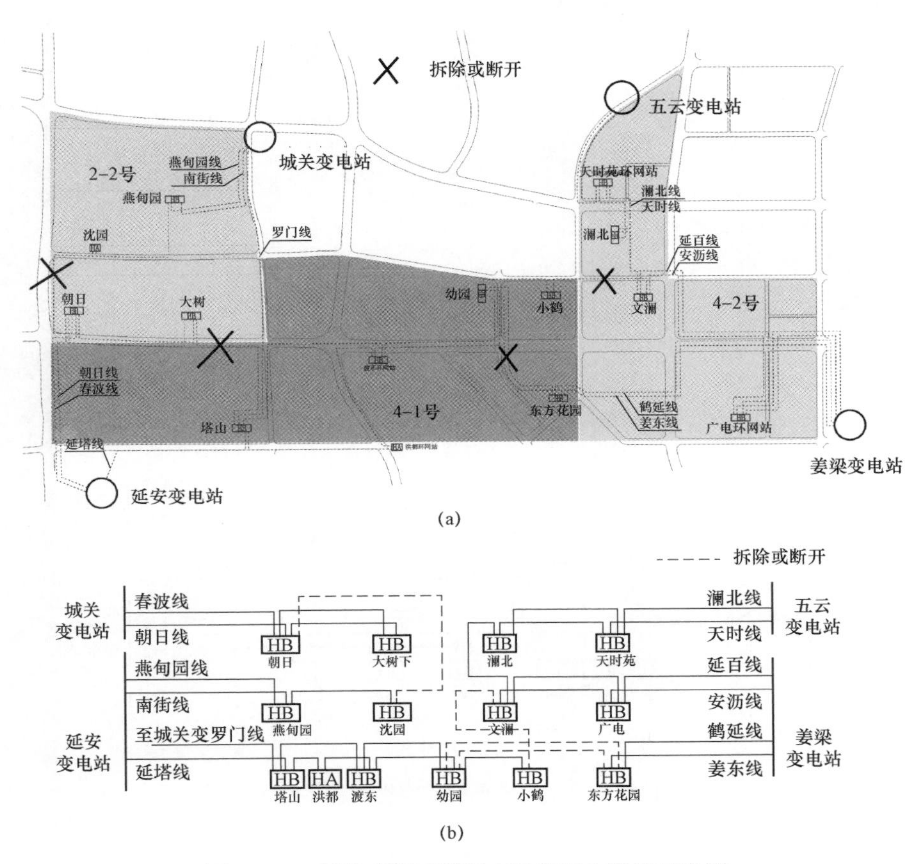

图6-17 拆除或断开供区交叉和冗余联络示意图
(a)地理示意图;(b)结构拓扑图

第二,重构并实现目标接线。通过环网室(室)馈出线路重构并实现目标接线。最终1组非典型接线组形成3组双环网接线,其对应双环网接线供区为相应供电单元,供电单元之间无供电交叉或环网,过渡至目标接线单元。供电单元内重构并实现目标接线示意图见图6-18。

(4)建设改造方案时序安排。根据建设改造方案的迫切程度,按照“成熟一批、固化一批”的原则,逐个对过渡供电单元和复杂供电单元实施新建改造方案。老城分区各供电单元接线方式建设改造方案时序见图6-19和表6-12。

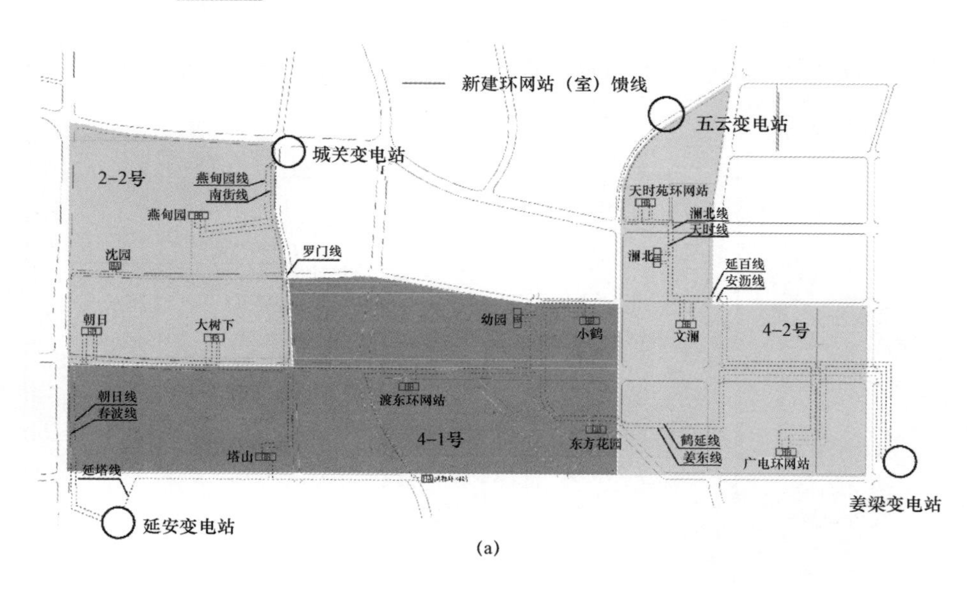

(a)

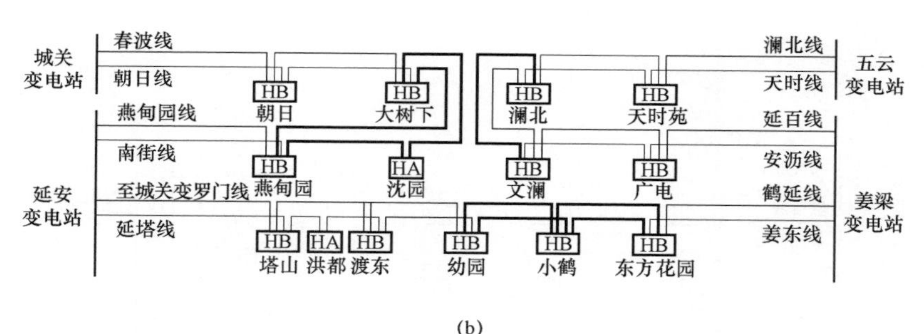

(b)

图 6-18　供电单元内重构并实现目标接线示意图

（a）地理示意图；（b）结构拓扑图

表 6-12　　老城分区各供电单元接线方式建设改造方案时序

序号	所属供电网格	供电单元编号	现状年	过渡年 1	过渡年 2	目标年
1	1 号	1-1 号	√	√	√	√
2		1-2 号	√	√	√	√
3		1-3 号	○	√	√	√
4		1-4 号	○	√	√	√
5	2 号	2-1 号	√	√	√	√
6		2-2 号	×	×	×	√
7		2-3 号	√	√	√	√

续表

序号	所属供电网格	供电单元编号	现状年	过渡年1	过渡年2	目标年
8	3号	3-1号	○	○	√	√
9		3-2号	○	○	√	√
10	4号	4-1号	×	×	×	√
11		4-2号	×	×	√	√

注 “√”代表实现目标接线；“○”代表处于过渡接线；“×”代表处于非典型接线。

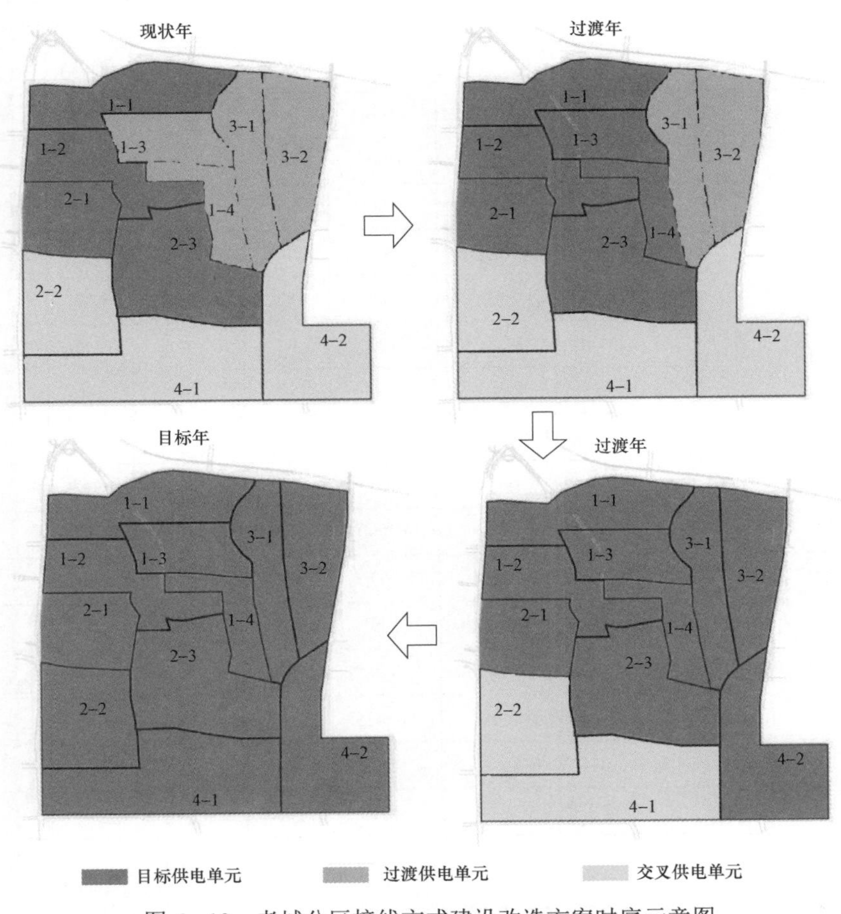

图6-19 老城分区接线方式建设改造方案时序示意图

6. 建设改造成效

通过建设改造方案的实施，中压配电网结构规范化、标准化，变电站供电范围得到优化，变电站之间中压配电网联络持续加强，变电站全停、变电站母线全停情况下，中压配电网具备转移负荷能力；同步建成配电自动化，可靠性水平稳步提升至 99.997%，符合 A 类供电区域的供电可靠性需求。中压电网供区清晰、挂接负荷合理，10kV 及以下综合线损率逐步下降且能够保证清洁能源全部消纳。至目标年老城分区实现了建设改造目标，配电网建设改造效果对比情况见表 6－13。

表 6－13　　配电网建设改造效果对比表

序号	指标分类	指标名称	目标值	现状年		目标年	
				指标值	是否实现	指标值	是否实现
1	安全可靠	10kV 配电网结构标准化率	100	56	×	100	√
2		10kV 线路联络率	100	84.6	×	100	√
3		10kV 线路电缆化率	100	100	√	100	√
4		10kV 架空线路大分支线比例	0	—	—	—	—
5		10kV 线路 $N-1$ 通过率	100	82	×	100	√
6		变电站全停全转率	100	67	×	100	√
7		10kV 母线全停全转率	100	83	×	100	√
8		10kV 线路重载比例	0	2.6	×	0	√
9		10kV 架空线路绝缘化率	100	—	—	—	—
10		供电可靠率	99.990	99.98	×	99.997	√
11	优质高效	综合电压合格率	100	100	√	100	√
12	绿色低碳	本地清洁能源消纳率	100	100	√	100	√
13		电能占终端能源消费比例	上升趋势	55	—	67	√
14		10kV 及以下综合线损率	下降趋势	1.97	—	1.85	√
15	智能互动	配电自动化覆盖率	100	100	√	100	√
16		智能电表覆盖率	100	100	√	100	√

6.1.2　新区电缆双环网建设改造案例

1. 区域概况

新区供电区供电面积 3.61km^2，土地使用性质以商业与居民为主，目前负荷

处于快速发展阶段，属于A类供电区域。

2. 现状电网评估和诊断分析

（1）高压配电网现况。

新区供电区周边有2座110kV变电站，主变压器4台，总容量200MVA。变电站平均负载率60%，其中光明变电站负载率75%、朝阳变电站负载率45%。新区供电区高压配电网变电站布局见图6－20。

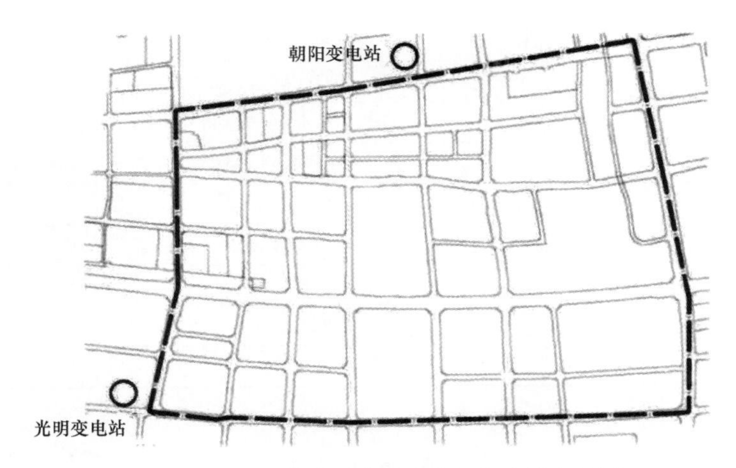

图6－20 新区供电区高压配电网变电站布局图

新区供电区变电站负载率偏高，同时该区域属于快速开发阶段，近期仍有大量用户报装，预计该区域还将迎来一轮负荷快速增长，并且区内用户对供电可靠性的要求极高，如果不及时增建变电站布点，现状变电站就无法满足区域负荷发展的需求。

（2）中压配电网现况。

1）中压电网规模。

新区供电区10kV线路共计14条，其中公用线路12条、专用线路2条，公用线路长度合计40.8km；现有中压开关站11座。中压配电变压器195台，容量89MVA，其中：公用配电变压器78台，容量35MVA。新区供电区现状10kV配电网规模统计汇总见表6－14，新区供电区现状10kV线路地理接线示意见图6－21。

表 6-14　　新区供电区现状 10kV 配电网规模统计汇总表

项目名称		数值
中压线路数量	其中：公用（条）	12
	专用（条）	2
	合计（条）	14
中压线路长度	架空线（km）	0
	电缆线（km）	40.8
	总长度（km）	40.8
公用线路挂接配电变压器	台数（台）	195
	容量（MVA）	89
	其中：公用变压器（台）	78
	公用变压器容量（MVA）	35
中压配电设施数量	柱上开关（台）	0
	柱上负荷开关	0
	开关站（座）	11
	环网室（座）	0
	环网箱（座）	0

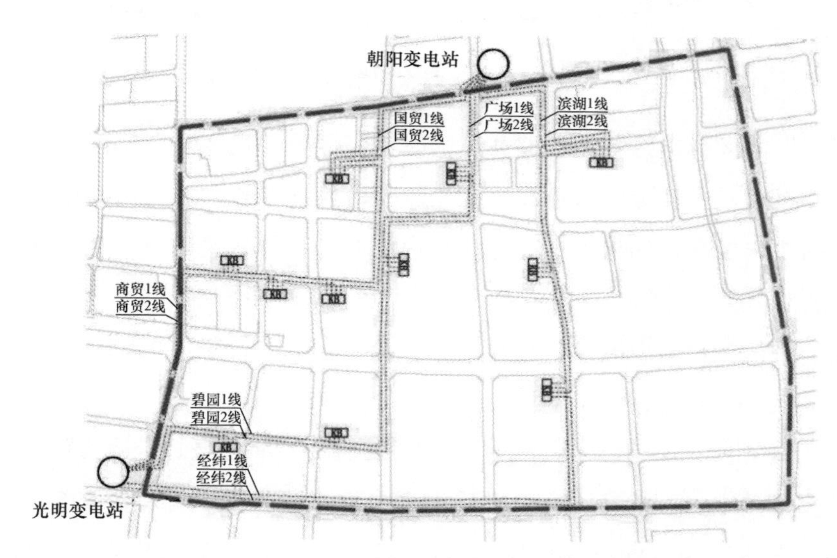

图 6-21　新区供电区现状 10kV 线路地理接线示意图

2）中压配电网拓扑结构。

中压配电网由 3 组电缆双环网接线构成，新区供电区现状 10kV 线路拓扑结

构示意见图6－22。

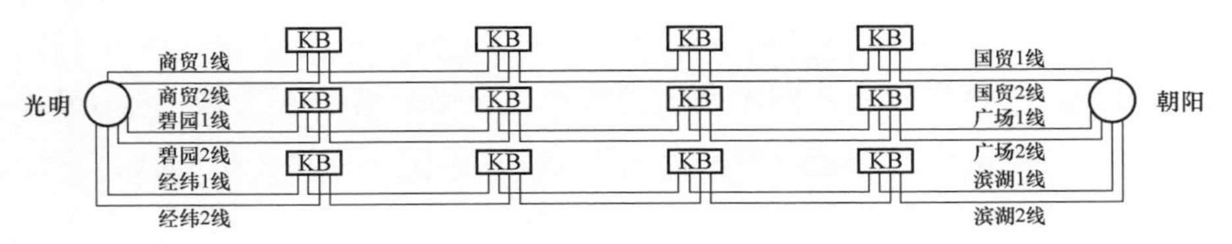

图6－22 新区供电区现状10kV线路拓扑结构示意图

3）中压配电网指标评估。

整体上，新区供电区10kV配电网结构合理且10kV线路$N-1$通过率100%，但受限于供电变电站平均负载达到60%，不能实现10kV母线和变电站的全停全转。新区供电区中压配电网评估见表6－15。

表6－15　　新区供电区中压配电网评估表　　%

序号	指标分类	指标名称	指标值
1	安全可靠	10kV配电网结构标准化率	100
2		10kV线路联络率	100
3		10kV线路电缆化率	100
4		10kV架空线路大分支线比例	—
5		10kV线路$N-1$通过率	100
6		变电站全停全转率	0
7		10kV母线全停全转率	50
8		10kV线路重载比例	0
9		10kV架空线路绝缘化率	—
10		供电可靠率	99.985
11	优质高效	综合电压合格率	100
12	绿色低碳	本地清洁能源消纳率	100
13		电能占终端能源消费比例	45
14		10kV及以下综合线损率	1.24
15	智能互动	配电自动化覆盖率	0
16		智能电表覆盖率	100

3. 建设目标及边界条件

（1）建设目标。配合新建110kV变电站建设中压配电网，提升中压配电网供电能力，满足新区供电区内用电负荷快速发展需求。针对A类供电区域可靠性需求，合理选择网架结构，强化中压配电网结构标准化，确保供电网格内可靠性水平稳步提升至99.990%。优化变电站供电范围，加强变电站之间中压配电网联络，合理控制中压配电网装接容量，确保变电站全停、变电站母线全停情况，中压配电网具备转移负荷能力。新区供电区中低压配电网建设目标见表6－16。

表6－16　　新区供电区中低压配电网建设目标　　%

序号	指标分类	指标名称	目标值	现状年	
				指标值	是否实现
1	安全可靠	10kV配电网结构标准化率	100	100	√
2		10kV线路联络率	100	100	√
3		10kV线路电缆化率	100	100	√
4		10kV架空线路大分支线比例	0	—	—
5		10kV线路$N-1$通过率	100	100	√
6		变电站全停全转率	100	0	×
7		10kV母线全停全转率	100	50	×
8		10kV线路重载比例	0	0	√
9		10kV架空线路绝缘化率	100	—	—
10		供电可靠率	99.990	99.985	×
11	优质高效	综合电压合格率	100	100	√
12	绿色低碳	本地清洁能源消纳率	100	100	√
13		电能占终端能源消费比例	上升趋势	45	—
14		10kV及以下综合线损率	下降趋势	1.24	—
15	智能互动	配电自动化覆盖率	100	0	×
16		智能电表覆盖率	100	100	√

（2）负荷预测。

至目标年，新区供电区负荷达到98.9MW，负荷密度27.2MW/km^2，新区供电区空间负荷预测结果见表6－17。

表6－17　　新区供电区空间负荷预测结果

用地性质代码	用地性质	总用地面积（m^2）	容积率	负荷指标（W/m^2）	需要系数	最大负荷（MW）
R2	二类居住用地	276 623	1.2～2.5	40～60	0.4	11.3

续表

用地性质代码	用地性质	总用地面积（m^2）	容积率	负荷指标（W/m^2）	需要系数	最大负荷（MW）
A1	行政办公用地	5530	1.2～3.5	50～90	0.6	0.6
BR	综合用地	144 138	1.5～2.8	30～60	0.5	8.8
B	商业办公混合用地	675 772	1.5～3.5	50～90	0.8	69.4
B1	商业用地	340 533	1.3～2.5	50～90	0.8	34.9
S42	社会停车场用地	9528	1	15～20	0.7	0.2
S1	道路用地	750 893	1	0.1	1	0.2
G1	公园绿地	130 803	1	0.1	1	0
H4	特殊用地	1219	0.5～1.5	40～60	1	0
H9	其他建设用地	191 961	1	40～60	1	15.8
合计（考虑同时率 0.7）	—	2 527 000	—	—	—	98.9

（3）高压配电网规划情况。

至过渡年新增 110kV 金辉变电站，主变压器 2 台，容量 100MVA。至目标年光明变电站、朝阳变电站和金辉变电站均扩建 3 号主变压器，容量配置为 3×50MVA。高压配电网规划情况见表 6－18，新区供电区高压配电网变电站布局见图 6－23。

表 6－18　　高压配电网规划情况

序号	指标名称	单位	新区供电区	
1	规划年	—	现状年	目标年
2	电压等级序列	kV	110/10	110/10
3	区内电源点	—	—	金辉变电站
4	区内变电容量	MVA	0	150
5	区外电源点	—	光明变电站、朝阳变电站	光明变电站、朝阳变电站
6	可提供变电容量	MVA	50	90

4. 网格化划分

基于网格化划分原则，将新区供电区划分为 2 个供电网格、8 个供电单元，均属于快速发展阶段，各供电单元的详细情况见表 6－19，新区供电区内供电单元划分结果示意见图 6－24。

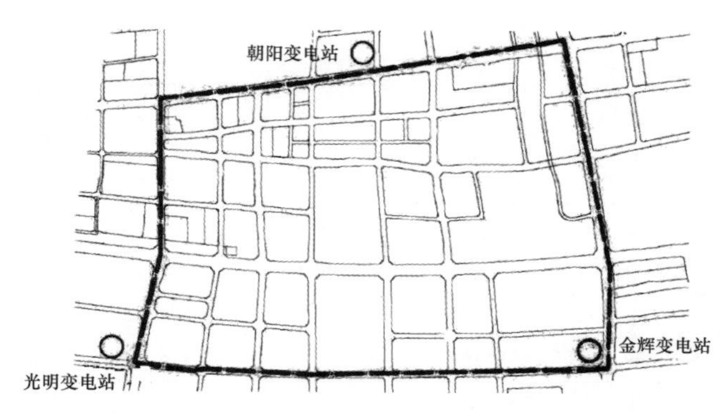

图 6－23　新区供电区高压配电网变电站布局图

表 6－19　　新区供电区内供电单元划分情况表

序号	所属供电网格	供电单元编号	面积（km^2）	主要用地性质	当前地块发展阶段	目标年负荷（MW）	负荷密度（MW/km^2）
1	1	1－1 号	0.28	商业、居住	快速发展	12.4	44.3
2		1－2 号	0.44	商业、居住	快速发展	11.9	27
3		1－3 号	0.71	居住	快速发展	11.9	16.8
4		1－4 号	0.31	商业	快速发展	13	41.9
5	2	2－1 号	0.29	商业、居住	快速发展	11.7	40.3
6		2－2 号	0.47	商业、居住	快速发展	12.9	27.4
7		2－3 号	0.45	商业、居住	快速发展	12.1	26.9
8		2－4 号	0.66	居住	快速发展	12.4	18.8
合计			3.61	商业、居住	快速发展	98.3	27.2

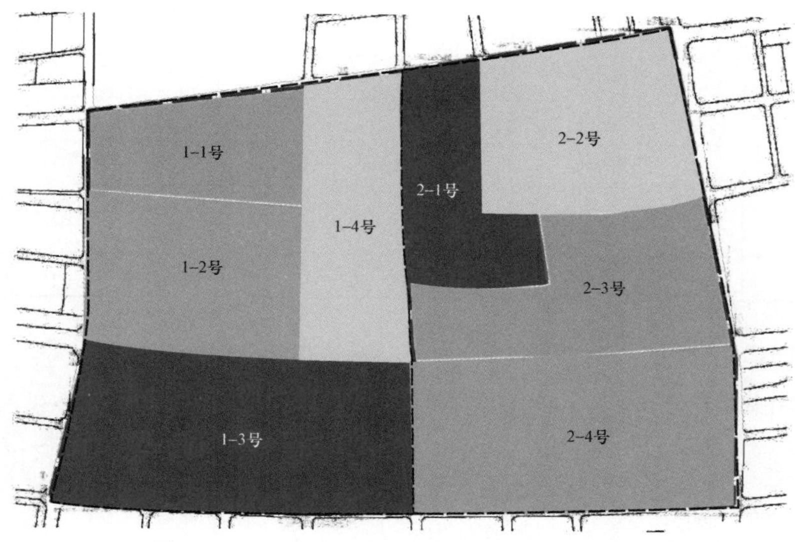

图 6－24　新区供电区供电单元划分结果示意图

5. 目标网架构建及空间布局规划方案

（1）供电模式选取。

新区供电区现有接线方式均为开关站形式电缆双环网方式且网格属于高供电可靠性要求的 A 类供区。因此，区域内中压目标网架的供电模式方式选取开关站形式电缆双环网，开关站形式电缆双环接线方式示意见图 6－25。

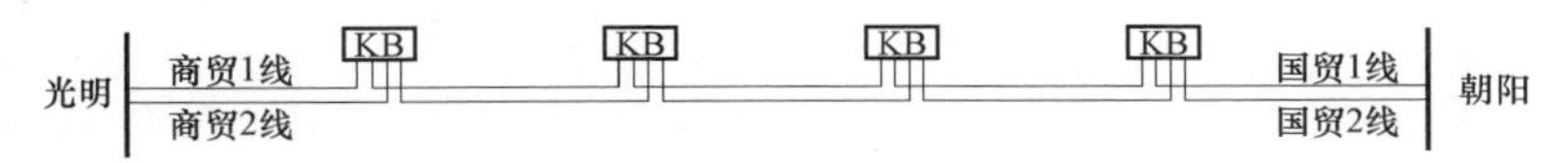

图 6－25　开关站形式电缆双环接线方式示意图

装备配置情况：电缆主干线采用 YJV22－3×300 导线，开关站采用 KA－1 型，双母线方式，进线 4 条（2 进 2 环出），出线 8～12 条。

规模控制：一组标准双环接线方式由 4 条电缆线路构成，分别来自两座不同的变电站，一个标准双环内开关站最终数量一般不超过 6 座，每座开关站容量控制在 12MVA 以内。

运行水平控制：按照 35℃环境温度测算单条 10kV 线路输送电流 520A（约 9MVA），正常运行方式下单条线路负载率不超过50%，线路最大电流不超过260A（4.5MW）。一组双环网接线供电能力为 1040A（18MW）。

适用范围：全区。

（2）目标网架规划概况。

新区供电区 10kV 电网目标年负荷达到 98.3MW，按照一组双环网供电能力为 18MW，理论上需要 6 组电缆双环网接线。考虑负荷分布均衡度和同时率等情况，目标年新区供电区的 10kV 网架由 8 组电缆双环网接线构成，线路总数 32 条，线路平均供电负荷 3.07MW，新区供电区内线路整体上满足 $N-1$ 供电安全标准。新区供电区 10kV 线路目标网架地理接线示意图见图 6－26，新区供电区 10kV 线路目标网架拓扑接线示意见图 6－27。

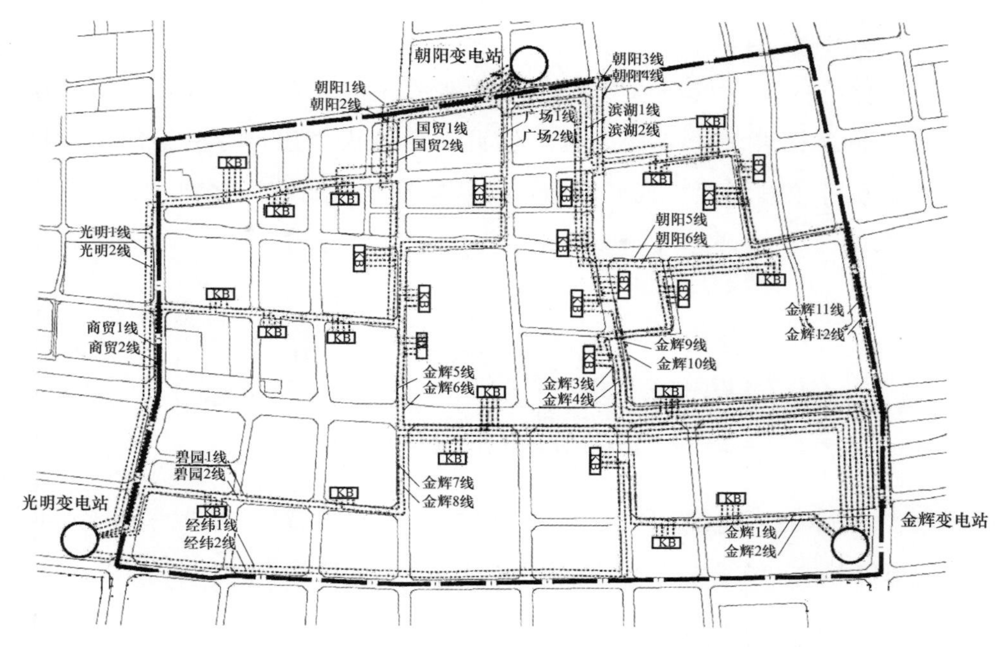

图 6-26　新区供电区 10kV 线路目标网架地理接线示意图

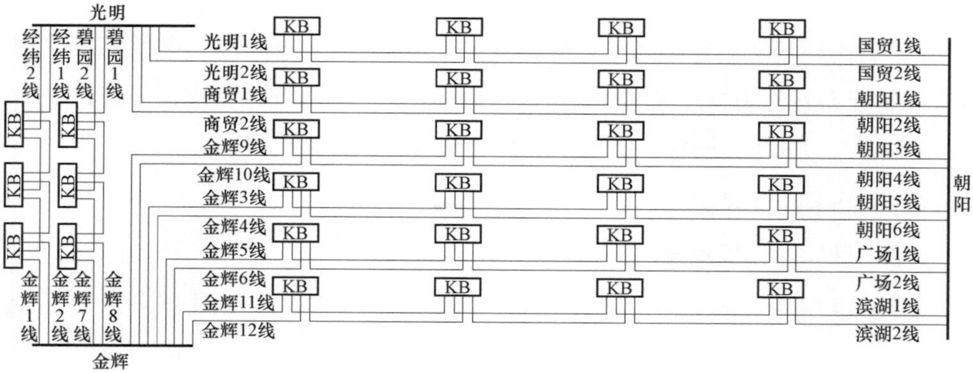

图 6-27　新区供电区 10kV 线路目标网架拓扑接线示意图

分供电单元目标网架建设改造方案来看，至目标年 8 个供电单元均由 1 组电缆双环网供电，供区明确、清晰。各供电单元线路平均负荷在 2.93～3.25MW 之间，供电单元内线路能够满足 $N-1$ 供电安全标准。新区供电区供电单元目标网架建设改造方案见表 6-20 和图 6-28。

表 6-20　　新区供电区供电单元目标网架建设改造方案

序号	所属供电网格	供电单元编号	最大负荷（MW）	电源点	线路规模（条）	线路平均负荷（MW）	接线组
1	1号	1-1号	12.4	朝阳变电站、光明变电站	4	3.1	1组双环网
2		1-2号	11.9	朝阳变电站、光明变电站	4	2.98	1组双环网
3		1-3号	11.9	光明变电站、金辉变电站	4	2.98	1组双环网
4		1-4号	13	朝阳变电站、金辉变电站	4	3.25	1组双环网
5	2号	2-1号	11.7	朝阳变电站、金辉变电站	4	2.93	1组双环网
6		2-2号	12.9	朝阳变电站、金辉变电站	4	3.23	1组双环网
7		2-3号	12.1	朝阳变电站、金辉变电站	4	3.03	1组双环网
8		2-4号	12.4	光明变电站、金辉变电站	4	3.1	1组双环网
合计			98.3	朝阳变电站、光明变电站、金辉变电站	32	3.07	8组双环网

（3）空间布局规划方案。

新区供电区内10kV电网电力廊道和站室规划结果见表6-21。其中电力廊道需求长度24.7km，均为管沟；开关站29座。新区供电区10kV配电网电力设施布局规划结果统计见图6-29。

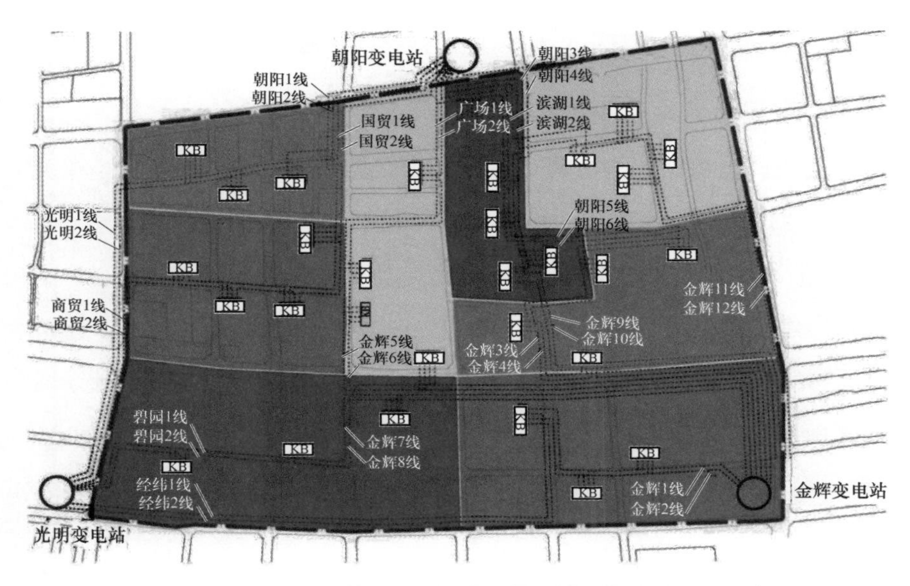

图6-28　新区供电区内供电单元的目标网架建设改造方案

表 6－21　　新区供电区 10kV 配电网电力设施布局规划结果统计表

类　　型		单位	数值
管沟	（18ϕ150＋2ϕ100）mm²	km	13.3
	（12ϕ150＋2ϕ100）mm²	km	11.4
	（8ϕ150＋2ϕ100）mm²	km	12..6
站室	开关站	座	29

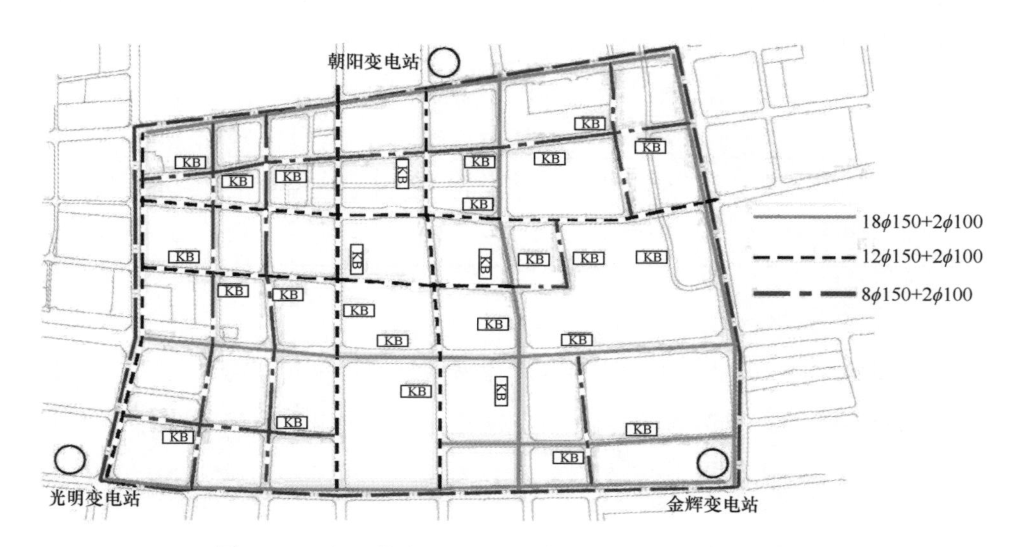

图 6－29　新区供电区 10kV 配电网电力设施空间布局方案

6. 建设改造方案制订

（1）建设改造思路。为实现目标年目标网架接线方式，结合供电单元划分情况，秉承“成熟一批、固化一批”理念，制订建设改造思路如下：

1）变电站 10kV 线路馈出思路。以变电站馈出 10kV 线路满足新区供电区用电需求为建设重点，原则上，变电站一次性馈出 10kV 线路为 4 条，形成新的一组双环网或将已有的一组双环网接线拆分为两组双环网。考虑提升馈线利用水平，在新增用电需求不足 9MW 时，亦可选择变电站一次性馈出 10kV 线路为 2 条，环入已有双环网中的某一开关站，形成一组双环 T 型接线作为过渡接线。

2）秉承“成熟一批、固化一批”的建设改造理念。当供电单元内已实现由一组双环网独立供电时，原则上该供电单元内的网架结构不再调整，视作已经

成熟并进行固化，从而保证该供电单元持续供电。

（2）建设方案制订。依据供电单元划分结果，结合新区供电区内土地开发时序和变电站建设，将变电站建成年作为过渡年，建设方案分现状年至过渡年、过渡年至目标年两个阶段。

1）第一阶段：现状年至过渡年。现状年，新城供电区由 3 组双环网向 8 个供电单元供电，现状年 3 组双环网接线组供区范围情况见表 6－22 和图 6－30。

表 6－22　　新区供电区现状年 10kV 线路接线组供区

时间节点	接线组编号	接线方式	供区范围
现状年	XZ－SH－1	双环网	1－1 号、1－2 号
	XZ－SH－2	双环网	1－3 号、1－4 号
	XZ－SH－3	双环网	2－1 号、2－2 号、2－3 号、2－4 号

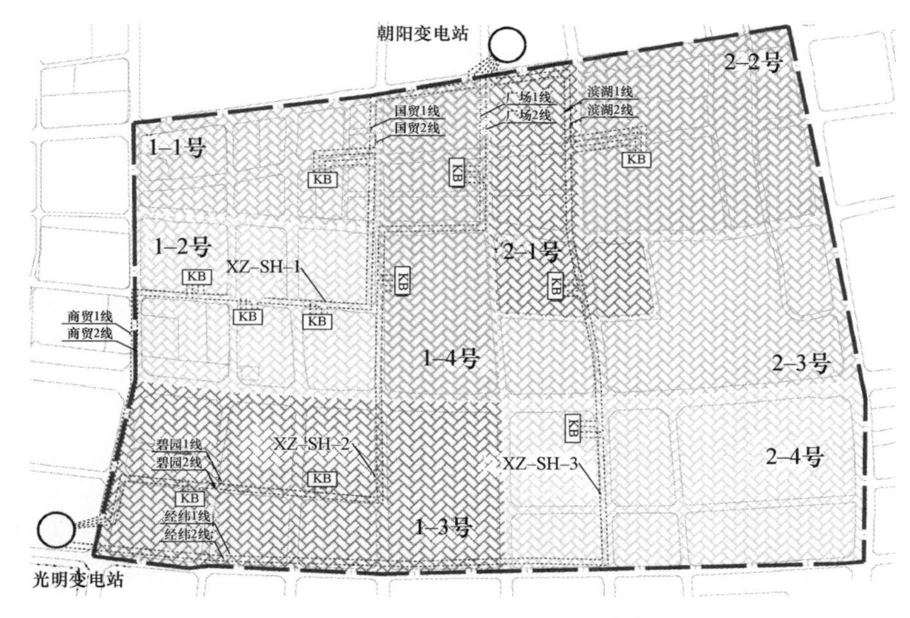

图 6－30　新区供电区现状年 10kV 地理接线示意图

结合 110kV 金辉变建成投运，馈出 10kV 线路在满足新增用电需求的同时，依据供电单元划分完善 10kV 电网结构并优化供区范围。现状年至过渡年变电站馈出 12 条线路，采用“一拆二”过渡方式，将现有 3 组长链双环网拆分为 6 组双环网。分供电单元供电：1－1 号、1－2 号、1－3 号、1－4 号和 2－4 号供电单元实现目标接线方式，供电单元内部 1 组双环网且供电单元间不存在交叉供电；2－1 号、2－2 号和 2－3 号供电单元地块仍待开发、用电负荷未达到饱和，3 个供电单元仍由 1 组双环网供电。过渡年 6 组双环网接线组供区范围情况见表 6－23 和图 6－31，新区供电区现状年和过渡年 10kV 拓扑结构前后对比示意见图 6－32。

表 6－23　新区供电区过渡年 10kV 线路接线组供区

时间节点	接线组编号	接线方式	供区范围	是否实现目标
过渡年	GD－SH－1	双环网	1－1 号	√
	GD－SH－2	双环网	1－2 号	√
	GD－SH－3	双环网	1－3 号	√
	GD－SH－4	双环网	1－4 号	√
	GD－SH－5	双环网	2－4 号	√
	GD－SH－6	双环网	2－1 号、2－2 号、2－3 号	×

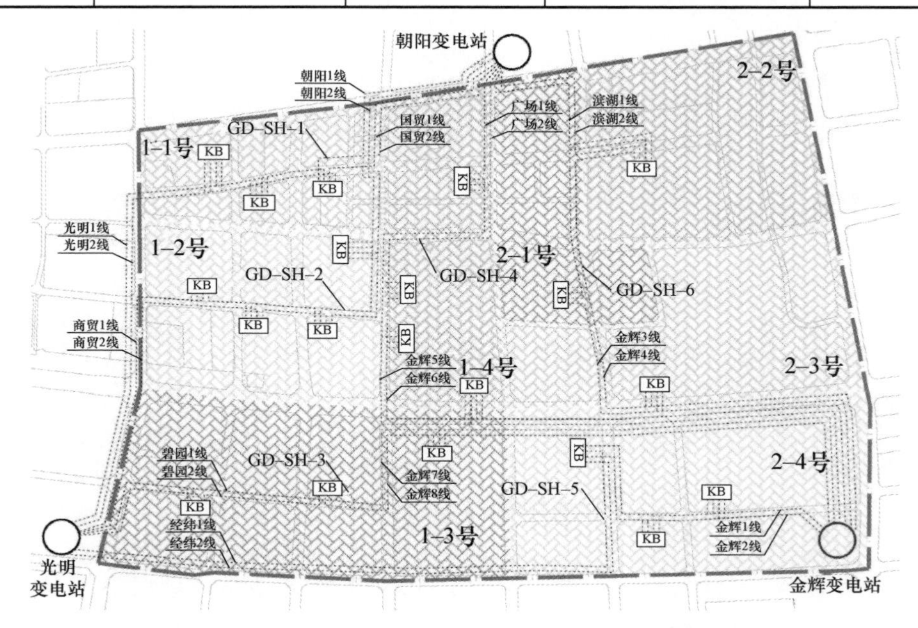

图 6－31　新区供电区过渡年 10kV 地理接线示意图

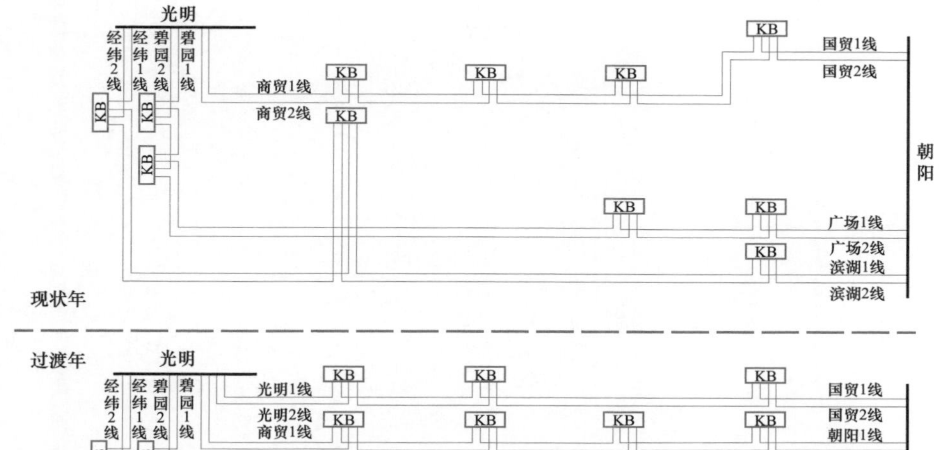

图 6-32　新区供电区现状年和过渡年 10kV 拓扑结构前后对比示意图

2）第二阶段：过渡年至目标年。

根据 2-1 号、2-2 号和 2-3 号供电单元地块开发，光辉变电站和朝阳变电站馈出 8 条 10kV 线路，将向上述 3 个供电单元供电的 1 组双环网接线拆分为 3 组双环网接线，单个接线组独立向 1 个供电单元内供电。至目标年，新城供电区的 8 个供电单元均实现了由 1 组双环网接线独立供电的目标。新区供电区目标年 10kV 地理接线示意和现状年和过渡年 10kV 拓扑结构前后对比示意见图 6-33 和图 6-34。

7. 建设改造成效

通过建设改造方案的实施，变电站供电范围得到优化，变电站之间中压配电网联络持续加强，变电站全停、变电站母线全停情况下，中压配电网具备转移负荷能力；同步建成配电自动化，可靠性水平稳步提升至 99.999%，符合 A 类供电区域的供电可靠性需求。中压电网供区清晰、挂接负荷合理，10kV 及以下综合线损率逐步下降且能够保证清洁能源全部消纳。配电网建设改造效果对比见表 6-24。

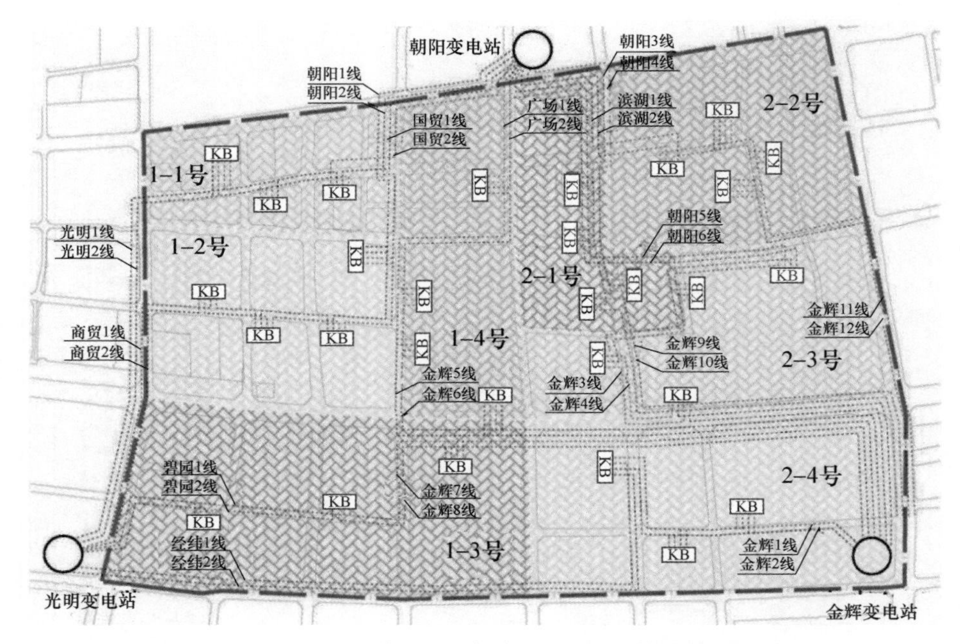

图 6－33　新区供电区目标年 10kV 地理接线示意图

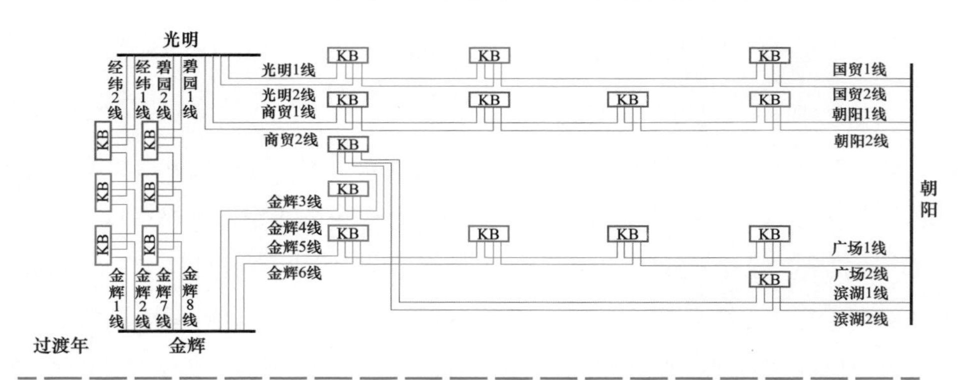

图 6－34　新区供电区现状年和过渡年 10kV 拓扑结构前后对比示意图

表 6-24 配电网建设改造效果对比表

序号	指标分类	指标名称	目标值	现状年		过渡年		目标年	
				指标值	是否实现	指标值	是否实现	指标值	是否实现
1	安全可靠	10kV 配电网结构标准化率	100	100	√	100	√	100	√
2		10kV 线路联络率	100	100	√	100	√	100	√
3		10kV 线路电缆化率	100	100	√	100	√	100	√
4		10kV 架空线路大分支线比例	0	—	—	—	—	—	—
5		10kV 线路 $N-1$ 通过率	100	100	√	100	√	100	√
6		变电站全停全转率	100	0	×	100	√	100	√
7		10kV 母线全停全转率	100	50	×	100	√	100	√
8	安全可靠	10kV 线路重载比例	0	0	√	0	√	0	√
9		10kV 架空线路绝缘化率	100	—	—	—	—	—	—
10		供电可靠率	99.990	99.985	×	99.998	√	99.999	√
11	优质高效	综合电压合格率	100	100	√	100	√	100	√
12	绿色低碳	本地清洁能源消纳率	100	100	√	100	√	100	√
13		电能占终端能源消费比例	上升趋势	45	—	55	√	70	√
14		10kV 及以下综合线损率	下降趋势	1.24	—	1.17	√	1.02	√
15	智能互动	配电自动化覆盖率	100	0	×	100	√	100	√
16		智能电表覆盖率	100	100	√	100	√	100	√

6.2 电缆单环网建设改造典型案例

6.2.1 建成区电缆单环网建设改造案例

6.2.1.1 区域概况及总体发展情况

1. 区域概况

北一供电分区西起滨河东路，东到建设北路，北起北中环街，南至府西街、府东街，总用地 12.33km^2，为城市建成区，现状人口约 23.89 万人，属于 A 类供电区域。

2. 总体发展情况

北一区供电分区是以居住生活为基本功能，以商务、金融、办公、服务等第三产业为发展重点的城市北部生活区，目标年人口约 30.8 万人。区域内住宅以多家单位宿舍为主，其他住宅基本为自建平房。区域内商业服务设施主要分布在北大街、胜利街、肖墙路的两侧，商业规模较大，服务性较好。

北一区供电分区发展方向以积极引导在历史城区范围内发展与历史文化保护相适应的特色商业、旅游业和服务业等产业为主，强化历史城区的文化功能，优化升级城市功能，增加公共绿地和服务设施，疏解老城职能，降低人口密度和就业密度，加强历史风貌的保护和恢复。北一区供电分区远景建设用地示意图如图 6－35 所示。

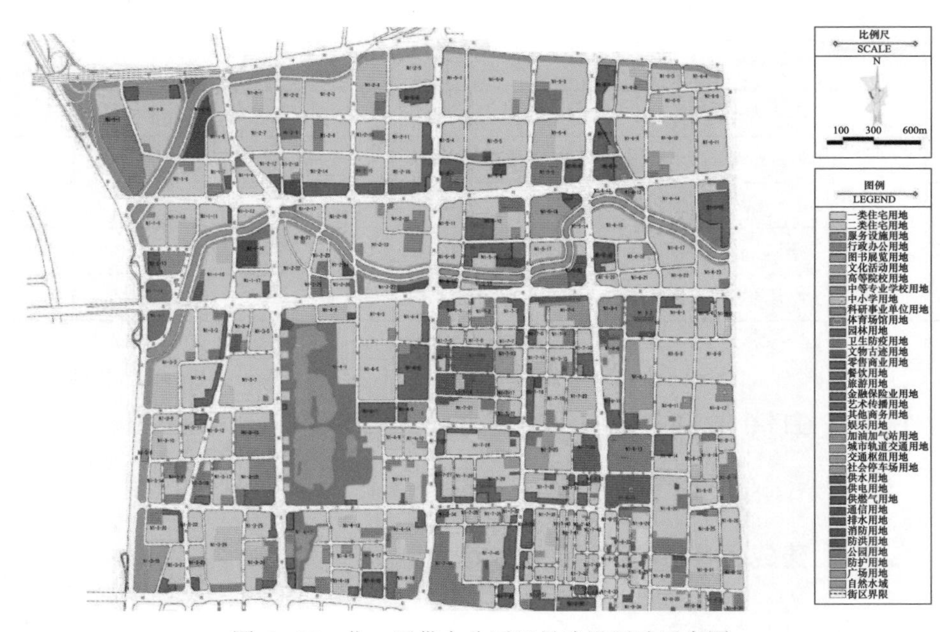

图 6－35　北一区供电分区远景建设用地示意图

6.2.1.2　现状电网评估和诊断分析

1. 高压配电网现况

北一区供电分区内现有 1 座 220kV 变电站（解放站）、3 座 110kV 变电站（城北站、东大站、柳溪站），区外南侧有 3 座 110kV 变电站（城西站、铜锣湾站、

杏花岭站），从图 6－36 北一区高压配电网变电站布局示意图可以看出，北一区供电分区内中东侧站点布置合理，西侧缺乏变电站布点。北一区高压配电网变电站情况统计如表 6－25 所示。

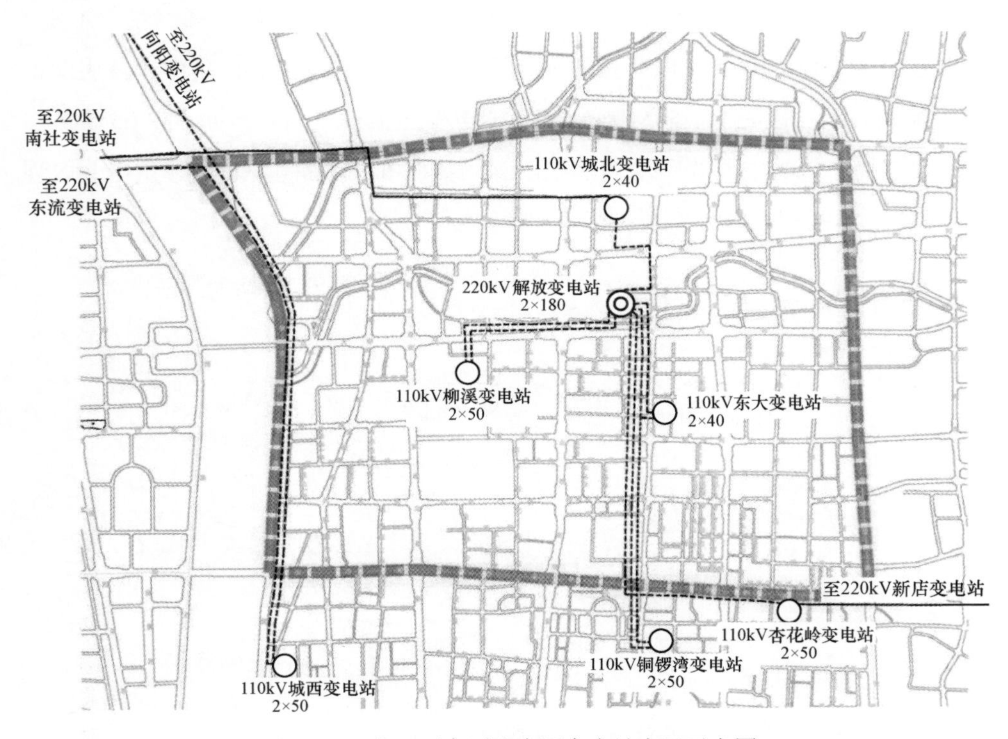

图 6－36 北一区高压配电网变电站布局示意图

表 6－25 北一区高压配电网变电站情况统计汇总表

序号	变电站	容量（MVA）	10kV 出线间隔数	已用 10kV 间隔数	剩余间隔数	最大负荷（MW）	负载率（%）
1	解放站	2×180	17	17	0	190.5	52.92
2	城北站	2×40	27	27	0	75.78	94.73
3	东大站	2×40	23	16	7	19.34	24.18
4	柳溪站	2×50	20	14	6	20.9	20.90
5	杏花岭站（区外）	2×50	28	26	2	47.47	47.47
6	铜锣湾站（区外）	2×50	26	19	7	41.81	41.81
7	城西站（区外）	2×50	26	19	7	66.31	66.31

2. 中压配电网现况

（1）中压电网规模。

北一区供电分区 10kV 线路共计 82 条，其中，公用线路 49 条、专用线路 33 条，公用线路长度合计 138.69km；现有中压公共开关站 21 座、环网箱 121 座、用户总配 412 座。中压配电变压器 924 台，容量 573.61MVA，其中：公用配电变压器 337 台，容量 191.56MVA，专用配电变压器 587 台，容量 382.05MVA。北一区现状中压配电网线路地理接线示意图如图 6－37 所示，北一区供电分区现状 10kV 配电网规模统计汇总如表 6－26 所示。

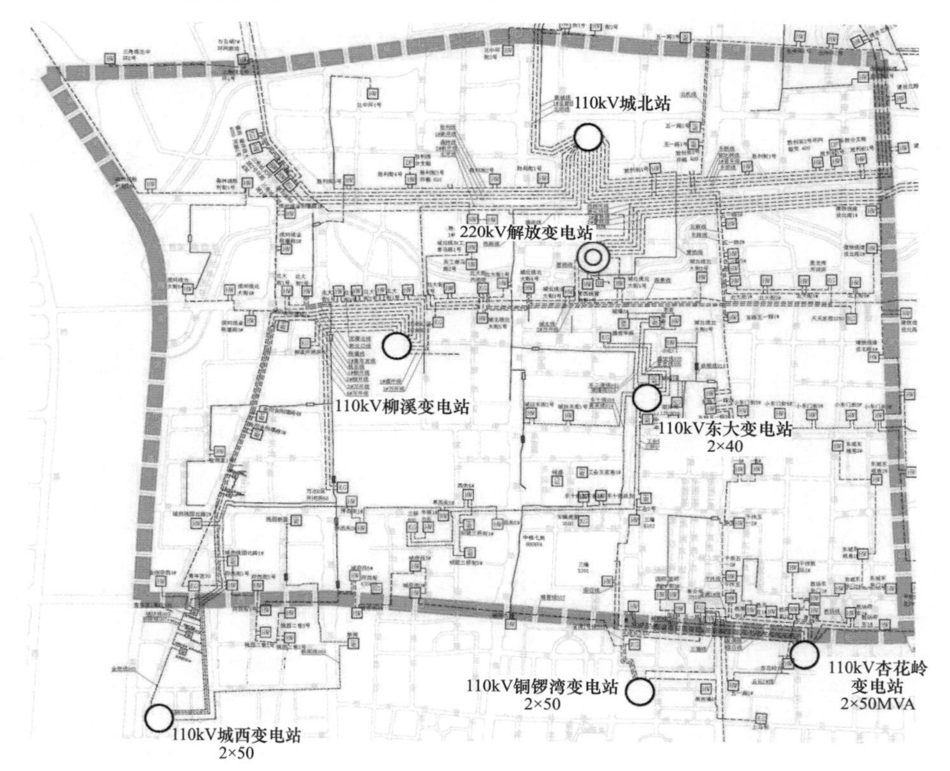

图 6－37　北一区现状中压配电网线路地理接线示意图

表 6－26　　北一区供电分区现状 10kV 配电网规模统计汇总表

项目名称		北一区供电分区
中压线路数量	其中：公用（条）	49
	专用（条）	33
	合计（条）	82

续表

项目名称		北一区供电分区
中压线路长度	架空线（km）	25.65
	电缆线（km）	113.04
	总长度（km）	138.69
公用线路挂接配电变压器	台数（台）	924
	容量（MVA）	573.61
公用线路挂接配电变压器	其中：公用变压器（台）	337
	公用变压器容量（MVA）	191.56
中压配电设施数量	柱上开关（台）	5
	柱上负荷开关	15
	开关站（座）	21
	环网室（座）	0
	环网箱（座）	121
	用户总配（座）	412

（2）中压配电网拓扑结构。

北一区供电分区内中压配电网拓扑结构主要包括架空网和电缆网。架空网：单联络、两联络、多联络；电缆网：单辐射、双辐射、单环网和复杂联络接线，如图6－38所示北一区供电分区现状10kV线路拓扑结构示意图，其中：

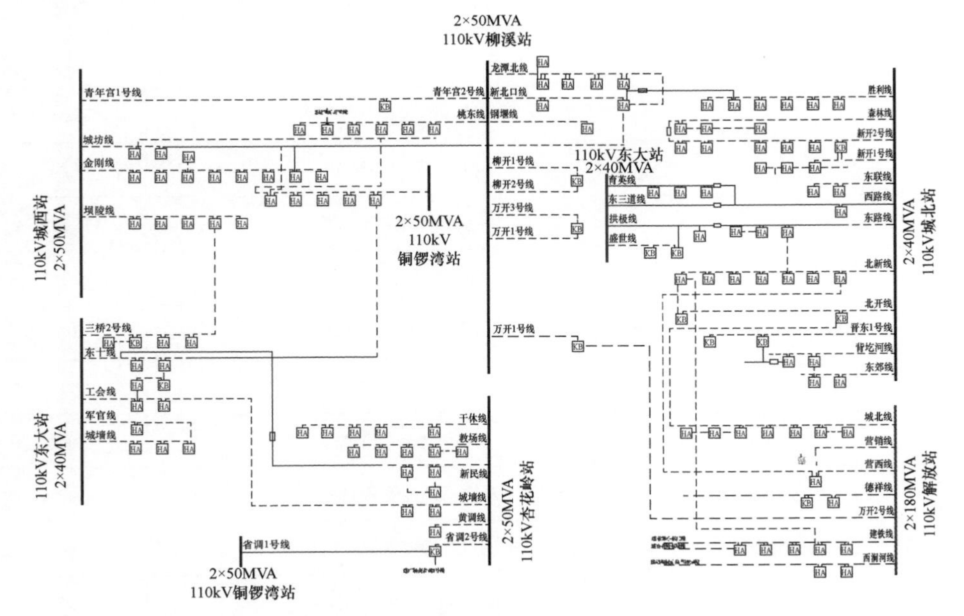

图6－38 北一区供电分区现状10kV线路拓扑结构示意图

1）架空网架空线路 6 回，其中单联络 2 回，占比 33.3%；两联络线路 1 回，占比 16.7%；多联络线路 3 回，占比 50%；无单辐射线路。

2）电缆网电缆线路 43 回，其中单环网线路 18 回，占比 41.9%；单射结构线路 4 回，占比 9.3%；双射结构线路 4 回，占比 9.3%；复杂络线路 17 回，占比 39.5%。

（3）重要指标分布现状。

以下从安全可靠、优质高效、绿色低碳和智能互动等四个方面介绍指标现状情况。如表 6－27 北一区供电分区现状 10kV 配电网指标评估所示，除 10kV 架空线路绝缘化率、综合电压合格率、清洁能源消纳率、智能电表覆盖率外，其他指标完成性均较差，供电分区内改造重点应放在单辐射、重过载线路消除、网架结构重构、接线方式标准化改造方面。

表 6－27　北一区供电分区现状 10kV 配电网指标评估　%

序号	指标分类	指标名称	指标值
1	安全可靠	10kV 配电网结构标准化率	59.18
2		10kV 线路联络率	91.84
3		10kV 线路电缆化率	79.29
4		10kV 架空线路大分支线比例	6.12
5		10kV 线路 $N-1$ 通过率	75.51
6		变电站全停全转率	57.14
7		10kV 母线全停全转率	75.51
8		10kV 线路重载比例	9.8
9		10kV 架空线路绝缘化率	100
10		供电可靠率	99.91
11	优质高效	综合电压合格率	100
12	绿色低碳	本地清洁能源消纳率	100
13		电能占终端能源消费比例	43
14		10kV 及以下综合线损率	5.28

续表

序号	指标分类	指标名称	指标值
15	智能互动	配电自动化覆盖率	14.28
16		智能电表覆盖率	100

北一区供电分区内现状中压配电网主要存在 3 类问题：① 技术合理性方面：供电半径过长 2 条、干线线规不统一 1 条、配电变压器挂接容量过大 1 条；② 组网规范性方面：单辐射线路 4 条、复杂接线 7 条、同站联络 12 条；③ 运行安全可靠性方面：重过载线路 1 条、未通过 $N-1$ 校验线路 12 条。详见表 6－28 北一区供电分区现状 10kV 配电网主要存在问题。

表 6－28　北一区供电分区现状 10kV 配电网主要存在问题

序号	问题及分级情况		存在问题数量	问题设施和设备清单
1	技术合理性	供电半径过长	2	坝陵线、森林线
2		干线线规不统一	1	城坊线
3		挂接配变容量过大	1	森林线
4	组网规范性	辐射线路	4	刚堰线、黄调线、东联线、德祥线
5		环网结构复杂	7	金刚线、工会线、精营线、建铁线、教场线、东路线、干休线
6		同站联络	12	金刚线、城墙线、军官线、盛世线、营销线、森林线、柳开 1 号线、柳开 2 号线、万开 3 号线、万开 4 号线、新开 1 号线、新开 2 号线
7	运行安全可靠性	重过载	1	北新线
8		未通过 $N-1$ 校验	12	拱极线、刚堰线、黄调线、德祥线、城北线、西涧河线、北开线、森林线、胜利线、东联线、新开 1 号线、新开 2 号线

6.2.1.3　供电网格划分

北一区供电分区根据目标年功能定位、负荷分布和配电网结构情况，每回

10kV 线路的平均负荷按 3～3.5MW 计算，每个供电网格由 2～6 个供电单元构成、每个供电单元包含 1 组标准接线，将北一区划分为 11 个供电网格、45 个供电单元，划分结果如图 6－39 所示北一区的供电网格划分结果示意图。各供电网格划分结果汇总如表 6－29 所示。

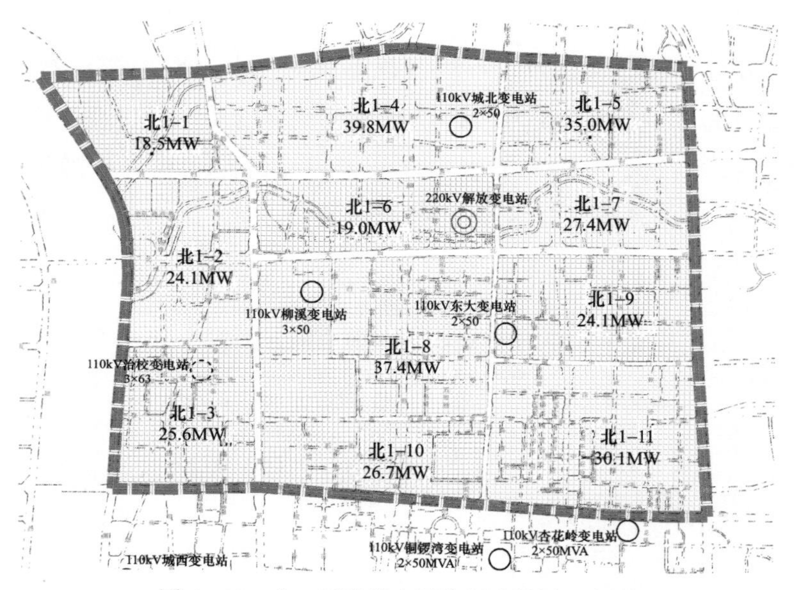

图 6－39　北一区的供电网格划分结果示意图

表 6－29　　　　北一区的供电网格划分结果汇总表

序号	供电网格编号	区域边界	面积（km²）	街区划分（个）	主要用地性质	网格内单元数量
1	N1－001	胜利街、大同路、北中环、滨河路	0.64	8	居住	3
2	N1－002	胜利街、新建路、柳溪街、滨河路	1	15	居住、商业	3
3	N1－003	柳溪街、新建路、府西街、滨河路	0.95	17	居住	3
4	N1－004	大同路、胜利街、营西路、北中环	1.51	22	居住	6
5	N1－005	营西路、胜利街、建设路、北中环	0.88	15	居住	4

续表

序号	供电网格编号	区域边界	面积（km^2）	街区划分（个）	主要用地性质	网格内单元数量
6	N1－006	新建路、胜利街、营西路、北大街	0.87	17	居住、商业	3
7	N1－007	营西路、胜利街、建设路、北大街	0.78	13	居住	4
8	N1－008	绿柳巷、城坊街、坡子街、西门街、肖墙路、北大街	1.19	22	居住	5
9	N1－009	北大街、肖墙路、小东门街、建设路	1.03	22	居住	4
10	N1－010	绿柳巷、城坊街、坡子街、西门街、肖墙路、府西街、建设路、北大街	1.47	20	居住、金融	5
11	N1－011	肖墙路、小东门街、建设路、府东街	1.55	45	历史建筑保护区	5

6.2.1.4 建设目标及边界条件

1. 建设目标

通过建设改造，北一区供电分区内供电可靠率达 99.997%，户均停电时间小于 15min/户，供电能力充裕且处于较高设备利用水平；网架结构均实现标准化接线，装备水平标准化。将整体目标分解为安全可靠、优质高效、绿色低碳和智能互动等四个方面，各方面指标约束边界如表 6－30 所示。

表 6－30　　北一区供电分区中低压配电网建设目标　　%

序号	指标分类	指标名称	目标值	现状年	
				指标值	是否实现
1	安全可靠	10kV 配电网结构标准化率	100	59.18	×
2		10kV 线路联络率	100	91.84	×
3	安全可靠	10kV 线路电缆化率	100	79.29	×
4		10kV 架空线路大分支线比例	0	6.12	×

续表

序号	指标分类	指标名称	目标值	现状年	
				指标值	是否实现
5	安全可靠	10kV 线路 $N-1$ 通过率	100	75.51	×
6		变电站全停全转率	100	57.14	×
7		10kV 母线全停全转率	100	75.51	×
8		10kV 线路重载比例	0	9.8	×
9		10kV 架空线路绝缘化率	100	100	√
10		供电可靠率	99.990	99.91	×
11	优质高效	综合电压合格率	100	100	√
12	绿色低碳	本地清洁能源消纳率	100	100	√
13		电能占终端能源消费比例	上升趋势	43	—
14		10kV 及以下综合线损率	下降趋势	5.28	—
15	智能互动	配电自动化覆盖率	100	14.28	×
16		智能电表覆盖率	100	100	√

2. 负荷预测

北一区供电分区现状负荷为 145.10MW，至目标年北一区负荷达到 307.75MW。各供电网格负荷预测结果见表 6-31。北一区供电分区空间负荷分布如图 6-40 所示。

表 6-31　　北一区供电分区空间负荷预测结果

供电网格编号	供电面积（km^2）	现状年最大负荷（MW）	负荷密度（MW/km^2）	过渡年最大负荷（MW）	负荷密度（MW/km^2）	目标年最大负荷（MW）	负荷密度（MW/km^2）
N1-001	0.64	7.72	12.06	11.38	17.78	18.53	28.95
N1-002	1	12.36	12.36	14.82	14.82	24.09	24.09
N1-003	0.95	12.07	12.71	15.75	16.58	25.61	26.96
N1-004	1.51	10.77	7.13	24.48	16.21	39.81	26.36
N1-005	0.88	17.5	19.89	21.53	24.47	35.00	39.77

续表

供电网格编号	供电面积（km^2）	现状年最大负荷（MW）	负荷密度（MW/km^2）	过渡年最大负荷（MW）	负荷密度（MW/km^2）	目标年最大负荷（MW）	负荷密度（MW/km^2）
N1－006	0.87	12.96	14.9	11.69	13.44	19.05	21.89
N1－007	0.78	13.92	17.85	16.85	21.6	27.42	35.15
N1－008	1.19	19.63	16.5	23	19.33	37.39	31.42
N1－009	1.03	11.36	11.03	14.82	14.39	24.13	23.43
N1－010	1.47	12.59	8.56	16.42	11.17	26.66	18.14
N1－011	1.55	14.19	9.15	18.51	11.94	30.07	19.40
合计	11.88	145.1	—	189.29	—	307.75	—

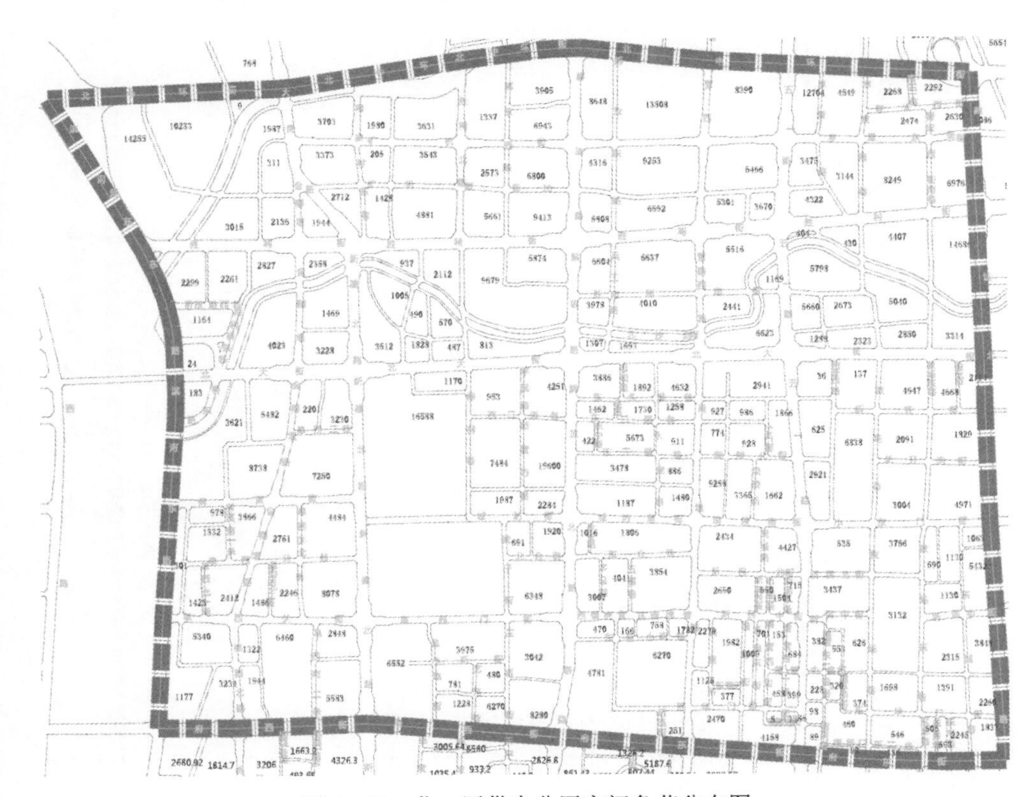

图 6－40 北一区供电分区空间负荷分布图

3. 高压配电网建设情况

至目标年，北一区供电分区内及其周边变电站新增 3 座，均为 110kV 变电站，依次新建享堂站、翠馨苑、冶校站，变电站站点分布示意见图6-41，北一区供电分区高压配电网建设情况如表6-32所示。

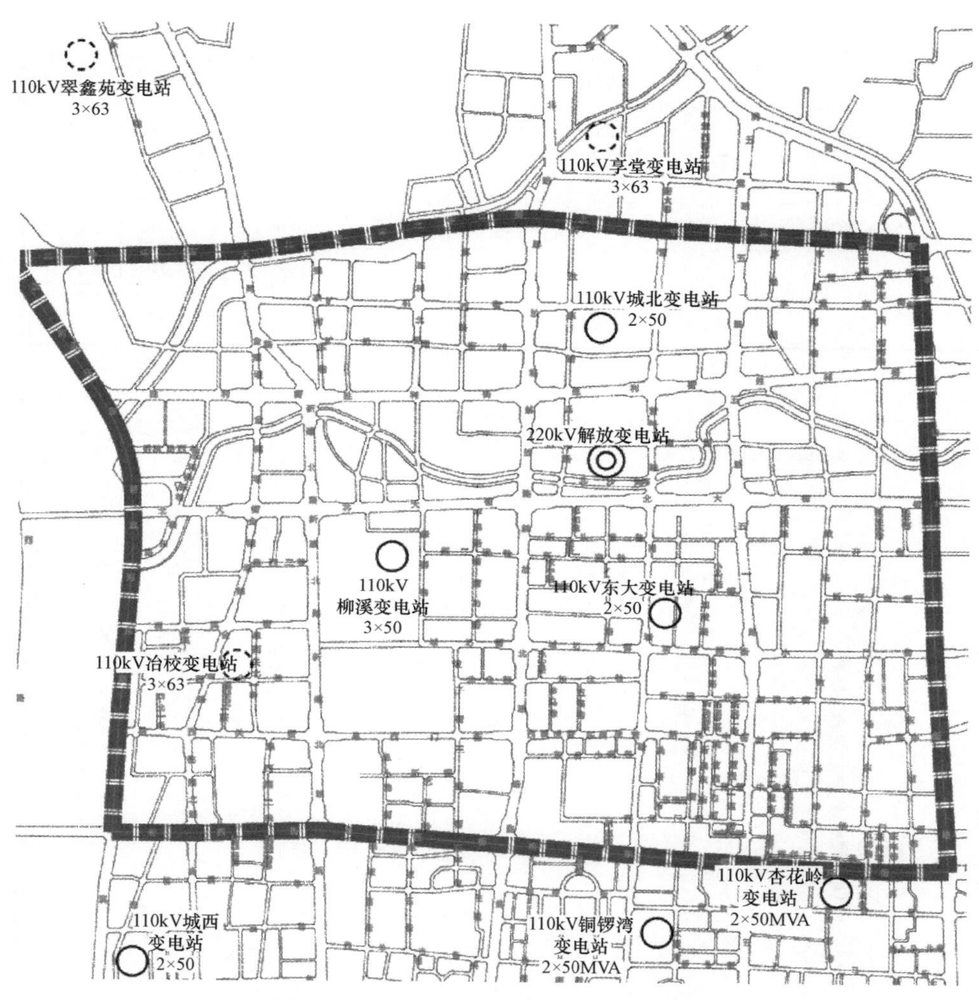

图6-41　北一区分区变电站布点示意图

表6-32　北一区供电分区高压配电网建设情况

序号	指标名称	单位	北一区供电分区		
1	建设年	—	现状年	2020年	2030年
2	电压等级序列	kV	110/10	110/10	110/10
3	区内电源点	—	—	—	冶校站

续表

序号	指标名称	单位	北一区供电分区		
4	区内变电容量	MVA	—	—	126
5	区外电源点	—	—	享堂站	翠馨苑
6	可提供变电容量	MVA	—	63	63

6.2.1.5 目标网架构建及空间布局建设方案

1. 供电模式选取

北一区供电分区内现有接线方式以电缆单环网和复杂联络的非标准接线方式为主，且该分区属于高供电可靠性要求的 A 类供区。因此，分区内中压目标网架的接线方式主要选取电缆单环网和辅以电缆双环网。

（1）开关站形式电缆单环网接线。装备配置情况：开关站形式电缆单环网接线如图 6－42 所示，按照国家电网公司 2016 版典型设计电缆主干线采用 YJV22－3×300 铜缆，开关站选择 KA－1 型采用双母线方式，进线 2 条，出线 10～12 条，进线、出线开关均采用断路器。

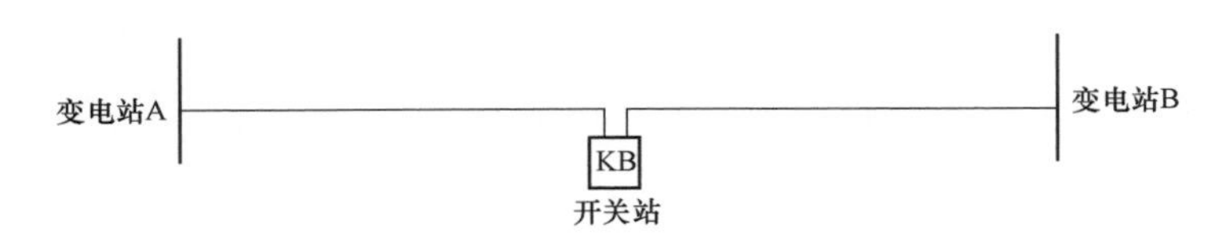

图 6－42 开关站形式电缆单环网接线方式示意图

规模控制：一组标准单环网接线方式由 2 条电缆线路构成，分别来自两座不同的变电站，一座开关站容量控制在 20MVA 以内，电缆排管敷设，考虑调度限流，一组单环网接线的负荷控制在 8MW 以内。

运行水平控制：正常运行方式下线路负载率不超过 50%，按照单条线路控制电流 465A 计算，线路正常运行最大电流不超过 232.5A。

适用范围：开关站供区内存在集中用电客户的情况。

（2）环网箱形式电缆单环网接线。装备配置情况：环网箱形式电缆单环网接线如图 6－43 所示，按照国家电网公司 2016 版典型设计电缆主干线采用 YJV22－3×300 导线；环网箱采用 HA－2 型采用单母线方式，进线 2 条（1 进 1

环出），出线 4 条，进线采用负荷开关、出线采用断路器。

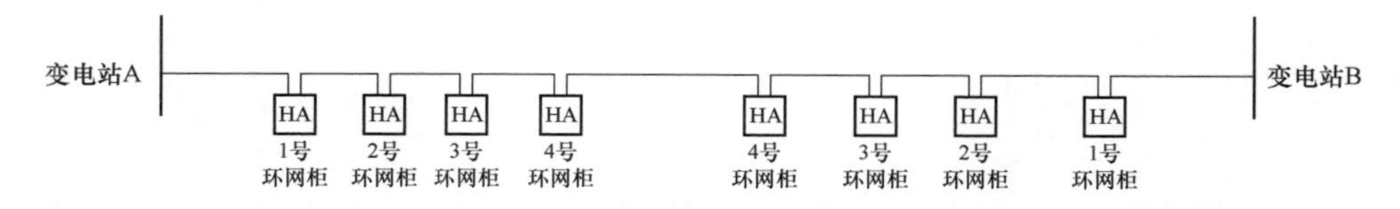

图 6－43　环网箱形式电缆单环网接线方式示意图

规模控制：1 组标准单环接线方式由 2 条电缆线路构成，分别来自两座不同的变电站，一个单环内环网箱最终数量一般不超过 8 座，每座环网箱容量控制在 3MVA 以内。

运行水平控制：正常运行方式下线路负载率不超过 50%，线路最大电流不超过 232.5A。

适用范围：环网箱供区内存在零散用电客户的情况。

（3）环网箱形式电缆双环网接线。装备配置情况：环网箱形式电缆双环网接线如图 6－44 所示，按照国家电网公司 2016 版典型设计电缆主干线采用 YJV22－3×300 导线；环网箱采用 HA－2 型采用单母线方式，进线 2 条（1 进 1 环出），出线 4 条，进线采用负荷开关、出线采用断路器。

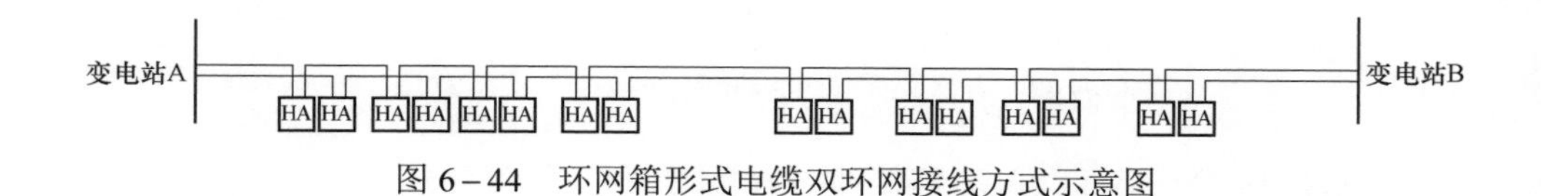

图 6－44　环网箱形式电缆双环网接线方式示意图

规模控制：1 组标准单环接线方式由 2 条电缆线路构成，分别来自两座不同的变电站，一个单环内环网箱最终数量一般不超过 8 座，每座环网箱容量控制在 4MVA 以内。

运行水平控制：正常运行方式下线路负载率不超过 50%，线路最大电流不超过 232.5A。

适用范围：环网箱供区内存在零散用电客户的情况。

2. 目标网架建设概况

至目标年，北一区目标网架以电缆单环网为主，辅以电缆双环网，共有 98 回中压线路供电，形成 41 组单环网接线、4 组双环网接线，线路平均负荷为 3.14MW。配电网目标网架组网方式如图 6－45 所示，拓扑结构如图 6－46 所示，各供电网格目标年建设情况如表 6－33 所示。

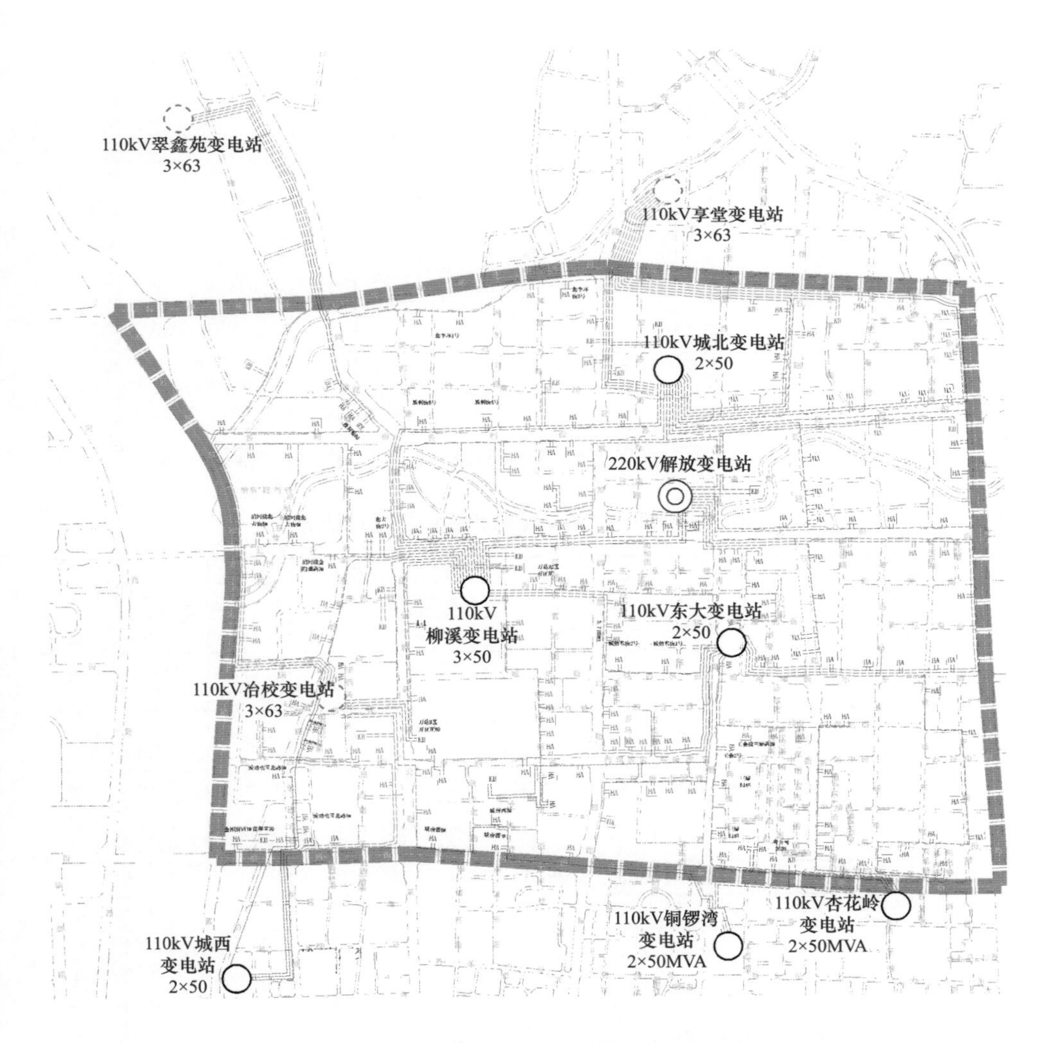

图 6－45 北一区供电分区内 10kV 线路目标网架地理接线图

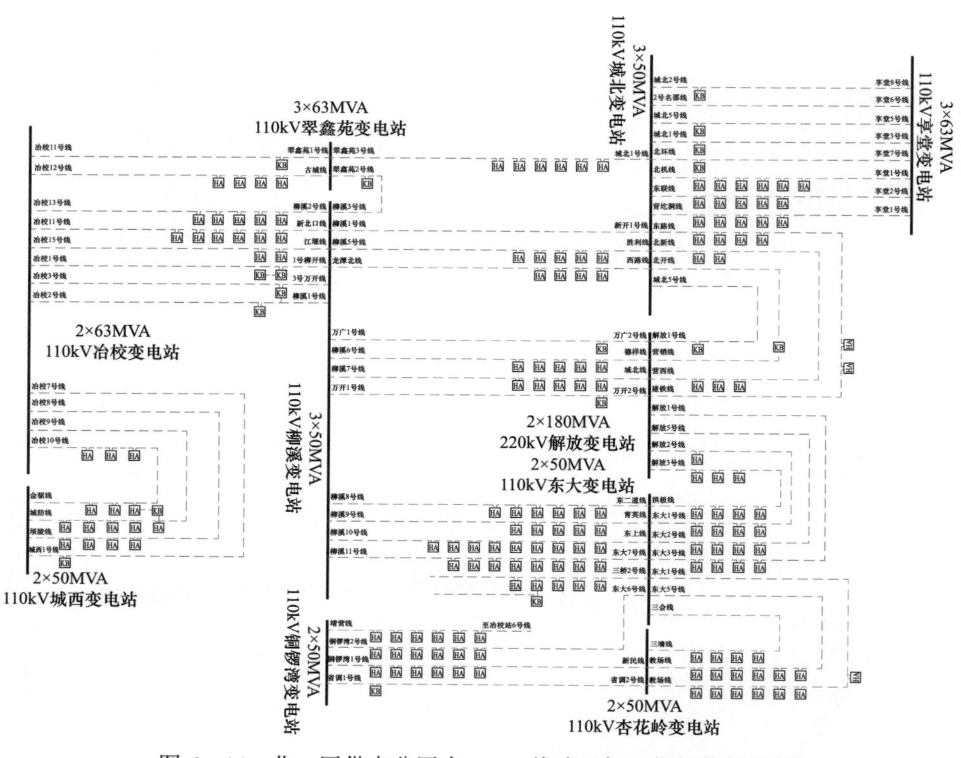

图 6－46　北一区供电分区内 10kV 线路目标网架拓扑接线图

表 6－33　　　北一区供电分区内供电网格目标年建设情况

供电网格编号	最大负荷（MW）	电源点	线路规模（条）	线路平均负荷（MW）	单元规模（条）	接线组
N1－001	18.53	翠馨苑、柳溪、冶校	6	3.09	3	单环网：3 组
N1－002	24.09	冶校、柳溪	8	3.01	3	单环网：2 组 双环网：1 组
N1－003	25.61	冶校、城西	8	3.2	3	单环网：2 组 双环网：1 组
N1－004	39.81	城北、柳溪、翠馨苑、享堂	12	3.32	6	单环网：6 组
N1－005	35	城北、享堂	10	3.5	4	单环网：3 组 双环网：1 组
N1－006	19.05	柳溪、城北、解放	6	3.17	3	单环网：3 组
N1－007	27.42	城北、解放	8	3.43	4	单环网：4 组
N1－008	37.39	柳溪、东大、解放	12	3.12	5	单环网：4 组 双环网：1 组
N1－009	24.13	解放、东大	8	3.02	4	单环网：4 组
N1－010	26.66	柳溪、杏花岭、冶校、铜锣湾	10	2.67	5	单环网：5 组
N1－011	30.07	东大、杏花岭、铜锣湾	10	3.01	5	单环网：5 组
合计	307.75	—	98	3.14	45	单环网：41 组 双环网：4 组

3. 空间布局建设方案

至目标年，北一区供电分区内建设电力廊道 1.8km，均为排管（内径 175mm）；建设配电站室 93 座，其中 90 座环网箱、3 座开关站。北一区供电分区内配电网电力设施布局统计如表 6–34 所示，区内电力廊道布局方案如图 6–47 所示，区内电力设施布点方案如图 6–48 所示。

表 6–34　　北一区供电分区 10kV 配电网电力设施布局结果统计表

电力设施类型			单位	数值
廊道	管沟	（18ϕ175）mm²	km	1.8
站室	环网箱	（N×n）m	座	90
	开关站	（N×n）m	座	3

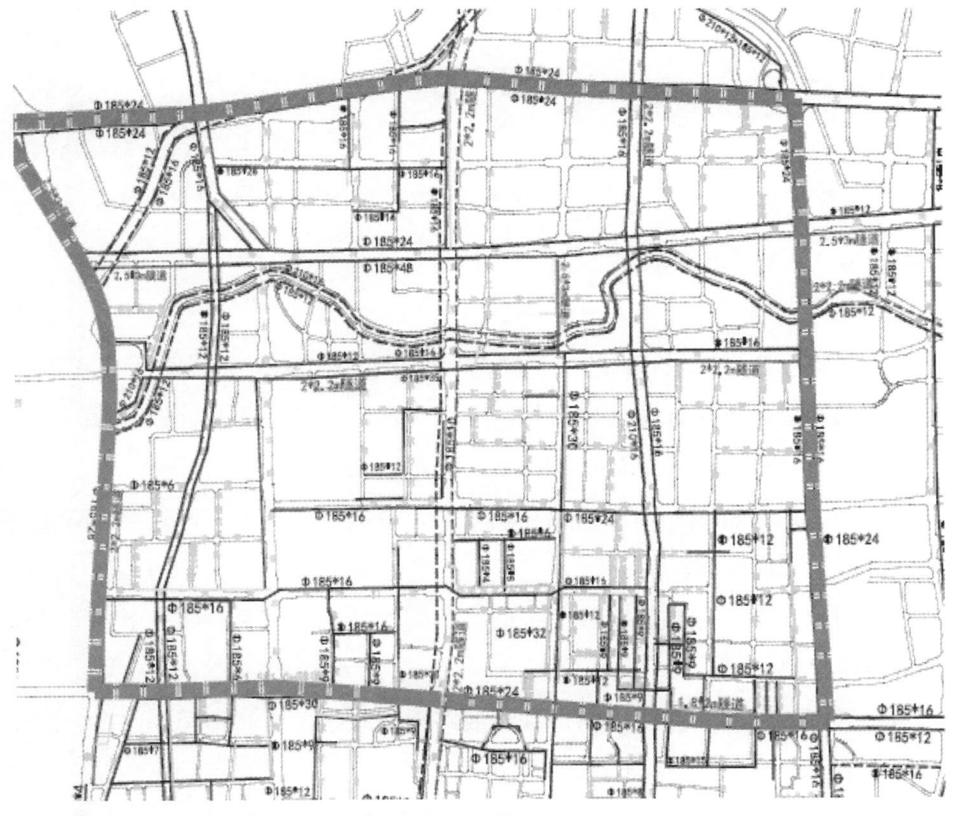

图 6–47　北一区供电分区内 10kV 配电网电力设施空间布局方案（电力廊道）

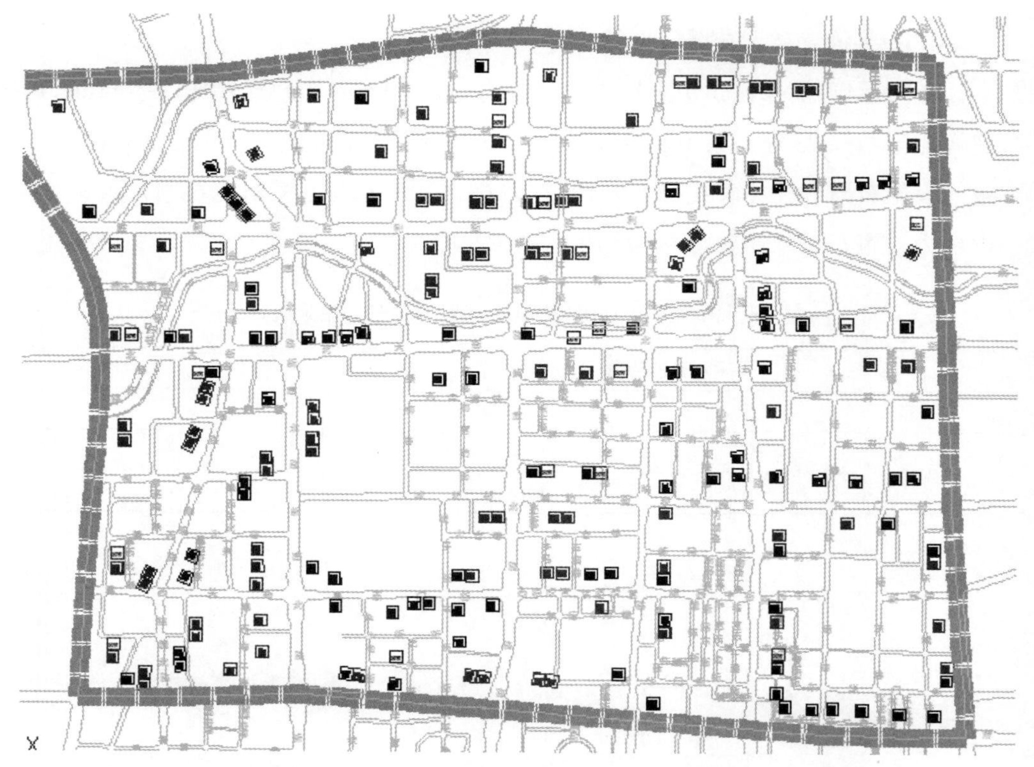

图 6-48　北一区供电分区内 10kV 配电网电力设施空间布局方案（设施布点）

6.2.1.6　网架过渡方案

1. 过渡年建设改造思路

北一区供电分区内现状存在复杂联络、网架结构不合理、线路不满足 $N-1$ 校验等问题，过渡年期间主要以目标网架为导向，以解决现状问题为出发点，以新增负荷与可靠性需求为支撑，明确如下改造思路：

（1）东大站、柳溪站新出线路转切负荷，释放供电能力，解决北一区变电站供电范围不合理问题。

（2）对北新线、建铁线等线复杂联络路切改，拆除冗余联络，解决北一区内复杂接线问题。

（3）对营销线、营西线等站内联络线路重构联络，提高站间联络率，逐步解决变电站不满足全停校验问题。

（4）将解放站与东大站之间轻载线路进行整合，避免间隔、线路浪费。

（5）新建线路满足近期市政建设重点、报装用户的用电需求。

2. 过渡方案介绍

选取 N1－007、N1－009 两个相邻供电网格的网架过渡方案作为典型案例详细说明。

（1）现状年 10kV 电网概况。

现状年，典型供电网格内配电网地理接线图和拓扑接线图分别如图 6－49、图 6－50 所示，两个典型供电网格内 10kV 线路有 9 条，存在以下问题：

1）网架结构不标准，存在 1 组单环网（军官线—城墙线）为站内联络、其余 7 条线路为复杂联络；

2）线路负载失衡严重，存在 1 条重载线路（北新线，负载率 84.12%）、5 条轻载线路（营西线 12.11%、营销线 5%、军官线 7.03%、拱极线 48.01%、城墙线 25.03%）；

3）线路供区相互交叉，建铁线、小东门线跨网格供电，北新线、拱极线跨单元供电。

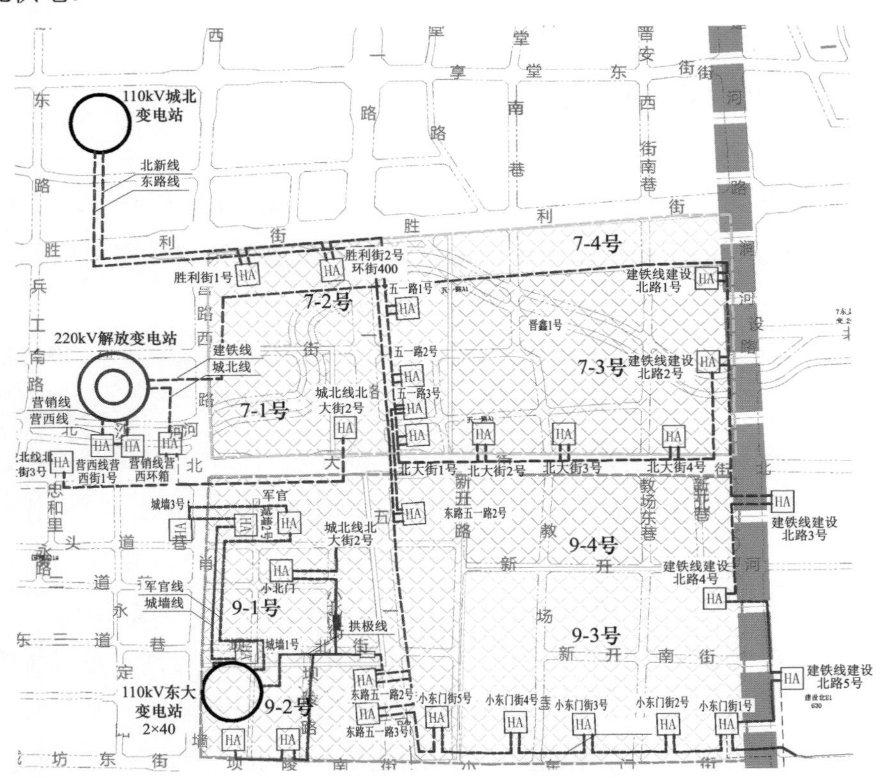

图 6－49 典型供电网格现状中压配电网地理接线示意图

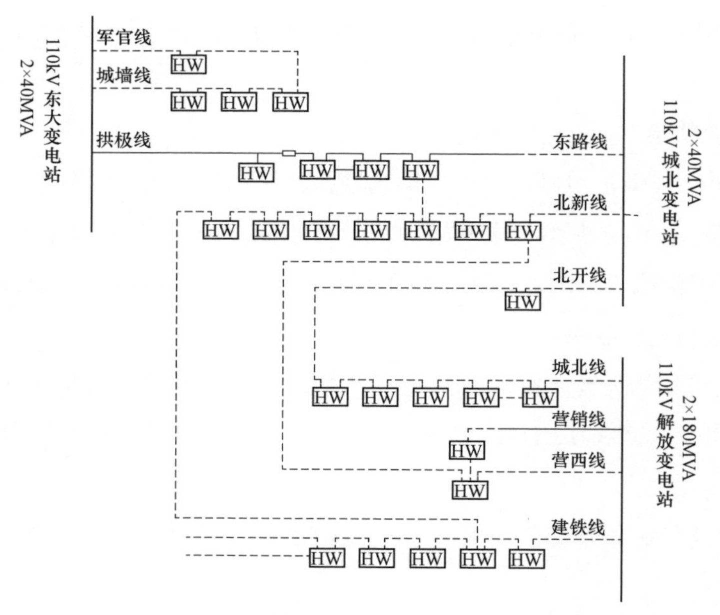

图 6-50　典型供电网格现状中压配电网拓扑接线示意图

（2）现状年—中间年过渡方案。

1）第一阶段。

改造方法：变电站馈出 10kV 线路，切改原有问题线路；环网箱馈出 10kV 线路，按目标接线新建联络；解除冗余联络，构建标准单环网，固化供电单元。

改造重点：变电站新出线切改供电电源点不合理线路东路线、跨网格供电线路建铁线，重构供电范围；利用东路线原有空载电缆、轻载线路营西线，解决北新线重载、建铁线供区交叉问题；解除冗余联络、简化网架结构，在两个典型网格内分别构建 2 组站间单环网，形成 2 个供电单元，并固化为目标网架。

a. 供电单元：9-2，单环网（解放 1 号线/解放—东大 1 号线/东大）。

解放站新出 1 条解放 1 号线、东大站新出 1 条东大 1 号线，形成 1 组单环网。

改造方案：10kV 东路线电源由 110kV 城北变电站切改至 220kV 解放变电站，

新建 10kV 解放 1 号线，路径由 220kV 解放变电站出线沿北大街、五一路管沟至东路线五一路 1 号环；10kV 拱极线解出末端坝陵南街 1 号、2 号环，由 110kV 东大变电站新出 10kV 东大 1 号线供 10kV 拱极线坝陵南街 1 号、2 号环；10kV 拱极线坝陵南街 1 号环和 10kV 东路线五一路 3 号环之间新建联络电缆，同步解除冗余联络。

b. 供电单元：9－3，单环网（解放 2 号线/解放—东大 2 号线/东大）。

解放站新出 1 条解放 2 号线、东大站新出 1 条东大 2 号线，形成 1 组单环网。

改造方案：由 110kV 东大变电站新出 10kV 东大 2 号线沿坝陵南街、小东门街至 110kV 东郊变电站 10kV 小东门线小东门街 5 号环，带 10kV 小东门线 1－5 号环负荷；由 220kV 解放变电站新出 10kV 解放 2 号线沿北大街、建设路至 10kV 建铁线建设路 3 号环，供 10kV 建铁线建设路 3－5 号环负荷；10kV 建铁线建设路 5 号环和 10kV 小东门线小东门街 1 号环之间新建联络电缆，同步解除冗余联络。

c. 供电单元：7－3，单环网（东路线/城北—建铁线/解放）。

东路线电源切改、建铁线负荷切改后，利旧东路线前段空载线路切改北新线部分负荷，与建铁线形成 1 组单环网。

改造方案：110kV 城北变电站 10kV 东路线北大街处电缆打断，接入 10kV 北新线北大街 1 号环网箱，供 10kV 北新线北大街 1－4 环网箱；220kV 解放变电站 10kV 建铁线供建设路 1 号、2 号环网箱；同步解除冗余联络。

d. 供电单元：7－2，单环网（北新线/城北—营西线/解放）。

北新线后段负荷切改后，与营西线新建联络，形成 1 组单环网。

改造方案：由 220kV 解放变电站 10kV 营西线营西街 1 号环备用间隔出线，沿北大街至 110kV 城北变电站 10kV 北新线五一路 3 号环新建联络电缆；同步解除冗余联络。

如图 6－51、图 6－52 所示，过渡年期第一阶段 a－d 建设方案实施后，两个供电网格内解决了重载线路、复杂联络问题，不再存在交叉供电现象，形成 4 组标准单环网接线，固化 7－2、7－3、9－2、9－3 四个供电单元。供电单元 7－1、

9－1 内站内联络、线路轻载利用率低情况仍需优化。

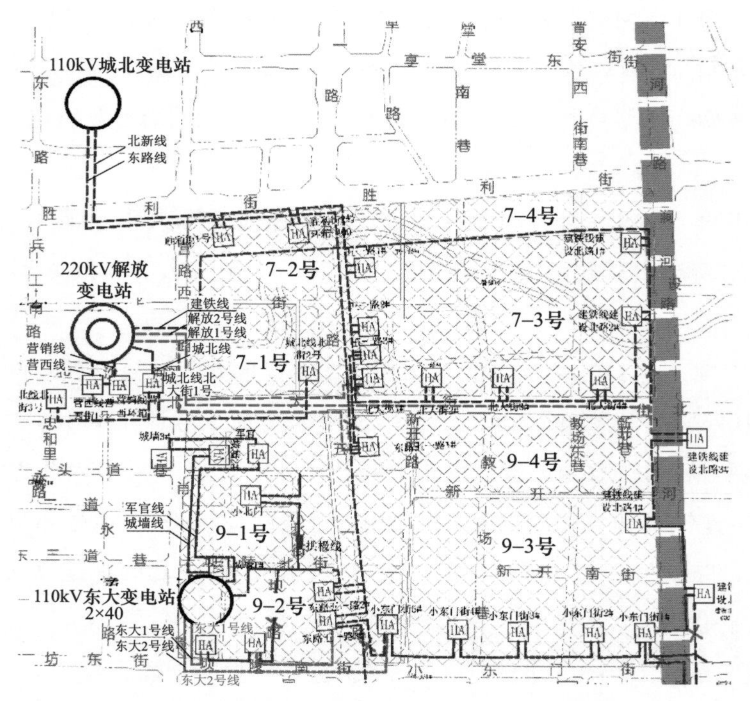

图 6－51　典型供电网格过渡期第一阶段中压配电网地理接线示意图

2）第二阶段。

改造方法：变电站馈出 10kV 线路，整合原有轻载线路；环网箱馈出 10kV 线路，按目标接线重构环网箱接线，构建标准单环网，固化供电单元。

改造重点：整合轻载线路、提高线路利用率，改造站内联络线路为站间联络，在两个典型网格内分别形成 1 组站间单环网，并固化为目标网架。

a. 供电单元：7－1，单环网（北开线/城北—营销线/解放）。

解放站营销线、城北站北开线，形成 1 组单环网。

改造方案：北大街开关站 A 母进线电源 10kV 北开线维持不变，B 母进线电源 10kV 城北线退运，由 10kV 营销线沿北沙河北侧管沟至北大街开关站供 B 母负荷。

b. 供电单元：9－1，单环网（解放 3 号线/解放—城墙线/东大）。

10kV 拱极线、10kV 军官线站内间隔退运，解放站新出 1 条解放 3 号线，整

合两条退运线路沿线负荷，与 10kV 城墙线形成 1 组单环网。

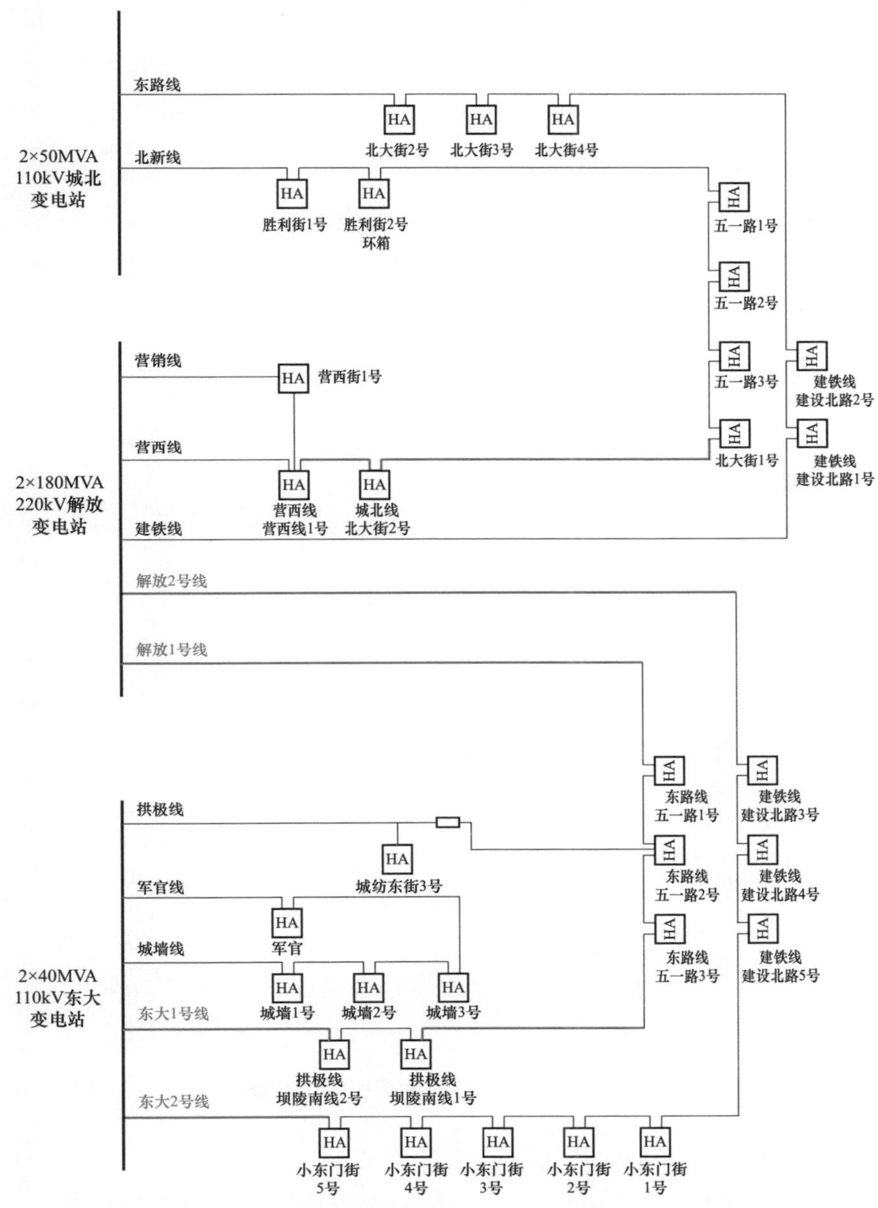

图 6－52　典型供电网格过渡期第一阶段中压配电网拓扑接线示意图

改造方案：由 220kV 解放变电站新出解放 3 号线至 10kV 城墙线三墙路 3 号环，10kV 城墙线三墙路 2 号环和 10kV 军官线军官环网箱之间新建连接电缆，

10kV 军官线退运、10kV 城墙线三墙路 1 号环和 2 号环之间连接电缆退运，220kV 解放站的新出线路供 10kV 城墙线 3 号环、2 号环、10kV 军官线军官环网箱负荷；10kV 拱极线退运，干 1 号杆接入 10kV 城墙线三墙路 1 号环，10kV 城墙线供三墙路 1 号环、10kV 拱极线干线、10kV 小北门环网箱负荷；10kV 小北门环网箱和 10kV 军官环网箱之间新建联络电缆。

如图 6－53、图 6－54 所示，过渡年第二阶段 a－b 建设方案实施后，两个供电网格内不再存在站内联络、轻载线路，构建 2 组标准单环网，固化 7－1、9－1 两个供电单元。

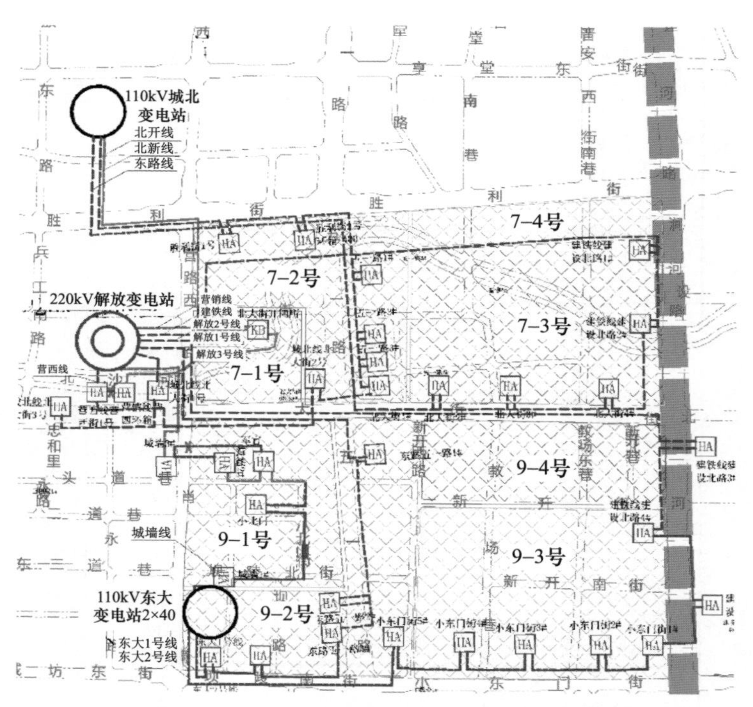

图 6－53　典型供电网格过渡期第二阶段中压配电网地理接线示意图

3）第三阶段。

改造方法：变电站馈出 10kV 线路，按标准单环网接线形式链接新设环网箱，构建标准接线并固化供电单元。

改造重点：根据目标年负荷发展需要，按照标准接线形式，变电站馈出 10kV 线路，新建 2 组单环网。

a. 供电单元：7－4，单环网（解放 4 号线/解放—城北 1 号线/城北）。

解放站新出 1 条解放 4 号线、城北站新出 1 条城北 1 号线，形成 1 组单环网。

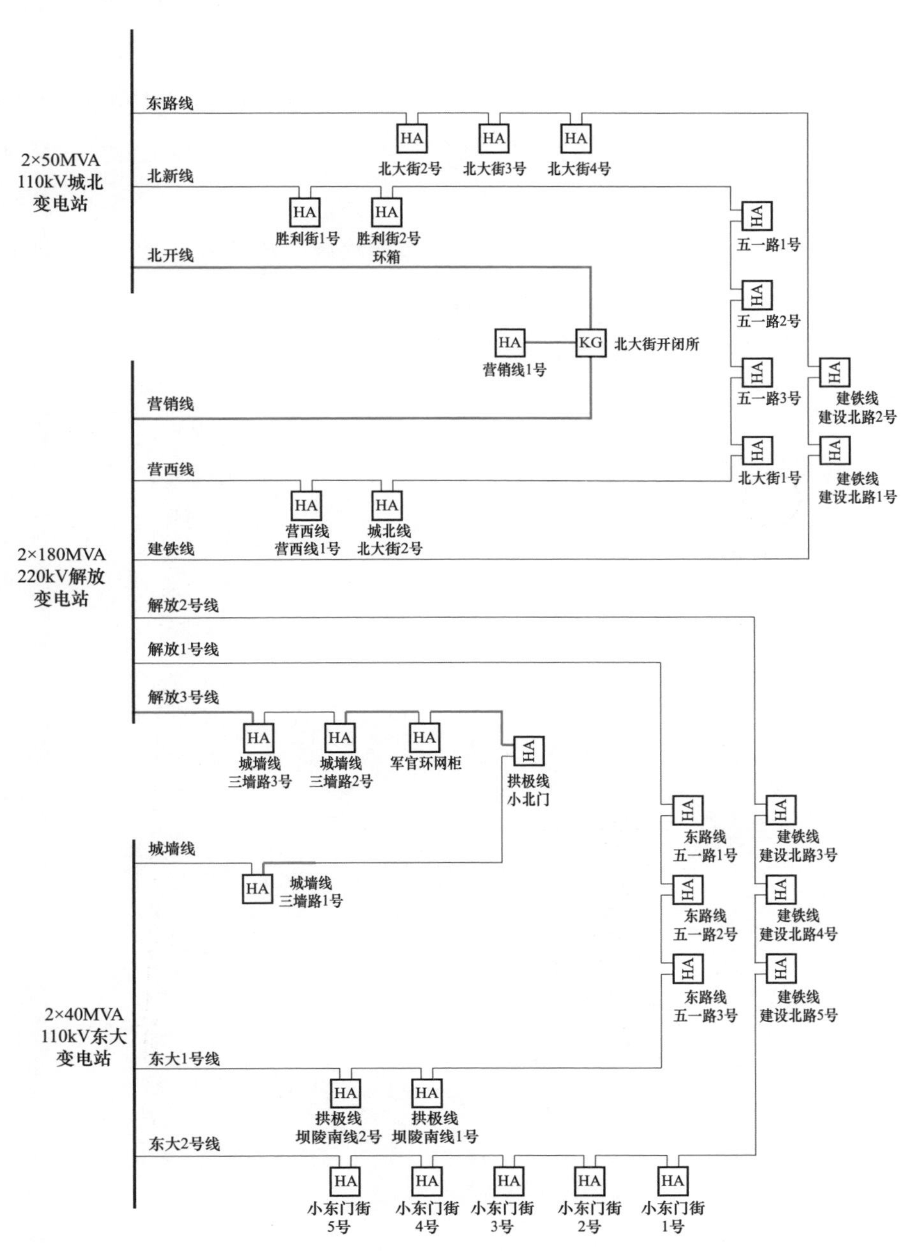

图 6－54 典型供电网格过渡期第二阶段中压配电网拓扑接线示意图

改造方案：根据目标年负荷发展需要，在胜利街、解放路口新建 1 座开关站，两路电源分别来自解放站和城北站。

b. 供电单元：9－4，单环网（解放 5 号线/解放—东大 3 号线/城北）。

解放站新出 1 条解放 5 号线、东大站新出 1 条东大 3 号线，形成 1 组单环网。

改造方案：根据目标年负荷发展需要，在 SX－TY－XHL－N1－009－D1/A1 网格边界沿北大街、建设路、小东门街新设 4 座环网箱，两路电源分别来自解放站和东大站。

如图 6－55、图 6－56 所示，目标年根据网格内负荷发展需要，两个供电网格内分别独立新建 1 组标准单环网并固化 7－4、9－4 两个供电单元。

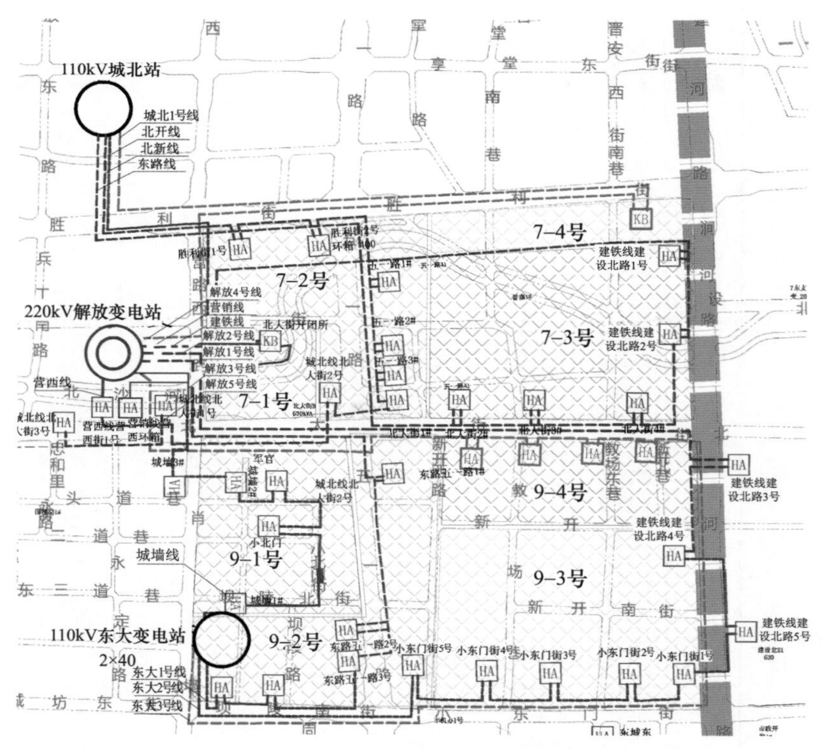

图 6－55　典型供电网格目标年中压配电网地理接线示意图

6.2.1.7 建设成效

通过建设改造方案的实施，中压配电网结构规范化、标准化，变电站供电范围得到优化，变电站之间中压配电网联络持续加强，变电站全停、变电站母线全停情况下，中压配电网具备转移负荷能力；同步建成配电自动化，可靠性水平稳步提升至 99.997%，符合 A 类供电区域的供电可靠性需求。中压电网供区清晰、挂接负荷合理，10kV 及以下综合线损率逐步下降且能够保证清洁能源全部消纳。详见表 6－35 配电网建设改造效果对比表。

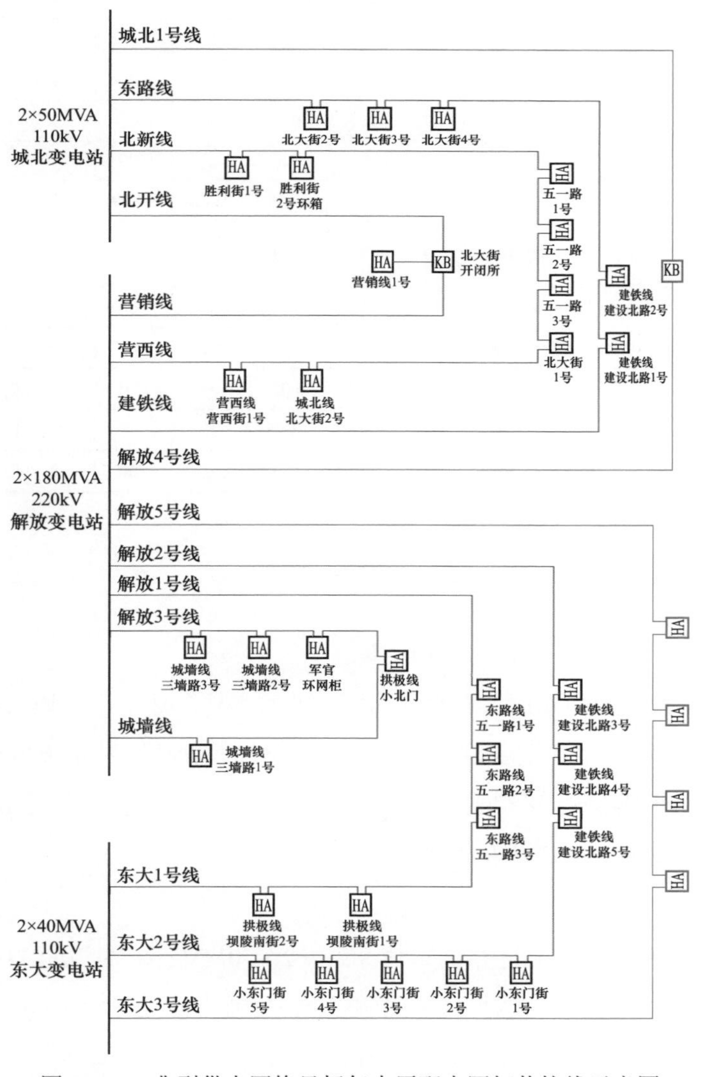

图 6－56 典型供电网格目标年中压配电网拓扑接线示意图

表 6-35　　配电网建设改造效果对比表

序号	指标分类	指标名称	目标值	现状年		过渡年		目标年	
				指标值	是否实现	指标值	是否实现	指标值	是否实现
1	安全可靠	10kV 配电网结构标准化率	100	59.18	×	93.55	×	100	√
2		10kV 线路联络率	100	91.84	×	100	√	100	√
3		10kV 线路电缆化率	100	79.29	×	92	√	100	√
4		10kV 架空线路大分支线比例	0	6.12	×	0	√	0	√
5		10kV 线路 $N-1$ 通过率	100	75.51	×	100	√	100	√
6		变电站全停全转率	100	57.14	×	96.77	×	100	√
7		10kV 母线全停全转率	100	75.51	×	100	√	100	√
8		10kV 线路重载比例	0	9.8	×	0	√	0	√
9		10kV 架空线路绝缘化率	100	100	√	100	√	100	√
10		供电可靠率	99.990	99.91	×	99.99	√	99.997	√
11	优质高效	综合电压合格率	100	100	√	100	√	100	√
12	绿色低碳	本地清洁能源消纳率	100	100	√	100	√	100	√
13		电能占终端能源消费比例	上升趋势	43	—	49	√	52	√
14		10kV 及以下综合线损率	下降趋势	5.28	—	5.01	√	4.95	√
15	智能互动	配电自动化覆盖率	100	14.28	×	100	√	100	√
16		智能电表覆盖率	100	100	√	100	√	100	√

6.2.2 新区电缆单环网建设改造案例

6.2.2.1 区域概况及总体发展情况

南 10 区西起汾河东岸，东至大运路，北起南环高速，南至通达街，总用地 9.28km^2。现状城市用地主要包含党政机关、学校、村庄、住宅以及一些农林用地，是未来该市南部核心区域，属于 A 类供电区域，整体区位如图 6-57 所示。

6.2.2.2 现状电网评估和诊断分析

1. 高压配电网现况

现状年片区内仅有 1 座 110kV 恒大站（2×50MVA），周边的 110kV 大村站（2×63MVA）、110kV 杨庄站（2×50MVA）、110kV 大吴站（2×40+50MVA）共 4 座公用变电站为该区域供电，如图 6-58 所示。

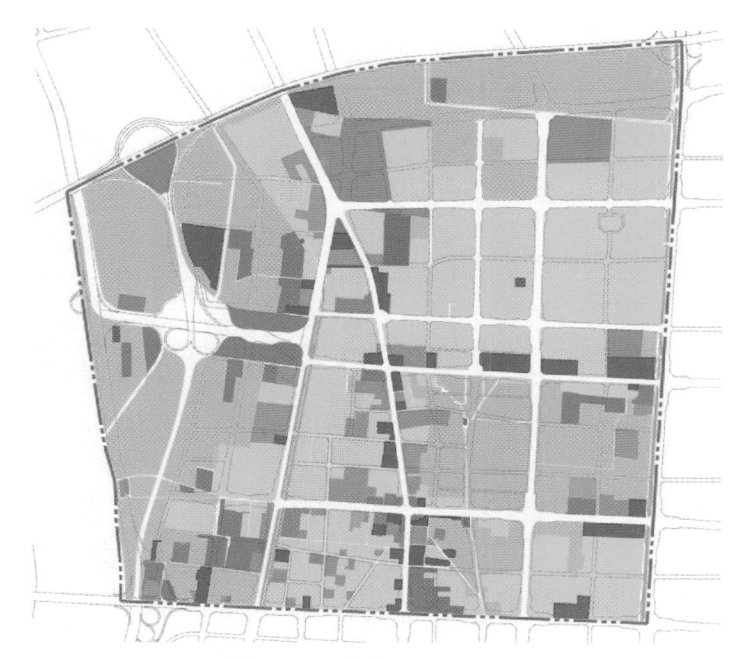

图 6-57 南十区区位图

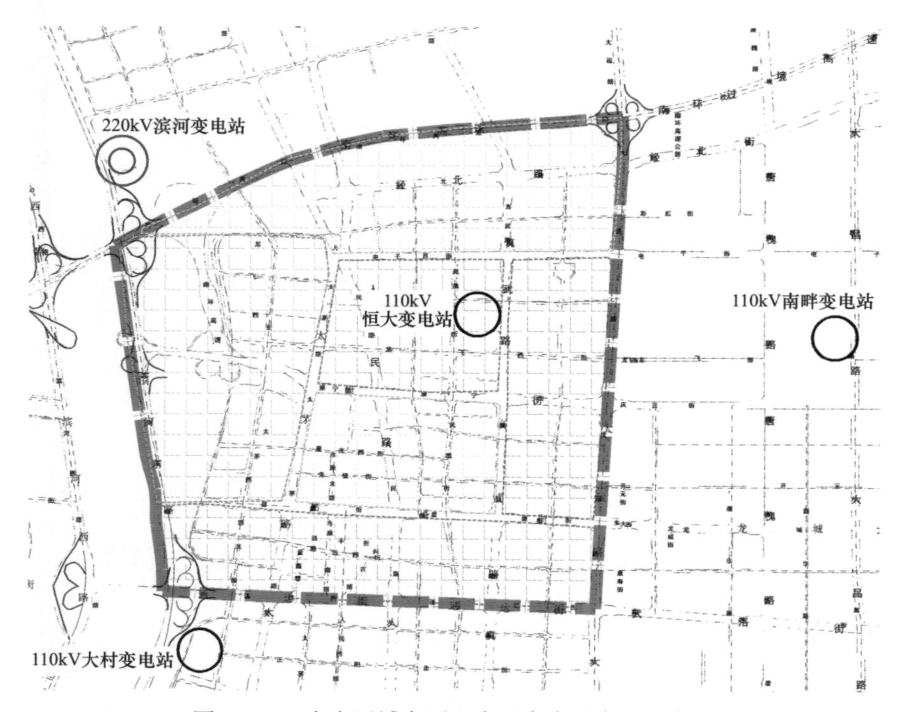

图 6-58 南十区域高压配电网变电站布局示意图

上述 4 座变电站负荷情况如表 6-36 所示。

表 6-36　　南十区域高压配电网变电站情况统计汇总表

序号	变电站	容量（MVA）	10kV 出线间隔数	已用 10kV 间隔数	剩余间隔数	最大负荷（MW）	负载率（%）
1	恒大	100	30	19	11	55.4	55.4
2	杨庄	100	35	35	0	75.6	75.6
3	大吴	130	37	36	1	74.02	56.9
4	大村	126	36	5	31	15.4	12.2

2. 中压配电网现况

（1）中压电网规模。

该区域中压配电网地理接线如图 6-59 所示。

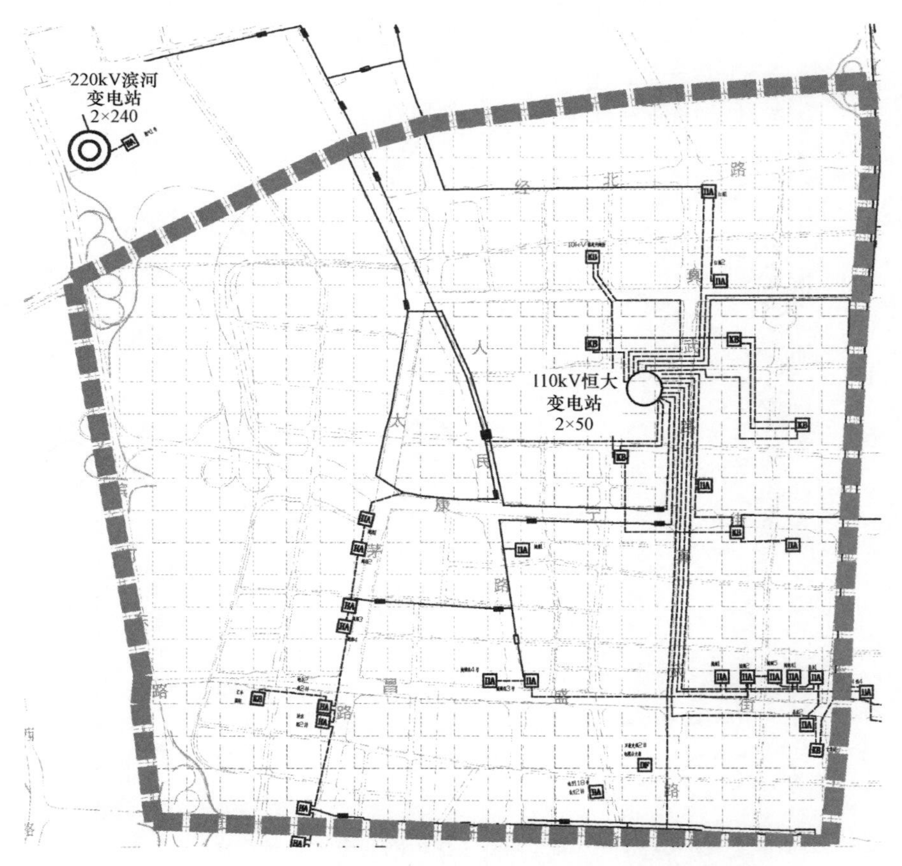

图 6-59　南十区域现状中压配电网线路地理接线示意图

南十区域10kV线路共计20条，其中公用线路18条、专用线路2条，公用线路长度合计95.94km；现有中压公共开关站8座、环网箱23座。中压配电变压器610台，容量317.72MVA，其中：公用配电变压器176台，容量111.7MVA，专用配电变压器434台，容量206.02MVA，详细情况如表6－37所示。

表6－37　　南十区域现状10kV配电网规模统计汇总表

项目名称		南十网格
中压线路数量	其中：公用（条）	18
	专用（条）	2
	合计（条）	20
中压线路长度	架空线（km）	46.83
	电缆线（km）	49.11
	总长度（km）	95.94
公用线路挂接配电变压器	台数（台）	598
	容量（MVA）	304.72
	其中：公用变压器（台）	422
	公用变压器容量（MVA）	193.02
	开关站（座）	8
	环网箱（座）	23

（2）中压配电网拓扑结构。

该区域中压配电网拓扑结构如图6－60所示。

南十区域现状18回公用线路中，单辐射线路1回；联络线路17回；其中站间联络线路9回，占比52.94%；复杂联络8回，占比47.06%。

（3）重要指标分布现状。

以下从安全可靠、优质高效、绿色低碳和智能互动等四个方面介绍指标现状情况。除10kV综合电压合格率、清洁能源消纳率、智能电表覆盖率外，其他指标完成性均较差，供电分区内改造重点应放在单辐射、重过载线路消除、网架结构重构和接线方式标准化改造方面，具体指标如表 6-38 所示。

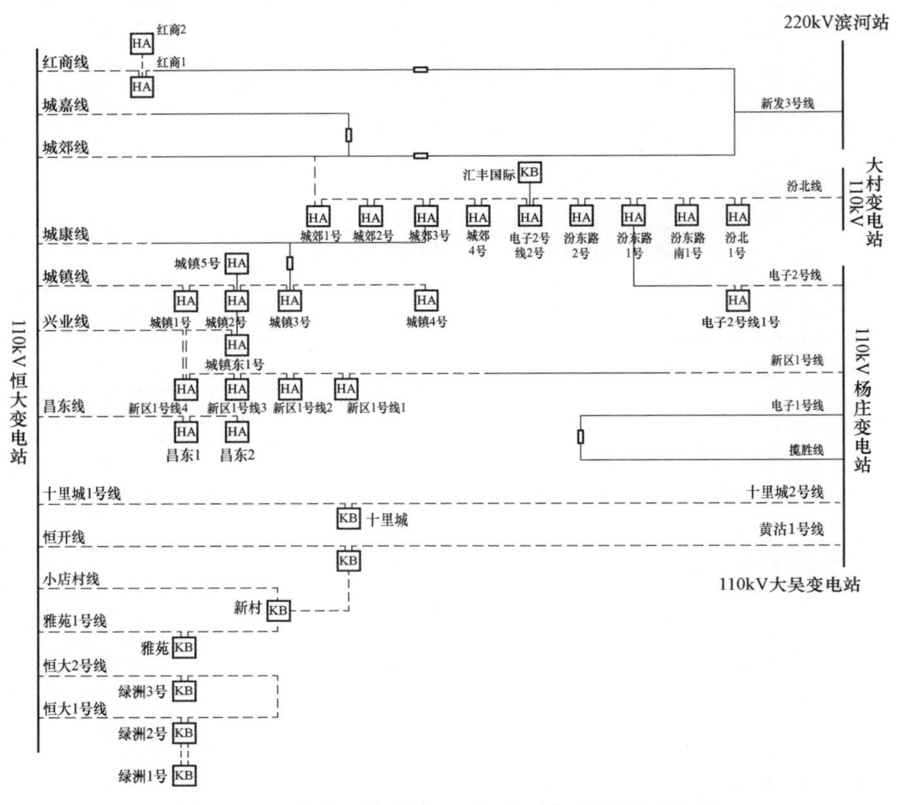

图 6-60　南十网格现状 10kV 线路拓扑结构示意图

表 6-38　　　　南十网格现状 10kV 配电网指标评估

序号	指标分类	指标名称	指标值（%）
1	安全可靠	10kV 配电网结构标准化率	11.11
2		10kV 线路联络率	94.41
3		10kV 线路电缆化率	51.18
4		10kV 架空线路大分支线比例	—
5		10kV 线路 $N-1$ 通过率	27.78
6		变电站全停全转率	20
7		10kV 母线全停全转率	70
8		10kV 线路重载比例	15
9		10kV 架空线路绝缘化率	—
10		供电可靠率	99.981 2

续表

序号	指标分类	指标名称	指标值（%）
11	优质高效	综合电压合格率	100
12	绿色低碳	本地清洁能源消纳率	100
13		电能占终端能源消费比例	30.4
14		10kV及以下综合线损率	5.01
15	智能互动	配电自动化覆盖率	0
16		智能电表覆盖率	100

注 “—”不考虑该指标。

该区域主要问题分3类6个小项共28个问题，详见表6－39。

表6－39　南十区域现状10kV配电网主要存在问题

序号	问题及分级情况		存在问题数量	问题设施和设备清单
1	技术合理性	挂接配变容量过大	4	电子1号线、电子2号线、黄沽1号线、十里城2号线
2	组网规范性	辐射线路	1	昌东线
3		环网结构复杂	1	城郊线
4	组网规范性	同站联络	8	恒大2号线、恒开线、昌东线、恒大1号线、黄沽1号线、电子1号线、兴业线、城嘉线
5	运行安全可靠性	重过载	3	城郊线、电子1号线、城康线
6		未通过$N-1$校验	11	恒大2号线、恒开线、城镇线、昌东线、恒大1号线、黄沽1号线、城郊线、电子1号线、兴业线、城康线、城嘉线

6.2.2.3 建设目标及边界条件

1．建设目标

针对A类供电区域可靠性需求，合理选择网架结构，继续强化中压配电网结构标准化，确保供电网格内可靠性水平稳步提升至99.990%。优化变电站供电范围，加强变电站之间中压配电网联络，合理控制中压配电网装接容量，确保变电站全停、变电站母线全停情况，中压配电网具备转移负荷能力，总体建设目标如

表 6-40 所示。

表 6-40　　南十区域格中压配电网建设目标

序号	指标分类	指标名称	目标值（%）	现状年	
				指标值（%）	是否实现
1	安全可靠	10kV 配电网结构标准化率	100	11.11	×
2		10kV 线路联络率	100	94.41	×
3		10kV 线路电缆化率	100	51.18	×
4		10kV 架空线路大分支线比例	0	—	—
5		10kV 线路 $N-1$ 通过率	100	27.78	×
6		变电站全停全转率	100	20	×
7		10kV 母线全停全转率	100	70	×
8		10kV 线路重载比例	0	15	×
9		10kV 架空线路绝缘化率	100	—	—
10		供电可靠率	99.990	99.981 2	×
11	优质高效	综合电压合格率	100	100	√
12	绿色低碳	本地清洁能源消纳率	100	100	√
13		电能占终端能源消费比例	上升趋势	30.4	×
14		10kV 及以下综合线损率	下降趋势	5.01	×
15	智能互动	配电自动化覆盖率	100	0	×
16		智能电表覆盖率	100	100	√

注　“√”代表实现目标值；“—”不考虑该指标；“×”未实现目标值。

2. 负荷预测

为使负荷预测结果更贴近于南十区负荷发展的实际情况，依据《城市电力规划规范》和该市经信委下发的住宅、商业核算容量取值，统计分析负荷实测数据，横向对比国内北京、天津、厦门、长沙、武汉 5 个城市的负荷指标，结合该市发展的实际，确定符合本地发展定位的负荷指标体系。综合考虑自然增长+近期用户报装+城市发展热点预测近中期负荷。至过渡年，南十区负荷达到 80.51MW，具体分布如图 6-61 所示。

图6－61 南十区域空间负荷分布图

根据控制性详细规划，南十区域空间负荷分布图目标年南十区空间饱和负荷预测结果为200.13MW，负荷密度20.92MW/km²，各网格负荷预测结果如表6－41所示。

表6－41 南十区域空间负荷预测结果

供电网格编号	供电面积（km²）	现状年最大负荷（MW）	负荷密度（MW/km²）	过渡年最大负荷（MW）	负荷密度（MW/km²）	目标年最大负荷（MW）	负荷密度（MW/km²）
S10－01	3.02	6.73	2.23	8.63	2.86	31.6	10.46
S10－02	1.13	5.64	4.99	7.37	6.52	25.44	22.51
S10－03	2.74	11.32	4.13	12.19	4.45	30.4	11.09
S10－04	2.4	9.72	4.05	10.45	4.35	25.68	10.70

续表

供电网格编号	供电面积（km^2）	现状年最大负荷（MW）	负荷密度（MW/km^2）	过渡年最大负荷（MW）	负荷密度（MW/km^2）	目标年最大负荷（MW）	负荷密度（MW/km^2）
S10－05	2.4	16.44	6.85	16.75	6.98	45.5	18.96
S10－06	2.4	18.09	7.54	18.28	7.62	41.51	17.30
合计	9.29	67.93	7.31	73.68	7.93	200.13	21.54

3. 高压配电网建设情况

南十区域现状由 110kV 恒大站和区外的大村站、杨庄站、大吴站供电。由于大村站为新投产变电站负载较轻，过渡年间南十区无须新建 110kV 变电站。至目标年，南十区内新建 110kV 东汾站，扩建 110kV 恒大站，分年度规模如表 6－42 所示。

表 6－42　　南十区域格高压配电网建设情况

变电站	建设性质	2017	2018	2019	2020	2022	目标年
恒大站	增容	2×50	2×50	2×50	2×50	2×50	3×50
东汾站	扩建	2×63	2×63	2×63	2×63	2×63	3×63

根据电力平衡计算结果，目标年需要从区外供电 40MW，同时考虑到远景网架结构，需从周边滨河站、南畔、下庄、大村 4 座变电站联络，如图 6－62 所示。

6.2.2.4　供电网格划分

该区域供电网格的划分是在城乡控制性详细规划、城乡区域性用地规划等市政规划及行政区域划分的基础上，综合考虑配网运维抢修、营销服务因素进一步细化为 6 个相对独立的网格，如图 6－63 所示。

供电网格是制定目标网架规划，统筹廊道资源及变电站出线间隔的管理单位，每个供电网格内一般有 2～6 个标准接线组，各供电网格边界如表 6－43 所示。

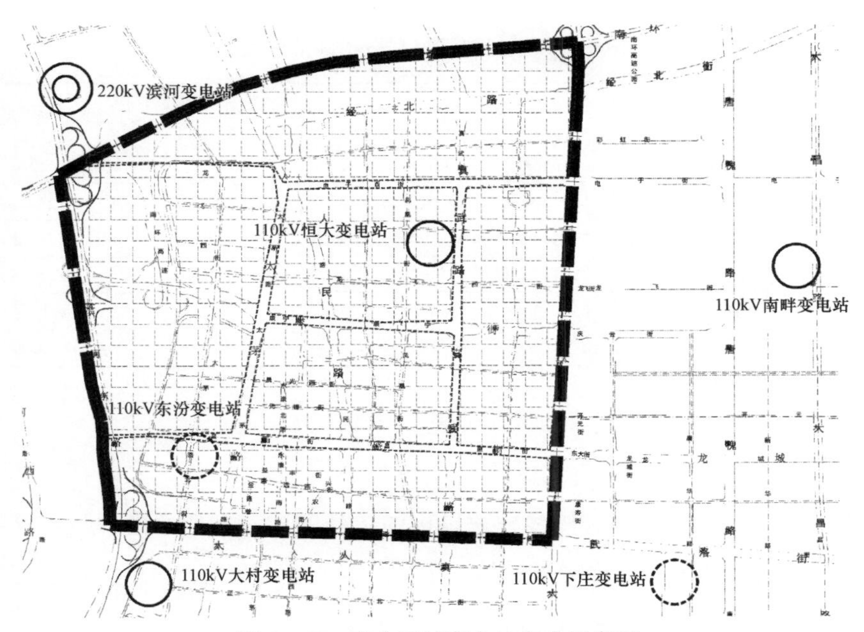

图6-62 南十区域变电站布点示意图

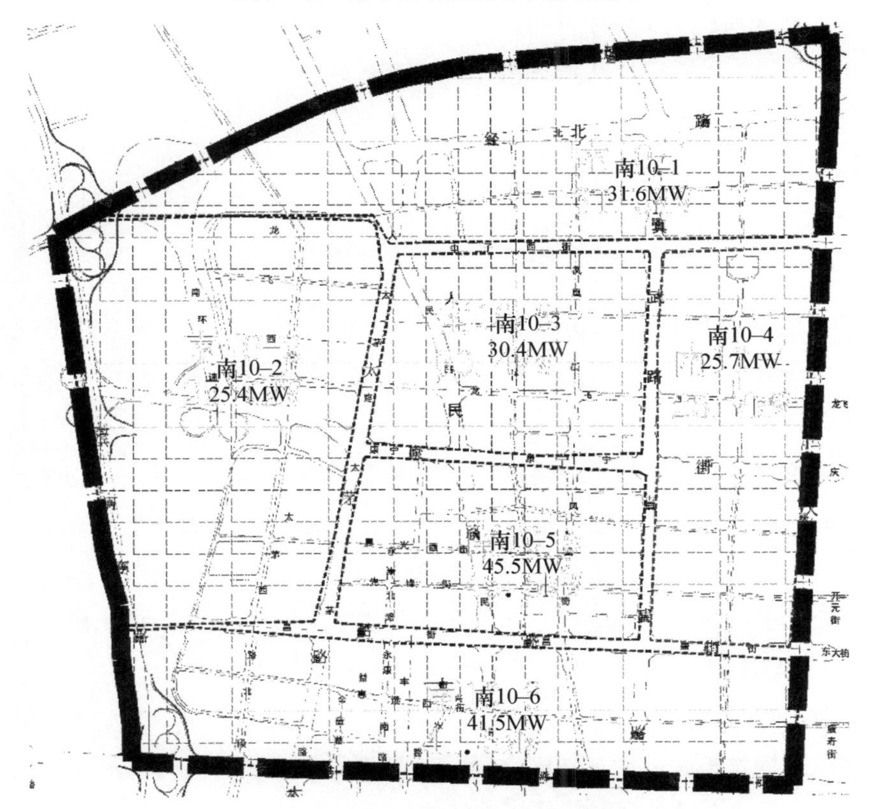

图6-63 南十区域的供电网格划分结果示意图

表 6-43　　南十区域的供电网格划分结果汇总表

序号	区域名称	供电网格编号	区域边界	区域面积（km^2）	主要用地性质
1	南十	S10-01	南环高速、大运路、电子西街	3.02	居住、科研
2		S10-02	电子西街、滨河东路、昌盛街、太茅路	1.13	居住、商业、办公
3		S10-03	电子西街、康宁街、真武路、太茅路	2.74	居住、商业
4		S10-04	电子西街、昌盛街、真武路、大运路	2.4	商业、办公、绿地
5		S10-05	昌盛街、康宁街、真武路、太茅路	2.4	商业
6		S10-06	通达街、昌盛街、滨河东路、大运路	2.4	居住、商业

6.2.2.5　目标网架构建及空间布局建设方案

1. 供电模式选取

北一区供电网格内现有接线方式以电缆单环网和复杂联络的非标准接线方式为主，且网格属于高供电可靠性要求的 A 类供区。因此，区域内中压目标网架的接线方式主要选取电缆单环网。

（1）开关站形式电缆单环网接线。

开关站形式电缆单环网接线拓扑结构如图 6-64 所示。

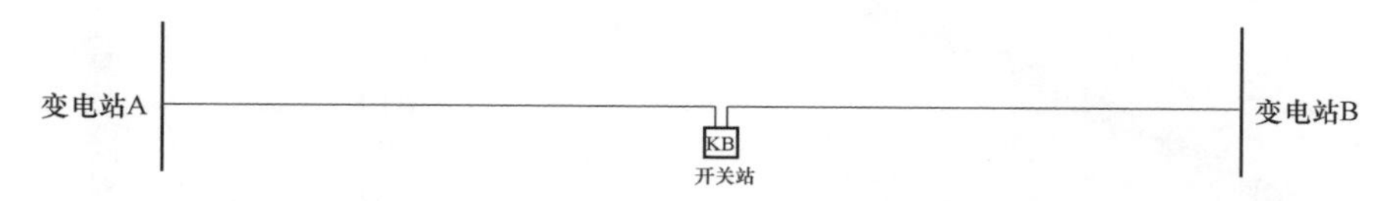

图 6-64　开关站形式电缆单环网接线拓扑结构图

装备配置情况：按照国家电网公司 2016 版典型设计电缆主干线采用 YJV22-3×300 铜缆，开关站选择 KA-1 型采用双母线方式，进线 2 条，出线 10-12 条，进线、出线开关均采用断路器。

规模控制：一组标准单环网接线方式由 2 条电缆线路构成，分别来自两座不同的变电站，一座开关站容量控制在 20MVA 以内，电缆排管敷设，考虑调度限流，一组单环网接线的负荷控制在 8MW 以内。

运行水平控制：正常运行方式下线路负载率不超过 50%，按照单条线路控制电流 465A 计算，线路正常运行最大电流不超过 232.5A。

适用范围：开关站供区内存在集中用电客户的情况。

（2）环网箱形式电缆单环网接线。

环网箱形式电缆单环网接线拓扑结构如图 6-65 所示。

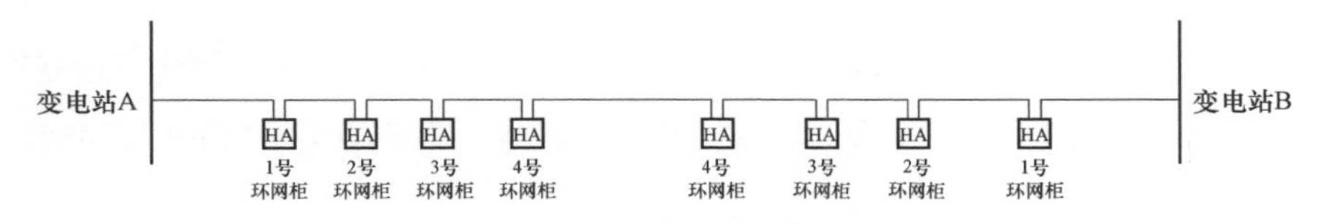

图 6－65　环网箱形式电缆单环网接线方式示意图

装备配置情况：按照国家电网公司 2016 版典型设计电缆主干线采用 YJV22－3×300 导线；环网箱采用 HA－2 型采用单母线方式，进线 2 条（1 进 1 环出），出线 4 条，进线采用负荷开关、出线采用断路器。

规模控制：1 组标准单环接线方式由 2 条电缆线路构成，分别来自两座不同的变电站，一个单环内环网箱最终数量一般不超过 8 座，每座环网箱容量控制在 4MVA 以内。

运行水平控制：正常运行方式下线路负载率不超过 50%，按照单条线路控制电流 465A 计算，线路正常运行最大电流不超过 232.5A。

适用范围：环网箱供区内存在零散用电客户的情况。

2. 目标网架建设概况

南十区域内 10kV 线路目标网架的地理接线如图 6－66 所示。

图 6－66　南十区域内 10kV 线路目标网架建设成果示意图

目标年，南十区域共划分 6 个供电网格，30 个供电单元，由 64 条 10kV 线路供电，组成 2 组双环网、28 组单环网为其供电，线路平均负荷 3.13MW，整体的拓扑结构如图 6－67 所示。

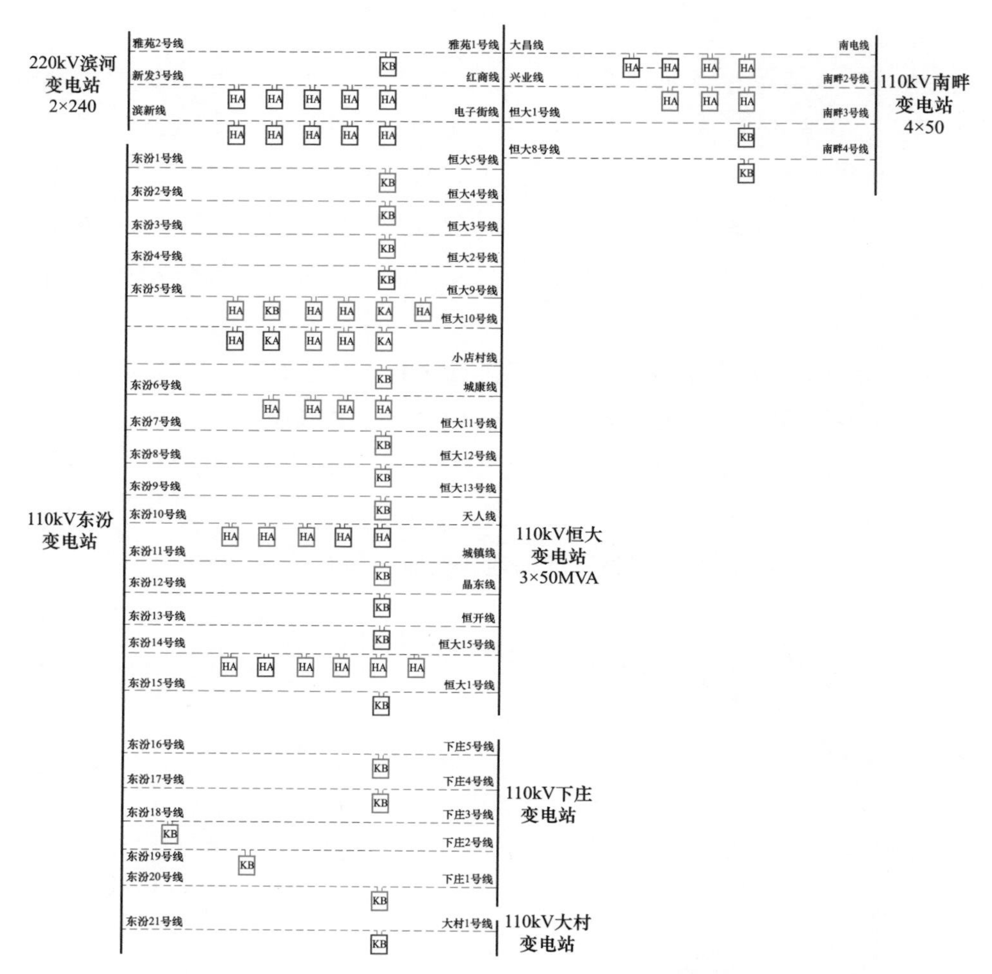

图 6－67　南十区域内 10kV 线路目标网架拓扑图

南十区域各供电网格目标网架情况如表 6－44 所示。

表 6－44　　南十区域的供电网格目标年建设情况

供电网格编号	最大负荷（MW）	电源点	线路规模（条）	线路平均负荷（MW）	接线组
S10－01	31.6	恒大、滨河、南畔	10	3.16	5 组单环
S10－02	25.44	恒大、东汾	8	3.18	1 组双环、2 组单环

续表

供电网格编号	最大负荷（MW）	电源点	线路规模（条）	线路平均负荷（MW）	接线组
S10－03	30.4	恒大、东汾、南畔	10	3.04	1组双环、3组单环
S10－04	25.68	恒大、东汾、南畔	8	3.21	4组单环网
S10－05	45.5	恒大、东汾	14	3.25	7组单环网
S10－06	41.51	东汾、大村、下庄	14	2.96	7组单环网
合计	200.13	—	64	3.13	2组双环、28组单环

3. 空间布局建设方案

至目标年，网格内建设电力廊道43km，建设开关站16座、环网箱25座，详见表6－45和图6－68。

表6－45　　南十区域10kV配电网电力设施布局结果统计表

电力设施类型			单位	数值
电力廊道	管沟	（22×ϕ175＋2×100）mm^2	km	27.3
		（14×ϕ175＋2×100）mm^2	km	15.7
站室	开关站	2进12出	座	16
	环网箱	2进4出	座	25

6.2.2.6　网架过渡方案

1. 过渡年建设改造思路

南十区域格内中压配电网主要问题为接线方式不标准，无法实现站间负荷转供，建设改造的主要思路：一是“互联网”型线路理清关系，逐步做减法，解开不需要的分支联络，构建单环网；二是辐射线路做加法，构建标准单环网接线；三是现有开关站接线保持既有格局，逐步构建站间标准接线；四是新建线路按照标准接线一次建成。

2. 过渡方案介绍

选取S10－01供电网格的网架过渡方案作为典型案例详细说明。

（1）现状年10kV电网概况。当前，S10－01供电网格的主供电源点是恒大站，区内10kV线路有4条，同时与区外4条10kV线路形成联络，其中城郊线同时为S10－01、S10－02、S10－03三个供电网格供电，存在供电交叉的情况，如图6－69所示。

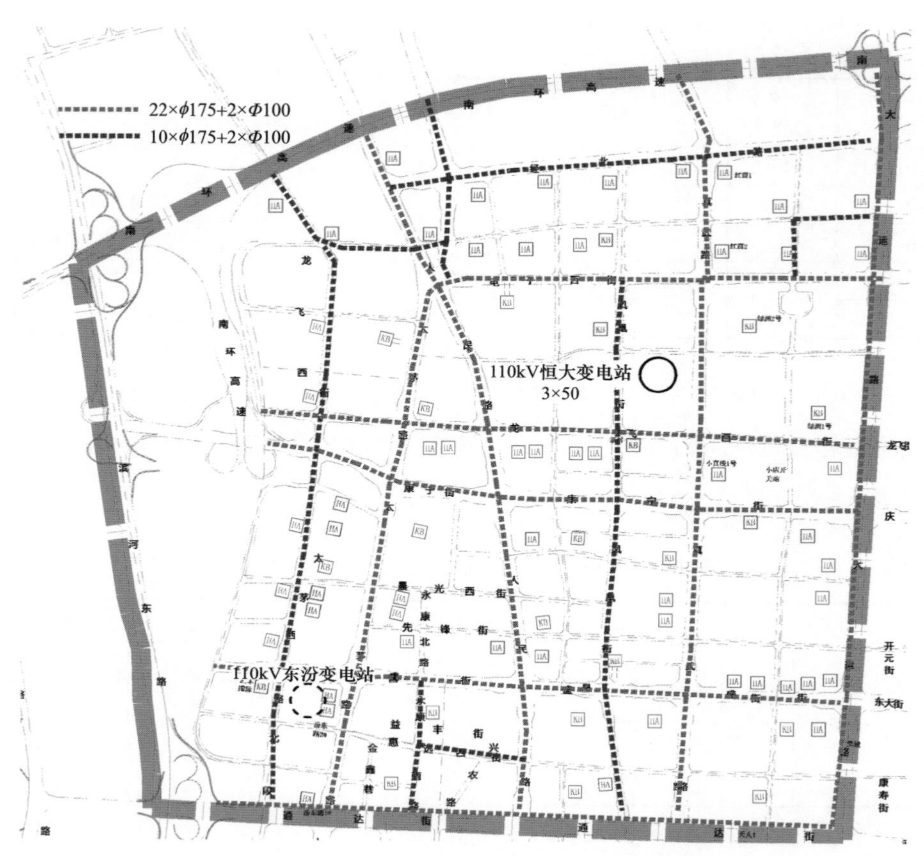

图 6－68　南十区域内 10kV 电力设施空间布局方案

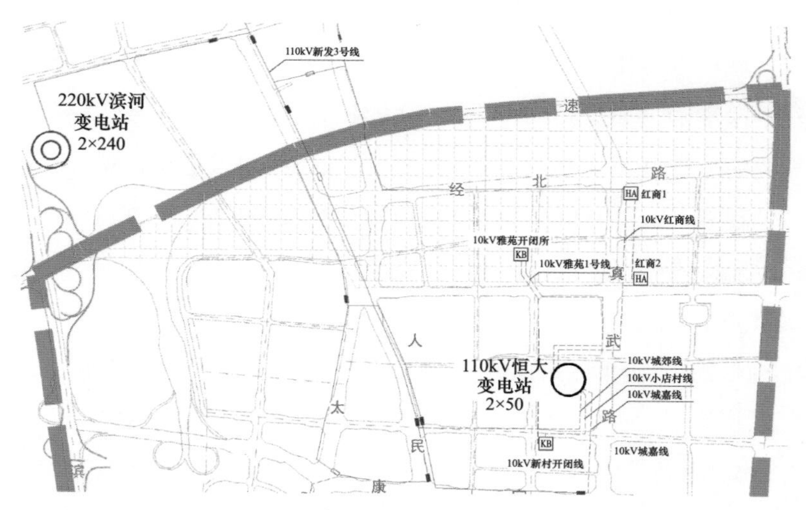

图 6－69　典型供电网格现状中压配电网地理接线示意图

S10－01 供电网格现状中压配电网电气拓扑如图 6－70 所示。

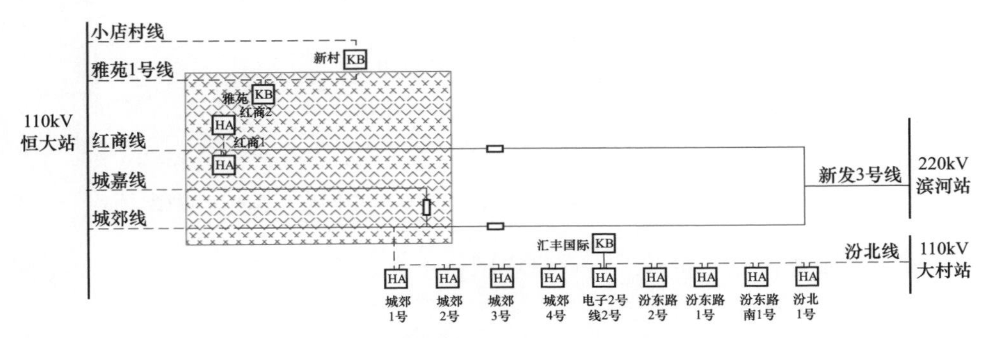

图 6－70 典型供电网格现状中压配电网电气拓扑示意图

（2）现状年—过渡年过渡方案。

1）第一阶段：在满足用电增长需求的同时，解决现状年非标接线和部分供区交叉问题。

a. 由滨河站新出 1 回 10kV 出线，接带城郊线、城嘉线在该网格内的负荷，与恒大站新出线路形成 1 组单环网。

b. 解开滨河站新发 3 号线与城郊线的无效联络，保持与红商线的现有联络，理顺联络关系后形成 1 组单环网，其地理接线如图 6－71 所示。

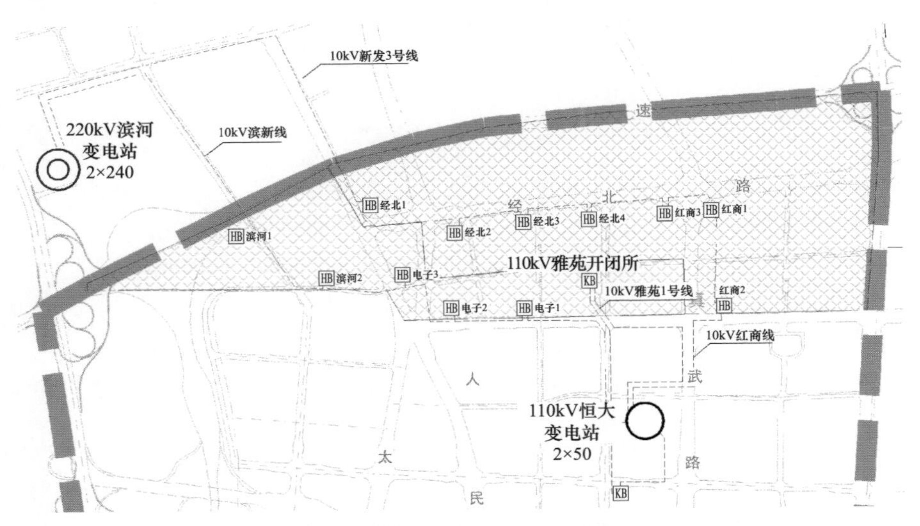

图 6－71 典型供电网格第一阶段改造中压配电网地理接线图

S10－01 供电网格第一阶段改造后的电气拓扑如图 6－72 所示。

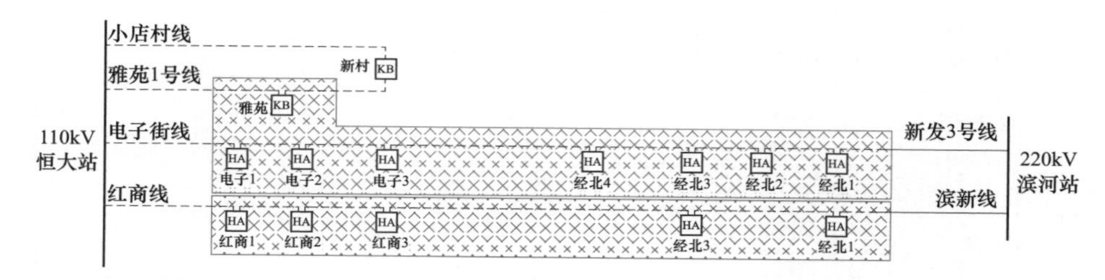

图 6－72　典型供电网格第一阶段改造中压配电网电气拓扑示意图

第一阶段建设方案实施后，该供电网格不存在交叉供电的情况，将供电网格变为 2 个供电单元。

2）第二阶段：在满足用电增长需求的同时，解决雅苑开闭所接线不标准的问题。

a. 退出新村开闭所至雅苑开闭所的电源，由滨河站新出 1 回 10kV 出线，接入雅苑开闭所形成 1 组单环网。

b. 恒大站新出 1 回 10kV 线路，沿电子街向东接入新增负荷，与南畔站新出 10kV 南电线形成 1 组单环网，其地理接线如图 6－73 所示。

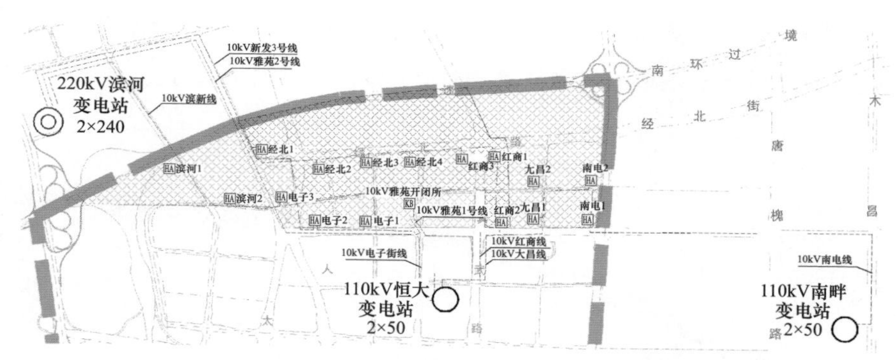

图 6－73　典型供电网格第二阶段改造中压配电网地理接线图

S10－01 供电网格第二阶段改造后的电气拓扑如图 6－74 所示。

第二阶段建设方案实施后，该供电网格发展成熟，发展为 4 个供电单元，形成目标网架。

（3）电缆通道需求。

由于该网格属于新建区域，按照电缆廊道一次建成的原则，需对电缆廊道敷设规模进行测算。以上述典型供电网格为例，廊道规模主要考虑如下因素：一是同一路径上电源线路数量；二是开关站、环网箱等设备的出线数量；三是

通信光缆需求；四是道路红线宽度及建设条件；五是检修及备用通道。

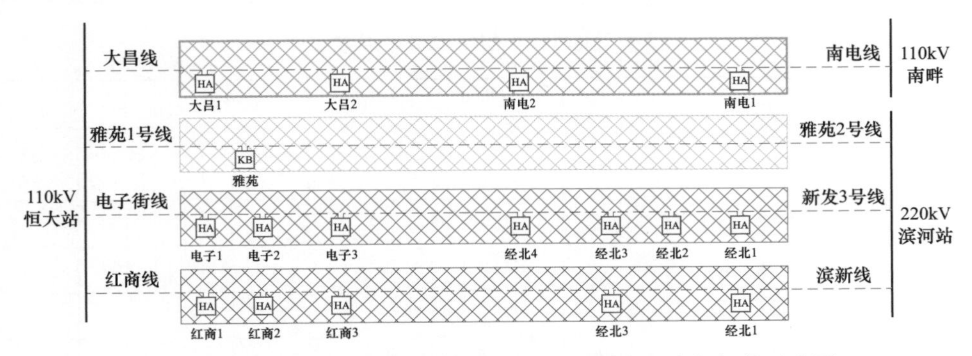

图 6－74　典型供电网格第二阶段改造中压配电网电气拓扑示意图

1）以电子街为例，如图 6－75 所示，该条道路共有 7 回 10kV 主干线，道路北侧开关站的进出线需求为 11 回，通信需求 2 回，检修及备用通道 2～4 回，总需求为 10kV 线路 22 回，通信 2 回。

2）以太茅西路为例，如图 6－75 所示，该条道路共有 1 回 10kV 主干线，道路北侧开关站的进出线需求为 11 回，通信需求 2 回，检修及备用通道 2～4 回，总需求为 10kV 线路 14 回，通信 2 回，依此类推，可得典型供电网格电缆通道需求如图 6－75 所示。

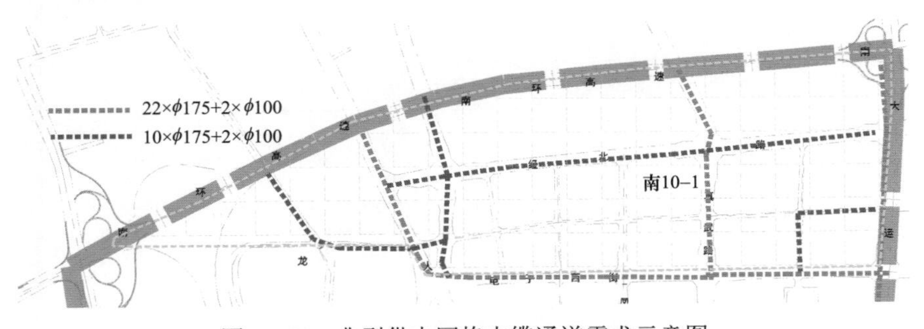

图 6－75　典型供电网格电缆通道需求示意图

6.2.2.7　建设成效

通过建设改造方案的实施，变电站供电范围得到优化，变电站之间中压配电网联络持续加强，变电站全停、变电站母线全停情况下，中压配电网具备转移负荷能力；同步建成配电自动化，可靠性水平稳步提升至 99.999%，符合 A 类供电区域的供电可靠性需求。中压电网供区清晰、挂接负荷合理，10kV 及以下综合线损率逐步下降且能够保证清洁能源全部消纳，详见表 6-46。

表 6-46　　南十网格 10kV 配电网建设成效表

序号	指标分类	指标名称	目标值（%）	现状年		过渡年		目标年	
				指标值（%）	是否实现	指标值（%）	是否实现	指标值（%）	是否实现
1	安全可靠	10kV 配电网结构标准化率	100	11.11	×	100	√	100	√
2		10kV 线路联络率	100	94.41	×	100	√	100	√
3		10kV 线路电缆化率	100	51.18	×	73.5	×	100	√
4		10kV 架空线路大分支线比例	0	—	—	—	—	—	—
5		10kV 线路 $N-1$ 通过率	100	27.78	×	100	√	100	√
6		变电站全停全转率	100	20	×	100	√	100	√
7		10kV 母线全停全转率	100	70	×	100	√	100	√
8		10kV 线路重载比例	0	15	×	0	√	0	√
9		10kV 架空线路绝缘化率	100	—	—	—	—	—	—
10		供电可靠率	99.990	99.981	×	99.991	√	99.999	√
11	优质高效	综合电压合格率	100	100	√	100	√	100	√
12	绿色低碳	本地清洁能源消纳率	100	100	√	100	√	100	√
13		电能占终端能源消费比例	上升趋势	30.4	—	31	√	50	√
14		10kV 及以下综合线损率	下降趋势	5.01	—	4.94	√	4.2	√
15	智能互动	配电自动化覆盖率	100	0	×	100	√	100	√
16		智能电表覆盖率	100	100	√	100	√	100	√

注　“√”代表实现目标值；“—”不考虑该指标；“×”未实现目标值。

第 7 章　中压架空网建设改造典型案例

7.1　架空多分段单联络建设改造案例

7.1.1　区域整体概况

7.1.1.1　区域概况

北十一区供电分区北起中北大学北边界及规划路（30m），南至太兴铁路及呼延水厂南边界，西起滨河东路，东至西环高速公路（50m）及柏板河，总面积 16.35km^2。属于 C 类供电区域，现状用地情况如图 7－1 所示。

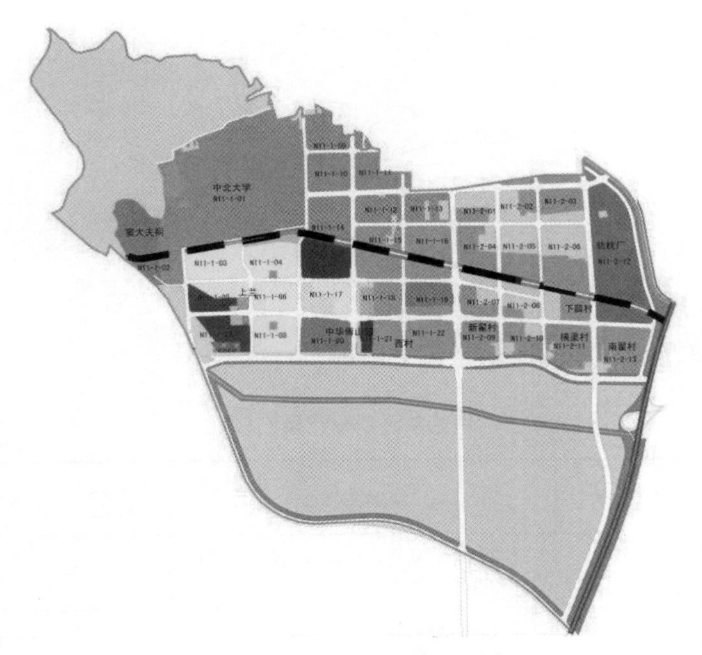

图 7－1　北十一区现状用地示意图

7.1.1.2　网格总体发展情况

北十一区定位为城市北部生态屏障区，区域内要加强对西山山体的保护，禁止破坏山体环境的开发建设，保持山体林木风貌的整体性和观赏性。区域用地以居住生活为基本功能，以教育、旅游及配套商业服务等第三产业为发展重点的城市北部生态屏障区和水源地保护区。

7.1.1.3　供电单元划分

北十一区供电网格根据远景年功能定位、负荷分布和配电网结构情况，每回 10kV 线路的平均负荷按 3.5～4.0MW 进行中压电力平衡，远景年区内共 12 回中压线路，每个供电单元由 1 组标准接线构成，将网格划分为 6 个供电单元，如图 7－2 所示。

图 7－2　北十一城区典型供电网格供电单元划分结果示意图

北十一区各供电单元情况如表 7－1 所示。

表 7－1　北十一的供电单元划分结果汇总表

序号	网格名称	功能单元编号	区域边界	区域面积（km^2）	主要用地性质
1	11 号网格	N11－01	北侧边界、轨枕厂西侧规划路、公园南街、中北大学东侧规划路	1.16	行政办公
2		N11－02	轨枕厂西侧规划路、公园南街、傅山园西路、专用铁路	1.42	行政办公

续表

序号	网格名称	功能单元编号	区域边界	区域面积（km^2）	主要用地性质
3	11号网格	N11－03	轨枕厂西侧规划路、傅山园西路、专用铁路、傅山园北侧规划路	0.82	行政办公
4		N11－04	东侧边界、傅山园西路、新兰路、傅山园北侧规划路	1.26	行政办公
5		N11－05	南侧边界、傅山园西路、中北大学东侧规划路、东侧边界	6.9	居住、绿地
6		N11－06	中北大学东侧规划路、北侧边界、西侧边界、专用铁路	4.79	居住、商业、学校、绿地

7.1.2 现状电网评估和诊断分析

7.1.2.1 高压配电网现况

北十一区区内现有35kV变电站1座，容量为36MVA。共有10kV出线间隔12个，已用10kV间隔8个，区域内10kV间隔利用率为66.67%，其中公线间隔5个，专线间隔3个，详见图7－3。

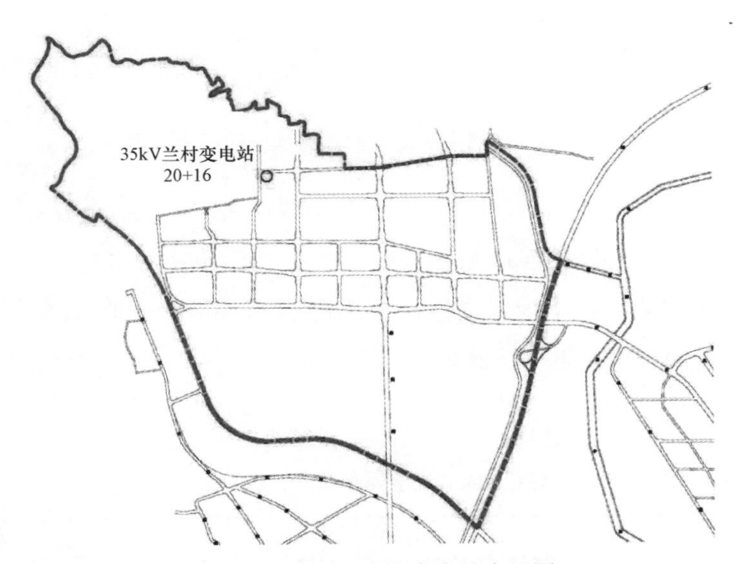

图7－3 高压配电网变电站布局图

区域内高压变电站具体情况如表7－2所示。

表 7-2　　北十一区高压配电网变电站情况统计汇总表

序号	变电站	容量（MVA）	10kV 出线间隔数	已用 10kV 间隔数	剩余间隔数	最大负荷（MW）	负载率（%）
1	兰村站	1×16+1×20	12	8	4	20.04	55.67

7.1.2.2　中压配电网现况

1. 中压电网规模

北十一区现状中压配电网线路地理接线如图 7-4 所示。

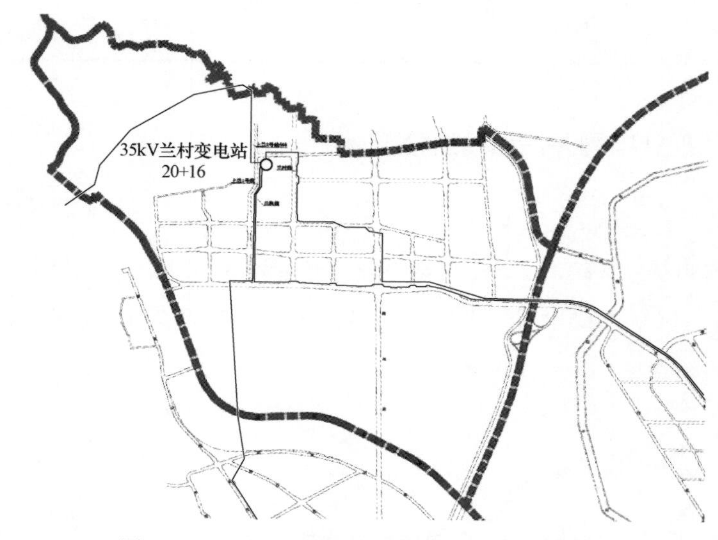

图 7-4　现状中压配电网线路地理接线示意图

北十一区现有 10kV 线路 7 回，其中公用线路 4 回。架空线路主干线截面为 JKLYJ-185，电缆线路为 YJV22-300，主要分布于跨铁路和变电站出站区域。区域外向区域内末端供电线路 1 回。区域内共有配电变压器 185 台，容量为 53.02MVA，其中公用配电变压器 41 台，容量为 14.915MVA，占总容量的 28.13%，详见表 7-3。

表 7-3　　现状 10kV 配电网规模统计汇总表

项 目 名 称		数值
中压线路数量	其中：公用（条）	4
	专用（条）	3
	合计（条）	7

续表

项 目 名 称		数值
中压线路长度	架空线（km）	29.02
公用线路挂接配变	台数（台）	185
	容量（MVA）	53.02
	其中：公用变压器（台）	41
	公用变压器容量（MVA）	28.13

2. 中压配电网拓扑结构

北十一现状中压配电网拓扑结构如图 7－5 所示。

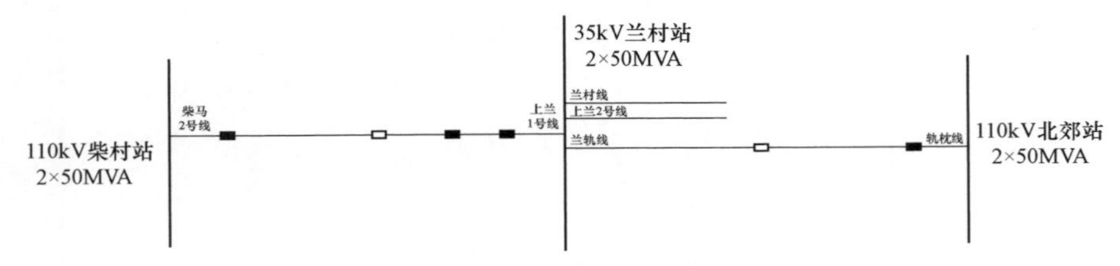

图 7－5 现状 10kV 线路拓扑结构示意图

北十一区中压配电网拓扑结构主要包括单辐射和单联络，其中单辐射 2 回，占比 50%；单联络线路 2 回，占比 50%。形成单辐射线路的原因主要为，区域内仅有 1 座 35kV 兰村站，电源点较少，且供电半径大且分散，导致可供联络点较少，详见表 7－4。

表 7－4 现状 10kV 配电网接线方式分布情况

序号	所属供电网格	供电单元编号	地块发展阶段	接线方式	是否存在交叉供电	线路条数
1	北十一区	N11－01	起步	单辐射	是	1
2		N11－02	起步	单辐射	是	1
3		N11－03	起步	单辐射	是	1
4		N11－04	起步	单辐射	是	1
5		N11－05	起步	单联络	是	1
6		N11－06	起步	单联络	是	1

北十一区现状 10kV 线路网架结构发展阶段分布如图 7－6 所示。

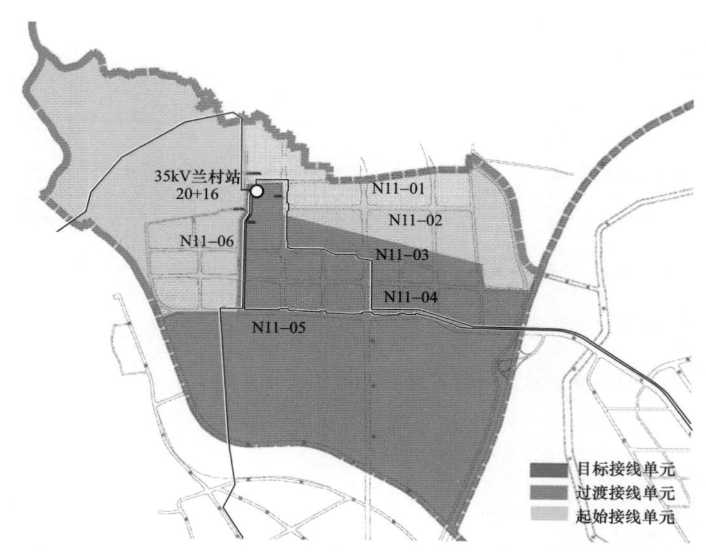

图 7－6　现状 10kV 线路网架结构发展阶段分布示意图

3. 重要指标分布现状

该网格现有安全性指标较低，$N-1$ 通过率、变电站全停全转率指标均为 0，详见表 7－5。

表 7－5　北十一网格现状 10kV 配电网指标评估　%

序号	指标分类	指　标　名　称	指标值
1	安全可靠	10kV 配电网结构标准化率	0.5
2		10kV 线路联络率	0.5
3		10kV 线路电缆化率	—
4		10kV 架空线路大分支线比例	0
5		10kV 线路 $N-1$ 通过率	0
6		变电站全停全转率	0
7		10kV 母线全停全转率	0
8		10kV 线路重载比例	25
9		10kV 架空线路绝缘化率	100
10		供电可靠率	99.71
11	优质高效	综合电压合格率	100

续表

序号	指标分类	指 标 名 称	指标值
12	绿色低碳	本地清洁能源消纳率	100
13		电能占终端能源消费比例	31
14		10kV 及以下综合线损率	4.98
15	智能互动	配电自动化覆盖率	0
16		智能电表覆盖率	100

4. 主要存在问题

该网格主要在技术合理、组网规范和运行安全等方面存在4类共11个问题，详见表7-6。

表7-6　　现状10kV配电网主要存在问题

序号	问题及分级情况		存在问题数量	问题设施和设备清单
1	技术合理性	供电半径过长	3	上兰1号线、上兰2号线、兰轨线
2		挂接配变容量过大	2	上兰1号线、兰轨线
3	组网规范性	辐射线路	2	上兰2号线、中北2号线
4	运行安全可靠性	未通过 $N-1$ 校验	4	上兰1号线、上兰2号线、兰轨线、兰村线

7.1.3 建设目标及边界条件

7.1.3.1 建设目标

针对C类供电区域可靠性需求，合理选择网架结构，继续强化中压配电网结构标准化，确保供电网格内可靠性水平稳步提升至99.863%。优化变电站供电范围，加强变电站之间中压配电网联络，合理控制中压配电网装接容量，确保变电站全停、变电站母线全停情况下，中压配电网具备转移负荷能力，具体建设目标见表7-7。

表7-7　　中低压配电网建设目标　　%

序号	指标分类	指 标 名 称	目标值	现状年	
				指标值	是否实现
1	安全可靠	10kV 配电网结构标准化率	100	0.5	×
2		10kV 线路联络率	100	0.5	×

续表

序号	指标分类	指 标 名 称	目标值	现状年	
				指标值	是否实现
3	安全可靠	10kV 线路电缆化率	—	—	—
4		10kV 架空线路大分支线比例	0	0	√
5		10kV 线路 $N-1$ 通过率	100	0	×
6		变电站全停全转率	100	0	×
7		10kV 母线全停全转率	100	0	×
8		10kV 线路重载比例	0	25	×
9		10kV 架空线路绝缘化率	100	100	√
10		供电可靠率	99.863	99.71	×
11	优质高效	综合电压合格率	100	100	√
12	绿色低碳	本地清洁能源消纳率	100	100	√
13		电能占终端能源消费比例	上升趋势	31	—
14		10kV 及以下综合线损率	下降趋势	4.98	—
15	智能互动	配电自动化覆盖率	100	0	×
16		智能电表覆盖率	100	100	√

7.1.3.2 负荷预测

北十一网格现状负荷 28.84MW，2022 年预测增长至 51.57MW，远景年总负荷 88.6MW，公用负荷 45.6MW，专线负荷 43MW，总负荷密度 5.42MW/km^2，达到 C 类供电区域，负荷预测结果见表 7-8。

表 7-8　　空 间 负 荷 预 测 结 果

供电单元编号	供电面积（km^2）	现状年最大负荷（MW）	负荷密度（MW/km^2）	目标年最大负荷（MW）	负荷密度（MW/km^2）
N11-01	1.16	0.86	0.74	7.56	6.52
N11-02	1.42	1.54	1.08	25.76	18.14
N11-03	0.82	5.24	6.39	7.38	9
N11-04	1.26	4.14	3.29	7.48	5.94
N11-05	6.9	1.77	0.26	7.66	1.11
N11-06	4.79	15.29	3.19	32.76	6.84
合计	16.35	28.84	1.76	88.6	5.42

7.1.3.3 高压配电网规划情况

2022 年以前，区内 35kV 兰村站升压为 110kV 变电站，主变压器更换为 2 台 50MVA，区内新建 110kV 柏板站。远景年，区外新增 110kV 江阳站，配置 2 台 50MVA 主变压器，详见表 7－9。

表 7－9　高压配电网规划情况

序号	指标名称	单位	典型网格	
1	规划年	—	现状年	目标年
2	电压等级序列	kV	35/10	110/10
3	区内电源点	—	兰村	兰村、柏板
4	区内变电容量	MVA	36	200
5	区外电源点	—	—	江阳
6	可提供变电容量	MVA	—	50

7.1.4 目标网架构建及空间布局建设方案

7.1.4.1 目标网架构建

该区域属于未建成区域，现有接线以单辐射为主，且网格属于 C 类供区。鉴于区域定位以生活为基本功能，以教育、旅游及配套商业服务等第三产业为发展重点的生态屏障区和水源地保护区，因此采用架空敷设的方式，架空线三分段单联络接线方式详见图 7－7。

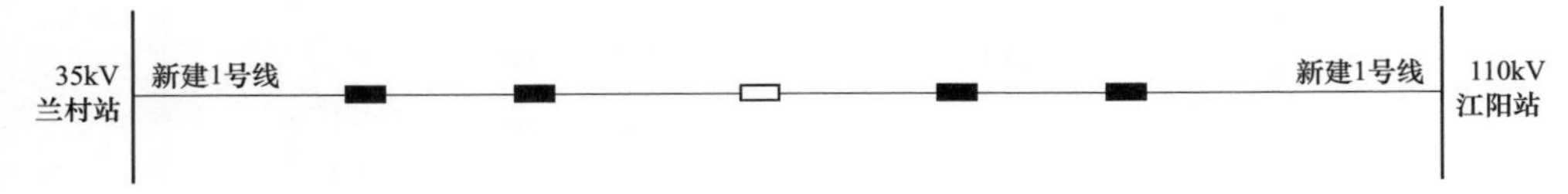

图 7－7　架空线三分段单联络接线方式示意图

装备配置情况：主干线采用 JKLYJ－240 导线，柱上开关采用具备三遥功能的真空开关。

规模控制：一组标准三分段单联络接线方式最少由 2 回架空线路构成，每组标准接线的接入容量控制在 24MVA 以内。

运行水平控制：正常运行方式下线路负载率不超过 50%，线路最大电流不超过 250A。

适用范围：全区。

到目标年，北十一供电网格内由 12 条 10kV 中压线路组成，形成 6 组三分段单联络，每条线路平均供电负荷 3.8MW，详见图 7－8。

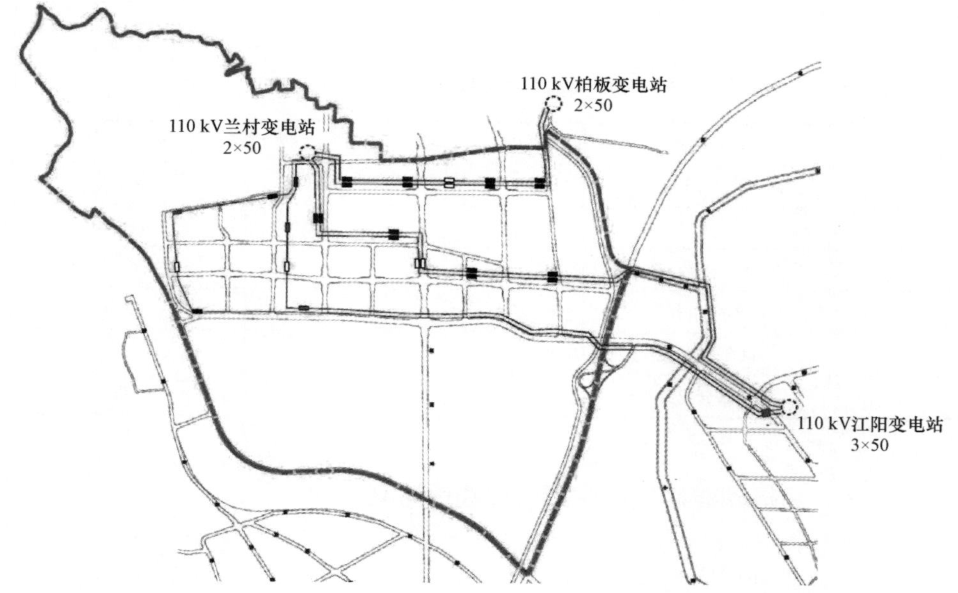

图 7－8　网格 10kV 线路目标网架地理接线示意图

北十一供电网格 10kV 线路目标网架拓扑如图 7－9 所示。

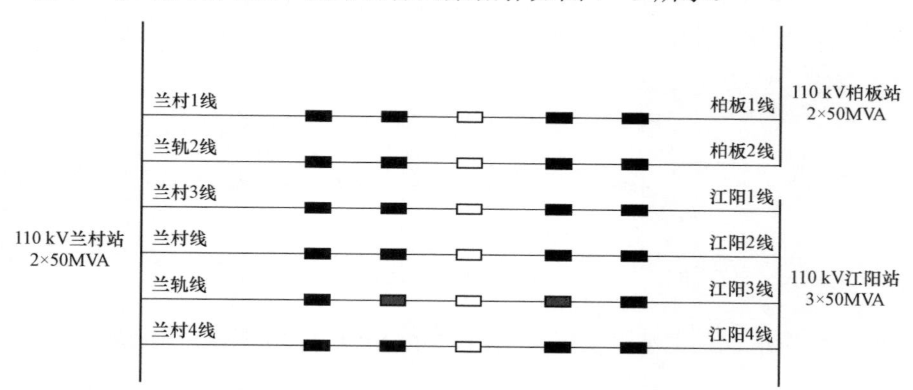

图 7－9　网格 10kV 线路目标网架拓扑接线示意图

分供电单元目标网架建设改造方案来看，至目标年北十一网格内的 6 个供电单元均由架空标准接线供电，供区明确、清晰。各供电单元线路平均负荷在 3.5～4MW 之间，线路能够满足 $N-1$ 安全标准，详见表 7－10。

表 7－10　　分供电单元的目标网架建设改造方案情况

序号	所属供电网格	供电单元编号	最大负荷（MW）	电源点	线路规模（条）	线路平均负荷（MW）	接线组
1	北十一	N11－01	7.56	兰村、柏板	2	3.78	1 组单联络
2		N11－02	7.76＋18	兰村、柏板	2	3.88	1 组单联络
3		N11－03	7.38	兰村、江阳	2	3.69	1 组单联络
4		N11－04	7.48	兰村、江阳	2	3.74	1 组单联络
5		N11－05	7.66	兰村、江阳	2	3.83	1 组单联络
6		N11－06	7.76＋25	兰村、江阳	2	3.88	1 组单联络
合计		—	88.6	—	12	3.8	6 组单联络

各供电单元的目标网架建设改造方案如图 7－10 所示。

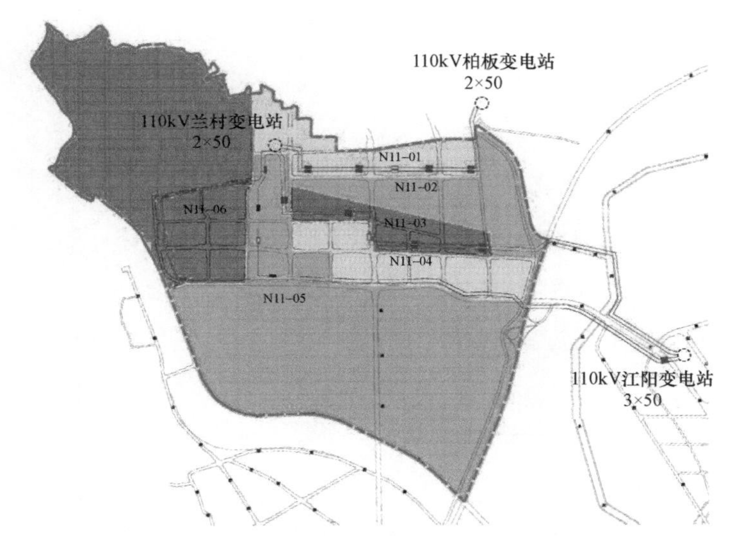

图 7－10　分供电单元的目标网架建设改造方案情况

7.1.4.2　空间布局建设方案

至目标年，网格内电力廊道需求为 18.97km，均为架空通道，详见表 7－11 和图 7－11。

表 7－11　　10kV 配电网电力设施布局建设结果统计表

类　　型		单位	数值
通道	同杆双回	km	14.87
	架空单回	km	4.1

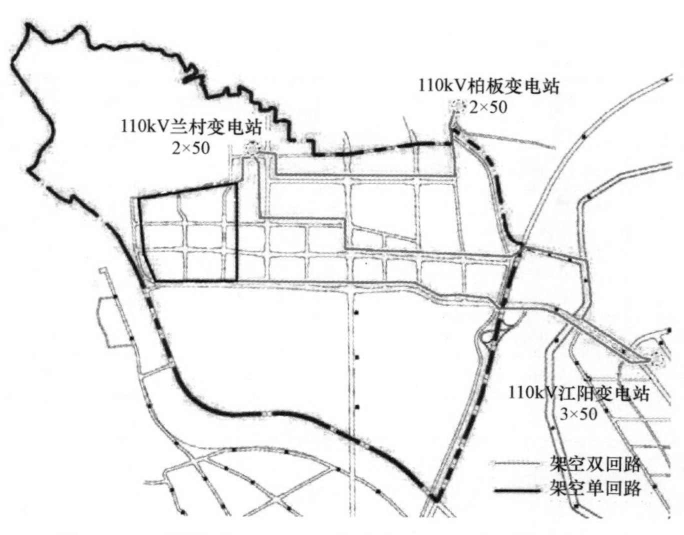

图 7－11　网格内 10kV 配电网电力设施空间布局方案

7.1.5　建设改造方案制订

7.1.5.1　过渡思路及形式

目前，典型供电网格内有线路均为单射型和单联络线路。随着负荷发展和周边变电站的建设，需逐步向单联络进行过渡。

（1）现有单辐射通过新建线路过渡为单联络，详见图 7－12。

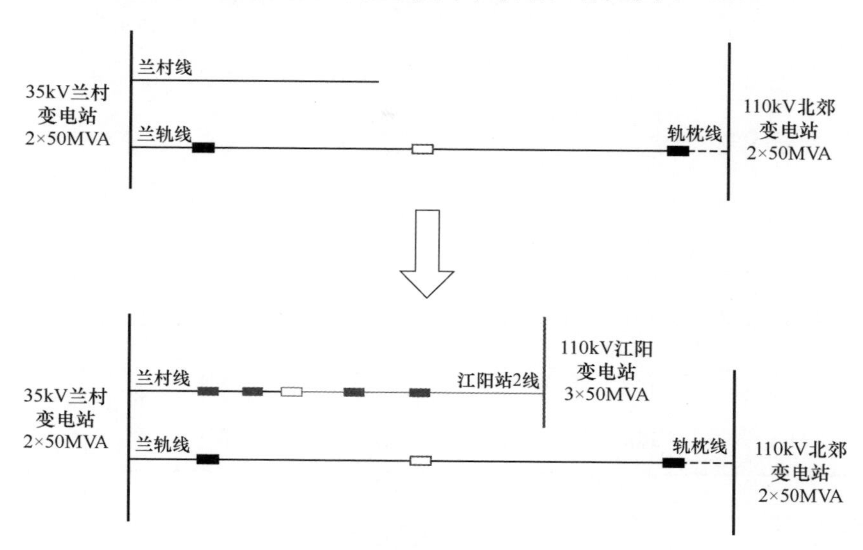

图 7－12　单辐射线路网架过渡方式示意

（2）现有单联络通过新建线路过渡为2组单联络，详见图7－13。

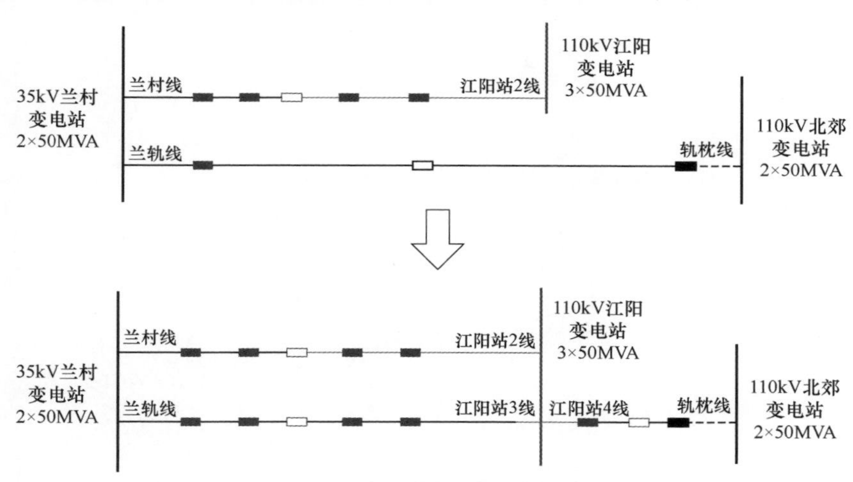

图7－13　单联络线路网架过渡方式示意

7.1.5.2　过渡案例

以N11－04、N11－05供电单元为例进行说明。

1. 第一阶段（过渡年）

当前11－04、N11－05供电单元最大负荷5.91MW，由1组单辐射和1组单联络共3回公用架空线路线供电。随着兰村区域地块开发，供电单元内负荷过渡年将增至10.4MW，在110kV江阳站投产后，新建1回架空线路变为2组单联络。

N11－04、N11－05供电单元现状地理接线图如图7－14所示。

图7－14　N11－04、N11－05供电单元现状地理接线图

N11－04、N11－05 供电单元第一阶段改造后地理接线图如图 7－15 所示。

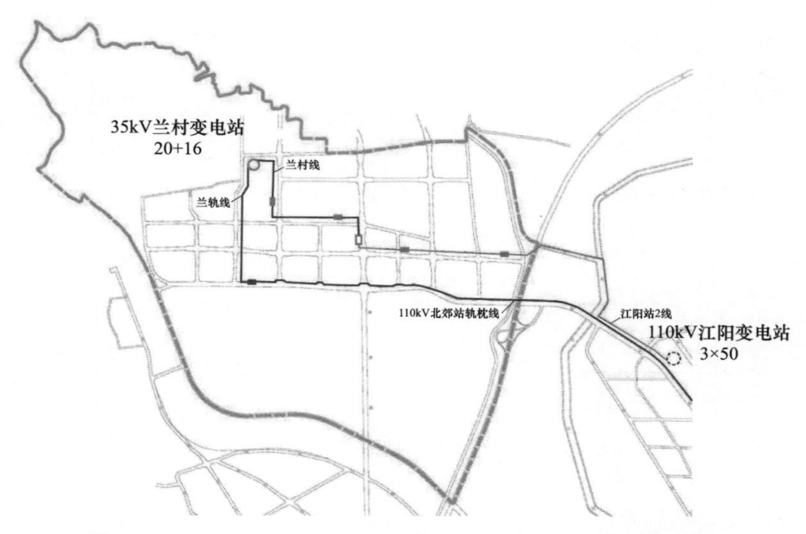

图 7－15　N11－04、N11－05 供电单元第一阶段过渡接线图

2. 第二阶段（目标年）

随着区域负荷增长，需建设 110kV 大元站，投产后，由该站新出 2 回 10kV 线路与现有线路联络形成三分段三联络的供电格局，详见图 7－16。

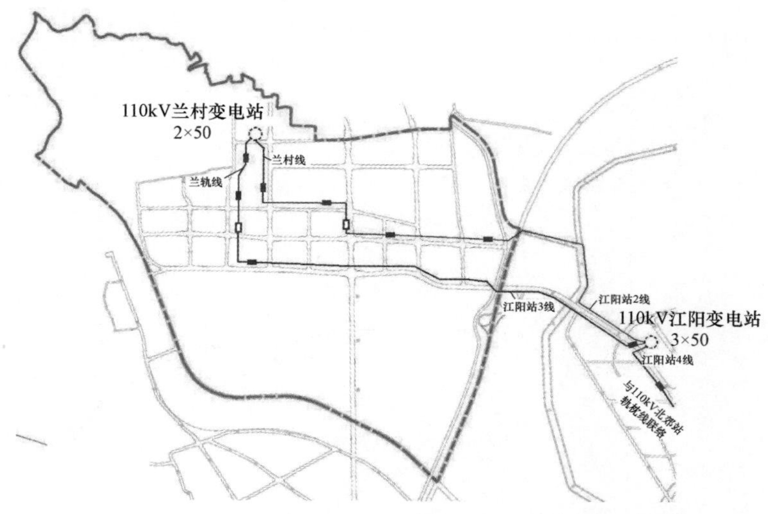

图 7－16　11－04、N11－05 供电单元第二阶段接线图

7.1.6 建设改造成效分析

通过建设改造方案的实施，中压配电网结构规范化、标准化，变电站供电范围得到优化，变电站之间中压配电网联络持续加强，变电站全停、变电站母线全停情况下，中压配电网具备转移负荷能力。同步建成配电自动化，可靠性水平稳步提升至99.97%，符合C类供电区域的供电可靠性需求。中压电网供区清晰、挂接负荷合理，10kV及以下综合线损率逐步下降且能够保证清洁能源全部消纳，详见表7－12。

表7－12　配电网建设改造效果对比表　%

序号	指标分类	指标名称	目标值	现状年		过渡年		目标年	
				指标值	是否实现	指标值	是否实现	指标值	是否实现
1	安全可靠	10kV配电网结构标准化率	100	0.5	×	75	×	100	√
2		10kV线路联络率	100	0.5	×	100	√	100	√
3		10kV线路电缆化率	—	—	—	—	—	—	—
4		10kV架空线路大分支线比例	0	0	√	0	√	0	√
5		10kV线路 $N-1$ 通过率	100	0	×	100	√	100	√
6		变电站全停全转率	100	0	×	75	×	100	√
7		10kV母线全停全转率	100	0	×	100	√	100	√
8		10kV线路重载比例	0	25	×	0	√	0	√
9		10kV架空线路绝缘化率	100	100	√	100	√	100	√
10		供电可靠率	99.863	99.71	×	99.93	√	99.97	√
11	优质高效	综合电压合格率	100	100	√	100	√	100	√
12	绿色低碳	本地清洁能源消纳率	100	100	√	100	√	100	√
13		电能占终端能源消费比例	上升趋势	31	—	43	√	45	√
14		10kV及以下综合线损率	下降趋势	4.98	—	4.76	√	4.11	√
15	智能互动	配电自动化覆盖率	100	0	×	100	√	100	√
16		智能电表覆盖率	100	100	√	100	√	100	√

7.2 架空多分段两联络建设改造案例

7.2.1 区域整体概况

7.2.1.1 北七区范围概况

北七区供电网格地处某市东北部，东起东环高速公路，西至恒山路，北起新店街、卧虎山路，南到十里铺巷、柏杨树北一街、丈子头连接线，属于城乡接合部，现状人口约 2.3 万人，地域面积 10.04km^2，属于 B 类供电区域。

7.2.1.2 网格总体发展情况

北七区供电网格依托恒山路与卧虎山路形成片区主要发展轴，主要以居住功能为主。按照市政规划将片区划分为五个功能区，即光社居住区、城市生态区、老城更新区、城市边缘功能区和城郊结合区，详见图 7－17。

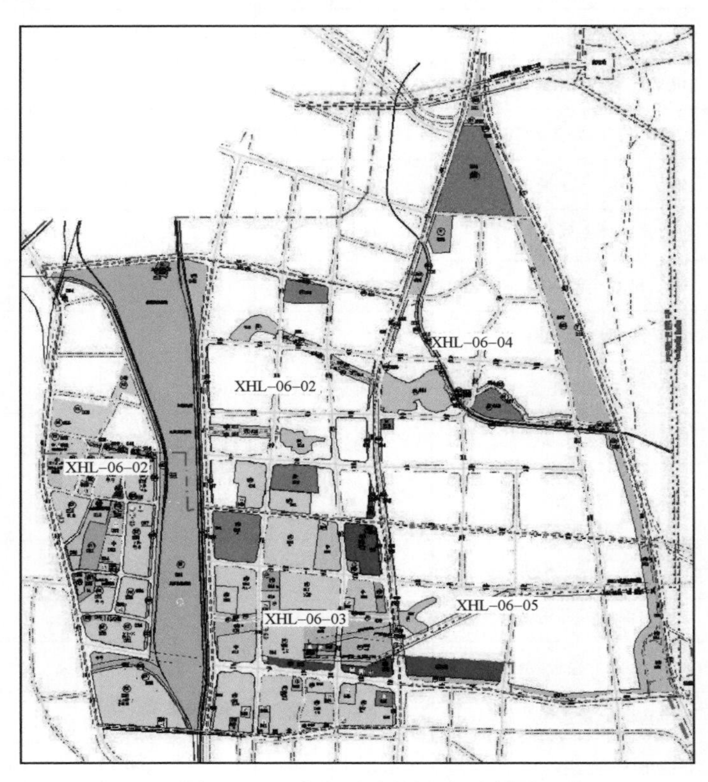

图 7－17 北七区建设用地示意图

7.2.1.3 北七区供电网格单元划分

北七区供电网格根据远景年功能定位、负荷分布和配电网结构情况，每回10kV线路的平均负荷按3.5～4.5MW进行中压电力平衡，远景年区内共24回中压线路，每个供电单元由1组标准接线构成，将网格划分为6个供电单元，详见图7－18。

图7－18 北七区典型供电网格供电单元划分结果示意图

北七区的供电单元划分结果如表7－13所示。

表7－13 北七区的供电单元划分结果汇总表

序号	网格名称	功能单元编号	区域边界	区域面积（km^2）	主要用地性质
1	北七区	N07－01	十里铺东、丈子头北连接线、恒山路、卧虎山路	0.82	居住
2		N07－02	丈子头北连接线、恒山路、新店西路、新店街	2.22	居住
3		N07－03	砖厂路、新店西路、新店街、丈子头北连接线	0.92	居住、工业
4		N07－04	砖厂路、卧虎山路、新店街、丈子头北连接线	1.71	居住、工业

续表

序号	网格名称	功能单元编号	区域边界	区域面积（km^2）	主要用地性质
5	北七区	N07－05	卧虎山路、新店街、新店东路、丈子头北连接线	1.62	居住、绿地
6		N07－06	新店东街、绕城高速、新店街、丈子头北连接线	2.76	居住、社会福利、绿地

7.2.2 现状电网评估和诊断分析

7.2.2.1 高压配电网现况

北七区供电网格内现有变电站共 1 座，为 110kV 柏杨树站（2×40＋50MVA），区外 220kV 新店变电站无 10kV 出线间隔。区内柏杨树站共有 10kV 出线间隔 33 个，已用 10kV 间隔 18 个，10kV 间隔利用率为 54.55%，其中公线间隔 14 个，专线间隔 4 个。从变电站布局分布图可以看出，北七区供电网格北侧缺乏变电站布点，详见图 7－19。

图 7－19　高压配电网变电站布局图

北七区压配电网变电站基本情况如表 7－14 所示。

表 7-14　　北七区高压配电网变电站情况统计汇总表

序号	变电站	容量（MVA）	10kV 出线间隔数	已用 10kV 间隔数	剩余间隔数	最大负荷（MW）	负载率（%）
1	柏杨树	2×40+50	33	18	15	77.5	59.62

7.2.2.2　中压配电网现况

1. 中压电网规模

现状中压配电网地理接线如图 7-20 所示。

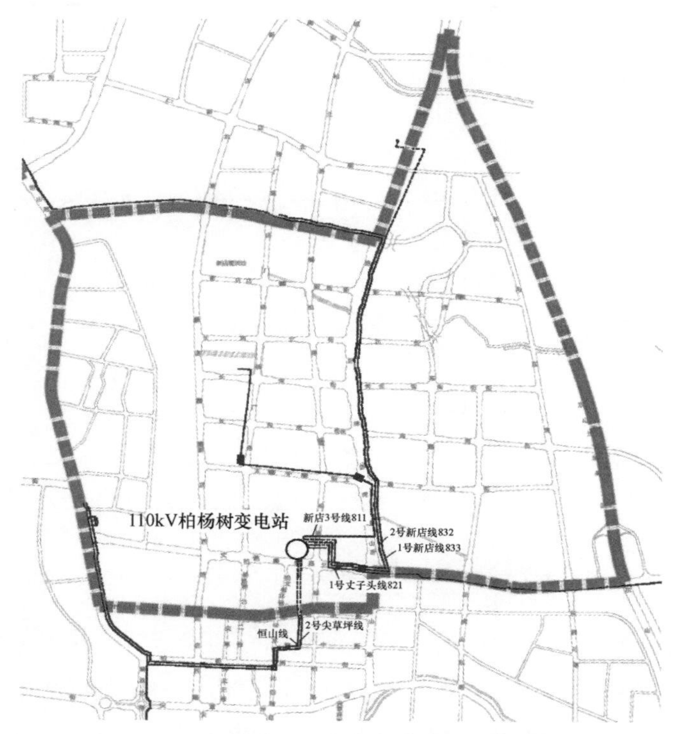

图 7-20　现状中压配电网线路地理接线示意图

北七区现有 10kV 线路 6 回，均为公用线路，主要以架空线路为主，主干线截面以 JKLYJ-185、JKLYJ-240 为主，线路总长度 31.79km。区域内共有配变 252 台，容量为 97MVA，其中公用配变 40 台，容量为 16.915MVA，占区域配变总容量的 17.44%，详见表 7-15。

表 7－15　　现状 10kV 配电网规模统计汇总表

项　目　名　称		数值
中压线路数量	其中：公用（条）	6
	专用（条）	0
	合计（条）	6
中压线路长度	架空线（km）	31.79
公用线路挂接配变	台数（台）	252
	容量（MVA）	97
	其中：公用变压器（台）	40
	公用变压器容量（MVA）	16.92

2. 中压配电网拓扑结构

北七区中压配电网拓扑如图 7－21 所示。

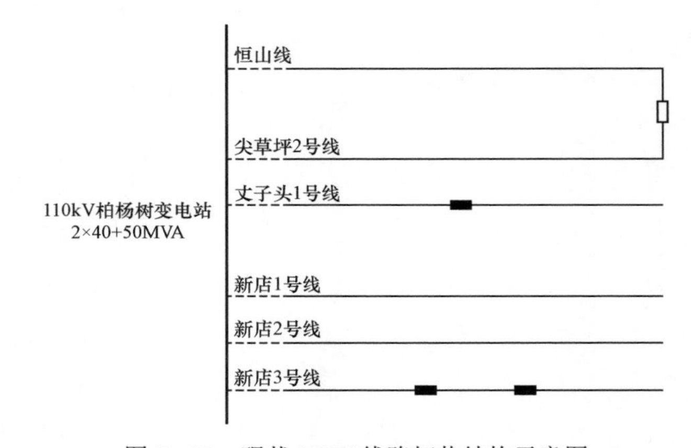

图 7－21　现状 10kV 线路拓扑结构示意图

北七区中压配电网拓扑结构主要包括单辐射和单联络，其中单辐射 4 回，占比 66.67%；单联络线路 2 回，占比 33.33%。恒山线与尖草坪 2 号线为单联络。网架较为薄弱的原因主要为，区域北侧缺少上级电源点，无法满足网架形成条件，详见表 7－16。

表 7－16　　现状 10kV 配电网接线方式分布情况

序号	所属供电网格	供电单元编号	地块发展阶段	接线方式	是否存在交叉供电	线路条数
1	北七区	N07－01	起步	单联络	是	2
2		N07－02	起步	单联络	是	2

续表

序号	所属供电网格	供电单元编号	地块发展阶段	接线方式	是否存在交叉供电	线路条数
3	北七区	N07－03	起步	单辐射	否	1
4		N07－04	起步	单辐射	是	2
5		N07－05	起步	单辐射	是	2
6		N07－06	起步	单辐射	否	1

北七区 10kV 线路网架结构发展阶段分布如图 7－22 所示。

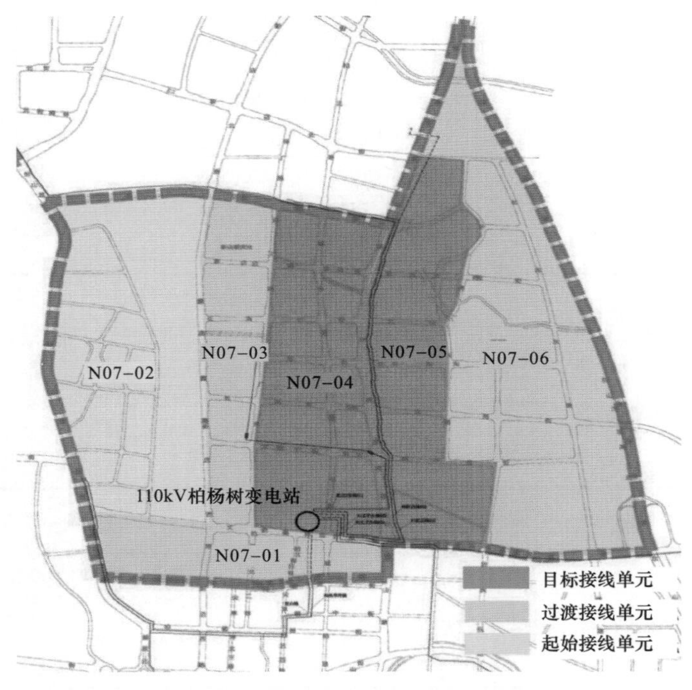

图 7－22 现状 10kV 线路网架结构发展阶段分布示意图

3. 重要指标分布现状

该网格现有安全性指标较低，$N-1$ 通过率、变电站、母线全停全转率指标均为 0，详见表 7－17。

表 7－17　　北七区网格现状 10kV 配电网指标评估　　%

序号	指标分类	指 标 名 称	指标值
1	安全可靠	10kV 配电网结构标准化率	33.33
2		10kV 线路联络率	33.33

续表

序号	指标分类	指标名称	指标值
3	安全可靠	10kV 线路电缆化率	—
4		10kV 架空线路大分支线比例	0
5		10kV 线路 $N-1$ 通过率	0
6		变电站全停全转率	0
7		10kV 母线全停全转率	0
8		10kV 线路重载比例	0
9		10kV 架空线路绝缘化率	78
10		供电可靠率	99.65
11	优质高效	综合电压合格率	100
12	绿色低碳	本地清洁能源消纳率	100
13		电能占终端能源消费比例	31
14		10kV 及以下综合线损率	5.34
15	智能互动	配电自动化覆盖率	0
16		智能电表覆盖率	100

该网格主要在技术合理、组网规范和运行安全等方面存在 4 类共 14 个问题，详见表 7－18。

表 7－18　现状 10kV 配电网主要存在问题

序号	问题及分级情况		存在问题数量	问题设施和设备清单
1	技术合理性	供电半径过长	5	恒山线、尖草坪 2 号线、新店 1 号线、新店 2 号线、新店 3 号线
2		挂接配变容量过大	1	恒山线、尖草坪 2 号线、新店 1 号线、新店 2 号线、新店 3 号线
3	组网规范性	辐射线路	4	新店 1 号线、新店 2 号线、新店 3 号线、丈子头 1 号线
4	运行安全可靠性	未通过 $N-1$ 校验	4	新店 1 号线、新店 2 号线、新店 3 号线、丈子头 1 号线、尖草坪 2 号线、恒山线

7.2.3　建设目标及边界条件

7.2.3.1　建设目标

针对 B 类供电区域可靠性需求，合理选择网架结构，继续强化中压配电网结构标准化，确保供电网格内可靠性水平稳步提升至 99.965%。优化变电站供

电范围，加强变电站之间中压配电网联络，合理控制中压配电网装接容量，确保变电站全停、变电站母线全停情况下，中压配电网具备转移负荷能力，详见表7－19。

表7－19　　中低压配电网建设目标　　%

序号	指标分类	指标名称	目标值	现状年	
				指标值	是否实现
1	安全可靠	10kV配电网结构标准化率	100	33.33	×
2		10kV线路联络率	100	33.33	×
3		10kV线路电缆化率	—	—	—
4		10kV架空线路大分支线比例	0	0	√
5		10kV线路 $N-1$ 通过率	100	0	×
6		变电站全停全转率	100	0	×
7		10kV母线全停全转率	100	0	×
8		10kV线路重载比例	0	0	√
9		10kV架空线路绝缘化率	100	78	×
10		供电可靠率	99.965	99.65	×
11	优质高效	综合电压合格率	100	100	√
12	绿色低碳	本地清洁能源消纳率	100	100	√
13		电能占终端能源消费比例	上升趋势	31	—
14		10kV及以下综合线损率	下降趋势	5.34	—
15	智能互动	配电自动化覆盖率	100	0	×
16		智能电表覆盖率	100	100	√

7.2.3.2　负荷预测

北七区网格现状负荷22.75MW，2022年预测增长至42.9MW，远景年总负荷93.08MW，总负荷密度9.26MW/km^2，达到B类供电区域，详见表7－20。

表7－20　　空间负荷预测结果

供电单元编号	供电面积（km^2）	现状年最大负荷（MW）	负荷密度（MW/km^2）	目标年最大负荷（MW）	负荷密度（MW/km^2）
N07－01	0.82	3.75	4.57	13.58	16.56
N07－02	2.22	5.65	2.55	16.67	7.51
N07－03	0.92	4.20	4.57	14.76	16.04

续表

供电单元编号	供电面积（km^2）	现状年最大负荷（MW）	负荷密度（MW/km^2）	目标年最大负荷（MW）	负荷密度（MW/km^2）
N07－04	1.71	4.75	2.78	16.98	9.93
N07－05	1.62	2.54	1.57	15.21	9.39
N07－06	2.76	1.86	0.67	15.88	5.75

7.2.3.3 高压配电网建设情况

2019年以前，区外北侧新建1座110kV后沟变电站，主变压器配置为2台63MVA；过渡年期间，区外南侧新建1座110kV享堂变电站，主变压器配置为2台63MVA；远景年，区内110kV柏杨树站增容为3台50MVA，区外110kV后沟站、110kV享堂站分别扩建为3台63MVA，详见表7－21。

表7－21 高压配电网建设情况

序号	指标名称	单位	典型网格	
1	目标年	—	现状年	目标年
2	电压等级序列	kV	110/10	110/10
3	区内电源点	—	柏杨树	柏杨树
4	区内变电容量	MVA	130	150
5	区外电源点	—	—	后沟、享堂
6	可提供变电容量	MVA	—	126

7.2.4 目标网架构建及空间布局建设方案

7.2.4.1 供电模式选取

该区域属于未建成区域，现有接线以单辐射为主，且网格属于B类供区。区域负荷密度不高，对于可靠性的要求也相对不高，考虑到该区域的定位及配套市政设施情况，采用架空三分段两联络接线敷设的方式，详见图7－23。

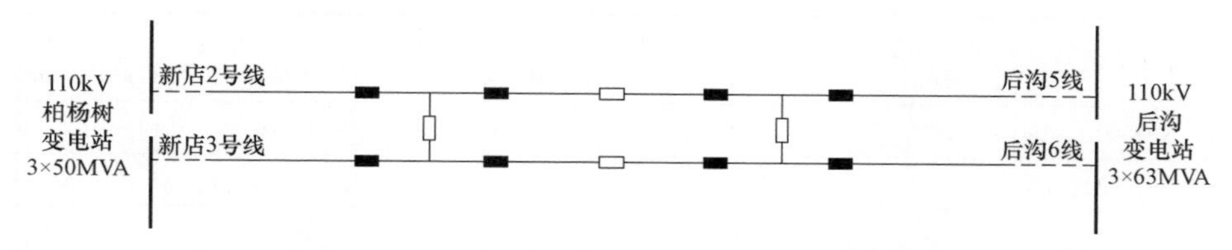

图7－23 架空线三分段两联络接线方式示意图

装备配置情况：按照国家电网公司 2016 版典型设计主干线采用 JKLYJ－240 导线，柱上开关采用具备三遥功能的真空开关。

规模控制：一组标准三分段两联络接线方式最少由 4 回架空线路构成，可结合实际地理情况进行拓展，每组标准接线组的接入容量控制在 48MVA 以内。

运行水平控制：正常运行方式下线路负载率不超过 60%，线路最大电流不超过 300A。

适用范围：全区。

7.2.4.2 目标网架规划概况

到目标年，北七区供电网格内由 24 条 10kV 中压线路组成，形成 6 组三分段两联络供电模式，每条线路平均供电负荷 3.88MW，详见图 7－24。

图 7－24 网格 10kV 线路目标网架地理接线示意图

北七区供电网格 10kV 线路目标网架拓扑如图 7－25 所示。

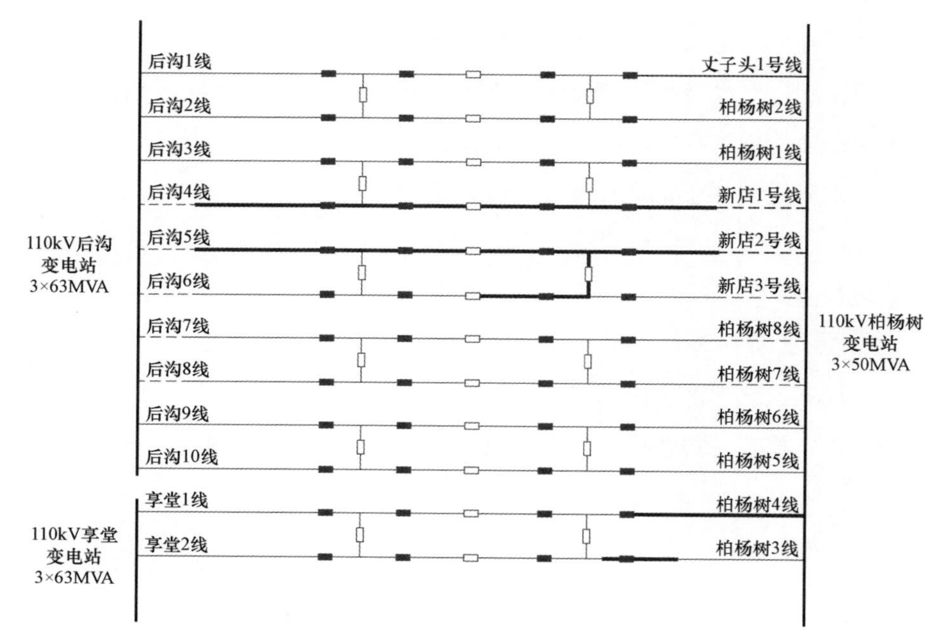

图 7-25　网格 10kV 线路目标网架拓扑接线示意图

分供电单元目标网架建设改造方案来看，至目标北七区供电网格内的 6 个供电单元均由架空标准接线供电，供区明确、清晰。各供电单元线路平均负荷在 3.5～4.5MW 之间，线路能够满足 $N-1$ 安全标准，详见表 7-22。

表 7-22　　　　分供电单元的目标网架建设改造方案情况

序号	所属供电网格	供电单元编号	最大负荷（MW）	电源点	线路规模（条）	线路平均负荷（MW）	接线组
1	北七区	N07-01	13.58	柏杨树、享堂	4	3.40	两联络
2		N07-02	16.67	柏杨树、后沟	4	4.17	两联络
3		N07-03	14.76	柏杨树、后沟	4	3.69	两联络
4		N07-04	16.98	柏杨树、后沟	4	4.25	两联络
5		N07-05	15.21	柏杨树、后沟	4	3.80	两联络
6		N07-06	15.88	柏杨树、后沟	4	3.97	两联络
合计		—	93.08	—	24	3.88	—

北七区供电网格分供电单元的目标网架建设改造方案如图 7-26 所示。

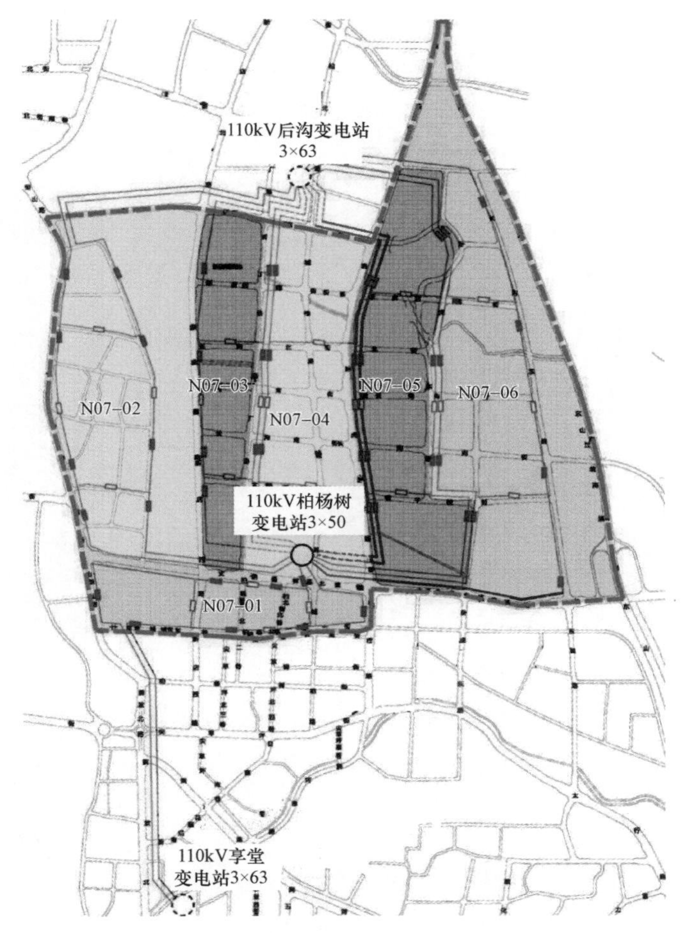

图 7-26 分供电单元的目标网架建设改造方案情况

7.2.4.3 空间布局建设方案

至目标年，网格内电力廊道需求为架空单回路 23.92km、架空同杆双回路 14.36km，共计 38.28km，均为架空通道，详见表 7-23 和图 7-27 所示。

表 7-23　　10kV 配电网电力设施布局规划结果统计表

类　型		单位	数值
通道	架空单回	km	23.92
	同杆双回	km	14.36

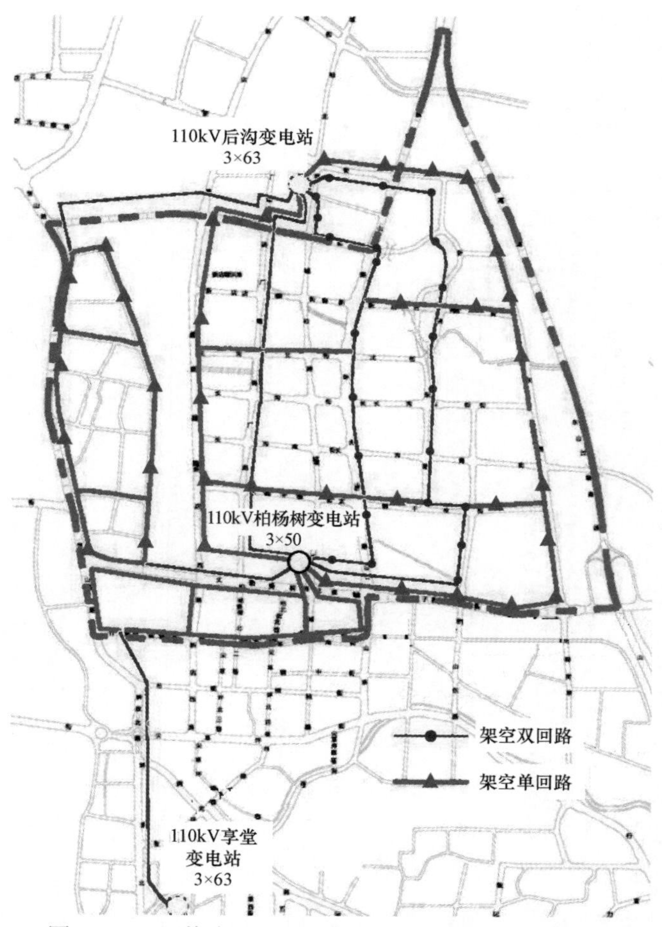

图 7－27　网格内 10kV 配电网电力设施空间布局方案

7.2.5　建设改造方案制订

7.2.5.1　过渡思路及形式

目前，典型供电网格内有线路主要为单射型线路。随着负荷发展，由周边变电站新出线路为其供电，同时将现有单辐射逐步向单联络至两联络进行过渡，详见图 7－28。

7.2.5.2　过渡案例

以 N07－04 供电单元为例进行说明。

1. 第一阶段（过渡年）

当前典型供电单元最大负荷 4.75MW，由一回公用架空线路线供电。随着区

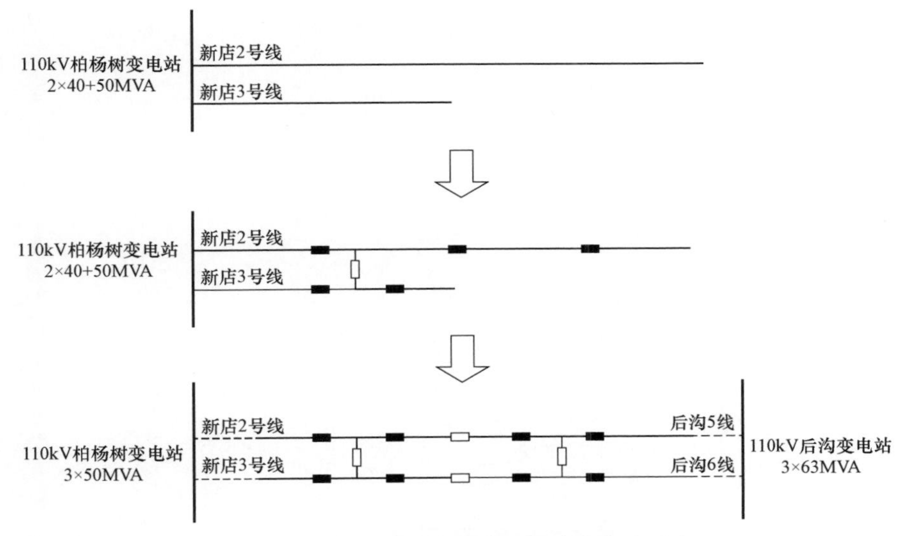

图 7－28　变电站馈出线路网架过渡方式示意

域地块开发，供电单元内负荷目标年增至 16.98MW。过渡年期间，在 110kV 后沟站投产前，由 10kV 新店 2 号线、10kV 新店 3 号线，形成单联络的供电格局进行过渡。

N07－04 典型供电单元现状地理接线如图 7－29 所示。

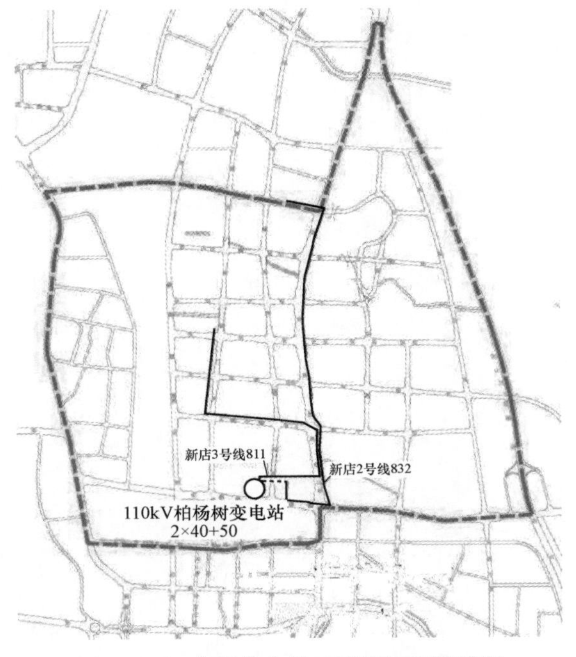

图 7－29　典型供电单元现状地理接线图

N07－04 典型供电单元第一阶段改造后地理接线如图 7－30 所示。

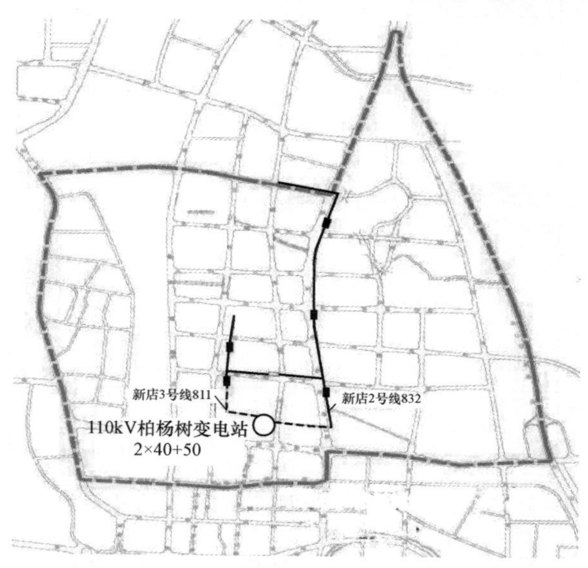

图 7－30　典型供电单元第一阶段过渡接线图

2. 第二阶段（目标年）

随着区域负荷增长，需建设 110kV 后沟站，投产后，由该站新出 2 回 10kV 线路与现有线路联络形成三分段三两联络的供电格局，第二阶段改造后接续如图 7－31 所示。

图 7－31　典型供电单元第二阶段接线图

7.2.6 建设改造成效

通过建设改造方案的实施，中压配电网结构规范化、标准化，变电站供电范围得到优化，变电站之间中压配电网联络持续加强，变电站全停、变电站母线全停情况下，中压配电网具备转移负荷能力。同步建成配电自动化，可靠性水平稳步提升至 99.97%，符合 B 类供电区域的供电可靠性需求。中压电网供区清晰、挂接负荷合理，10kV 及以下综合线损率逐步下降且能够保证清洁能源全部消纳，改造效果见表 7－24。

表 7－24　　配电网建设改造效果对比表

序号	指标分类	指标名称	目标值	现状年		过渡年		目标年	
				指标值	是否实现	指标值	是否实现	指标值	是否实现
1	安全可靠	10kV 配电网结构标准化率	100	33.33	×	83.33	×	100	√
2		10kV 线路联络率	100	33.33	×	100	√	100	√
3		10kV 线路电缆化率	—	—	—	—	—	—	—
4		10kV 架空线路大分支线比例	0	0	√	0	√	0	√
5		10kV 线路 $N-1$ 通过率	100	0	×	100	√	100	√
6		变电站全停全转率	100	0	×	83.33	×	100	√
7		10kV 母线全停全转率	100	0	×	100	√	100	√
8		10kV 线路重载比例	0	0	√	0	√	0	√
9		10kV 架空线路绝缘化率	100	78	×	100	√	100	√
10		供电可靠率	99.965	99.65	×	99.9	×	99.97	√
11	优质高效	综合电压合格率	100	100	√	100	√	100	√
12	绿色低碳	本地清洁能源消纳率	100	100	√	100	√	100	√
13		电能占终端能源消费比例	上升趋势	31	—	42	—	45	—
14		10kV 及以下综合线损率	下降趋势	5.34	—	5.25	—	5.2	—
15	智能互动	配电自动化覆盖率	100	0	×	100	√	100	√
16		智能电表覆盖率	100	100	√	100	√	100	√

7.3 架空多分段三联络建设改造案例

7.3.1 区域整体概况

7.3.1.1 西十区范围概况

西十区供电分区范围西起太汾高速路，东至滨河西路，北起小牛线，南到某市市区边界，规划总用地 25.36km^2。其西隔太祁高速公路与西山郊野公园接壤，东跨滨河西路与汾河相望，北邻柳子沙沟穿过南张村，南面与清徐县城相邻。属于B类供电区域，现状用地情况见图 7－32。

图 7－32 西十区现状用地示意图

7.3.1.2 网格总体发展情况

1. 功能定位

西十区的功能定位是以生活休闲为主，集科研、健康、物流、工业为一体的城市西南部综合服务区。

2. 发展方向

（1）第一产业：结合北部地区基本农田面积大、比重高、农业发展基础好的优势，形成相对完整且有一定规模的蔬菜花卉种植区。南部充分利用优势，发展为畜牧养殖区。大力发展现代农业和生态农业，实现由分散经营向集约化、产业化的现代农业转变。围绕发展效益农业战略，加快推进农业产业化进程。大力培植特色主导产业，逐步形成产业优势，依靠科技提高农产品产量质量，提高经济效益，增加农民收入。

（2）第二产业：引进先进技术、高科技人才，通过运用高新技术加快第二产业的发展。依靠便利的交通条件，创精品名牌，用高新技术发展传统产业，发展高效益、高附加值、无污染的中型、小型工业项目。

（3）第三产业：发展西山生态旅游观光，同时结合产业区的发展，大力发展商贸、餐饮等生活型服务业，满足产业工人和镇域居民的生活需求。

西十供电网格建设用地情况如图7－33所示。

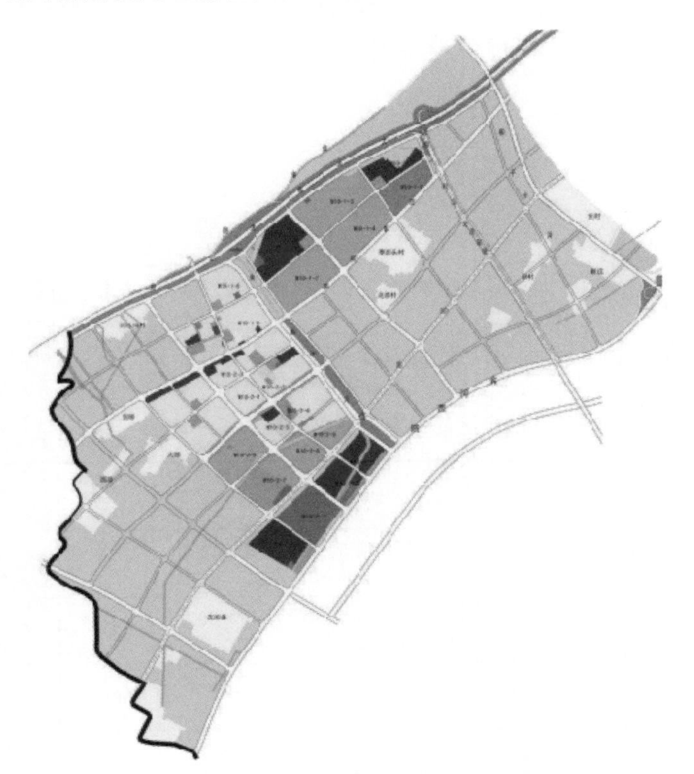

图7－33　西十区建设用地示意图

7.3.1.3　西十区网格供电单元划分

西十区供电网格根据远景年功能定位、负荷分布和配电网结构情况，每回10kV线路的平均负荷按3.5～4.0MW进行中压电力平衡，远景年区内共24回中压线路，每个供电单元由1～2组标准接线构成，将网格划分为4个供电单元，如图7－34所示。

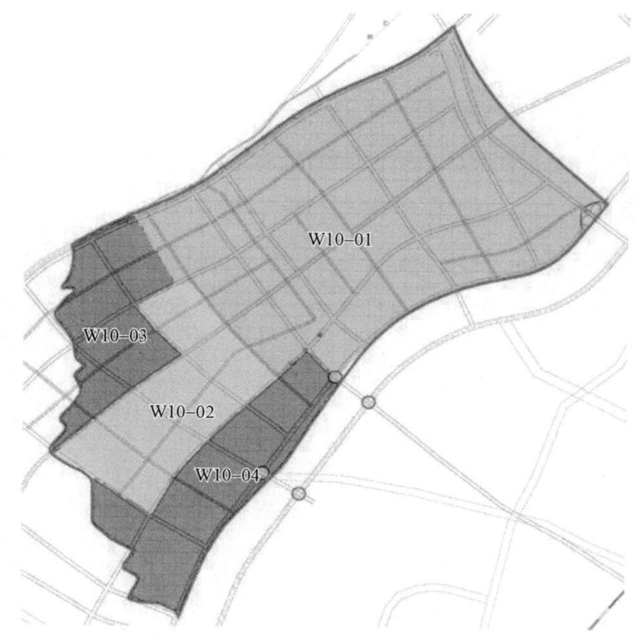

图7－34　西十区城区典型供电网格供电单元划分结果示意图

西十区的供电单元划分结果如表7－25所示。

表7－25　西十区的供电单元划分结果汇总表

序号	网格名称	功能单元编号	区域边界	区域面积（km^2）	主要用地性质
1	西十区	W10－01	南峪沙河、新庄北侧规划路、大运高速、滨河西路	14.85	工业、商业、村集体用地
2		W10－02	旧晋祠路、晋源区界、307国道、南峪沙河	3.79	工业、居住、村集体用地
3		W10－03	大运高速、晋源区界、南峪沙河、旧晋祠路	2.81	居住、村集体用地
4		W10－04	滨河西路、晋源区界、南峪沙河、307国道	3.87	商业、公共设施、村集体用地

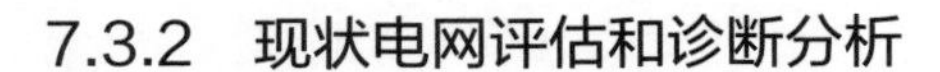

7.3.2 现状电网评估和诊断分析

7.3.2.1 高压配电网现况

西十区现有变电站共 2 座，其中，区内有 35kV 姚村变电站 1 座，容量为 40MVA，区外 110kV 索村变电站 1 座，容量为 80MVA。区内姚村站共有 10kV 出线间隔 10 个，已用 10kV 间隔 10 个（其中含在建间隔 1 个），10kV 间隔利用率为 100%，其中公线间隔 8 个，专线间隔 2 个。从变电站布局分布图可以看出，西十区网格区内东侧缺乏变电站布点，详见图 7－35。

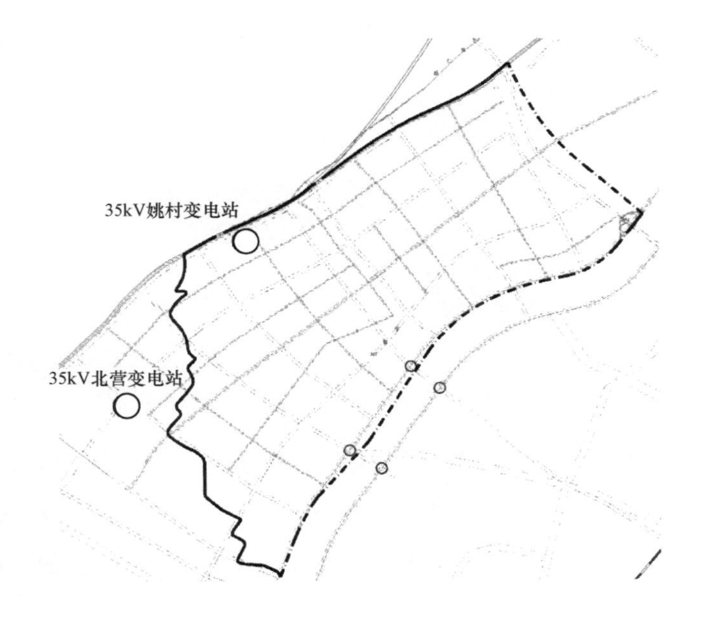

图 7－35 高压配电网变电站布局图

西十区高压配电网变电站情况如表 7－26 所示。

表 7－26 西十区高压配电网变电站情况统计汇总表

序号	变电站	容量（MVA）	10kV 出线间隔数	已用 10kV 间隔数	剩余间隔数	最大负荷（MW）	负载率（%）
1	姚村站	2×20	10	10	0	16.1	40.25

7.3.2.2　中压配电网现况

1. 中压电网规模

西十区现状中压配电网线路地理接线如图 7－36 所示。

图 7－36　现状中压配电网线路地理接线示意图

西十区现有 10kV 线路 7 回，其中公用线路 5 回，均为架空线路，主干线截面以 LGJ－120 为主。区域内共有配电变压器 145 台，容量为 48.302MVA，其中公用配电变压器 50 台，容量为 17.842MVA，占区域配电变压器总容量的 36.94%，具体规模统计如图 7－27 所示。

表 7－27　　现状 10kV 配电网规模统计汇总表

项　目　名　称		数值
中压线路数量	其中：公用（条）	5
	专用（条）	2
	合计（条）	7
中压线路长度	架空线（km）	25.30

续表

项 目 名 称		数值
公用线路挂接配变	台数（台）	145
	容量（MVA）	48.30
	其中：公用变压器（台）	50
	公用变压器容量（MVA）	17.84

2. 中压配电网拓扑结构

西十区现状 10kV 线路拓扑结构如图 7－37 所示。

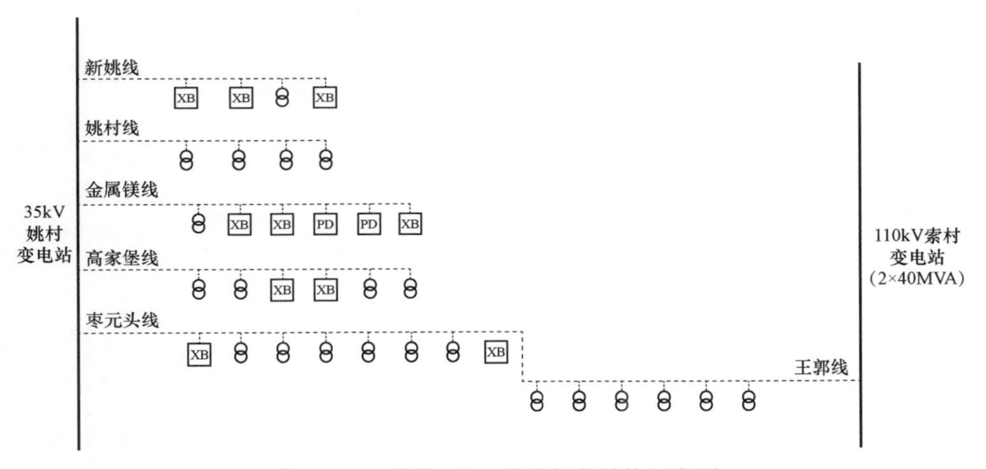

图 7－37 现状 10kV 线路拓扑结构示意图

西十区中压配电网拓扑结构主要包括单辐射和单联络，其中单辐射 4 回，占比 80%；单联络线路 1 回，占比 20%。枣元头线与索村站所出的王郭线为单联络。网架较为薄弱的原因主要为，区域内缺少上级电源点，无法满足网架形成条件，其接线分布如图 7－28 所示。

表 7－28　　现状 10kV 配电网接线方式分布情况

序号	所属供电网格	供电单元编号	地块发展阶段	接线方式	是否存在交叉供电	线路条数
1	西十区	W10－01	起步	单辐射、单联络	否	2
2		W10－02	起步	单辐射	是	1
3		W10－03	起步	单辐射	否	2
4		W10－04	起步	单辐射	是	1

西十区现状10kV线路网架结构发展阶段分布如图7-38所示。

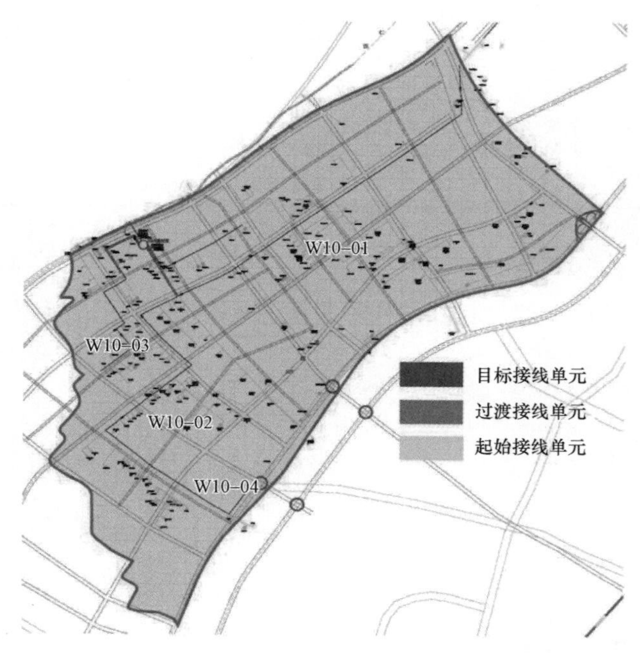

图7-38 现状10kV线路网架结构发展阶段分布示意图

3. 重要指标分布现状

该网格现有安全性指标较低，$N-1$通过率、变电站全停全转率指标均为0，详见表7-29。

表7-29 西十区网格现状10kV配电网指标评估 %

序号	指标分类	指标名称	指标值
1	安全可靠	10kV配电网结构标准化率	20
2		10kV线路联络率	20
3		10kV线路电缆化率	—
4		10kV架空线路大分支线比例	0
5		10kV线路$N-1$通过率	0
6		变电站全停全转率	0
7		10kV母线全停全转率	0
8		10kV线路重载比例	0
9		10kV架空线路绝缘化率	100
10		供电可靠率	99.7

续表

序号	指标分类	指　标　名　称	指标值
11	优质高效	综合电压合格率	100
12	绿色低碳	本地清洁能源消纳率	100
13		电能占终端能源消费比例	32
14		10kV 及以下综合线损率	5.51
15	智能互动	配电自动化覆盖率	0
16		智能电表覆盖率	100

该网格主要在技术合理、组网规范、运行安全等方面存在4类共11个问题，详见表7－30。

表7－30　现状10kV配电网主要存在问题

序号	问题及分级情况		存在问题数量	问题设施和设备清单
1	技术合理性	供电半径过长	2	金属镁线、高家堡线
2		挂接配变容量过大	1	高家堡线
3	组网规范性	辐射线路	4	新姚线、姚村线、金属镁线、高家堡线
4	运行安全可靠性	未通过 $N-1$ 校验	4	新姚线、姚村线、金属镁线、高家堡线

7.3.3 建设目标及边界条件

7.3.3.1 建设目标

针对B类供电区域可靠性需求，合理选择网架结构，继续强化中压配电网结构标准化，确保供电网格内可靠性水平稳步提升至99.965%。优化变电站供电范围，加强变电站之间中压配电网联络，合理控制中压配电网装接容量，确保变电站全停、变电站母线全停情况下，中压配电网具备转移负荷能力，其建设目标见表7－31。

表7－31　中低压配电网建设目标　%

序号	指标分类	指标名称	目标值	现状年	
				指标值	是否实现
1	安全可靠	10kV 配电网结构标准化率	100	20	×
2		10kV 线路联络率	100	20	×

续表

序号	指标分类	指标名称	目标值	现状年	
				指标值	是否实现
3	安全可靠	10kV 线路电缆化率	100	—	—
4		10kV 架空线路大分支线比例	0	0	√
5		10kV 线路 $N-1$ 通过率	100	0	×
6		变电站全停全转率	100	0	×
7		10kV 母线全停全转率	100	0	×
8		10kV 线路重载比例	0	0	√
9		10kV 架空线路绝缘化率	100	100	√
10		供电可靠率	99.965	99.7	×
11	优质高效	综合电压合格率	100	100	√
12	绿色低碳	本地清洁能源消纳率	100	100	√
13		电能占终端能源消费比例	上升趋势	32	—
14		10kV 及以下综合线损率	下降趋势	5.51	—
15	智能互动	配电自动化覆盖率	100	0	√
16		智能电表覆盖率	100	100	√

7.3.3.2 负荷预测

西十区网格现状负荷 10MW，2022 年预测增长至 22MW，远景年总负荷 154.48MW，公用负荷 90.48MW，专线负荷 64MW，总负荷密度 6.09MW/km^2，达到 B 类供电区域，负荷预测结果见表 7－32。

表 7－32　空间负荷预测结果

供电单元编号	供电面积（km^2）	现状年最大负荷（MW）	负荷密度（MW/km^2）	目标年最大负荷（MW）	负荷密度（MW/km^2）
W10－01	14.85	4.07	0.27	30.24	2.04
W10－02	3.79	2.00	0.53	31.04	8.19
W10－03	2.81	2.73	0.97	14.32	5.10
W10－04	3.87	1.20	0.31	14.88	3.84

7.3.3.3 高压配电网规划情况

2022 年以前，区内 35kV 姚村站升压为 110kV 变电站，主变压器更换为 2 台 50MVA，35kV 北营站向区内供电。远景年，区内新增 110kV 大元站，配置 2 台 50MVA 主变压器，高压配网规划见表 7－33。

表 7－33　　高压配电网规划情况

序号	指标名称	单位	典型网格	
1	规划年	—	现状年	目标年
2	电压等级序列	kV	35/10	110/10
3	区内电源点	—	姚村	姚村、大元
4	区内变电容量	MVA	40	200
5	区外电源点	—	—	北营
6	可提供变电容量	MVA	—	50

7.3.4　目标网架构建及空间布局建设方案

7.3.4.1　供电模式选取

该区域属于未建成区域，现有接线以单辐射为主，且网格属于 B 类供区。区域内新增负荷以物流园区为主，负荷密度较高，但对于可靠性的要求相对不高，考虑到该区域的定位，及配套市政设施情况，采用架空方式。

1. 三分段三联络接线

架空线三分段三联络接线方式如图 7－39 所示。

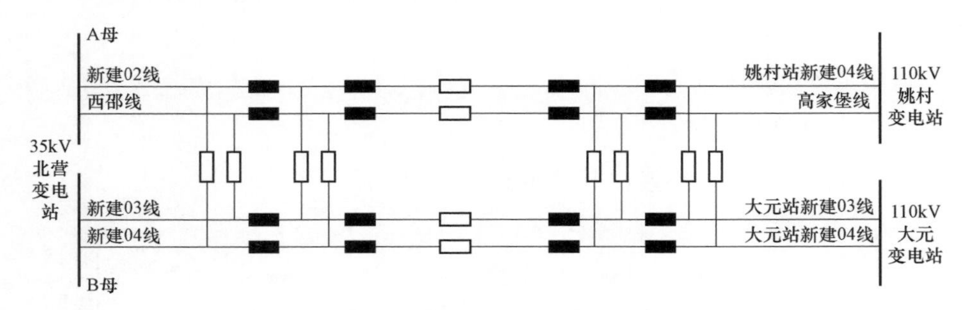

图 7－39　架空线三分段三联络接线方式示意图

装备配置情况：主干线采用 JKLYJ－240 型导线，柱上开关采用具备三遥功能的真空开关。

规模控制：案例中一组标准三分段三联络接线方式最少由 8 回架空线路构成，可结合实际地理情况进行拓展，但每组标准接线的接入容量控制在 96MVA 以内。

运行水平控制：正常运行方式下线路负载率不超过 65%，线路最大电流不超过 330A。

适用范围：全区。

2. 三分段两联络接线

架空线三分段两联络接线方式如图 7－40 所示。

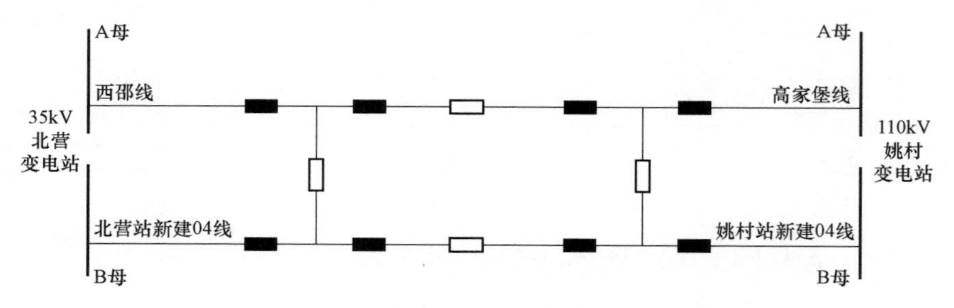

图 7－40 架空线三分段两联络接线方式示意图

装备配置情况：主干线采用 JKLYJ－240 导线，柱上开关采用具备三遥功能的真空开关。

规模控制：案例中一组标准三分段两联络接线方式最少由 4 回架空线路构成，可结合实际地理情况进行拓展，但每组标准接线组的接入容量控制在 48MVA 以内。

运行水平控制：正常运行方式下线路负载率不超过 60%，线路最大电流不超过 300A。

适用范围：全区。

3. 三分段单联络接线

架空线三分段单联络接线方式如图 7－41 所示。

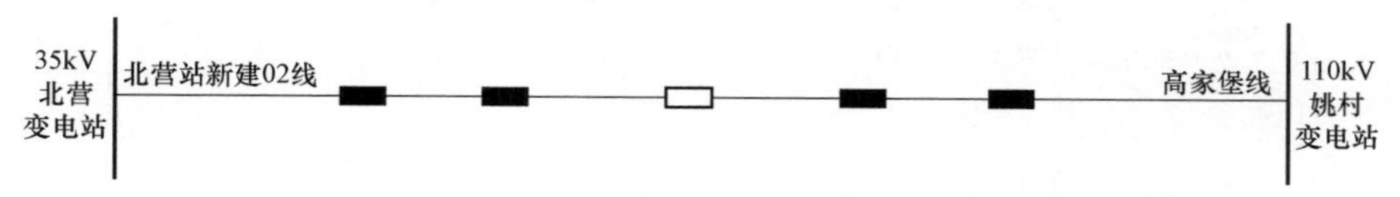

图 7－41 架空线三分段单联络接线方式示意图

装备配置情况：主干线采用 JKLYJ－240 型导线，柱上开关采用具备“三遥”功能的真空开关。

规模控制：一组标准三分段单联络接线方式最少由 2 回架空线路构成，每组标准接线的接入容量控制在 24MVA 以内。

运行水平控制：正常运行方式下线路负载率不超过 50%，线路最大电流不

超过250A。

适用范围：全区。

7.3.4.2 目标网架规划概况

到目标年，西十区供电网格内由24条10kV中压线路组成，形成2组三分段三联络，4组三分段单联络供电模式，每条线路平均供电负荷3.7MW，目标网架地理接线如图7－42所示。

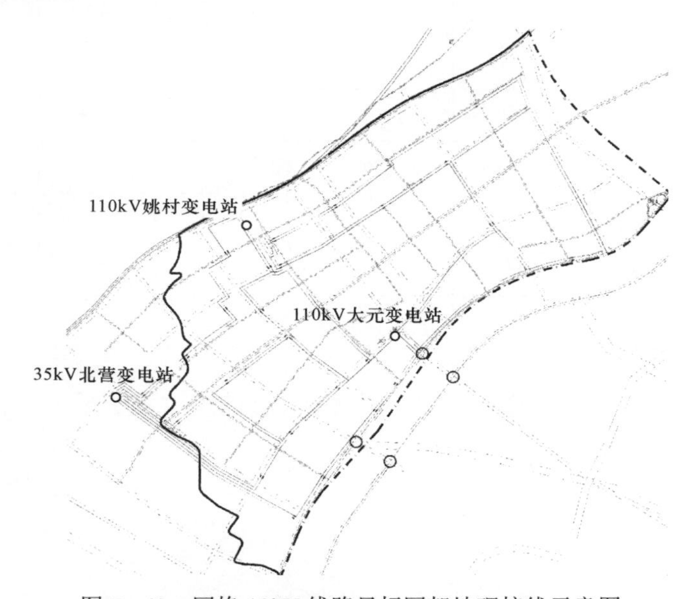

图7－42 网格10kV线路目标网架地理接线示意图

西十区供电网格10kV线路目标网架拓扑接线如图7－43所示。

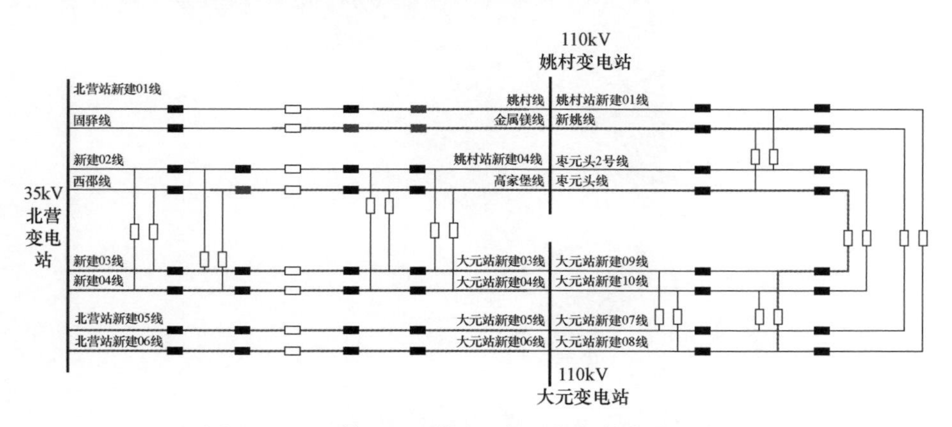

图7－43 网格10kV线路目标网架拓扑接线示意图

分供电单元目标网架建设改造方案来看，至目标年西十网格内的 4 个供电单元均由架空标准接线供电，供区明确、清晰。各供电单元线路平均负荷在 3.5～4MW 之间，线路能够满足 $N-1$ 安全标准，分供电单元的改造方案情况如表 7－34 所示。

表 7－34　　分供电单元的目标网架建设改造方案情况

序号	所属供电网格	供电单元编号	最大负荷（MW）	电源点	线路规模（条）	线路平均负荷（MW）	接线组
1	西十区	W10－01	30.24＋64	姚村、大元	8	3.78	三联络、两联络
2		W10－02	31.04	姚村、大元、北营	8	3.88	三联络、两联络
3		W10－03	14.32	姚村、北营	4	3.58	单联络
4		W10－04	14.88	大元、北营	4	3.72	单联络
合计		—	154.48	—	24	3.77	

西十区供电网格分供电单元的目标网架建设改造方案如图 7－44 所示。

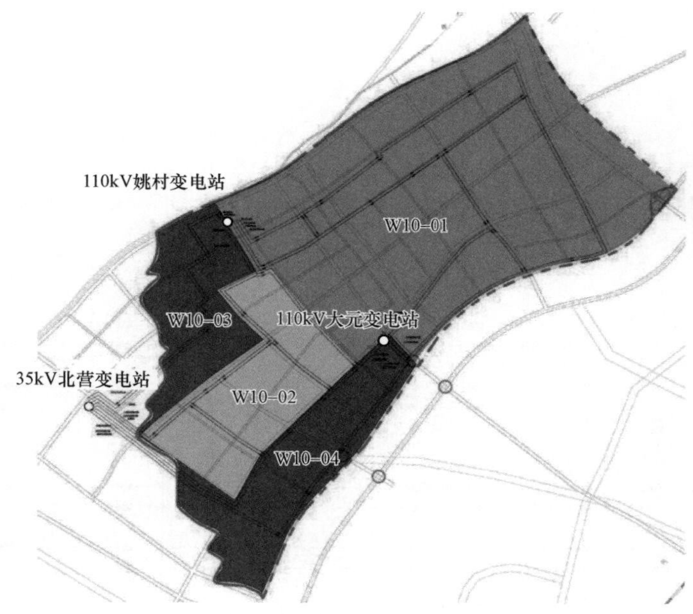

图 7－44　分供电单元的目标网架建设改造方案情况

7.3.4.3 空间布局规划方案

至目标年，网格内电力廊道需求为46.81km，均为架空通道，详见表7-35和图7-45。

表7-35 10kV配电网电力设施布局规划结果统计表

类型		单位	数值
通道	同杆双回	km	46.81

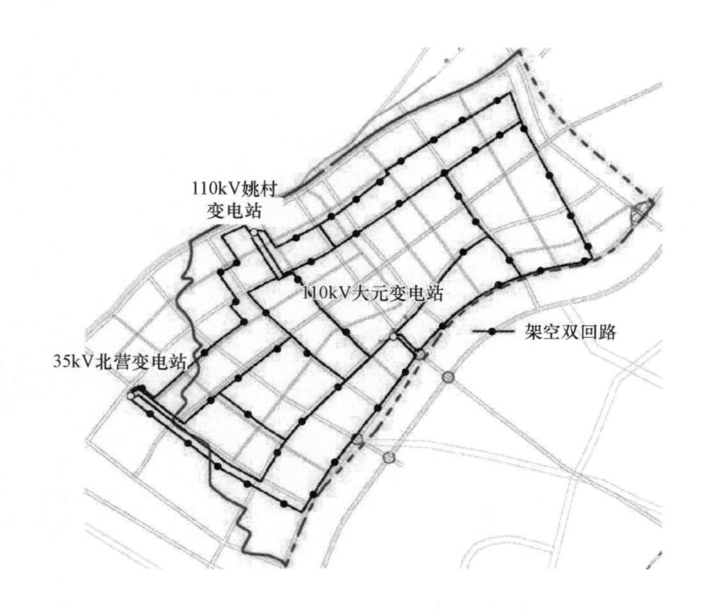

图7-45 网格内10kV配电网电力设施空间布局方案

7.3.5 建设改造方案制订

7.3.5.1 过渡思路及形式

目前，典型供电网格内有线路均为单射型线路。随着负荷发展，由周边变电站新出线路为其供电，同时将现有单辐射逐步向单联络、两联络至三联络进行过渡，详见图7-46。

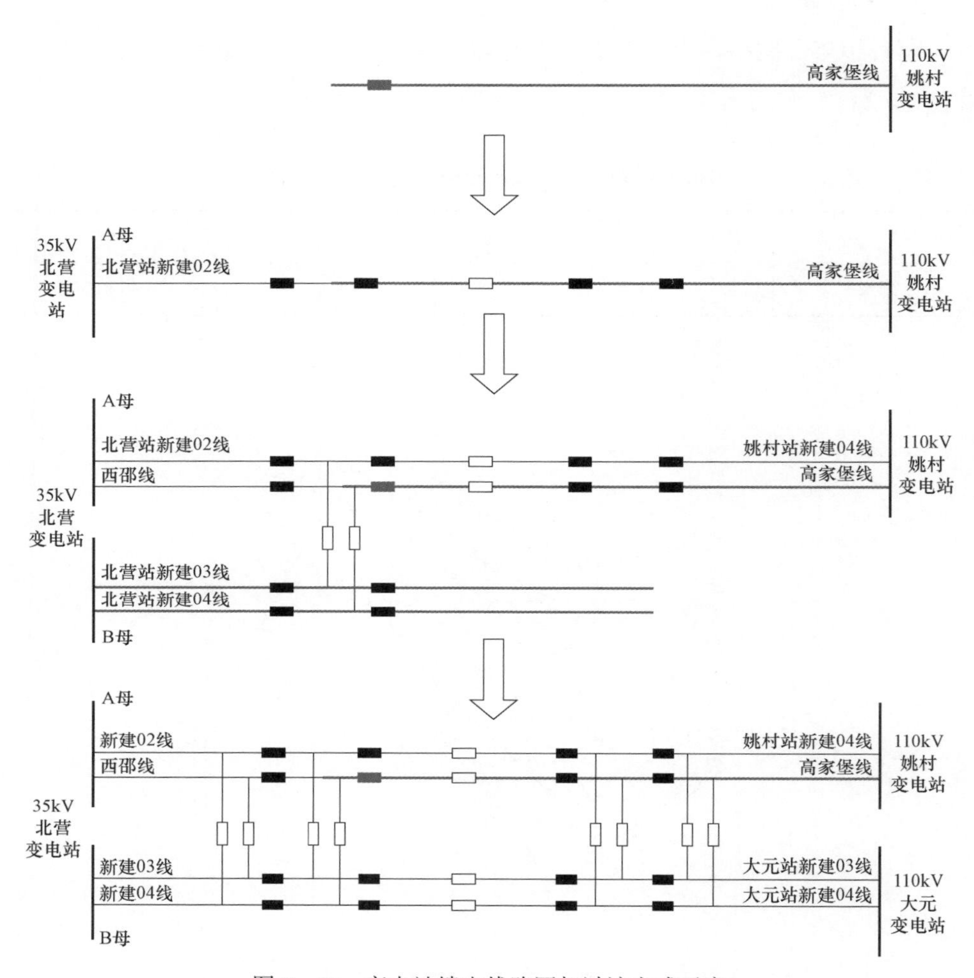

图 7-46　变电站馈出线路网架过渡方式示意

7.3.5.2　过渡案例

以 W10-02 供电单元为例进行说明。

1. 第一阶段（过渡年）

当前典型供电单元最大负荷 2MW，由一回公用架空线路线供电。随着姚村区域地块开发，供电单元内负荷过渡年增至 22MW。为满足新增用电需求，在 110kV 大元站未投产前，需由 35kV 北营站新出 5 回 10kV 线路为该单元供电，形成三分段两联络的供电格局进行过渡。

W10-02 供电单元现状地理接线如图 7-47 所示。

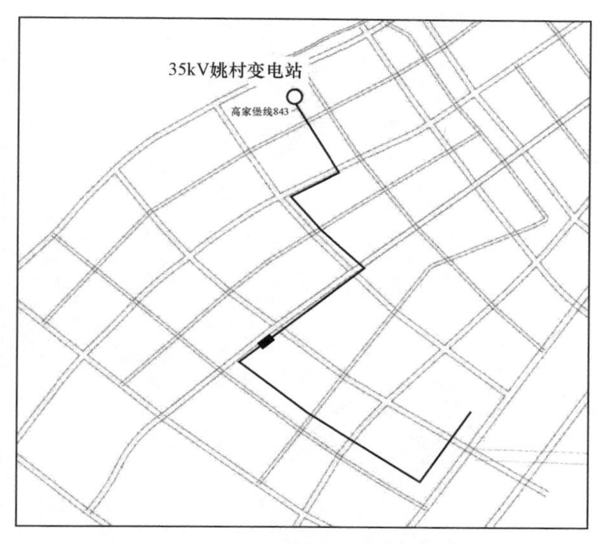

图 7－47　典型供电单元现状地理接线图

W10－02 供电单元第一阶段改造地理接线如图 7－48 所示。

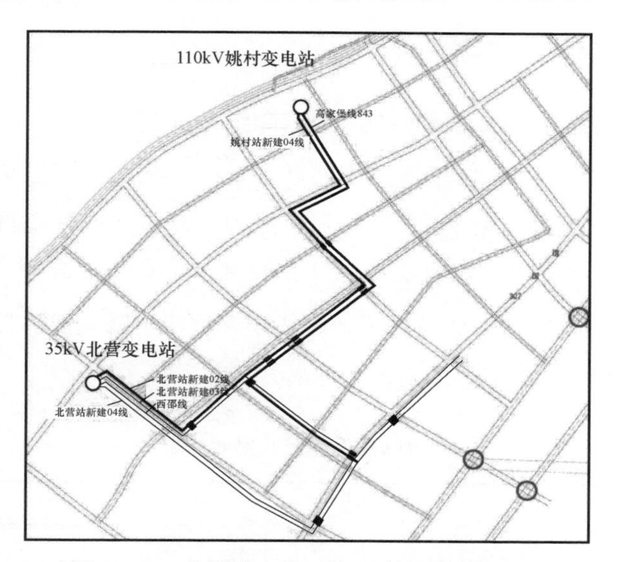

图 7－48　典型供电单元第一阶段过渡接线图

2. 第二阶段（目标年）

随着区域负荷增长，需建设 110kV 大元站，投产后，由该站新出 2 回 10kV 线路与现有线路联络形成三分段三联络的供电格局。

W10－02 供电单元第二阶段改造地理接线如图 7－49 所示。

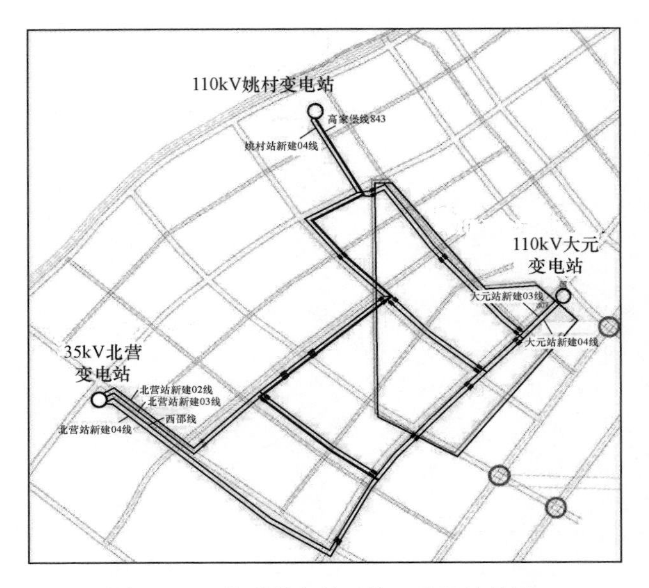

图 7－49　典型供电单元第二阶段接线图

7.3.6　建设改造成效

通过建设改造方案的实施，中压配电网结构规范化、标准化，变电站供电范围得到优化，变电站之间中压配电网联络持续加强，变电站全停、变电站母线全停情况下，中压配电网具备转移负荷能力；同步建成配电自动化，可靠性水平稳步提升至 99.97%，符合 B 类供电区域的供电可靠性需求。中压电网供区清晰、挂接负荷合理，10kV 及以下综合线损率逐步下降且能够保证清洁能源全部消纳，建设改造效果对比详见表 7－36。

表 7－36　　配电网建设改造效果对比表　　%

序号	指标分类	指标名称	目标值	现状年		过渡年		目标年	
				指标值	是否实现	指标值	是否实现	指标值	是否实现
1	安全可靠	10kV 配电网结构标准化率	100	20	×	75	×	100	√
2		10kV 线路联络率	100	20	×	100	√	100	√
3		10kV 线路电缆化率	100	—	—	—	—	—	—
4		10kV 架空线路大分支线比例	0	0	√	0	√	0	√
5		10kV 线路 $N-1$ 通过率	100	0	×	100	√	100	√
6		变电站全停全转率	100	0	×	93	×	100	√

续表

序号	指标分类	指标名称	目标值	现状年		过渡年		目标年	
				指标值	是否实现	指标值	是否实现	指标值	是否实现
7		10kV 母线全停全转率	100	0	×	100	√	100	√
8		10kV 线路重载比例	0	0	√	0	√	0	√
9		10kV 架空线路绝缘化率	100	100	√	100	√	100	√
10		供电可靠率	99.965	99.7	×	99.93	×	99.97	√
11	优质高效	综合电压合格率	100	100	√	100	√	100	√
12	绿色低碳	本地清洁能源消纳率	100	100	√	100	√	100	√
13		电能占终端能源消费比例	上升趋势	32	—	43	—	45	—
14		10kV 及以下综合线损率	下降趋势	5.51	—	5.25	—	5.2	—
15	智能互动	配电自动化覆盖率	100	0	√	100	√	100	√
16		智能电表覆盖率	100	100	√	100	√	100	√

第 8 章　低压配电网建设改造典型案例

8.1　城市核心区低压配电网建设改造案例

1. 区域概况

朝晖里小区属于老旧小区，位于市中心地带，自由道以北，四经路以东，属于 A+类供电区域，具体位置如图 8-1 所示。

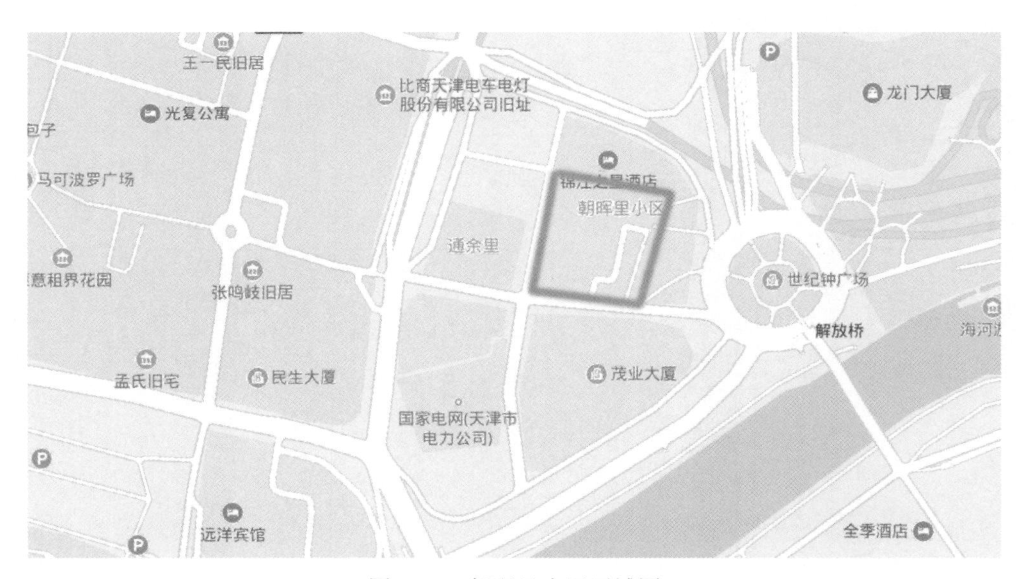

图 8-1　朝晖里小区区域图

2. 电网概况

（1）中压线路现状。

朝晖里小区电源来自 110kV 解放桥变电站 10kV 解 33 线路，现 400kVA 箱式变压器一台，中压线路地理走向如图 8-2 所示。

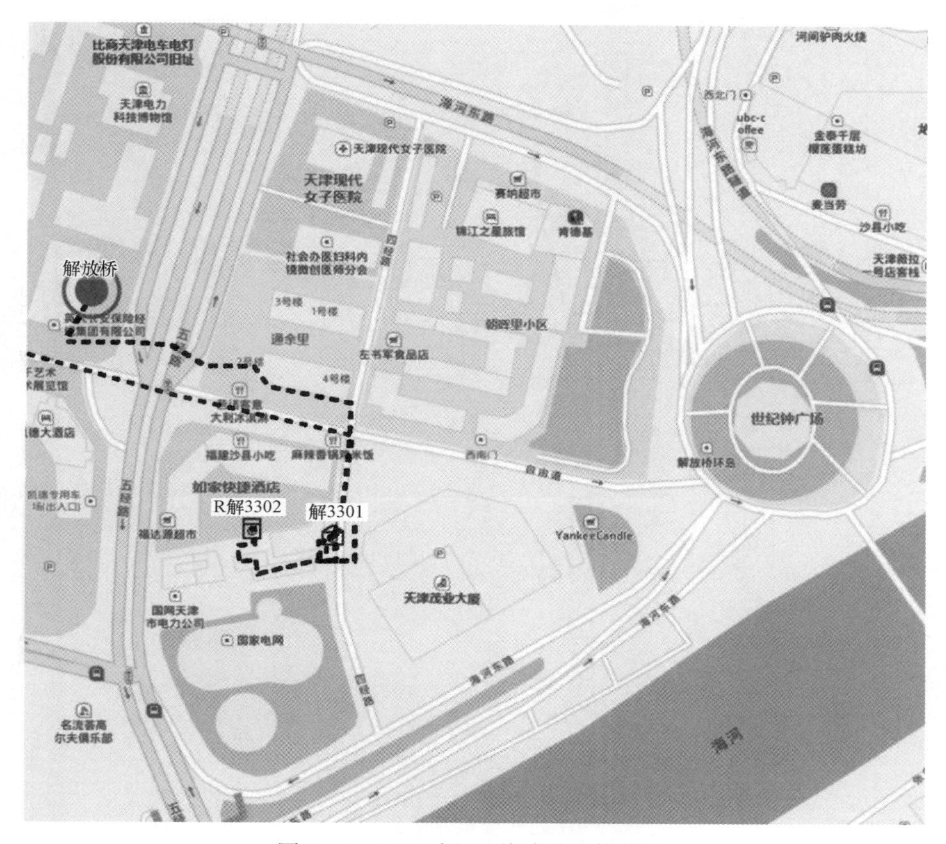

图 8-2　10kV 解 33 线路地理接线图

2018 年解 33 线路最大负载率为 38.6%，五年统计线路负载率均在 30%～50%之间，属于存量区域。

目前，朝晖里小区北侧另有一路电源来自 110kV 解放桥变电站 10kV 解 12 线，中压线路地理走向如图 8-3 所示。解 3301 箱式变电站的运行情况见表 8-1。

2018 年解 12 线路最大负载率为 28.5%，五年统计线路负载率均在 20%～30%之间，属于存量区域。

（2）低压线路现状。

1）箱式变电站现状。S9-400kVA 箱式变电站为朝晖里和通余里两个小区供电，最大负荷为 261.06kW，最大负载率为 78.7%，接近重载。存在问题：负荷偏大、三相不平衡、户均容量偏低。解 3301 箱式变电站现场情况见图 8-4。

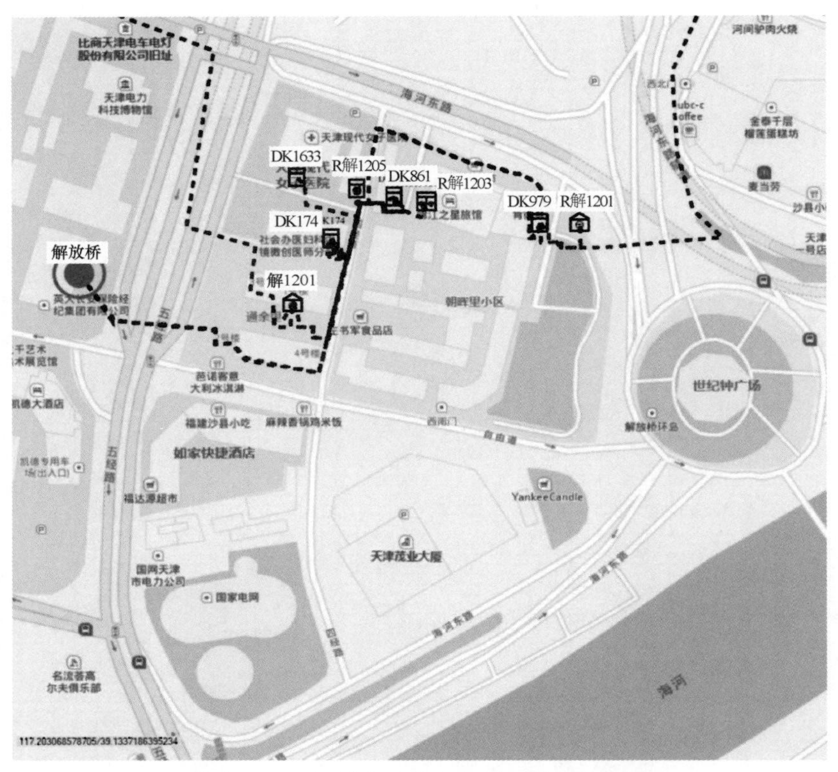

图 8-3　10kV 解 12 线中压线路地理接线图

表 8-1　　解 3301 箱式变电站的运行情况

序号	配电变压器/配电室名称	设备容量（kVA）	最大负荷（kW）	最大负载率（%）	三相电流不平衡（%）	功率因数
1	解 3301	400	314.8	78.7	18.5	0.95

图 8-4　解 3301 箱式变电站现场情况

2）低压主干线路。

朝晖里小区低压线路共计 505.27m，供电半径 230m；通余里小区低压线路共计 470m，供电半径 110m。主线路为电缆和架空，型号为 YJV22－4*240mm^2、JKLYJ－150mm^2。总户数共计 171 户，其中朝晖里小区 96 户，通余里小区 75 户，户均容量 2.34kVA/户。存在主要问题：供电半径过长、低电压、低压线路老旧、电杆开裂等如图 8－5 和图 8－6 所示。

图 8－5　解 3301 低压架空线路现状

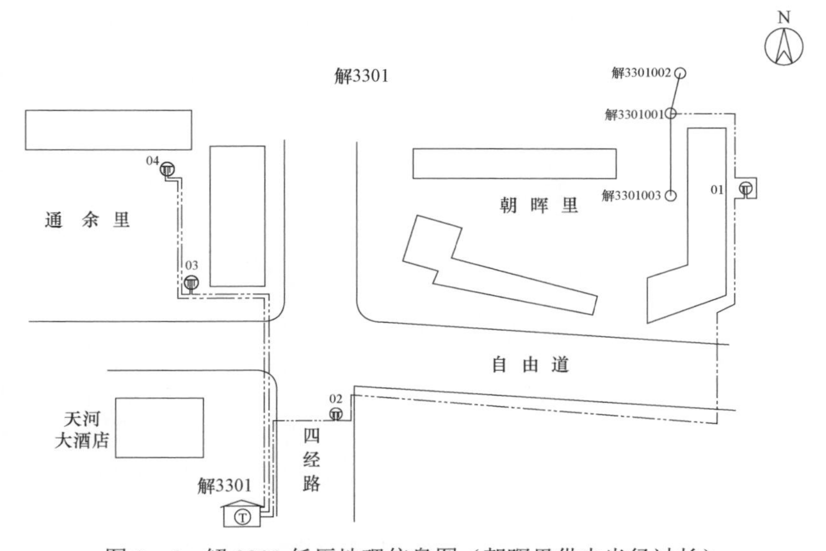

图 8－6　解 3301 低压地理信息图（朝晖里供电半径过长）

3）低压接户线。

朝晖里小区低压接户线截面积为 25mm²，三线挂接混乱，存在安全隐患较多，如图 8－7 所示。

图 8－7　朝晖里小区低压接户线现场情况图

（3）故障报修情况。据统计，2014～2018 年上半年朝晖里小区停电抢修共计 45 次，停电抢修情况见表 8－2，趋势图见图 8－8。停电抢修主要是低压线路故障、低电压（低压线路线径细、线路老化）等原因所致，且存在逐年升高的趋势，具体见图 8－8。

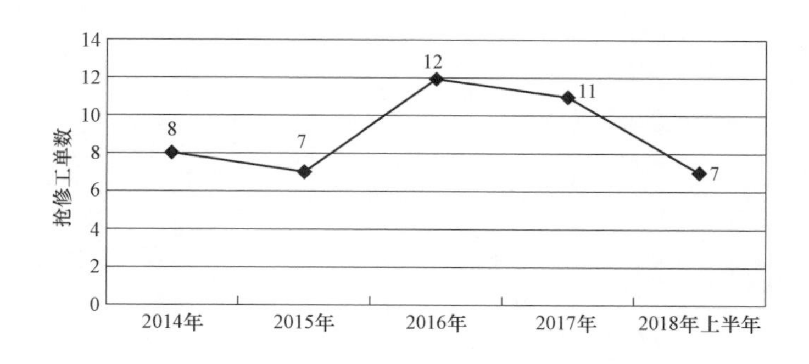

图 8－8　朝晖里小区停电抢修趋势图

表 8-2 朝晖里小区停电抢修情况

类型	2014年	2015年	2016年	2017年	2018年上半年	合计
抢修工单数	8	7	12	11	7	45

2014～2018年上半年朝晖里小区停电原因见表8-3。

表 8-3 2014～2018年上半年朝晖里小区停电原因

序号	停电原因	停电次数	主要故障设备
1	低压线路老化	35	低压线路接头、接户线、表前线
2	表前线烧	7	表前线故障
3	用户内部故障	3	用户内部线路
合　计		45	—

3. 城市中低压配电建设改造原则

（1）中压网架结构。10kV中压配电网目标网络结构采用电缆单环网方式，单环网网架结构示意图如图8-9所示。

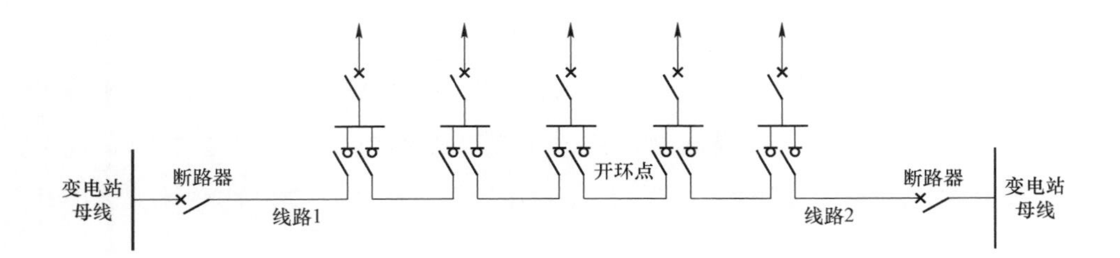

图8-9 电缆单环网接线示意图

（2）低压网架结构。低压配电网实行分区供电，主干线不宜跨区供电，低压馈线的接线结构为主干网环网设计、开环运行，主干线路导线采用电缆，由低压开关箱出线进入集中表箱进行供电的模式，低压供电半径A+、A类供区供电半径不宜超过150m。接线方式如图8-10所示。

（3）10kV电缆设备选型。10kV主干电缆采用ZC-YJV22-8.7/15-3×300mm²，分支电缆采用ZC-YJV22-8.7/15-3×240mm²。

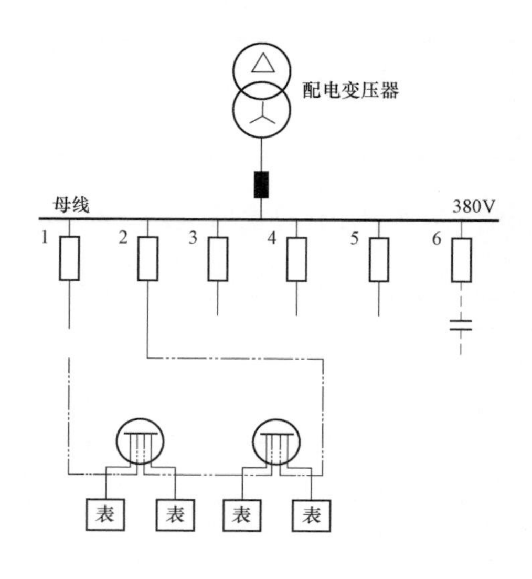

图 8－10　低压线路供电模式

（4）配电设备选型。由于本改造地点位于老旧市区，无地势建设配电室，故选用箱式变电站供电。考虑近期负荷情况和远期负荷增长预测，配电变压器容量选用 630kVA。配电变压器的无功补偿装置容量应依据变压器负载率、负荷自然功率因数等进行配置，补偿到变压器最大负荷时其高压侧功率因数不低于 0.95，或按照变压器容量的 10%～30%进行配置。

低压电缆分支箱选用 2 进 4 出形式非金属外壳电缆分支箱，且低压电缆分支箱设置于车辆及人员不易碰及、进出电缆方便的位置，主要参数应满足电网运行要求。集中式计量箱进出线开关应设置分级保护，满足选择性、灵敏性要求。

（5）低压线路选型。低压主干电缆采用 YJV22－0.6/1kV－4×240mm^2 型；低压分支线电缆采用 YJV22－0.6/1kV－4×95mm^2 型；单相用户接户导线采用 BV－35mm^2 型铜芯导线；三相大容量接户电缆采用 YJV22－0.6/1kV－4×95mm^2 型；集中表箱接户电缆采用 YJV2－0.6/1kV2－4×95mm^2 型；普通住在用户表前线采用 BV－10mm^2 型铜芯导线。

4. 改造方案

（1）10kV 改造方案。新建 1×630kVA 箱式变电站 1 座，箱站的 10kV 电源

线采用解12线路，新设10kV电缆211m，将箱式变电站环入DK174和DK979之间，形成电缆单环网形式，具体改造方案见图8－11和图8－12。

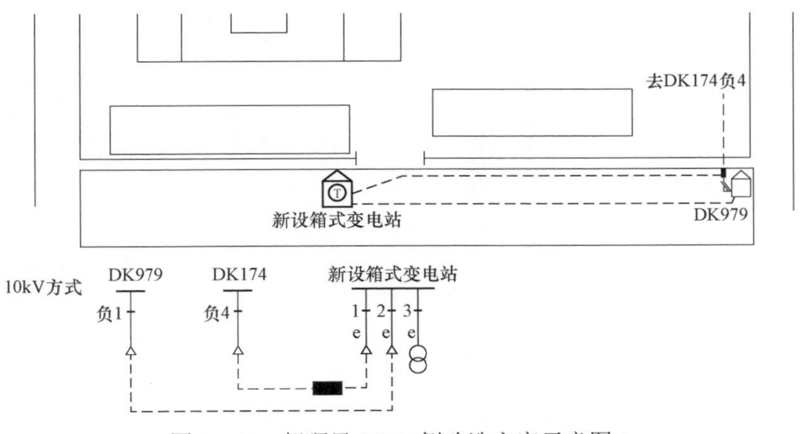

图8－11 朝晖里10kV侧改造方案示意图1

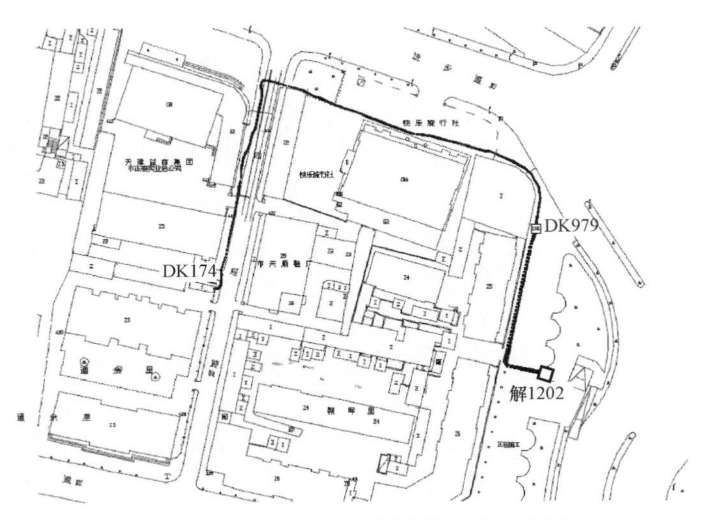

图8－12 朝晖里10kV侧改造方案示意图2

（2）0.4kV改造方案。新建低压主干电缆（YJV22－0.6/1kV－4×240mm^{2}型）0.42km，新设低压电缆分支箱 6 台，新建低压分支电缆（YJV22－0.6/1kV－4×95mm^{2}型）0.15km，改造低压接户线（BV－35mm^{2}型）0.72km，改造计量表前线（BV－10mm^{2}型）0.95km。拆除低压架空线路及接户线0.51km，拆除电杆6

根，具体改造方案见图 8－13 和图 8－14。

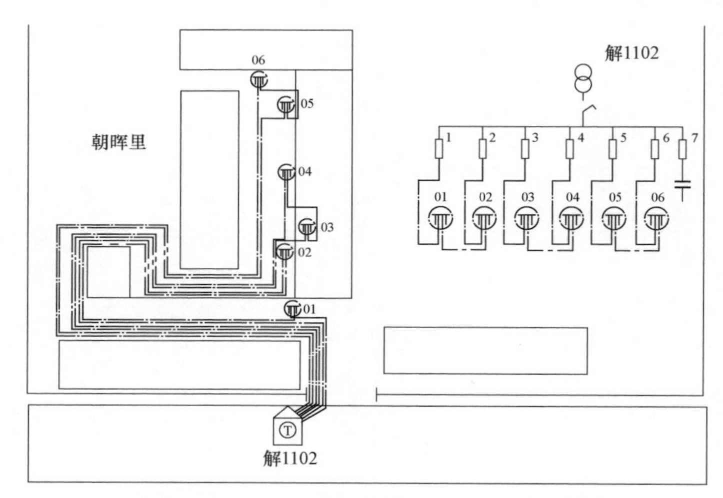

图 8－13　朝晖里小区低压改造方案示意图 1

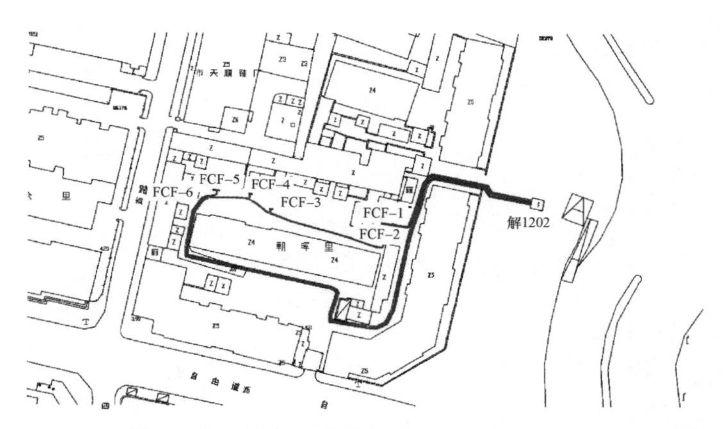

图 8－14　朝晖里小区低压改造方案示意图 2

5. 优化后成效

（1）解决原解 3301 变压器负载偏大和变压器三相负荷不平衡问题。新设一台 630kVA 箱式变电站后，户均配电变压器容量得到较大提高，朝晖里小区由改造前的 2.34kVA/户提高至改造后的 6.56kVA/户；优化调整低压单项用户接入相序，改善配电变压器三相不平衡。改造后两个箱变运行情况见表 8－4。

表 8-4　　改造后两个箱变的运行情况

序号	配电变压器/配电室名称	设备容量（kVA）	最大负荷（kW）	最大负载率（%）	三相电流不平衡（%）	功率因数
1	解 3301	400	158.8	39.7	6.2	0.95
2	解 1201	630	203.2	32.3	3	0.98

（2）优化低压供电半径，满足标准要求，消除低电压情况。通过对朝晖里小区改造建设，并合理划分低压供电区域，平均供电半径为115m，符合《配电网规划设计技术导则》中 A+类供区低压供电半径不大于 150m 的要求。朝晖里小区原解 3301 供电范围划分图见图 8-15；改造后供电范围划分图见图 8-16。

图 8-15　朝晖里小区原解 3301 供电范围划分图

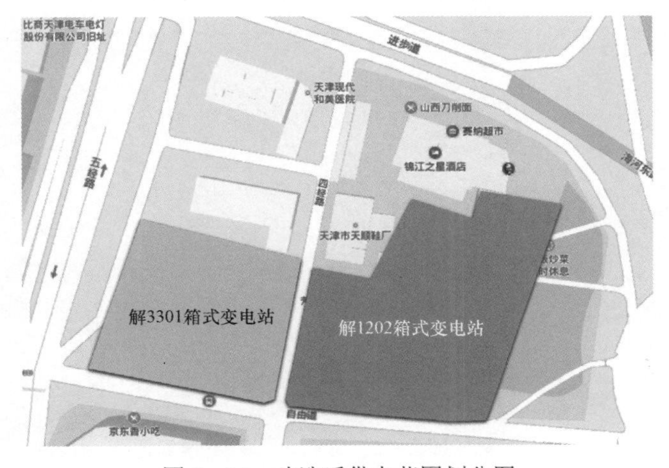

图 8-16　改造后供电范围划分图

（3）提升设备水平，将原老旧电杆、老旧低压线路进行拆除，入地更换为电缆线路，设备水平得到明显提升，提升供电可靠性。改造后效果图见图 8－17。

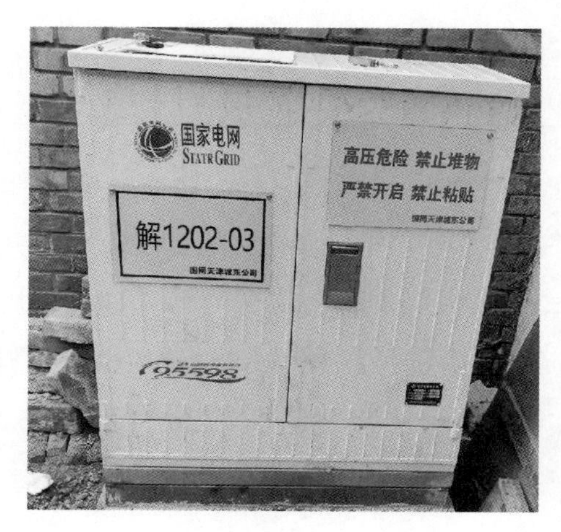

图 8－17　改造后效果图

8.2　一般城区低压配电网建设改造案例

1. 区域概况

昌安新村位于城区北部，中兴北路以东，环城东路以北，具体位置如图 8－18 所示。小区始建于 1985 年，目前小区建有居住楼 32 幢，共有 910 户，均为居民用户，住房面积约为 500 000m^2。该小区属于 B 类供电区域。

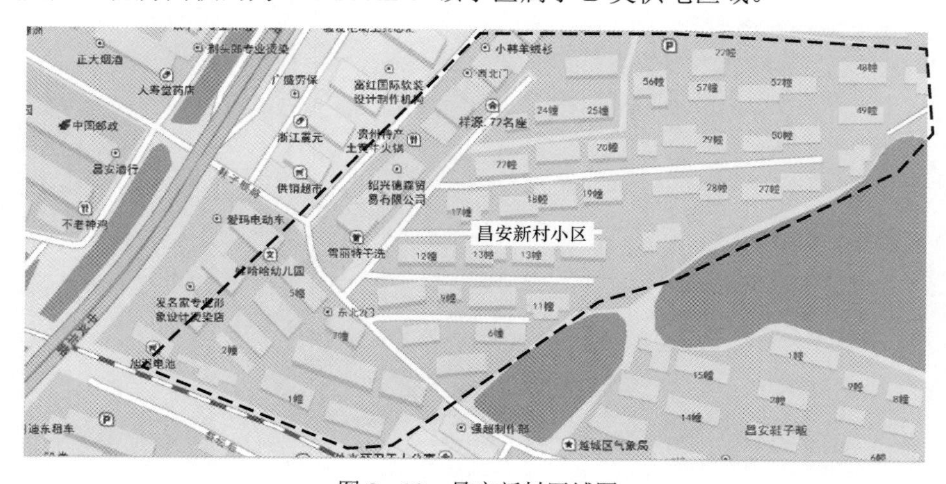

图 8－18　昌安新村区域图

2. 电网概况

（1）中压电网现状评估。目前，昌安新村有 7 台 400kVA 的柱上变压器，其中 10kV 供电电源点有 2 个，1 个是来自昌安开关站（上级电源点为 110kV 昌安变电站 10kV 东金 4220 线）支线昌安新村 1584 线为昌安新村 2 号、3 号、4 号、5 号、6 号、7 号柱上变压器供电，另 1 个是 10kV 迪西 9532 线（上级电源点为 110kV 迪荡变电站）为昌安新村 1 号柱上变压器供电。

昌安新村 10kV 电网的地理接线如图 8－19 所示。

图 8－19　昌安新村 10kV 地理接线图

昌安开关站现有出线间隔 10 个，已用 9 个，剩余 1 个（开关已坏，待修）。

据统计，2016 年东金 4220 线、迪西 9532 线最大负载率分别为 46.6%和 40.7%，通过近五年负载水平进行调研分析，2 条 10kV 线路负载水平均在 40%～50%之间，变化不大，趋于相对稳定状态，能够满足昌安新村的供电需求。

（2）低压电网现状评估。

1）配电室。为昌安新村供电的配变共有 7 台，总容量为 2800kVA，均于 2013 年改造增容，总用户数为 910 户，户均容量为 3.1kVA/户。其配电室情况见表 8－5。

表 8-5　　昌安新村配电室情况表

序号	配电变压器/配电室名称	设备容量（kVA）	接入用户（户）	户均容量（kVA/户）	供电区域	投运日期（年）
1	昌安新村 1 号变压器	400	136	2.9	1、2、3、4、43-6、43-7 幢	2013
2	昌安新村 2 号变压器	400	85	4.7	5、8 幢、43-4 幢	2013
3	昌安新村 3 号变压器	400	183	2.2	12、13、14、17、18、19 幢	2013
4	昌安新村 4 号变压器	400	136	2.9	22、24、25、26、29 幢	2013
5	昌安新村 5 号变压器	400	113	3.5	9、10、11、31 幢	2013
6	昌安新村 6 号变压器	400	137	2.9	15、20、30、52、55、56 幢	2013
7	昌安新村 7 号变压器	400	120	3.3	28、27、57 幢	2013
合　计		2800	910	3.1	—	

由表 8-5 可以看出，昌安新村用户接入较为平均，但户均容量相对较小，均小于 5kVA/户。户均容量最高为昌安新村 2 号变压器，最低的为昌安新村 3 号变压器。台架变压器现场如图 8-20 所示。

图 8-20　昌安新村台架变压器现场情况

目前，为昌安新村供电的配电变压器负载率均处于 50%以下，运行情况良

好，其中昌安新村 2 号变压器的负载率小于 20%，属于轻载运行配电变压器。昌安新村 1 号变压器、4 号变压器、5 号变压器、6 号变压器及 7 号变压器三相电流不平衡度相对较高，但均在导则要求不超过 15%范围内，昌安新村配电室的运行情况如表 8－6 所示。

表 8－6　　昌安新村配电室运行情况

序号	配电变压器/配电室名称	设备容量（kVA）	最大负荷（kW）	最大负载率（%）	三相电流不平衡度（%）	功率因数
1	昌安新村 1 号变压器	400	127.54	31.9	14.2	0.95
2	昌安新村 2 号变压器	400	67.98	17.0	2.6	0.98
3	昌安新村 3 号变压器	400	147.61	36.9	5.1	0.95
4	昌安新村 4 号变压器	400	123.26	30.8	10.7	0.95
5	昌安新村 5 号变压器	400	102.55	25.6	11.5	0.98
6	昌安新村 6 号变压器	400	130.93	32.7	14.6	0.95
7	昌安新村 7 号变压器	400	102.11	25.5	10.5	0.98

2）低压线。为昌安新村供电的线路共有 1805.27m，其中 1 号变压器线路总长度 290.6m，最大供电半径为 99.04m；昌安新村 2 号变压器线路总长度为 120m，最大供电半径为 63.65m；昌安新村 3 号变压器线路总长度为 325.23m，最大供电半径为 110m；昌安新村 4 号变压器线路总长度为 297.35m，最大供电半径为 93.66m；昌安新村 5 号变压器线路总长度为 311m，最大供电半径为 105.54m；昌安新村 6 号变压器线路总长度为 262.98m，最大供电半径为 75.31m；昌安新村 7 号变压器线路总长度为 198.11m，最大供电半径为 58.76m。

通过对昌安新村低压线路供电半径进行分析，均满足导则要求 B 类供电区不超过 150m 的要求。昌安新村低压线路设备情况见表 8－7，现场情况见图 8－21。

表 8－7　　昌安新村低压线路设备情况

序号	配电变压器/配电室名称	线路总长度（m）	最大供电半径（m）
1	昌安新村 1 号变压器	290.6	99.04
2	昌安新村 2 号变压器	120	63.65
3	昌安新村 3 号变压器	325.23	110
4	昌安新村 4 号变压器	297.35	93.66

续表

序号	配电变压器/配电室名称	线路总长度（m）	最大供电半径（m）
5	昌安新村 5 号变压器	311	105.54
6	昌安新村 6 号变压器	262.98	75.31
7	昌安新村 7 号变压器	198.11	58.76

图 8－21　昌安新村低压线路现场情况

3）接户线。昌安新村低压表计均接入架空线路，架空线路的接户线截面积均为 25mm²，电气接线符合规范要求，但是接线环境较为混乱，现场情况如图 8－22 所示。

图 8－22　昌安新村接户线现场情况

4）表后插铅。昌安新村共有表后插铅 910 个，由于用户的用电需求增加，家用电器同时利用的概率高，造成用户峰值电流较高，表后插铅的熔丝极易熔断，这也是大部分用户故障停电投诉的主要原因，需在改造方案中更换为微型断路器（ABB　C63A）。表后插铅现场调查如图 8－23 所示。

5）计量表计及计量箱。昌安新村有单相用户 910 户，共有表计 910 个，用户表计安装符合规范，但是周边小广告张贴情况严重，有碍电表数据的读取及表箱的美观度，需进行表箱刷新处理。现场调研图如图 8－24 所示。

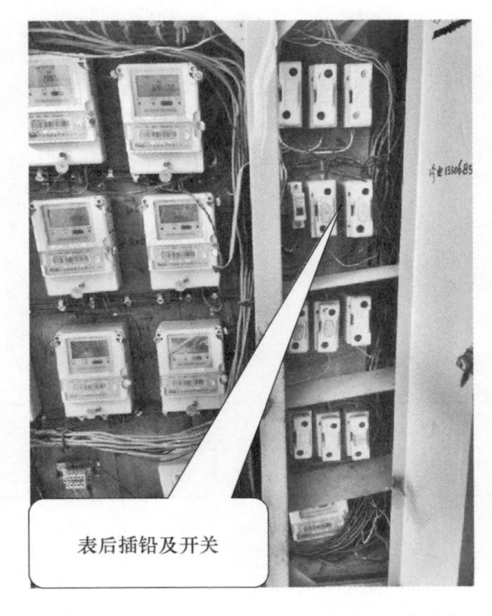

图 8－23　昌安新村表后插铅现场图

图 8－24　计量表计及计量箱安装图

6）电杆。昌安新村共有电杆 34 根，其中，低压电杆 20 根，中压电杆 5 根，中低压共杆的线路 9 根，均为水泥杆，部分电杆为拼接电杆，由于建设时间较久，已出现裂痕，存在安全隐患，需在改造方案中进行拆除或调换。电杆情况如图 8－25 所示。

7）电力廊道。昌安新村以架空线路为主，电力改造中需要将线路入地，通过调查，昌安新村内部道路地下管道交错纵横，在改造方案中需要政府部门统一协调解决电力线路入地的走廊问题。现场调研如图 8－26 所示。

图 8－25　现场电杆情况

图 8－26　昌安新村内部道路现场调研图

（3）停电原因分析。据统计，从 2012 年至 2016 年上半年，昌安新村共停电抢修 121 次，昌安新村各年停电抢修情况如表 8－8 所示，趋势图见图 8－27。

表 8－8　　昌安新村各年停电抢修情况

年份	2012 年	2013 年	2014 年	2015 年	2016 年上半年	合计
抢修工单数	12	31	27	38	13	121

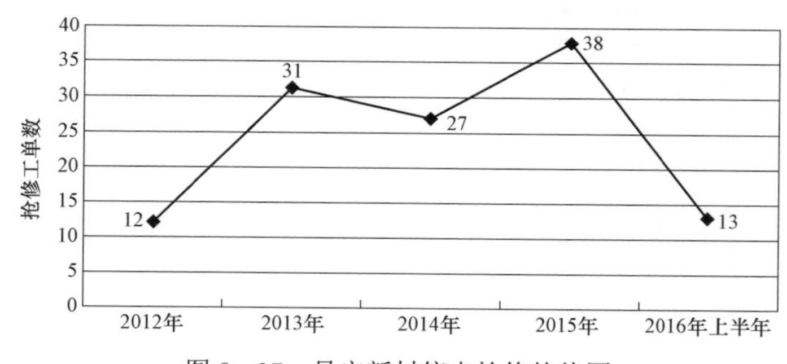

图 8－27　昌安新村停电抢修趋势图

从昌安新村停电情况来看，2012～2015 年之间昌安新村的停电次数逐年递增，主要原因是内线故障（插铅保险丝熔断及其他内线故障）。

2016 年停电抢修主要原因是客户内部故障，包括插铅保险丝熔断及其他内

线故障，共计 11 次；其次为计量故障共计 2 次。具体见表 8－9。

表 8－9　　2016 年昌安新村停电抢修情况

序号	停电原因	停电次数	主要故障设备
1	客户内部故障	11	表后插铅保险丝及其他内线故障
2	计量故障	2	表前线故障
合　计		13	—

2016 年上半年，停电抢修次数最多的在 6 月份，共有 6 次，占上半年停电总数的 46.2%。2016 年上半年昌安新村各月停电抢修情况见表 8－10。

表 8－10　　2016 年上半年昌安新村各月停电抢修情况

月份	1	2	3	4	5	6	7
停电次数	4	1	0	0	1	6	1
占比（%）	30.8	7.7	0.0	0.0	7.7	46.2	7.7

（4）存在问题。昌安新村接线现场见图 8－28。

1）户均配电变压器容量偏低。昌安新村户均配电变压器容量为 3.1kVA/户，尤其是 3 号变压器供电区域，户均配电变压器容量仅为 2.2kVA/户，户均配电变压器容量较低。

2）投诉和抢修逐年增加。从 2012 年至今，95598 电话抢修报修数据逐年增加，故障问题逐渐增加。

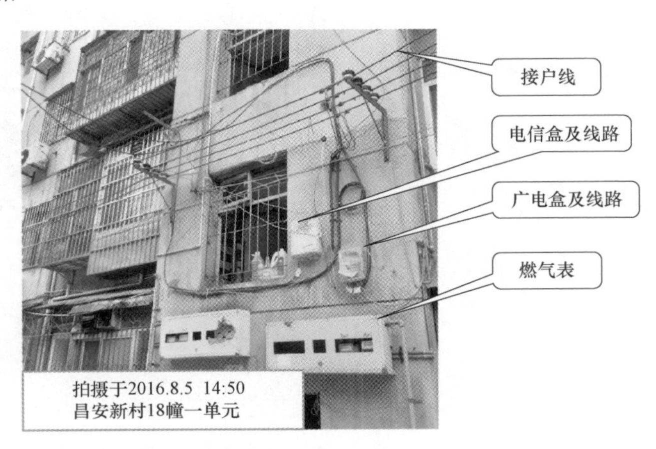

图 8－28　昌安新村接线现场

3）低压接户线、电信、广电等线路架设混乱。在每栋楼墙面上，架设的低压接户线、移动、电信及广电等线路敷设杂乱无章，缠绕在一起，接线混乱。

4）用户私拉电线严重。为方便用户自身车棚的照明、电动车充电等，从用户房屋内至车棚内私拉电线问题严重，需在用户车棚两侧或一侧装设集中表箱，为各用户车棚供电。见图 8－29。

图 8－29　昌安新村用户私拉线路现场

5）电杆为拼接电杆，且出现裂痕，已损坏（见图 8－30），存在安全隐患。

图 8－30　昌安新村损坏电杆现场

6）路灯箱位于道路旁边，上级电源点为昌安新村 2 号变压器；同时旁边为居民休息凉亭，影响居民的生活，已有居民反映此问题。见图 8－31。

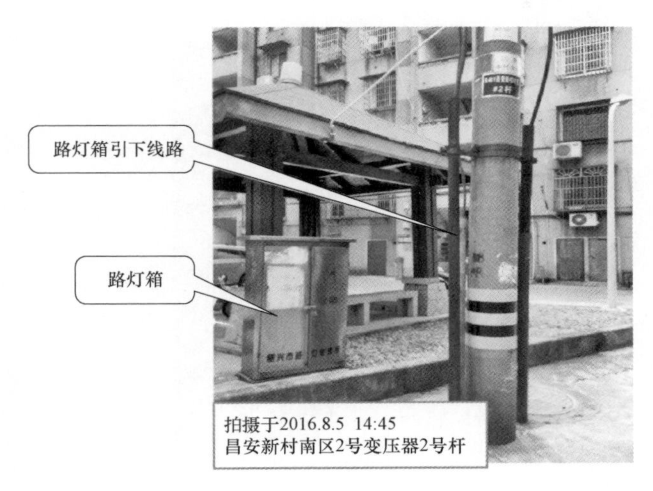

图 8－31 昌安新村路灯箱现场

7）电线杆埋设于道路中央，且各类线路形成“空中一张网”。昌安新村电杆埋设于道路中央，不利于居民车辆的进出。此外，中低压线路、电信、广电、移动等线路在空中交织成“空中一张网”。见图 8－32。

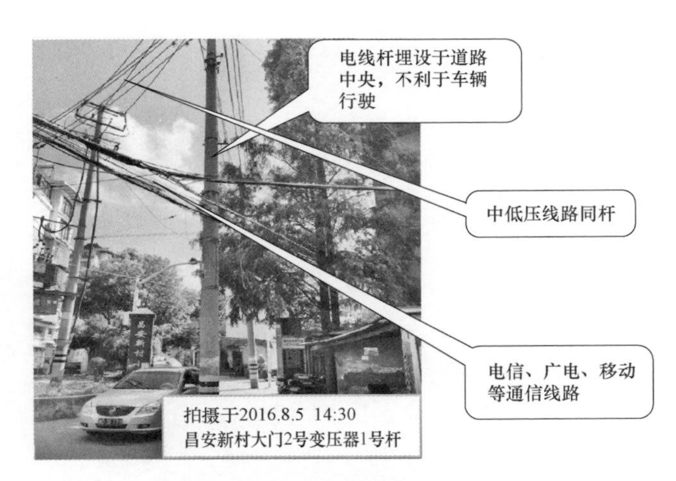

图 8－32 昌安新村路中央电杆现场

8）道路狭窄，电杆埋设于道路边上。昌安新村南区道路狭窄，且埋设电杆，不利于居民车辆的进出，易刮擦碰撞。见图 8－33。

图 8－33 昌安新村电杆埋设现场

9）中低压同杆架设，若低压入地改造，需同步考虑中压，但昌安新村小区内部道路狭窄，且地下有废水、污水、雨水、自来水等各种管线，需政府部门统一协调安排考虑。见图 8－34。

图 8－34 昌安新村架空线路现场

10）其他管线。昌安新村其他管线现场见图 8－35。

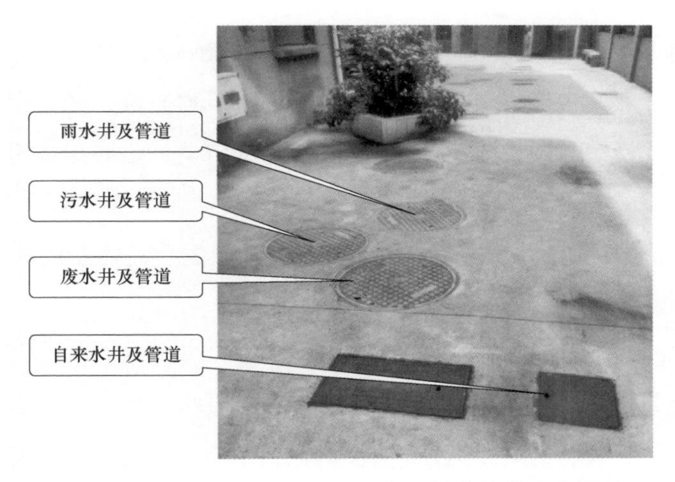

图 8－35 昌安新村其他管线现场图

3. 昌安新村优化思路及原则

（1）低压供电方式优化思路及原则。低压配电网实行分区供电，主干线不宜跨区供电，低压馈线的接线结构宜选用放射Ⅱ型供电模式。

放射Ⅱ型供电模式：采用变压器组模式供电，导线采用电缆，采用单/三相供电，底层集中装表，接线方式如图 8－36 所示。

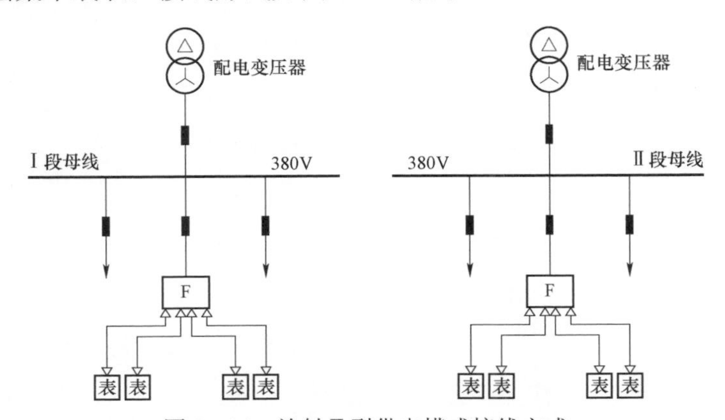

图 8－36 放射Ⅱ型供电模式接线方式

（2）设备选型。

1）供电设备。

10kV 导线截面：10kV 主干电缆采用 ZC－YJV_{22}－8.7/15－3× 300，分支电缆采用 ZC－YJV_{22}－8.7/15－3×240。

配电室：配电室 10kV 母线宜采用单母线接线或两个单母线接线，配置 1～2

回进线、1～2 台变压器，单台容量可选用 630、800、1000kVA。

箱式变电站：箱式变电站一般用于配电室建设改造困难区域，如架空线路入地改造地区、配电室无法扩容改造的场所，以及施工用电、临时用电等，其单台变压器容量可选用 630kVA。

柱上变压器：变压器布置应尽量靠近负荷中心，容量根据负荷需要选取 200、400kVA，10kV 侧采用跌落式熔断器开关。

2）低压线路优化思路及原则。

主干线截面：低压配电网应有较强的适应性，主干线路的导线截面应按长期规划（一般以 30 年）一次选定。导线截面根据饱和负荷密度选择，并校验导线的电压降及发热安全电流。低压电缆的主干线截面宜选用 240mm^2。

分支线截面：低压电缆的分支线截面宜选用 95mm^2、150mm^2。

接户线截面：采用低压铜芯电缆进线，单相接户电缆导线截面宜采用 16mm^2，三相大容量接户电缆导线截面宜采用 35mm^2，集中表箱接户电缆导线截面宜采用 50mm^2。

表前线截面：普遍住宅宜采用 10～16mm^2 铜芯导线，高层住宅，分层装表，以封闭母线作接户线，至每户表前线采用 25mm^2，铜芯导线。

3）低压配电设备优化思路及原则。

低压配电柜：低压配电柜的主要参数应满足电网运行要求，符合现场安装条件。

断路器：断路器额定电流按高于变压器低压额定电流 30%选定。断路器短路开断能力按大于变压器出线端最大短路电流选择。

电缆分支箱：低压电缆分支箱宜设置于车辆及人员不易碰及、进出电缆方便的位置，主要参数应满足电网运行要求。

计量箱：计量箱应配置满足用电信息采集及通信的要求的智能采集装置。计量箱进出线开关应设置分级保护，满足选择性、灵敏性要求。

4）其他原则。

低压供电半径：原则上 B 类供区供电半径不宜超过 250m。

供电能力配置：每回低压主干线正常运行电流不宜大于 200A，事故运行电流不宜大于 350A。箱式变压器容量 630kVA 时宜采用 4～6 回出线。单户最大负

荷不大于40A的采用单相供电，最大负荷大于40A的采用三相供电。

变压器无功补偿：配电变压器的无功补偿装置容量应依据变压器负载率、负荷自然功率因数等进行配置，补偿到变压器最大负荷时其高压侧功率因数不低于0.95，或按照变压器容量的20%～40%进行配置。

低压无功补偿：用户应按规定配置无功补偿装置，无功补偿容量按照实际用电负荷进行计算，提高用电负荷的功率因数，并不得向电网倒送无功。供电企业向用户提供无功补偿配置的服务，并在用户端大力推行随机补偿和就地补偿。

无功补偿方式选择：主供生活、照明用电公用配电变压器宜采用低压侧集中混合补偿方式。主供商业、工业负荷公用配电变压器宜采用低压侧集中三相补偿方式。

5）住宅小区计量箱改造原则。本次计量箱整体改造主要更换计量箱面板、计量箱底板、出线开关；计量箱应在工厂内部生产环节完成箱内设备安装（除电能表、采集器外）、强弱电导线布设，布设到电能表及采集器安装位置；改造现场完成电能表、采集设备安装，进出线接入工作，即可投运。

a. 整体结构布置。应根据现计量箱结构，布置总进线刀闸、分户出线开关、相线分线盒、零线分线盒及相应电能表、采集器安装位置。

总进线配刀闸200A或塑壳断路器配电型，3P、25kA。

单户出线配微型断路器50A，强弱电走线通道隔离。

b. 电能表、采集器安装方式。电能表应采用二进二出连接方式，安装位置采用专用电能表安装架，免螺钉安装方式。

采集器应配置Ⅱ型集中器安装架，需配置集中器电源开关（5A）、电源线及通信线。

c. 强弱电导线连接要求。电能表进出强电采用10mm^{2}配线，多股导线连接接头应采用压接工艺或涂锡处理。

采集通信线采用RVS（2×0.75）mm^{2}屏蔽线，电能表、采集器通信线连接头采用BT端子。

多个电能表采集通信线应采用环节方式，不宜使用放射型连接。

d. 计量箱。计量箱门宜采用不锈钢材料，门框四周应有密封垫，应有挂锁安装位置，确保20年不变形、不老化。计量箱内壁除锈刷漆。

e. 表后线。表后线采用原出线，对私拉乱接影响小区美观线路进行拆除。明装出线，应穿 PVC 保护管，工艺横平竖直。

4. 优化及整改方案

（1）中低压电网优化方案。

1）方案一。中低压线路全部入地，7 台柱上变落地改造更换为 4 座箱式变电站，全规范型改造。方案一昌安新村中压电网、低压电网供电示意图分别见图 8－37、图 8－38。

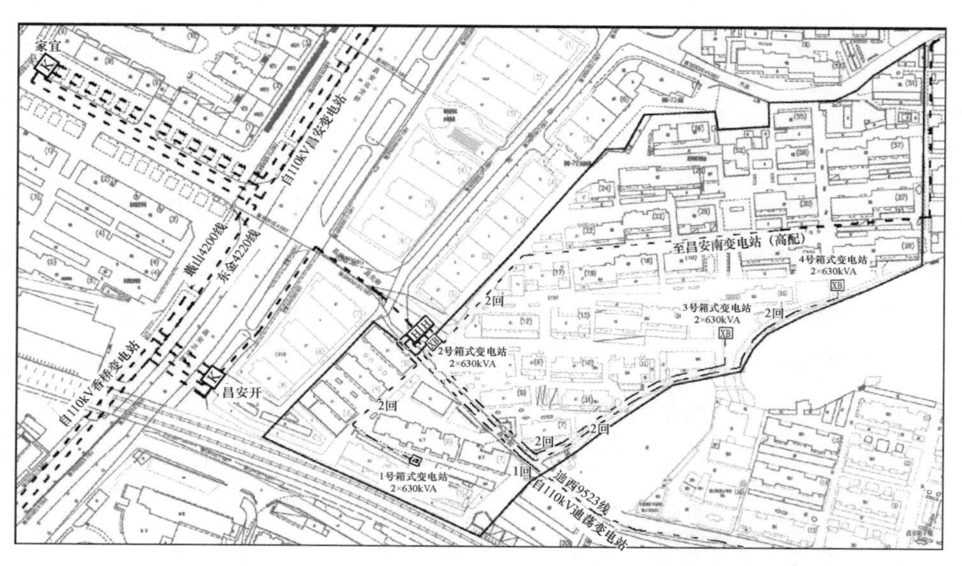

图 8－37　昌安新村中压电网供电示意图（方案一）

为提高昌安新村户均配变容量，考虑对小区内的中低压架空线路进行入地改造，消除接线混乱、复杂等问题，建议中低压架空线路全部入地改造。

一是 10kV 架空线路全部入地改造，并在昌安小区门口处建设 2 座环网箱，环网箱建设参照《国家电网公司配电网工程典型设计（2016 年版） 10kV 配电站房分册》中 10kV 环网箱典型设计（方案 HA－2）；2 回电源进线，其中一回来自昌安开关站的昌安新村 1584 线，另外一回来自 110kV 迪荡变电站迪西 9523 线。

二是 7 台柱上变压器改造更换为 4 座箱式变电站，容量均为 2×630kVA，箱式变电站建设参照《国家电网公司配电网工程典型设计（2016 年版） 10kV 配电站房分册》中 10kV 箱式变电站典型设计（方案 XA－2）。

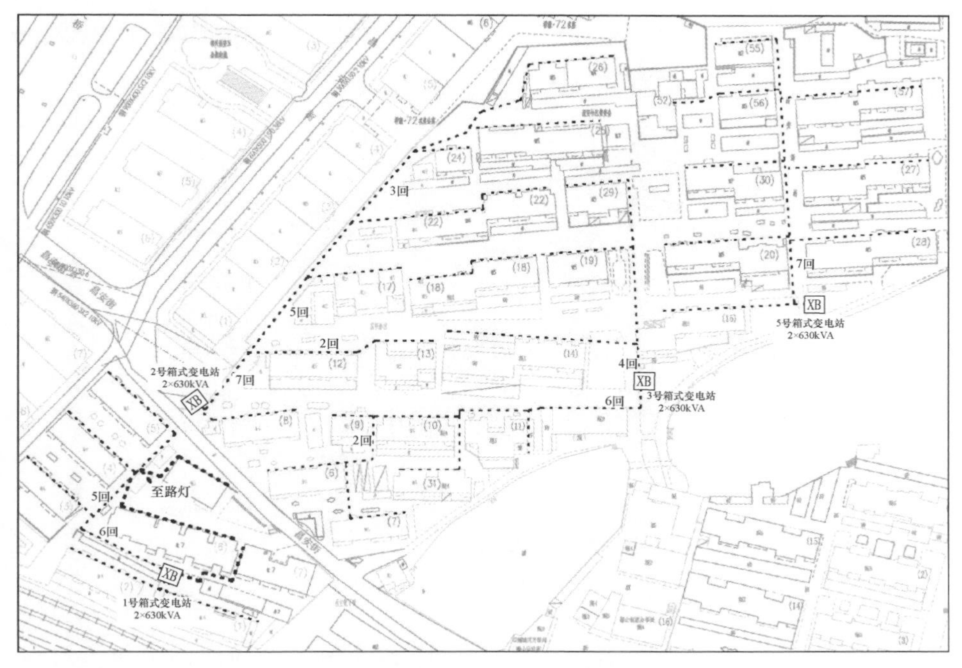

图 8－38 昌安新村低压电网供电示意图（方案一）

a. 1 号箱式变电站位于原 1 号柱上变压器位置（见图 8－39），占地面积约 25～30m²，为原 1 号变压器供电区域供电。由于原 1 号柱上变压器位置较小，不足以建设一座箱式变电站，需政府部门协调提供增迁房位置。

图 8－39 昌安新村 1 号箱式变电站现场

b. 2 号箱式变电站位于昌安新村小区门口原 2 号柱上变压器位置（见图 8－40），占地面积约 25～30m²，经现场勘查，满足建设条件。

图 8－40　昌安新村 2 号箱式变电站现场

c. 3 号箱式变电站位于昌安新村小区 14 幢东侧、15 幢南侧绿化带内（见图 8－41），占地面积约 25～30m²，经现场勘查，满足建设条件。

d. 4 号箱式变电站位于昌安新村小区 28 幢南侧绿化带内（见图 8－42），占地面积为 25～30m²，经现场勘查，满足建设条件。

图 8－41　昌安新村 3 号箱式变电站现场

图 8－42　昌安新村 4 号箱式变电站现场

e. 工程量。新建 10kV 电缆（ZC－YJV_{22}－8.7/15－3×240 型）线路 3.2km，新建环网箱（方案 HA－2）2 座；新建 2×630kVA 箱式变电站（方案 XA－2）4 座；新建低压电缆线路（ZC－YJV－0.6/1kV，4×150 型）6.7km，终端箱 46 台。拆除 10kV 架空线路 0.65km，拆除 400kVA 柱上变压器 7 台，拆除低压架空线路及接户线 1.81km，拆除电杆 34 根。

f. 优化后成效。改造建设完成后户均配变容量得到较大提高，由改造前的 3.1kVA/户提高至改造后的 5.5kVA/户。昌安新村改造前后供电范围划分情况分别见图 8－43、图 8－44。

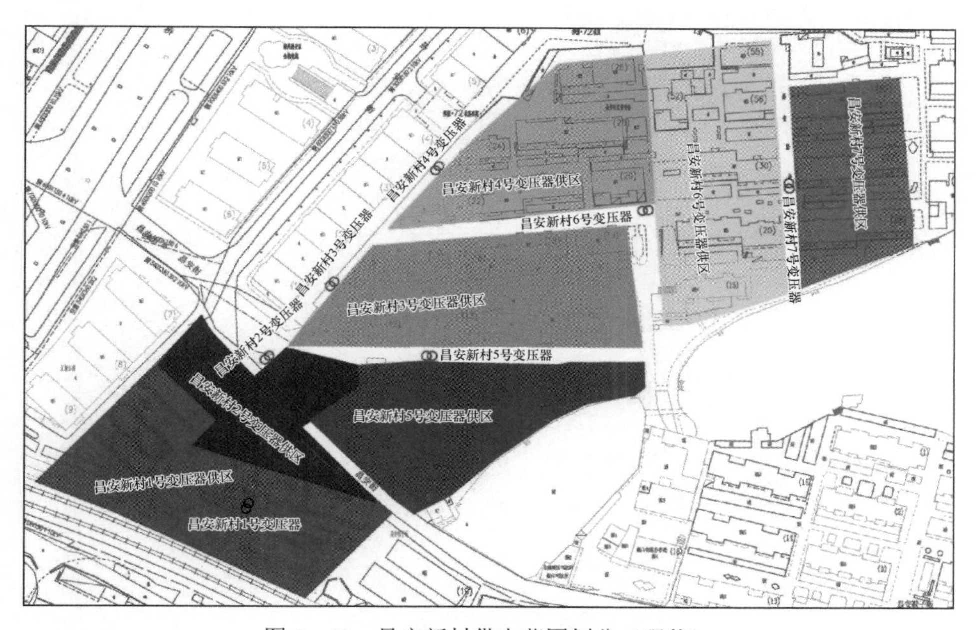

图 8－43　昌安新村供电范围划分（现状）

通过对昌安新村小区改造建设，并合理划分低压供电区域，平均供电半径为 115m，符合 DL/T 5729—2016《配电网规划设计技术导则》中 B 类供区低压供电半径不大于 250m 的要求。

2）方案二。中低压线路全部入地，7 台柱上变压器中 6 台落地改造更换为 3 座箱式变电站，非全规范型改造。方案二昌安新村中压电网、低压电网供电示意图分别见图 8－45、图 8－46。

图 8-44 昌安新村供电范围划分（改造后）（方案一）

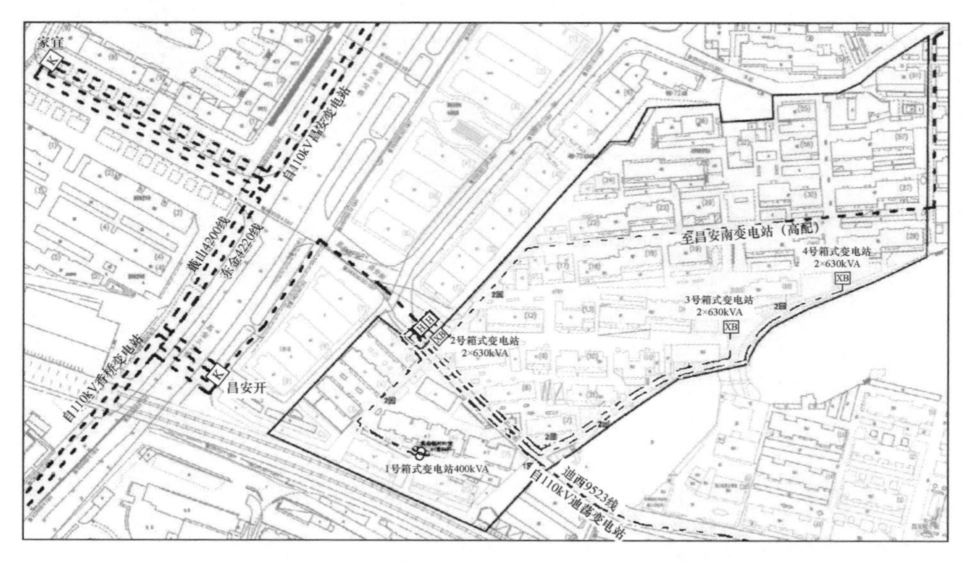

图 8-45 昌安新村中压电网供电示意图（方案二）

方案二与方案一不同之处在于，考虑到 1 号箱式变电站位置面积较小，政府部门无法协调提供增迁房位置的情况下，建议保留原柱上变压器（1 号变压器）。建设方案具体为：

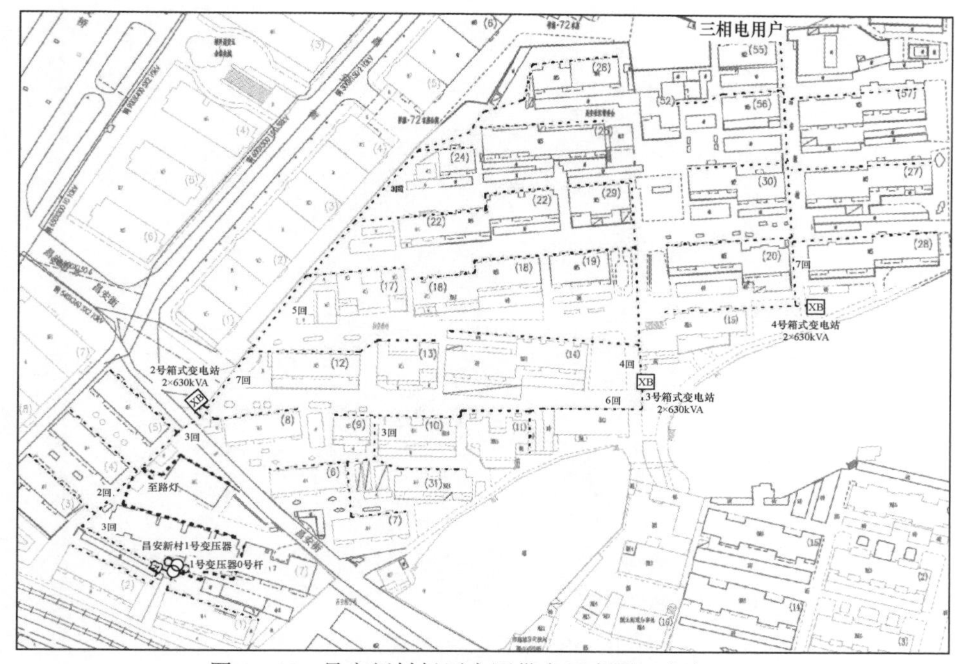

图 8-46 昌安新村低压电网供电示意图（方案二）

a. 与方案一相同，10kV 架空线路全部入地改造，并在昌安小区门口处建设 2 座环网箱，环网箱建设参照《国家电网公司配电网工程典型设计（2016 年版） 10kV 配电站房分册》中 10kV 环网箱典型设计（方案 HA-2）；2 回电源进线，其中一回来自昌安开关站的昌安新村 1584 线，另外一回来自 110kV 迪荡变电站迪西 9523 线。

b. 拆除柱上变压器 2 号变压器、3 号变压器、4 号变压器、5 号变压器、6 号变压器、7 号变压器，建设 2×630kVA 箱式变电站 3 座，箱式变电站建设参照《国家电网公司配电网工程典型设计（2016 年版） 10kV 配电站房分册》中 10kV 箱式变电站典型设计（方案 XA-2），2 号、3 号、4 号箱式变电站站址详见方案一。

c. 建议保留原柱上变压器 1 号变压器，对原电杆进行调换；进出线均为电缆，考虑到进线侧两路电源，柱上变压器 1 号变压器进线侧配置中压备自投 1 套，低压出线侧配置低压电缆分支箱 1 座。

d. 工程量。新建 10kV 电缆（ZC-YJV_{22}-8.7/15-3×240 型）线路 3.2km，新建环网箱（方案 HA-2）2 座；新建 2×630kVA 箱式变电站（方案 XA-2）3 座，新建中压备自投 1 套；新建低压电缆线路（ZC-YJV-0.6/1kV，4×150 型）6.7km，终端箱 46 台，低压电缆分支箱 1 座。拆除 10kV 线路 0.65km，拆除 400kVA

柱上变压器 6 台，拆除低压架空线路及接户线 1.81km，拆除电杆 34 根（其中调换 2 根）。1 号变压器破损电杆现场见图 8－47。

图 8－47　昌安新村 1 号变压器破损电杆现场

e. 优化后成效。改造建设完成后户均配电变压器容量得到较大提升，由改造前的 3.1kVA/户提高至改造后的 4.6kVA/户。昌安新村改造前后供电范围划分情况分别见图 8－48、图 8－49。

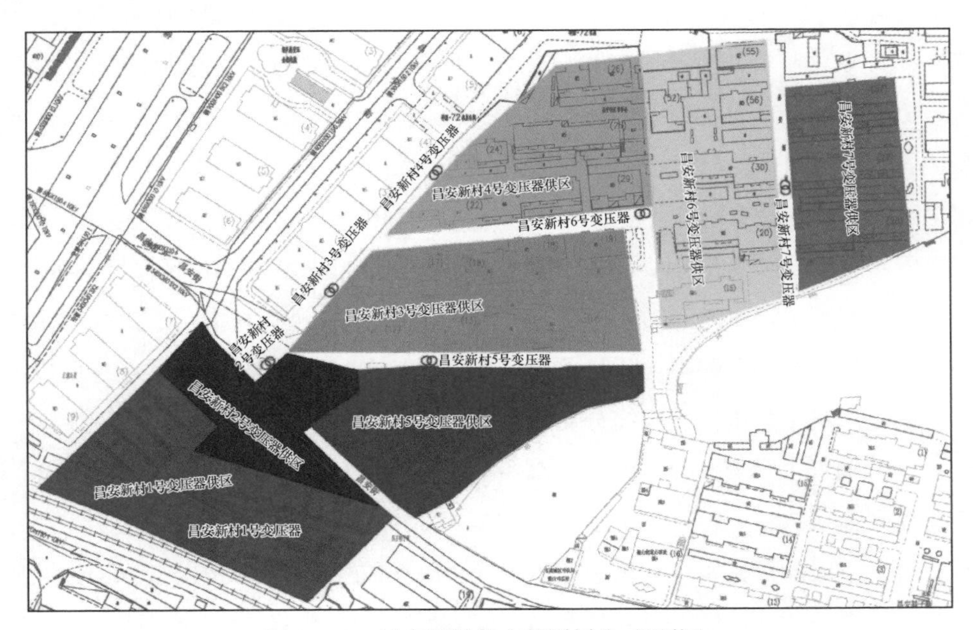

图 8－48　昌安新村供电范围划分（现状）

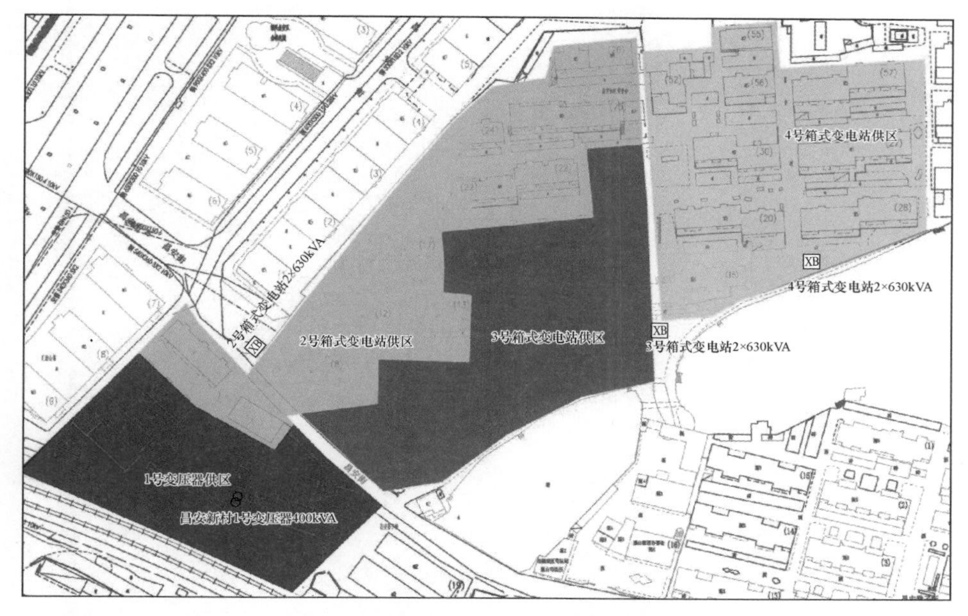

图 8-49 昌安新村供电范围划分（改造后）（方案二）

通过对昌安新村小区改造建设，并合理划分低压供电区域，平均供电半径为 115m，符合 DL/T 5729—2016《配电网规划设计技术导则》中 B 类供区低压供电半径不大于 250m 的要求。

3）方案三。中低压线路全部入地，7 台柱上变压器不变，半全规范型改造。方案三昌安新村中压电网、低压电网供电示意图分别见图 8-50、图 8-51。

a. 与方案一相同，10kV 架空线路全部入地改造，并在昌安小区门口处建设 2 座环网箱，环网箱建设参照《国家电网公司配电网工程典型设计（2016 年版）10kV 配电站房分册》中 10kV 环网箱典型设计（方案 HA-2）；2 回电源进线，其中一回来自昌安开关站的昌安新村 1584 线，另外一回来自 110kV 迪荡变电站迪西 9523 线。

b. 考虑到箱式变电站占地面积较大，小区内政府部门无法协调提供出箱式变电站地理位置的情况下，保留原 7 台柱上变压器，对原电杆进行调换（共计 14 根）；中低压线路进行入地改造时低压侧需建设低压电缆分支箱，其中 1 号、2 号、4 号、5 号、6 号变电站各需要建设低压电缆分支箱 1 座，3 号变电站需建设低压电缆分支箱 2 座，7 号变电站不需要建设低压电缆分支箱。

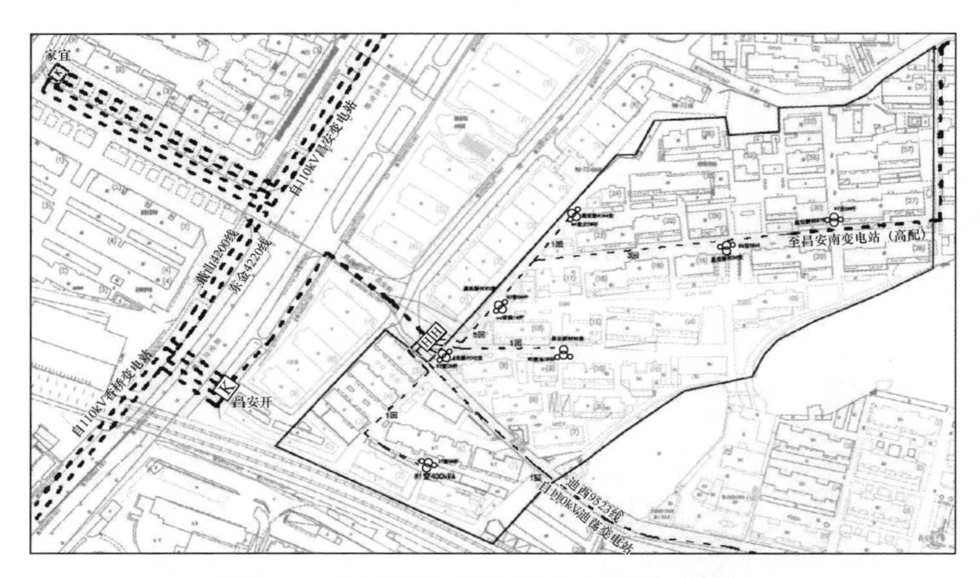

图 8-50　昌安新村中压电网供电示意图（方案三）

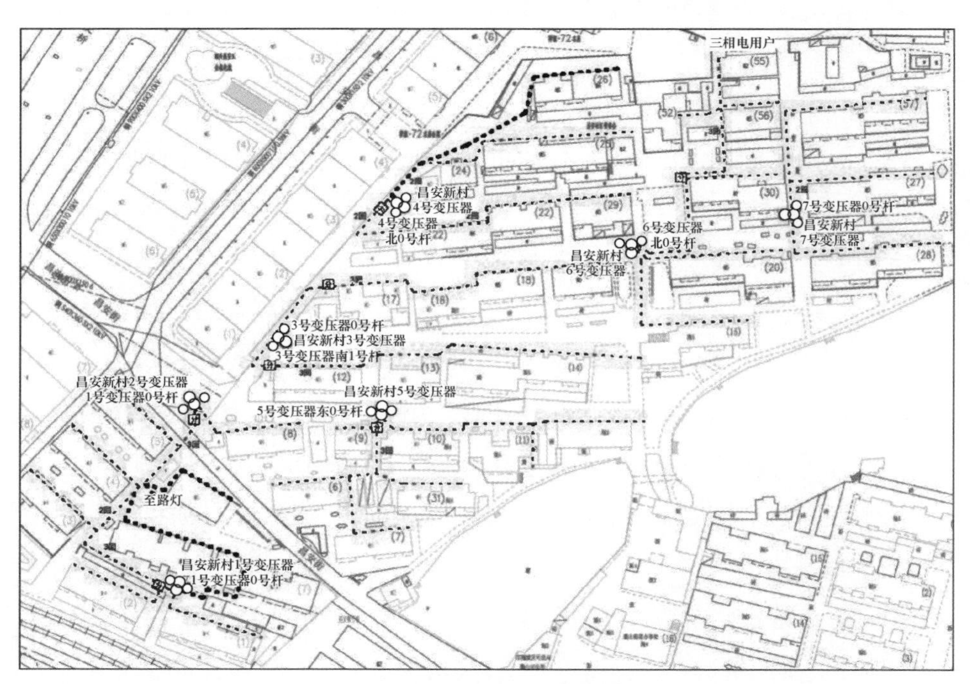

图 8-51　昌安新村低压电网供电示意图（方案三）

新建 10kV 电缆（ZC－YJV_{22}－8.7/15－3×240）线路 2.35km，新建环网箱（方案 HA－2）2 座；新建低压电缆线路（ZC－YJV－0.6/1kV，4×150）6.7km，终端箱 46 台，低压电缆分支箱 1 座。

拆除 10kV 架空线路 0.65km，拆除低压架空线路及接户线 1.81km，拆除电杆 34 根（其中调换 14 根）。

4）方案四。中低压线路全部入地，7 台柱上变压器改造更换为 3 座配电室（需政府部门协调提供增迁房位置），全规范型改造。

一是 10kV 架空线路全部入地改造，并在昌安小区门口处建设 2 座环网箱，环网箱建设参照《国家电网公司配电网工程典型设计（2016 年版） 10kV 配电站房分册》中 10kV 环网箱典型设计（方案 HA－2）；2 回电源进线，其中一回来自昌安开关站的昌安新村 1584 线，另外一回来自 110kV 迪荡变电站迪西 9523 线。

二是 7 台柱上变压器改造更换为 3 座配电室，容量均为 2×800kVA。配电室建设参照《国家电网公司配电网工程典型设计（2016 年版） 10kV 配电站房分册》中 10kV 配电室典型设计（方案 PB－4）。

10kV 配电室配置节能环保型干式变压器，容量 2×800kVA，站址面积大小为 13.9m×6.9m；考虑到 10kV 配电室占地面积较大，需政府部门协调提供增迁房位置。

新建 10kV 电缆（ZC－YJV_{22}－8.7/15－3×240 型）线路约为 3.2km，新建环网箱（方案 HA－2）2 座；新建低压电缆线路（ZC－YJV－0.6/1kV，4×150 型）6.7km，终端箱 46 台。

拆除 10kV 线路 0.65km，拆除 400kVA 柱上变压器 7 台，拆除低压架空线路及接户线 1.81km，拆除电杆 34 根。

改造建设完成后户均配电变压器容量得到较大提高，由改造前的 3.1kVA/户提高至改造后的 5.3kVA/户。

（2）同步整改方案。

1）表后插铅更换方案。通过对停电原因进行分析，昌安新村故障高发期为每年的 7、8 月，从故障类型上来看，主要为内线故障（插铅熔断器熔断及其他内线故障）和低压故障（低压空气开关跳开），因此建议对表后插铅进行更换，更换为 ABB 微型断路器（C63A），共计 910 只。同时对计量箱三相接线盒与零相接线盒进行更换，更换后型号为 ABB－100，三相接线盒与零相接线盒各 99 只。

2）表后私拉乱接治理方案。目前昌安新村小区用户户内至车棚用于照明和电动车充电线路私拉乱接现象严重，需要进行整改，消除事故安全隐患，因此可考虑在用户车棚两侧或一侧安装集中表箱来解决私拉乱接现象，供电电源来自用户单元终端箱。共计安装集中表箱66只，安装单相电表910只。

3）充电桩接入方案。慢充电桩用电负荷按小区地下室车位数量的10%预留电动汽车充电设施容量，每个充电设施充电功率按10kW预留。快充电桩用电负荷按小区 5～20 个车位数量预留电动汽车充电设施容量，每个车位最大充电功率按60kW考虑。除快充专用区域外，其他车位只提供交流慢充条件。预计小区内充电功率800kW左右，分散接入4座环网箱。

4）电缆通道建设方案。昌安新村内广电、电信、移动等通信线路及电力线路相互交织，环境较差，影响小区美观，需要由政府部门牵头统筹协调，市供电公司及广电、电信等其他部门协同配合，建设综合管道，对小区内移动、广电、电信及电力线路空中交织成“一张网”的混乱现象进行同步综合治理。

第 9 章　中低压配电网智能化建设改造典型案例

9.1　新一代配电自动化主站建设案例

1. 区域概况及电网发展情况

（1）区域概况。截至 2018 年 10 月，A 市供电公司有 10kV 线路 2740 条，皆为公用线路，线路总长 19 442.65km；现有中压公共开关站 916 座，环网室 3021 座，环网箱 3295 座；现有中压配电变压器 58 338 台，容量 28 627.42MVA，其中公用配电变压器 33 635 台，容量 15 244.32MVA，专用配电变压器 24 703 台，容量 13 383.1MVA。

（2）配电自动化现状。截至 2018 年 10 月，A 市供电公司建设配电自动化线路 2226 条，配电自动化覆盖率 81%，其中启用半自动 FA 线路 1641 条，启用全自动 FA 线路 271 条。配电自动化终端投运 3639 台，平均在线率 93.58%，其中 DTU 投运 2341 台，FTU 投运 881 台，其他终端为故障指示器等。自动化终端中三遥终端共计 1635 台，占所有自动化终端比例 44.9%，随着无线专网建设，三遥终端比例会进一步提升。A 市供电公司新一代主站自投入运行以来，配电自动化系统各项功能应用情况良好，实用化水平较高。

2. 存在问题

传统配电自动化主站应用主体局限于调控专业，仅起到“报警机”和“遥控器”的作用，采集的配电网海量运行数据未能全面支撑低（过）电压、线损、设备状态、配网规划等专业管理。新一代配电自动化主站系统从传统为调度服务提升为整个配电专业服务，应用目标由实现配电网运行监控向配电网精益管理转变。

3. 建设目标

建设集中型“N+N”模式新一代配电自动化主站，主站系统遵循“两系统一平台”总体设计，明确新一代配电主站系统一、四区功能定位，从设备主人管理和使用的视角，对配电网运行状态管控功能进行重新梳理，实现做精生产控制大区，做强管理信息大区。

4. 系统架构

A市供电公司主站系统按照“地县一体化”构架进行设计部署，数据接入规模考虑3～5年配电网规模和应用需求，硬件配置和软件功能按照大型主站配置。信息交互采用信息交换总线，实现与EMS、PMS2.0等系统的数据共享，具备对外交互图模数据、实时数据和历史数据的功能，支撑各层级数据纵、横向贯通以及分层应用，体现了“图模优化统一、状态可观可控、环境智能感知、管理精准决策”四大特点。

（1）软件架构。配电主站主要由计算机硬件、操作系统、支撑平台软件和配电网应用软件组成。其中支撑平台包括系统信息交换总线和基础服务，配电网应用软件包括配电网运行监控与配电网运行状态管控两大类应用。总体软件架构见图9－1。

系统由“一个支撑平台、两大应用”构成，应用主体为大运行与大检修，信息交换总线贯通生产控制大区与信息管理大区，与各业务系统交互所需数据，为“两个应用”提供数据与业务流程技术支撑，“两个应用”分别服务于调度与运检。

1）一个支撑平台。构建标准的支撑平台，为系统各类应用的开发、运行和管理提供通用的技术支撑，提供统一的交换服务、模型管理、数据管理、图形管理，满足配电网调度各项实时、准实时和生产管理业务的需求，统一支撑配网运行监控及配网运行管理两个应用。

2）两大应用。以统一支撑平台为基础，构建配网运行监控和状态管控两个应用服务：

a. 配电运行监控应用部署在生产控制大区，并通过信息交换总线从管理信息大区调取所需实时数据、历史数据及分析结果；

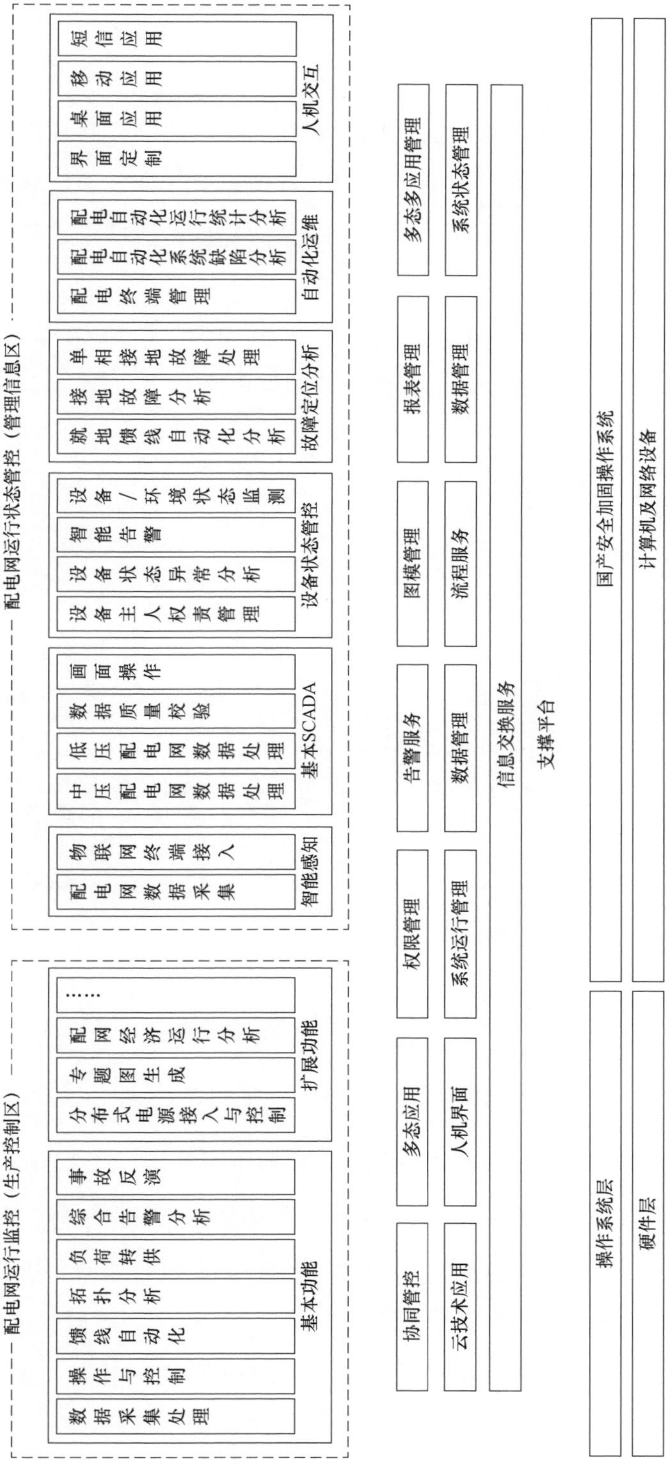

配电网运行监控（生产控制区）

基本功能：数据采集处理、操作与控制、馈线自动化、拓扑分析、负荷转供、综合告警分析、事故反演

扩展功能：分布式电源接入与控制、专题图生成、配网经济运行分析、……

配电网运行状态管控（管理信息区）

智能感知：配电网数据采集、物联网终端接入

基本SCADA：中压配电网数据处理、低压配电网数据处理、数据质量校验、画面操作

设备状态管控：设备主人权责管理、设备状态异常分析、智能告警、设备/环境状态监测

故障定位分析：就地馈线自动化分析、接地故障分析、单相接地故障处理

自动化运维：配电终端管理、配电自动化系统缺陷分析、配电自动化运行统计分析

人机交互：界面定制、桌面应用、移动应用、短信应用

协同管控、多态应用、权限管理、告警服务、图模管理、报表管理、多态多应用管理

云技术应用、人机界面、系统运行管理、数据管理、流程服务、数据管理、系统状态管理

信息交换服务

支撑平台

操作系统层：国产安全加固操作系统

硬件层：计算机及网络设备

图9-1 配电自动化系统主站软件架构

b. 配电运行状态管控应用部署在管理信息大区，并通过信息交换总线接收从生产控制大区推送的实时数据及分析结果。

生产控制大区与管理信息大区基于统一支撑平台，通过协同管控机制实现权限、责任区、告警定义等的分区维护、统一管理，并保证管理信息大区不向生产控制大区发送权限修改、遥控等操作性指令；外部系统通过信息交换总线与配电主站实现信息交互。

（2）硬件架构。配电主站从应用分布上主要分为生产控制大区、安全接入区、管理信息大区等 3 个部分，典型硬件结构图如图 9－2 所示。

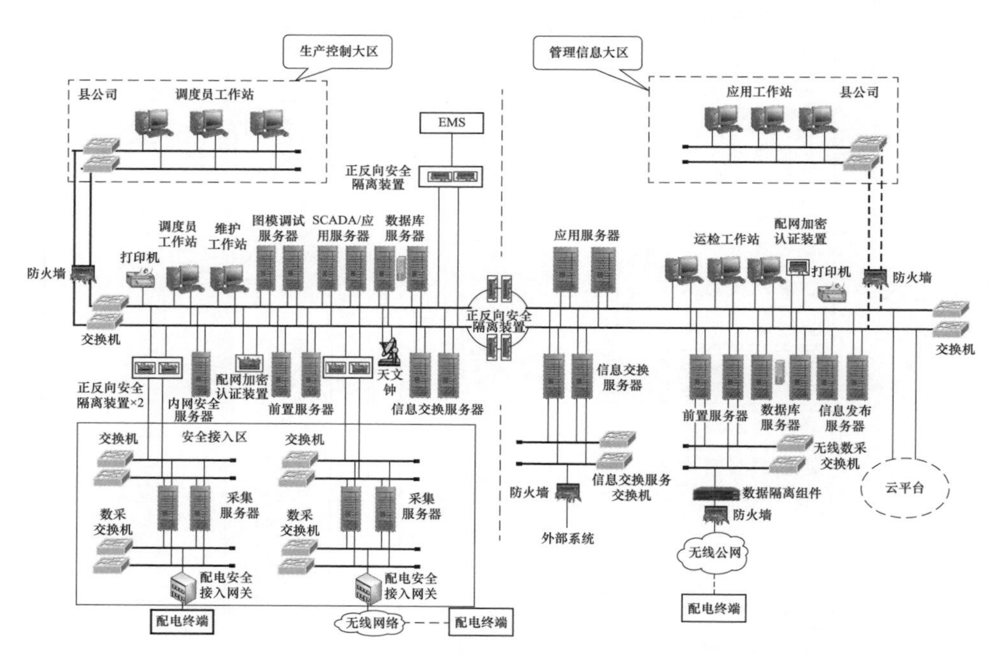

图 9－2　配电自动化系统主站硬件结构图

生产控制大区主要设备包括前置服务器、数据库服务器、SCADA/应用服务器、图模调试服务器、信息交换总线服务器、调度及维护工作站等，负责完成“三遥”配电终端数据采集与处理、实时调度操作控制，进行实时告警、事故反演及馈线自动化等功能。

管理信息大区主要设备包括前置服务器、SCADA/应用服务器、信息交换总线服务器、数据库服务器、应用服务器、运检及报表工作站等，负责完成“两

遥”配电终端及配电状态监测终端数据采集与处理，进行历史数据库缓存并对接云存储平台，实现单相接地故障分析、配电网指标统计分析、配电网主动抢修支撑、配电网经济运行、配电自动化设备缺陷管理、模型/图形管理等配电运行管理功能。

安全接入大区主要设备包括专网采集服务器、公网采集服务器等，负责完成光纤通信和无线通信“三遥”配电终端实时数据采集与控制命令下发。配网地县一体化建设过程中，地县配电终端将采用集中采集或分布式采集方式，并在县公司部署远程应用工作站。

配电自动化主站主要服务器硬件参数见表 9－1。

表 9－1　　配电自动化主站主要服务器硬件参数

序号	设备名称	型号、规格、性能参数	单位	需要数量
1	生产控制大区硬件部分			
1.1	关系数据库服务器	国产服务器 CPU：≥4 颗，每颗≥8 核，主频≥2.0GHz 内存：≥64GB，性能优于 ECC DDR3－1333 硬盘：SAS 600GB 10K×2，配置 RAID 0，1，5（硬件实现），支持热插拔 配置 DVDROM 网卡：1000MB 以太网口×4 电源：热插拔冗余电源和冗余风扇 机架式，高度≤5U，配置导轨 HBA 卡：8Gbit/s 光纤接口卡×2 双机软件 支持电力专用安全加密卡 含国产安全加固操作系统	台	2
1.2	SCADA/应用服务器	国产服务器 CPU：4 颗 AMD6344，每颗 12 核，主频 2.6GHz 配置不低于： CPU：≥4 颗，每颗≥10 核，主频≥2.2GHz 内存：≥64GB，可扩展的最大内存≥128GB 硬盘：600GB×2SAS 硬盘（≥10 000 转，传输速率≥6Gbps）×2，配置 RAID 0，1（硬件实现），支持热插拔 DVD－ROM 基本配置为 4 个千兆以太网口 提供冗余电源及风扇 机架式，高度≤4U，配置导轨 含国产安全加固操作系统	台	2

续表

序号	设备名称	型号、规格、性能参数	单位	需要数量
1.3	前置服务器	国产服务器 CPU：≥4 颗，每颗≥8 核，主频≥2.0GHz 内存：≥128GB，性能优于 ECC DDR3－1333 硬盘：SAS 600GB 10K×2，配置 RAID 0，1，5（硬件实现），支持热插拔 配置 DVDROM 网卡：1000MB 以太网口×4 电源：热插拔冗余电源和冗余风扇 机架式，高度≤5U，配置导轨 含国产安全加固操作系统 含冗余容错系统管理软件	台	4
1.4	图模调试服务器	国产服务器 CPU：≥4 颗，每颗≥8 核，主频≥2.0GHz 内存：≥64GB，性能优于 ECC DDR3－1333 硬盘：SAS 600GB 10K×2，配置 RAID 0，1，5（硬件实现），支持热插拔 配置 DVDROM 网卡：1000MB 以太网口×4 电源：热插拔冗余电源和冗余风扇 机架式，高度≤5U，配置导轨 含国产安全加固操作系统 含冗余容错系统管理软件	台	2
1.5	一区总线服务器	国产服务器 CPU：≥2 颗，每颗≥8 核，主频≥2.4GHz 内存：≥64GB，性能优于 ECC DDR3－1333 硬盘：2T，配置 RAID 0，1，5（硬件实现），支持热插拔 配置 DVDROM 网卡：1000MB 以太网口×4 电源：热插拔冗余电源和冗余风扇 机架式，高度≤5U，配置导轨 含国产安全加固操作系统 含冗余容错系统管理软件	套	2
1.6	内网安全监测服务器	CPU：≥4 颗，每颗≥8 核，主频≥2.0GHz 内存：≥32GB，性能优于 ECC DDR3－1333 硬盘：SAS 600GB 10K×2，配置 RAID 0，1，5（硬件实现），支持热插拔 配置 DVDROM 网卡：1000MB 以太网口×6 电源：热插拔冗余电源和冗余风扇 机架式，高度 4U，配置导轨 内网安全监测服务器专业加密卡：支持电力 SSX06 专用密码算法 含国产安全加固操作系统	台	1
2	安全接入区硬件部分			

续表

序号	设备名称	型号、规格、性能参数	单位	需要数量
2.1	光纤专网采集服务器	国产服务器 CPU：≥4 颗，每颗≥8 核，主频≥2.0GHz 内存：≥128GB，性能优于 ECC DDR3－1333 硬盘：SAS 600GB 10K×2，配置 RAID 0，1，5（硬件实现），支持热插拔 配置 DVDROM 网卡：1000MB 以太网口×4 电源：热插拔冗余电源和冗余风扇 机架式，高度≤5U，配置导轨 含国产安全加固操作系统	台	2
2.2	无线公网采集服务器（一区）	国产服务器 CPU：≥4 颗，每颗≥8 核，主频≥2.0GHz 内存：≥128GB，性能优于 ECC DDR3－1333 硬盘：SAS 600GB 10K×2，配置 RAID 0，1，5（硬件实现），支持热插拔 配置 DVDROM 网卡：1000MB 以太网口×4 电源：热插拔冗余电源和冗余风扇 机架式，高度≤5U，配置导轨 含国产安全加固操作系统	台	2
3	管理大区硬件部分			
3.1	SCADA 服务器	国产服务器 配置不低于： CPU：≥4 颗，每颗≥10 核，主频≥2.0GHz 内存：≥128GB，可扩展的最大内存≥128GB 硬盘：600GB×2SAS 硬盘（≥10 000 转，传输速率≥6Gbps）×2，配置 RAID 0，1（硬件实现），支持热插拔 DVD－ROM 基本配置为 4 个千兆以太网口 提供冗余电源及风扇 机架式，高度≤4U，配置导轨 含国产安全加固操作系统	台	6
3.2	应用与信息发布服务器	国产服务器 CPU：≥4 颗，每颗≥8 核，主频≥2.2GHz 内存：≥64GB，性能优于 ECC DDR3－1333 硬盘：SAS 600GB 10K×2，配置 RAID 0，1，5（硬件实现），支持热插拔 配置 DVDROM 网卡：1000MB 以太网口×4 电源：热插拔冗余电源和冗余风扇 机架式，高度≤5U，配置导轨 含国产安全加固操作系统	台	2
3.3	信息交换总线服务器	国产服务器 CPU：≥4 颗，每颗≥8 核，主频≥2.2GHz 内存：≥64GB，性能优于 ECC DDR3－1333 硬盘：SAS 600GB 10K×2，配置 RAID 0，1，5（硬件实现），支持热插拔 配置 DVDROM 网卡：1000MB 以太网口×4 电源：热插拔冗余电源和冗余风扇 机架式，高度≤5U，配置导轨 含国产安全加固操作系统	台	2

续表

序号	设备名称	型号、规格、性能参数	单位	需要数量
3.4	接口服务器	国产服务器 CPU：≥4 颗，每颗≥8 核，主频≥2.2GHz 内存：≥64GB，性能优于 ECC DDR3－1333 硬盘：SAS 600GB 10K×2，配置 RAID 0，1，5（硬件实现），支持热插拔 配置 DVDROM 网卡：1000MB 以太网口×4 电源：热插拔冗余电源和冗余风扇 机架式，高度≤5U，配置导轨 含国产安全加固操作系统	台	2
3.5	公网前置服务器	国产服务器 CPU：4 颗 AMD6344 每颗 12 核，主频 2.6GHz 配置不低于： CPU：≥4 颗，每颗≥10 核，主频≥2.2GHz 内存：≥64GB，可扩展的最大内存≥128GB 硬盘：600GB×2SAS 硬盘（≥10 000 转，传输速率≥6Gbps）×2，配置 RAID 0，1（硬件实现），支持热插拔 DVDROM 基本配置为 4 个千兆以太网口 提供冗余电源及风扇 机架式，高度≤4U，配置导轨 含国产安全加固操作系统	台	6
3.6	关系数据库服务器	国产服务器 CPU：≥4 颗，每颗≥8 核，主频≥2.0GHz 内存：≥64GB，性能优于 ECC DDR3－1333 硬盘：SAS 600GB 10K×2，配置 RAID 0，1，5（硬件实现），支持热插拔 配置 DVDROM 网卡：1000MB 以太网口×4 电源：热插拔冗余电源和冗余风扇 机架式，高度≤5U，配置导轨 HBA 卡：8Gbit/s 光纤接口卡×2 双机软件 支持电力专用安全加密卡 含国产安全加固操作系统	台	2
3.7	客服端服务器（含认证软件及指纹认证 UKEY）	双屏延长系统持同一个接收端切换访问不同的发送端	台	1

5. 安全防护

根据国家发改委〔2014〕14 号令相关规定与 Q/GDW 1594 中三级系统安全防护要求，参照“安全分区、网络专用、横向隔离、纵向认证”的原则，强化边界防护，加强内部的物理、网络、主机、应用和数据安全。配电主站边界划分如图 9－3 所示。

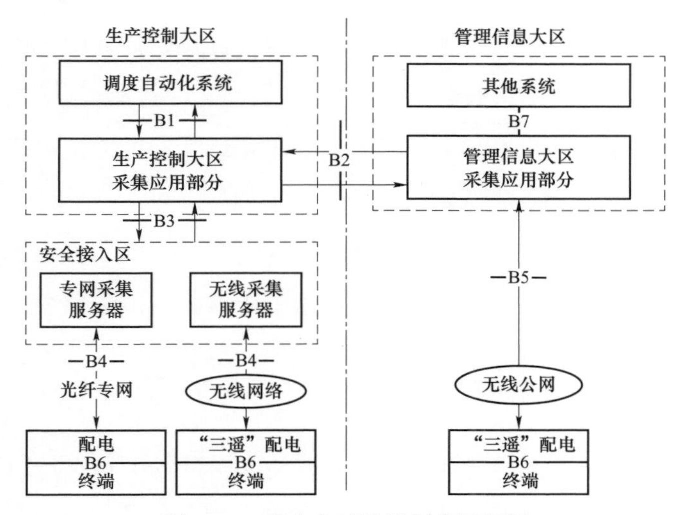

图9-3 配电主站边界划分示意图

（1）生产控制大区采集应用部分与调度自动化系统边界的安全防护（B1）：部署电力专用横向单向安全隔离装置（部署正、反向隔离装置）。

（2）生产控制大区采集应用部分与管理信息大区采集应用部分边界的安全防护（B2）：部署电力专用横向单向安全隔离装置（部署正、反向隔离装置）。

（3）生产控制大区采集应用部分与安全接入区边界的安全防护（B3）：部署电力专用横向单向安全隔离装置（部署正、反向隔离装置）。

（4）安全接入区纵向通信的安全防护（B4）：安全接入区部署的采集服务器必须采用国家指定部门认证的安全加固操作系统，采用用户名/强口令、物理设备、生物识别等至少一种措施，实现用户身份认证及账号管理。当采用专用通信网络时，安全防护措施包括：① 使用独立纤芯（或波长）；② 在安全接入区配置配电安全接入网关，采用国产商用非对称密码算法实现网关与终端的双向身份认证。当采用无线网络时，安全防护措施包括：① 启用无线网络自身提供的链路接入安全措施；② 在安全接入区配置配电安全接入网关，采用国产商用非对称密码算法实现网关与终端的双向身份认证；③ 配置硬件防火墙。

（5）管理信息大区系统纵向通信的安全防护（B5）：配电终端主要通过无线公网接入管理信息大区系统，首先应启用公网自身提供的安全措施，并采用硬件防火墙、数据隔离组件和配电加密认证装置的防护方案。硬件防火墙采取访问控制措施，对数据流进行控制。数据隔离组件提供访问控制、网络隔离、数据管理等功能。配电加密认证装置对远程参数设置、程序升级等信息采用国产商用非对称密码算法进行签名；对配电终端与主站之间的应用层报文采用国产商用对称密码算法进行加解密操作。

（6）配电终端的安全防护（B6）：对所有配电终端及故障指示器汇集单元配置具有双向认证加密能力的安全芯片。终端与手持设备应采用安全的通信措施并采用非对称加密算法的身份认证措施，采用对称加密措施确保数据机密性和完整性。

（7）管理信息大区采集应用部分与其他系统边界的安全防护（B7）：生产控制大区采集应用部分/管理信息大区采集应用部分与其他系统的边界采用硬件防火墙等设备进行访问控制措施，实现系统之间的逻辑隔离。管理信息大区采集应用部分与不同等级安全域之间的边界应采用硬件防火墙等设备实现横向域间安全防护。

6. 主站功能

A 市供电公司新一代配电自动化主站按照国家电网公司《配电自动化系统主站功能规范（试行）》（运检三〔2017〕6 号）要求，完成Ⅰ、Ⅳ区 23 个大项、457 子项的功能开发。主站功能设计以落地和实用化为基本考虑，以系统标准化和可操作为基本指导思想，充分考虑和预留可未来物联网等新技术应用，同时为支撑配电自动化向低压发展延伸，体现信息化和自动化融合趋势。

（1）一区功能。一区以基本 SCADA 功能和配网拓扑为基础，融合主网调度系统信息，实现了故障的快速定位隔离和恢复供电，提升配网运行方式的灵活性，满足调度对配网监测与控制的需求。常州新一代配电自动化主站在原有主站基础上，完善了一区部分功能：① FA 策略完善。实现单相接地定位、分布式电源线路故障处理、就地式馈线自动化综合分析；② 三工位断路器建模。三工位断路器是新一代主站内新增的设备图模，解决了标识牌功能不全、遥控界面不清晰、防误应用不识别等问题；③ 红黑图功能完善。解决红图未来态下不能开展设备调试的功能缺陷，实现了红图多态多应用，支撑调控业务多线开展。此外相继完成了 FA 全自动仿真功能调试、主配网模型自动拼接异常消缺、图形

列表的责任区完善等近53项小功能。

本次案例所涉及的新一代配电自动化主站除完善原主站一区功能外，还根据所在地供电公司调控专业实际业务需求，开发了下功能：

1）自动成图。原配电自动化单线图字体小、遮挡、布局乱、难以支撑调度及运检业务。通过PMS系统实现“源端自动成图”，解决了图纸布局问题。既实现了后端系统免维护又实现了两系统图模一致性。成图效果如图9-4所示。

2）防误功能。传统配电主站无防误功能，防误校验依赖外部系统或人工判定，新一代主站开发了防误功能，实现不依赖人工判别的防误校验，如：停复电提示、隔离开关操作防误、禁止带电合接地开关、挂接地线、禁止带接地送电等误操作行为。如图9-5所示，如果执行隔离开关b9-1闭合操作，由于下游存在接地设备b9-jd1，系统则禁止带接地合隔离开关。

3）综合智能告警。原配电主站告警信息只能以时标记录，告警窗口显示内容有限，极易丢失重要告警。新主站以“事件化、智能化”的告警归类原则设计，将无序的、重复的告警信息归类及事件化描述，有利于从海量的告警信息中及时发现设备缺陷。如图9-6所示，24h内某一设备频繁抖动，该设备24h抖动近700次，可精简为一条事件化描述的告警。

（2）四区功能。四区系统以基本SCADA功能为基础，以智能分析告警为业务发起源头，实现用户角色化、功能定制化、辐射多级化、辖区网格化、运维差异化，做精了配网自动化管理业务。在专业覆盖领域实现面向四个业务对象：面向应急抢修管控业务、面向中压配网运检业务、面向低压配网运检业务、面向配网自动化设备运检业务，体现了“监测全景化、告警智能化、信息定制化、应用移动化”四大特点。

1）全景监测功能。

a. 中、低压配电网数据处理。该功能实现对中、低压配电设备的全状态感知，可以通过设备树中，选中低压线路以及低压台区一次接线图，实现线路查看。

b. 配电终端管理。实现配电终端参数远程调阅及设定、历史数据查询、终端软件管理、蓄电池远程管理、运行状态监视及统计分析、通信流量监视及告警等功能。

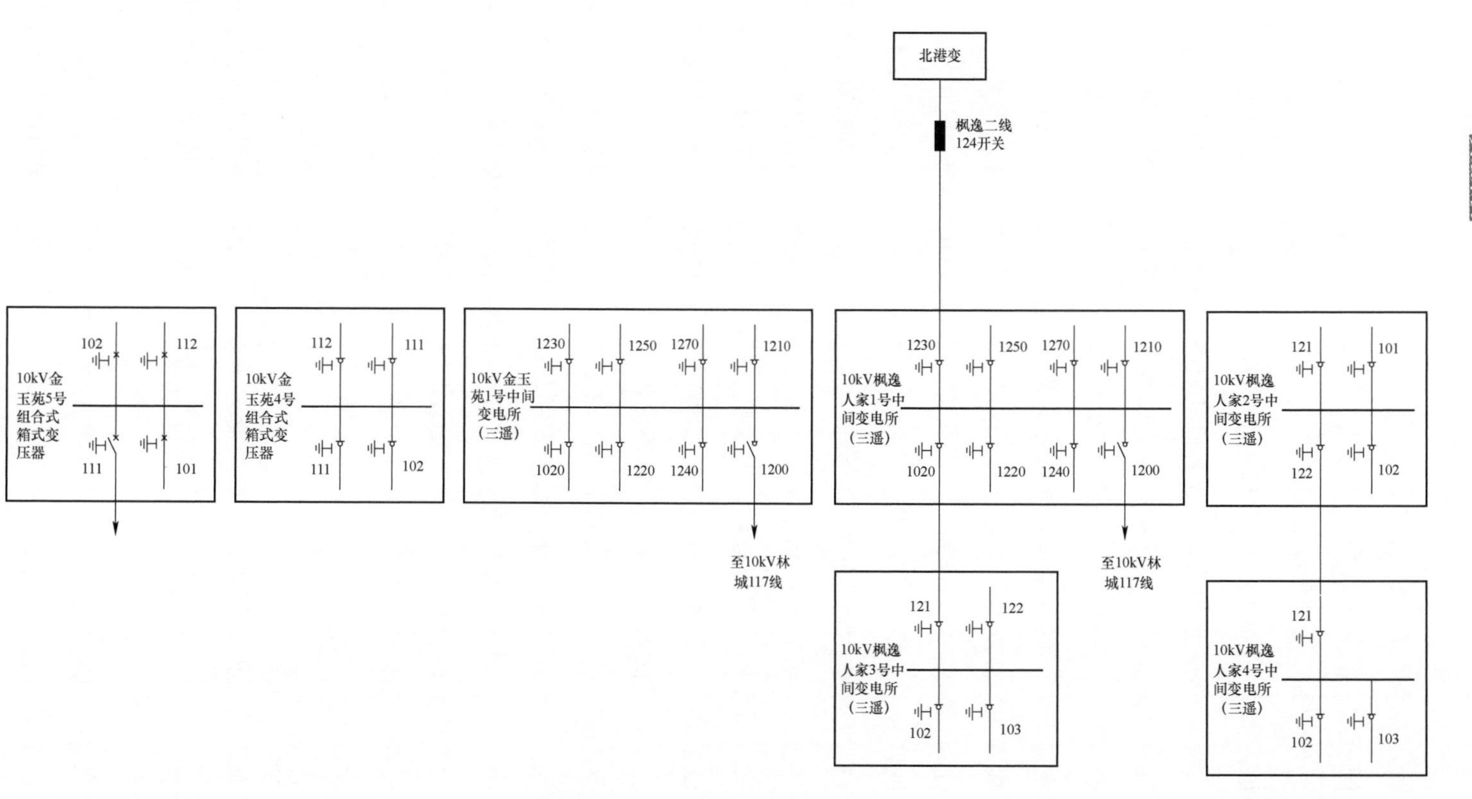

图9-4　布局优化后接线图

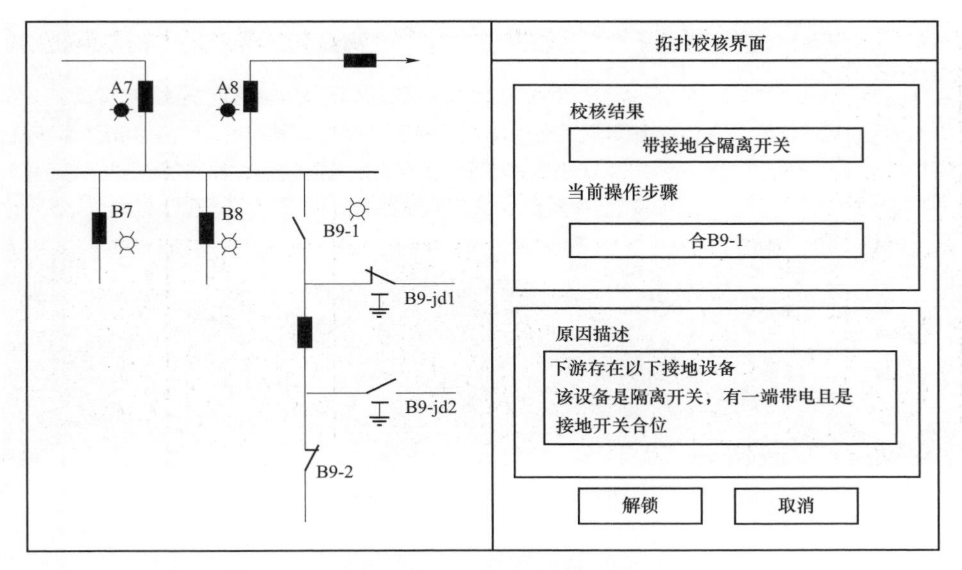

图 9-5 带接地合刀闸闭锁

处理状态	告警等级	告警信息
未确认	二级	2018-08-08 19:06:31 10kV 北自 125 线 10kV 新龙 2 号环网柜 DTU 交流失电告警信号抖动异常（未确认）
分告警显示：共（5237）条分告警记录		
2018-08-08 18:52:53 10kV 北自 125 线 10kV 新龙 2 号环网柜 DTU 交流失电 复归（24h 699 次）		
2018-08-08 18:52:48 10kV 北自 125 线 10kV 新龙 2 号环网柜 DTU 交流失电 动作（24h 700 次）		
2018-08-08 18:52:40 10kV 北自 125 线 10kV 新龙 2 号环网柜 DTU 交流失电 复归（24h 701 次）		
2018-08-08 18:52:33 10kV 北自 125 线 10kV 新龙 2 号环网柜 DTU 交流失电 动作（24h 702 次）		
2018-08-08 18:52:23 10kV 北自 125 线 10kV 新龙 2 号环网柜 DTU 交流失电 复归（24h 703 次）		
……		

图 9-6 综合智能告警示意

c. 设备（环境）状态监测。实现对设备本体环境状态量的实时监测，通过在中压一次接线图中，可视化展示设备本体环境状态量的实时监测值。其界面见图 9-7。

2）智能告警功能。

a. 就地馈线自动化分析。实现自动研判就地馈线自动化动作故障，高亮显示跳闸断路器、故障区域或隔离停电区域，以特定颜色显示供电正常区域。

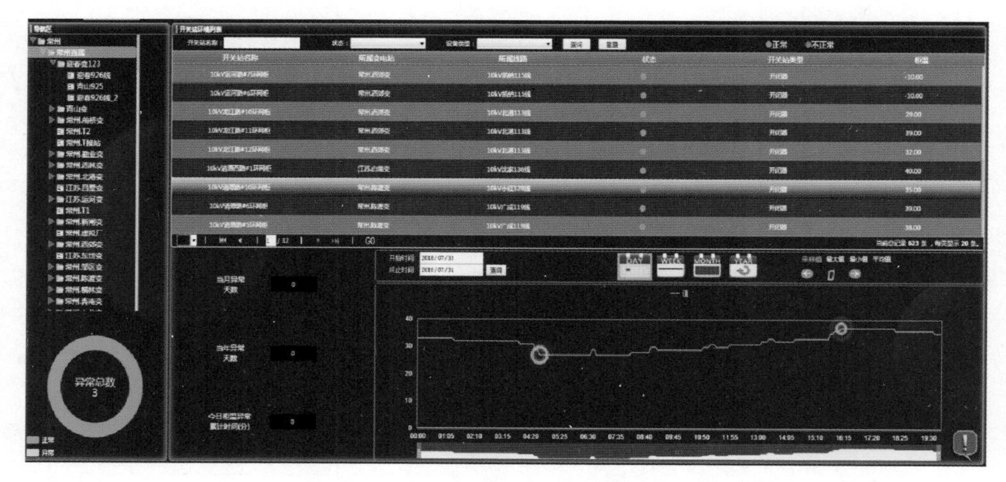

图 9－7　设备环境监测界面

b. 接地故障分析。实现对单相接地进行选线分析以及故障区段定位分析判断，高亮红色显示故障区域，通过信息框展示采集到的三相电场、三相电流、零序电压、零序电流等电气量波形和相角分析计算结果。

c. 综合故障研判。实现自动研判跳闸故障，高亮显示故障区域或隔离停电区域，以特定颜色显示供电正常区域。

d. 设备状态异常分析。实现配电负荷分析、当日负荷预测、重要用户风险预警、智能告警等功能。

e. 配电自动化系统缺陷分析。通过主站分析，及时发现相关缺陷，并提供系统相关日志以快速定位缺陷；针对关键缺陷及时产生告警。

f. 配电自动化运行统计分析。分析抽取配电自动化系统的多个运行指标，并通过可视化的方式直观展现。其界面见图 9－8。

3）信息定制功能。增加了设备主人权责管理功能。通过角色管理，使角色在用户和系统资源之间充当桥梁，系统通过用户的角色信息获取用户具有哪些资源的访问权限；角色管理提供角色的定义页面，配置角色具有的资源集合。其界面见图 9－9。

4）移动应用功能。

a. 信息发布功能。实现中压故障、配网停运、设备异常、终端缺陷等信息发布，及发布结果日志记录功能。

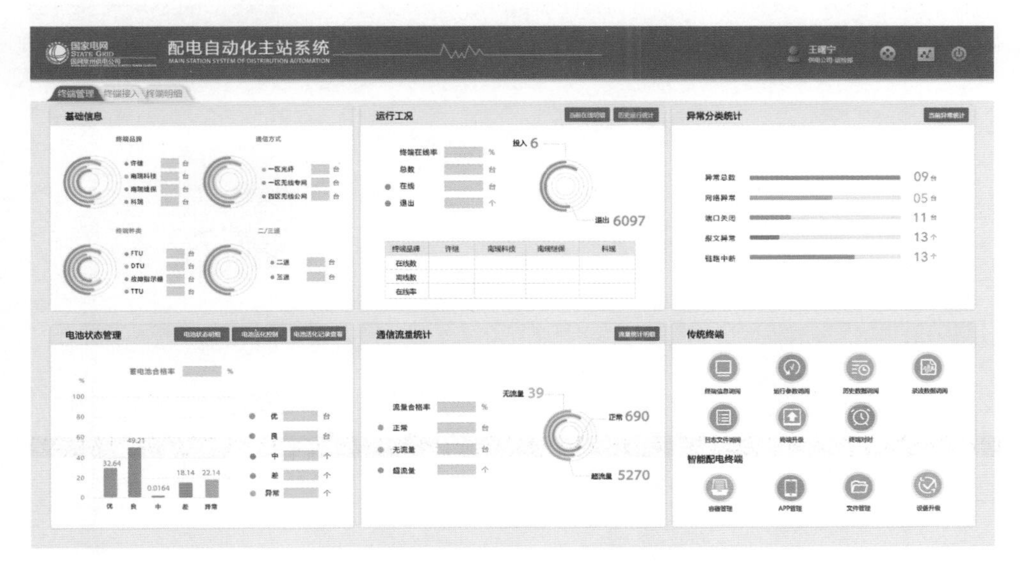

图 9－8　配电自动化运行统计界面

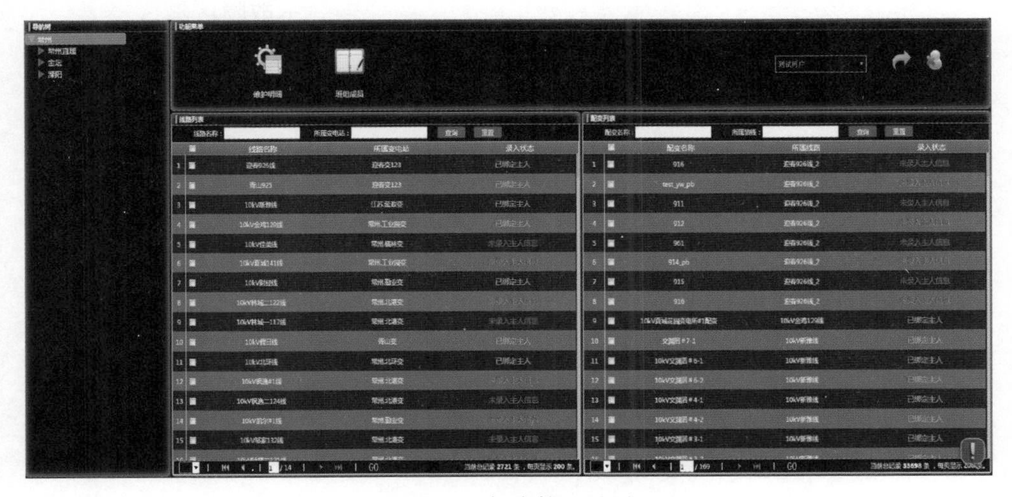

图 9－9　权责管理界面

b. 信息交互功能。实现终端信息查询、终端参数查询设置、终端缺陷管理功能。

c. 短信应用。实现短信信息订阅、发布功能，短信信息查询，自定义短信等功能。手机软件显示界面见图 9－10。

图 9-10　手机软件显示界面

9.2　集中型配电自动化建设改造案例

9.2.1　架空线路建设改造案例

（1）线路概况。选用 A 市某 10kV 架空线路作为架空线路配电自动化终端建设改造典型案例。该线路所在的区域供电类型为 B 类，总长度 7.5km，由一个 110kV 变电站供电，与另一条 10kV 线路盛辉线构成联络，线路已配置主干线手动分段开关 1 台，分支线手动开关 2 台，手动分界开关 1 台，手动联络开关 1 台，但均无法满足配电自动化要求，见图 9-11。

（2）存在问题及改造必要性。10kV 社店线线路属 110kV 内江变供电，线路中社店线 17 号杆分段开关、社店线 3 号杆分支线开关、社店线 5 号杆分支线开关、社店线 18 号杆用户分界点开关及社店线 40 号杆联络开关均为 ZW32-200/630-10 型号，不具备配电自动化功能；社店线 14 号杆、社店线 32 号杆、社店线 34 号杆用户分界点无安装分界开关。按照 Q/GDW 10370—2016《配电网技术导则》相关要求，对该 10kV 配网线路进行配电自动化建设改造。通过配电自动化建设，能够实现配网开关远方遥控、定值远方修改、故障远方研判以及配网运行工况可观、可测，有效提高配网供电可靠性和电压合格率等

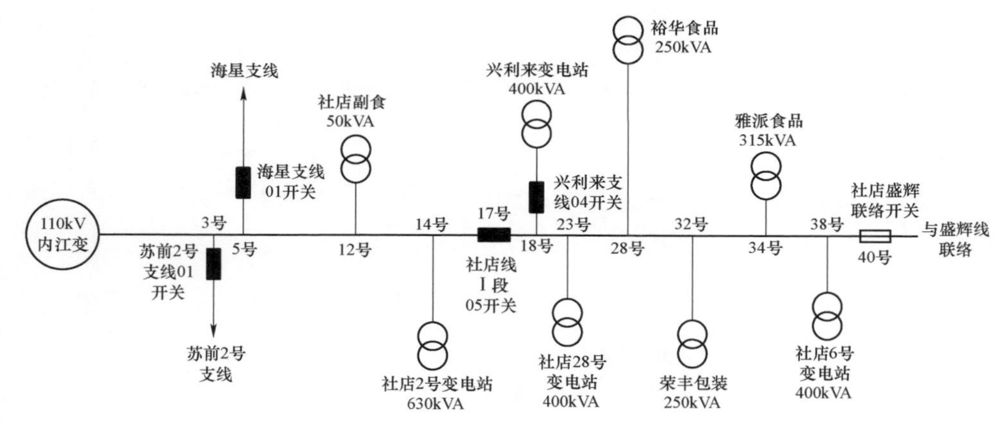

图 9－11　线路原始接线图

指标，提升对用户的供电服务质量。

（3）设备选型及配置要求。

1）本次改造所使用的设备是一二次融合成套柱上断路器，设备由开关本体（内置零序电压传感器、TA，变比 600/5，测量 TA 精度不低于 0.5 级，保护 TA 精度不低于 10P10 级）、控制单元、TV（变比 10kV/220V/110V，容量不低于 3kVA）、连接电缆组成，配电线损采集模块内置于 FTU 箱体中，同时采用 RS232/RS485 与 FTU 进行通信。

2）架空线路配电自动化设备及终端配置原则见图 9－12。

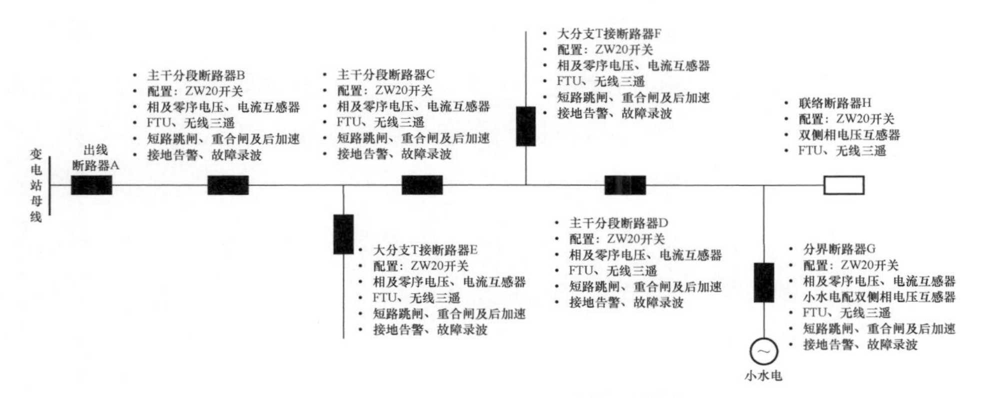

图 9－12　架空线路配电自动化设备及终端配置原则

a. 主干线路分段开关、联络开关、大支线第一级支线开关、分界开关配置一二次融合成套柱上断路器；两个分段开关之间若未 T 接用户，则靠近负荷侧开关可不配置“三遥”。

b. 10kV 架空主干线路长度小于 2km 不设置带保护的分段断路器；主干线路长度 2～8km 宜设置一个带保护的分段断路器；主干线路长度 8～15km 宜设置两个带保护的分段断路器；主干线路长度 15km 以上宜设置三个带保护的分段断路器。

c. 10kV 架空线路用户接入产权分界处、外部电源（小水电及分布式电源）接入点处，电网侧应配置分界设备。

d. 对于分段不合理的主干线路，按照分段要求，增加“三遥”配置的分段开关。

e. 变电站出线开关采取退出保护措施，不进行“三遥”改造，主干线路分段开关、联络开关、主干线与主要支线间第一级支线开关更换为一二次融合成套柱上断路器。

f. 对更换下来的开关优先考虑进行“三遥”开关改造进行轮回或在其他项目利旧使用及作为备品备件使用。

3）继电保护配置原则。利用“三遥”终端的继电保护功能代替开关涌流控制器，配置主干线路、大分支开关一至三级保护并投重合闸，其余主干线路开关配置负荷开关。

4）故障处理策略。故障发生后，变电站 10kV 出口断路器分闸且保护信号（包括事故总信号、过流信号、速断信号等）动作。当具备重合闸功能，重合成功时，为瞬时故障，进行故障区间的判定后，故障处理程序结束；无重合闸或重合闸失败时，进行下面阶段的处理。

利用线路上自动化分段开关上送的故障告警信号进行故障区间判定；故障区间判定结果为线路上上送故障信号的最末端的自动化开关负荷侧区段，该区间以通信正常的自动化开关为边界。

故障区间隔离和电源侧恢复供电：

a. 区间判定结束后，只有设定为全自动模式的线路，系统才进行自动隔离和电源侧恢复供电。

b. 自愈模式隔离操作票的编制原则是将故障区间边界所有的自动化开关都

进行隔离（不包含当地状态、操作禁止、挂保持合牌、检修牌、故障牌的开关和柱上断路器）。

负荷侧非故障停电区间转供：

a. 隔离及电源侧恢复供电完成后，进入负荷转供流程进行负荷计算，生成操作策略进行负荷转供；

b. 执行转供策略时，发生开关拒动，将该拒动开关作为操作禁止开关处理，进入负荷转供流程再次进行负荷计算，生成新策略进行负荷转供。

（4）改造方案。

1）将该线路上原有的 1 台分段开关、2 台分支开关、1 台分界开关及 1 台联络开关更换为一二次融合成套柱上断路器，同时每台柱上断路器外置 2 台电磁式单相 TV，安装在开关两侧；3 条用户专线分别加装一二次融合成套柱上断路器，同时每台柱上断路器外置 1 台电磁式 TV。其余用户专线因故障次数相对较少，暂不加装一二次融合成套柱上断路器。

2）继电保护配置表见表 9－2，配置图见图 9－13。配置情况如下：

a. 三段式定时限电流保护，可经电压、方向闭锁；

b. 两段式定时限零序电流保护，可跳闸或告警，用于单相接地；

c. 定时限过电压保护，用于小水电线路；

d. 二次重合闸，具备检无压、非同期（即不检测）两种方式（可选），适用于普通线路和小水电线路，重合闸时间 1～300s 内设置，检无压检测周期应在 1～10min 内可设置；

e. 过负荷保护，可选择是否跳闸；

f. 合闸（含手合）后加速功能，前加速、后加速（可选）；

g. 以上功能均可通过控制字单独投退、调定值；

h. 事故存储故障记录，至少能保留 20 次故障事项，事件存储 SOE 记录不少于 100 条。

表 9－2　继电保护配置表

序号	杆　　号	编　　号	保护配置	备注
1	社店线 3 号杆	苏前 2 号变电站支线 01 开关	速断：1100A，0S 过流：240A，0.3S	分支

续表

序号	杆　　号	编　　号	保护配置	备注
2	社店线 5 号杆	海星支线 01 开关	速断：750A，0S 过流：150A，0.3S	分支
3	社店线 12 号杆	副食支线 12 号开关	速断：280A，0S 过流：50A，0.3S	用户分界
4	社店线 17 号杆	社店Ⅰ段 05 开关	速断：1500A，0.3S 过流：350A，0.5S	分段
5	社店线 18 号杆	兴利来支线 04 开关	速断：1100A，0S 过流：240A，0.3S	用户分界
6	社店线 32 号杆	荣丰支线 03 开关	速断：1100A，0S 过流：240A，0.3S	用户分界
7	社店线 34 号杆	雅派支线 07 开关	速断：550A，0S 过流：100A，0.5S	用户分界
8	社店线 40 号杆	社店盛辉联络开关	保护退出	联络

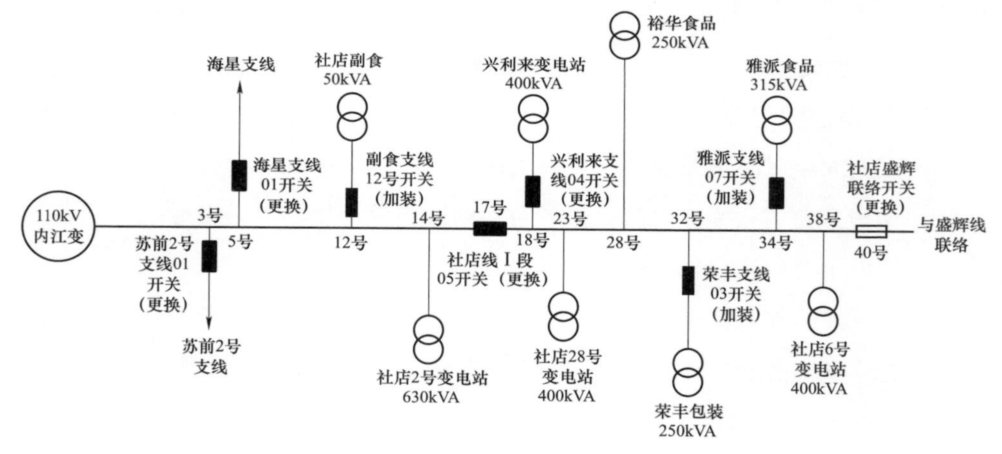

图 9－13　配电自动化配置图

9.2.2　电缆线路建设改造案例

（1）线路概况。选用 B 市某 10kV 电缆线路作为电缆线路配电自动化终端典型案例。该线路所在的区域供电类型为 A 类，为单环网线路，线路总长 5.7km，共计装接配电变压器 30 台，总容量 10 100kVA。线路接线图见图 9－14。

（2）存在问题及改造必要性。该线路涉及苗圃 1 号环网柜、吕岭南环网柜、蔡塘小学环网柜、好立 1 号环网柜和好立 2 号环网柜等 5 座环网柜，均不具备

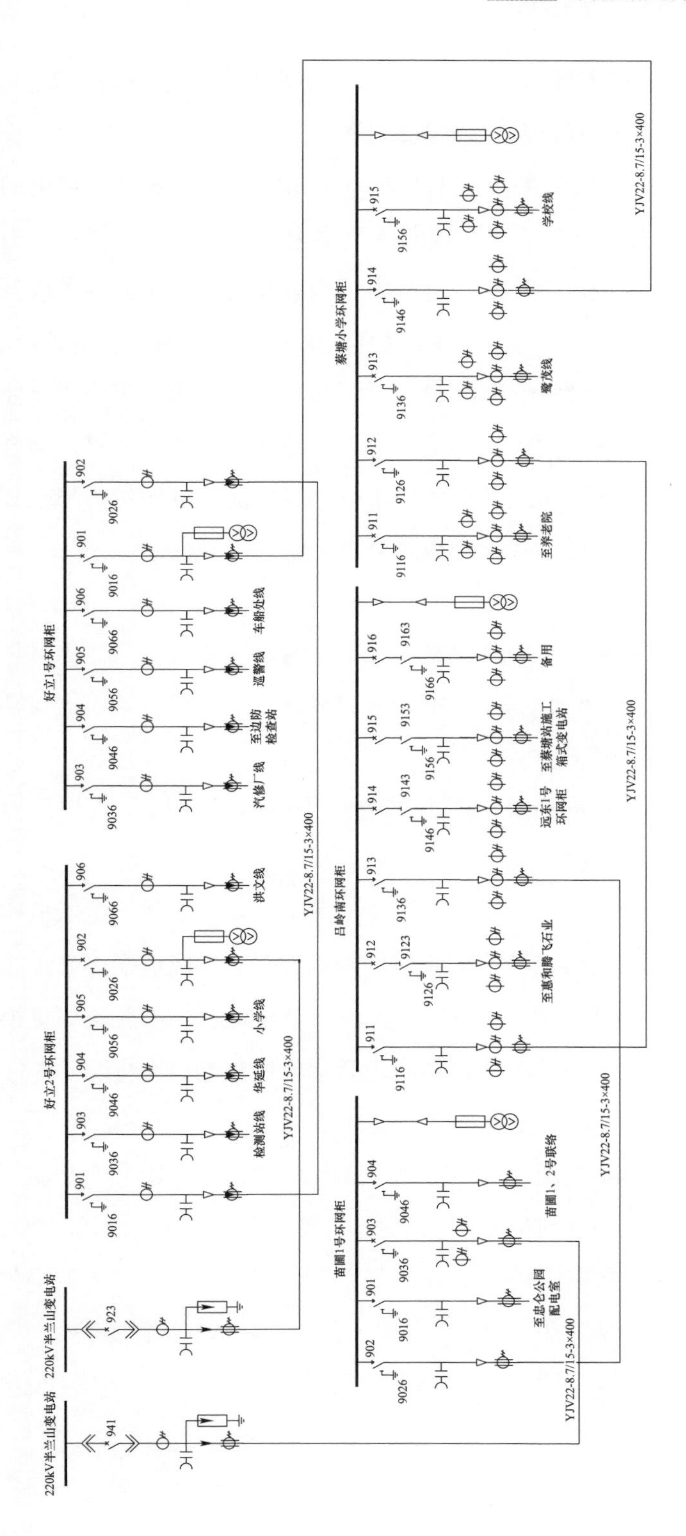
220kV半兰山变电站
941
220kV半兰山变电站
923
好立2号环网柜
检测站线
华延线
小学线
洪文线
好立1号环网柜
汽修厂线
至边防检查站
巡警线
车船处线
苗圃1号环网柜
至忠仑公园配电室
苗圃1、2号联络
吕岭南环网柜
至惠和腾飞石业
远东1号环网柜
至蔡塘站施工箱式变电站
备用
蔡塘小学环网柜
至养老院
鹭茂线
学校线
YJV22-8.7/15-3×400

图 9－14 线路接线图

配电自动化功能。线路发生故障后，整个故障的隔离与供电恢复需要人工干预，导致故障隔离时间及非故障区段恢复时间较长。

（3）故障处理策略。通过配电终端和配电主站的配合，实现对配电网故障的诊断定位、故障隔离以及非故障区域的恢复供电等处理。集中型馈线自动化适用于A+、A、B类区域电缆线路，对网架结构以及布点原则的要求较低，可适应大多数情况，是国内配电自动化的主流模式。其故障处理过程包括：① 配电终端上送过流信息、开关跳闸动作信息；② 配电主站收集故障线路全面的故障信息；③ 配电主站根据开关跳闸变位信号以及终端过流量测信息，结合拓扑信息开始故障定位；④ 配电主站根据故障定位结果生成可操作的故障隔离与恢复方案；⑤ 配电主站以遥控方式执行故障处理策略。

（4）改造方案。

1）本次改造分别将好立1号环网柜、好立2号环网柜、苗圃1号环网柜、吕岭南环网柜、蔡塘小学环网柜等5座站房加装具有“三遥”功能的自动化终端，并对线路FA系统进行调试。

2）该线路上吕岭南环网柜及蔡塘小学环网柜为新建环网柜，同时所有间隔电操机构运行良好，不用更换。

3）好立1号环网柜、好立2号环网柜及苗圃1号环网柜均无电操机构及配电自动化所需的配套TA、TV，故增加相应的辅助设备。为保证配电站点设备安全及维护方便，设计一次环网柜与DTU通信设备共箱运行。因此整体更换环网柜老旧机箱、改造基础，使改造后的箱体满足新增电操机构、辅助设备TA、TV、DTU机柜（含通信接入箱）的安装要求。

4）线路上每台环网柜配置一台“三遥”站所终端DTU，配套交换机、光纤配线架及通信光缆。进出线配置A、C相保护TA及零序TA，主线配置A、C相测量TA（400mm^{2}电缆采用600/5，精度级别不低于0.5级）。TV柜提供48V操作电源（TV变比10kV/220V/110V，容量不低于3kVA），并为配电终端和通信设备供电。改造完毕后，环网柜间能实现“三遥”功能，同时支持FA功能的实现。

5）故障定位策略选取为线路产生故障后，故障点电源侧所有主干开关均产

生故障，故障点负荷侧均不产生故障来判断。故障隔离方案选取为跳开故障点前后开关。

6）是否恢复非故障区段供电，需要进行负荷预判，如果转供侧现有负荷与需要转供的负荷之和超过转供侧可承载的负荷，则不合联络开关，停止转供，避免造成转供侧因过负荷跳闸。

9.3 智能分布式配电自动化建设改造案例

9.3.1 速动型智能分布式配电自动化改造案例

1. 线路概况

（1）高压电网现状评估。

1）电源点概述。

电源分布：2座110kV变电站，分别是110kV三桥变电站和110kV医药变电站。

变电容量：主变压器4台，总容量290MVA。

间隔情况：10kV出线间隔总数43个，已用30个，剩余13个，间隔利用率69.77%。

运行情况：变电站平均最大负载率28%。

2）电源点评估。变电站负载率适中，该区域属于开发成熟阶段，电源点容量满足负荷转供要求。高压配电网变电站情况见表9－3。

表9－3　高压配电网变电站情况

序号	变电站	容量（MVA）	10kV出线间隔数（个）	已用10kV间隔数（个）	剩余间隔数（个）	最大负荷（MW）	负载率（%）
1	110kV三桥变电站	80＋50	25	16	9	14.5	18.1
2	110kV医药变电站	2×80	18	14	4	36.9	46.1

（2）中压线路评估。

装备水平：10kV 线路电缆化率 100%。截面选用 400mm^2，10kV 线路截面标准化率 100%。

供电能力：10kV 线路最大负载率平均值 13.2%，均为轻载线路。

改造前网架结构：涉及智能分布式改造 10kV 线路 4 条，线路总长度 19.66km，线路平均供电半径 2.7km，供电半径最长为 3.2km，最短为 2.6km，处于 A 类区域，接线方式为双环网。改造前网架各项指标见表 9－4。

表 9－4　改造前网架各项指标

一级指标	二级指标	单位	现状年
供电可靠性	用户平均停电时间	min/户	19.4
	供电可靠率	%	99.996 3
电压质量	综合电压合格率	%	100
供电能力	10kV 线路最大负载率平均值	%	13.2
	10kV 重载线路占比	%	0
	10kV 轻载线路占比	%	100
网架结构	10kV 线路平均供电半径	km	2.7
	10kV 配电网标准化结构占比	%	100
	10kV 线路联络率	%	100
	10kV 线路站间联络率	%	100
	10kV 线路 $N-1$ 通过率	%	100
装备水平	10kV 线路截面标准化率	%	100
	10kV 线路电缆化率	%	100

从网架结构上看，4 条线路形成 2 个单环网接线方式，正常运行方式为开环运行。网架以每个变电站一段母线为中心，各自形成一个环形配电网结构环网 A 和环网 B，在数据园 2 期中心开闭所处汇集，形成中心花瓣网开闭所。从电网指标来看，电网运行情况良好，且具备负荷转供能力，拟将开环运行的环网改为闭环运行，并完成智能分布式配电自动化改造。医药城配电网一次接线图如图 9－15 所示。

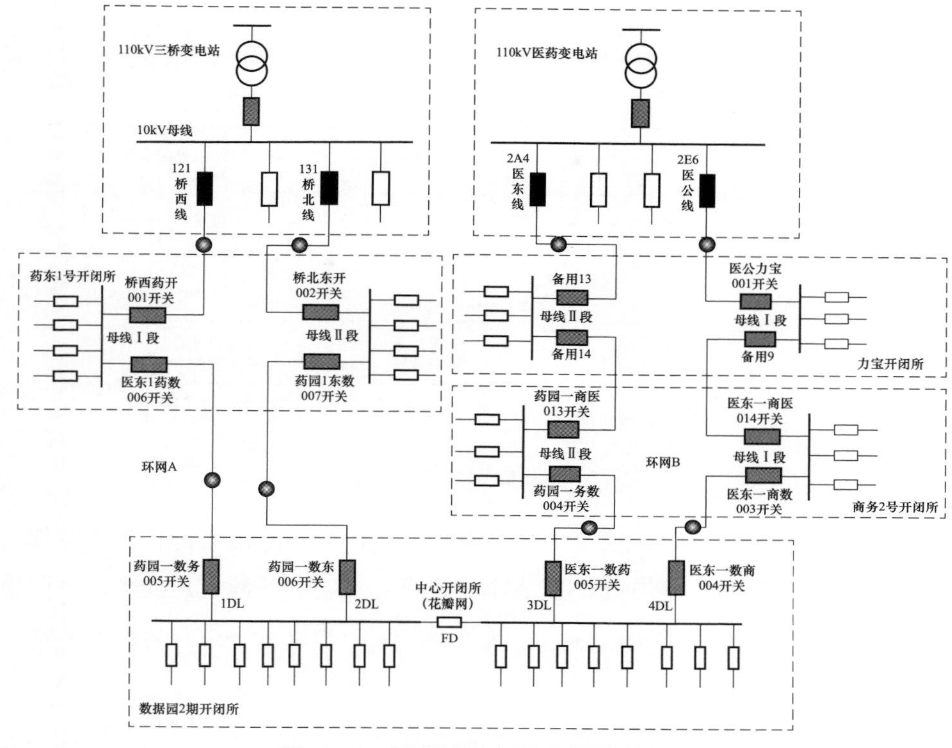

图 9－15　医药城配电网一次接线回路

2. 建设目标

以提高该区域供电可靠性为总体目标，建立不依赖主站系统且能自动适应配网运行方式如合环/解环、双环、花瓣式等复杂网络拓扑结构的变化的智能分布式配电自动化系统，实现对配电网一次设备运行的安全防护和运行信息的数字化采集等的综合应用，显著的减少配电设备的停电时间，缩小配电网的故障停电范围，有效提高配电网的管理水平和运行维护效率。预计改造完成后供电可靠率达 99.999 6%，户均停电时间小于 2.1min/户，综合电压合格率达 100%。

3. 建设方案

（1）终端配置。智能分布式配电自动化系统包括：实时采集和计算线路的运行数据的配电终端；支持配电终端间的快速运行信息交互，并实现终端与配电主站之间信息传输的分布式快速通信网络；实时监控各个所述配电终端所采集和计算的数运行据信息的配电主站。其基础网络结构如图 9－16 所示。

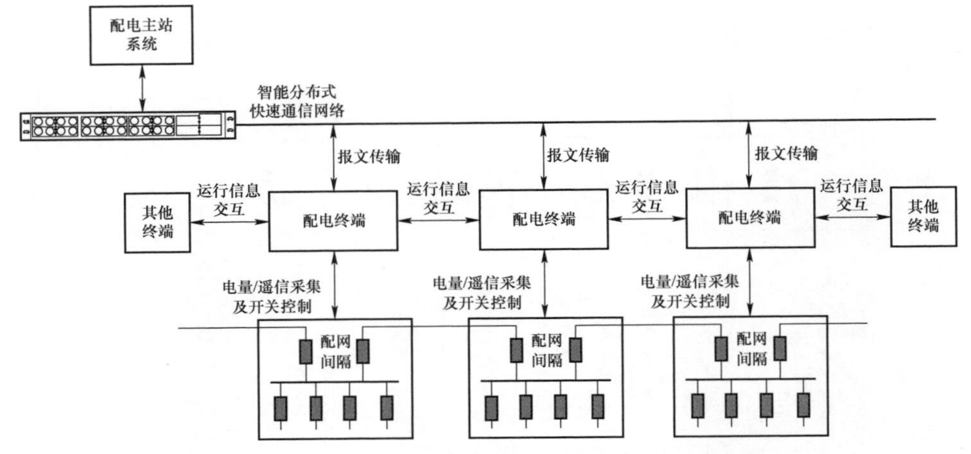

图 9－16　智能分布式配电自动化系统基础网络结构

每个开闭所安装一台配电自动化终端装置，按照线路链路，相邻的终端装置之间采用对等快速通信方式进行故障信息交互，实现故障快速处理。故障检测信息与控制信息在相关配电终端之间传递，故障信息的处理与协调控制决策由各个配电终端自身完成，无须控制主站参与控制。

（2）一次设备改造。本次试点工程需要在原来已实现配电自动化监控功能的开闭所等处进行改造，升级更换原有的配电终端装置，重新接入配电自动化系统。另外，需对原有的通信网络进行改造，按照工程应用要求进行升级布置。设备改造范围：

一次部分：环路上间隔开关应为断路器，可实现故障条件下的大电流开断；配电网环路上的间隔电压/电流互感器应为 A、B、C 三相全相，以保证配网保护的全线路保护范围。

二次部分：新增保护屏（含智能配电终端），实现环路进线部分间隔的电压电流、开关量等信号的采集接入、相应开关的控制以及环路故障的快速识别和故障跳闸隔离，同时也实现对其他出线开关间隔的数据采集和开关控制。

终端的安装实施：在 110kV 三桥变电站和 110kV 医药变电站侧，将新增智能分布式快速保护屏（含两台分布式快速保护 DTU 装置）分别接入变电站的两条 10kV 环网线路间隔中，实现线路的电压、电流电量采集以及开关的保护跳闸控制。安装图见图 9－17。

在 10kV 药东 1 号开闭所、力宝开闭所、商务 2 号开闭所侧，新增智能分布

式快速保护屏（含两台分布式快速保护 DTU 装置），分别接入Ⅰ段/Ⅱ段（Ⅰ/Ⅱ段分属于两个环网构架中）环网线路和用户馈线出线中，实现所有间隔的测控以及配电网分布式快速保护功能。安装图见图 9－18。

图 9－17 变电站侧分布式快速保护屏安装图

图 9－18 开闭所侧分布式快速保护屏安装图

在 10kV 数据园 2 期开闭所侧，新增智能分布式快速保护屏（含 1 台分布式快速保护 DTU 装置）和普通测控屏（含 2 台 DTU 测控装置）。安装图分别见图 9－19、图 9－20。

图 9－19 花瓣中心开闭所侧分布式快速保护屏安装图

分布式快速保护 DTU 装置同时接入环网 A 的两条进线间隔和环网 B 的两条进线间隔以及开闭所的分段间隔，实现 5 个间隔的测控，同时实现花瓣网节点处的配电网分布式快速保护功能。

2 台 DTU 测控装置分别接入Ⅰ段/Ⅱ段（Ⅰ/Ⅱ段分属于两个环网构架中）的用户 10kV 馈线出线中，实现 10kV 出线的测控和普通过流保护功能。

图 9－20　花瓣中心开闭所侧测控屏安装图

（3）保护整定。通过各个配电自动化终端间隔进线过流保护启动作为分布式快速保护启动条件，通过功率方向进行故障电流流向的判别，通过各间隔进线开关位置（信息可交互）进行环网配电线路合/解环状态的自适应快速判别。实现“用户馈线零时限过流保护＋主干线分布式快速保护＋变电站侧延时后备保护”的无级差保护配合。具体配置如下：

1）变电站侧 10kV 馈线保护。考虑与环网保护配合，保护速断保护退出；限时速断保护按一侧开环、小方式本线路末端故障有灵敏度整定，定值 1200A，时间 0.3s；过电流保护按躲过配电线路允许的最大负荷电流整定，定值 900A，时间 1.2s，作为配电线路总后备保护；因合环线路为电缆线路，站端重合闸停用。

2）各环网柜和开闭所进出线配置分布式快速保护（分布式快速保护原理为纵联方向过流保护。利用过流元件启动，功率方向元件判别区内区外，GOOSE 信号利用 EPON 通道进行信息传输），为躲过合闸时配电变压器合闸时涌流冲击、故障时的功率导向以及下一级馈线的速断保护，分布式快速保护定值一般取 600A。分布式快速保护动作 100ms 延时，该延时固化装置内部。

3）各环网柜和开闭所馈线配置简单过流保护，过流定值按躲过最小额定电流整定，定值 900A，时间 0ms。保护配置情况见表 9－5。

表 9-5 保护配置情况

间隔	保护配置	整定值（A）	启动时间（ms）	备注
变电站端出线	电流速断保护	退出	0	考虑与环网保护配合，保护速断保护退出
	限时电流速断保护	1200	300	开环小方式本线路末端故障有灵敏度整定
	过流保护	900	1200	过电流保护按躲配电线路允许的最大负荷电流整定
	重合闸	退出	—	合环线路为电缆线路，站端重合闸停用
开闭所进线、出线	GOOSE 信息快速交互分布式快速保护	600	100	躲过合闸时配电变压器合闸时涌流冲击、故障时的功率导向
开闭所馈线	过流保护	900	0	1.5 倍负荷电流

（4）通信网络建设。本次试点工程光纤网络从施工难度、可靠性和应用需求等方面综合考虑，采用双链型 PON 网实现光纤网络建设。花瓣网内的所有终端装置接入同一个数据共享网络中；ONU 设备开启 PON 保护功能，提高 EPON 网络工作的可靠性。

为了保证光纤回路建设、检修维护的清晰可靠，光纤回路铺设时，一般从变电站馈线出线端开始，按照一次电缆或者架空线回路路径进行铺设。在每个环网柜/开闭所/柱上开关处落地安装分光单元和相应的 ONU 通信设备。根据网络配置要求，光纤铺设从 110kV 三桥变电站 OLT 侧 PON 口出发，按照花瓣网网络结构，单链式逐次经过三桥变电站馈线端、开闭所/环网柜、花瓣网开闭所、开闭所/环网柜至 110kV 医药变电站的馈线端布置。在每个 10kV 馈线出线侧、环网柜/开闭所侧配置一台独立的 ONU 设备，接入各就地安装布置的 DTU 配电终端设备；每个 ONU 设备处配置一路分光器（或为 ONU 自带的分光单元），进行无源分光，组成本环网的通信网络。本次试点工程光纤网络布置示意图如图 9-21 所示。

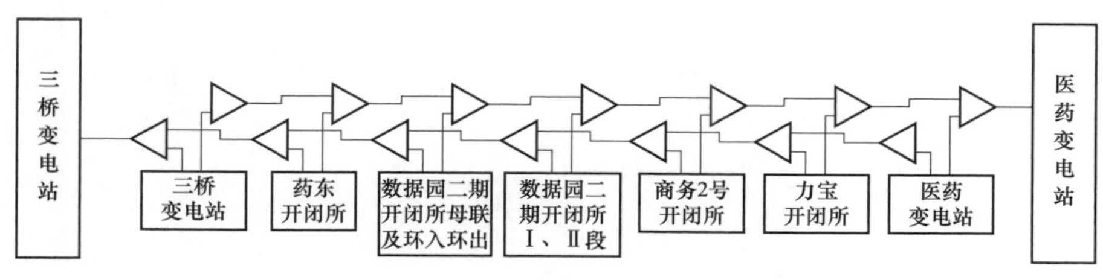

图 9-21 本期工程光纤网络布置示意图

对于另一个PON网络，布置原理同上，按照反方向布置，从110kV医药变电站OLT侧PON口出发，单链式布置至110kV三桥变电站的馈线端。这样构成了本次试点工程完整的EPON通信网络，工程所含的所有DTU终端设备接入了同一PON网络中，网络的施工布置以及分布式快速保护的工程应用方便快捷。

4. 应用成效分析

选取“第一环”进行智能分布式配电自动化的带负荷模拟故障现场功能测试。试验配电线路环网涉及110kV三桥变电站10kV桥开116线路、泰西环网柜、医药城4号开闭所、健南环网柜及10kV桥药126线路，如图9－22所示。

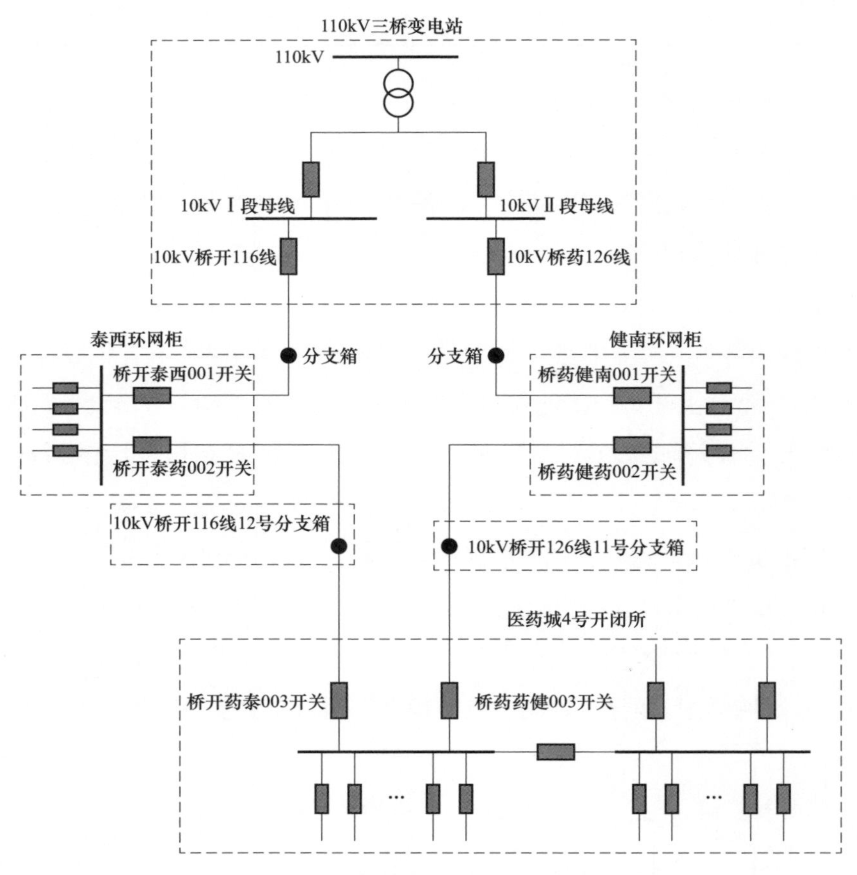

图9－22　医药城配电网环网线路示意图

其中，变电站低压10kV母线部分Ⅰ/Ⅱ段并列运行，10kV母线上馈线116、

馈线126线路接入配网网络，在开闭所处成环，可按合环/解环方式运行。

（1）试验方案。采用电容器负荷作为实际负荷，进行电流功率方向的核定（电容容性电流，与正常阻性电流功率方向相反）。在功率方向核定完成后，进行带负荷测试。修改所有DTU装置定值为带负荷试验定值。采用电容器负荷投切作为实际故障进行带负荷测试，测试点为电缆分支箱（电容器接入），模拟实际故障时整个配网环路上的故障电流，进行分布式快速保护的动作逻辑测试。在分支箱A处挂接模拟负荷，进行故障模拟，见图9-23。

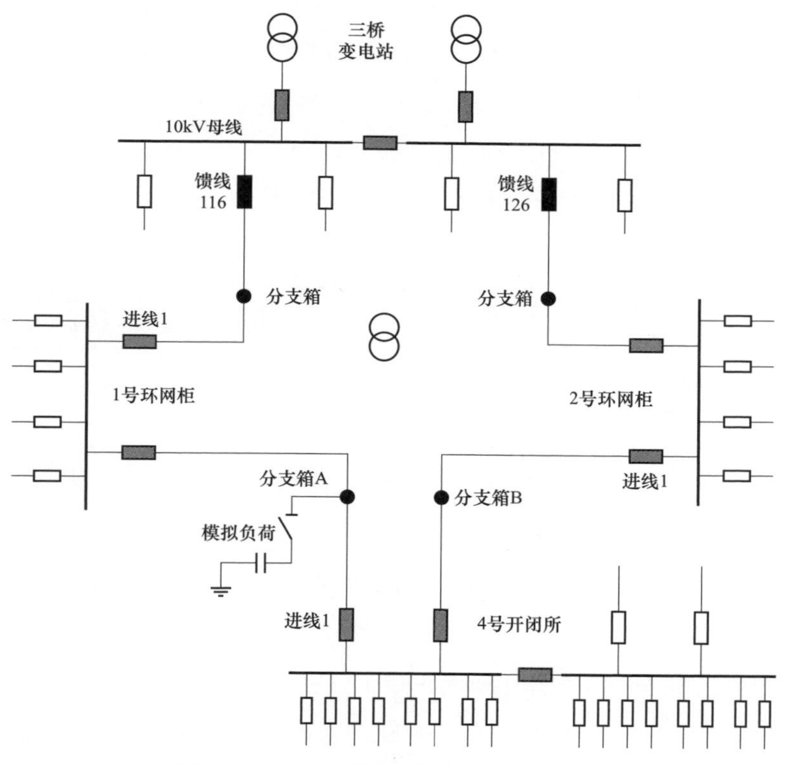

图9-23　主干线模拟故障A试验示意图

（2）合环模拟故障测试。在功率方向核定完成后，修改定值为试验定值，进行实际带负荷模拟故障试验。在“10kV桥开116线12号分支箱”处接入“模拟负荷”，进行分布式快速保护的动作逻辑测试。合环区外故障逻辑（上游与本间隔间故障），合环时上游与本间隔间故障情况如图9-24所示。

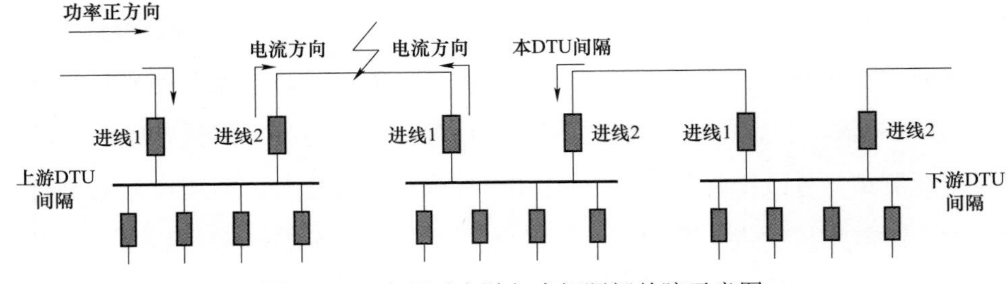

图 9－24　合环时上游与本间隔间故障示意图

此时对应的保护动作逻辑如下：保护在模拟故障负荷接入，故障电流来到时迅速启动，延时 100ms 以躲开线路上的合闸或者合环涌流影响，同时发信确认与上下游 DTU 装置的通信状态，约 103ms 时收到上下游装置的握手返回信号，确认与上下游装置通信正常。此时网络上的对等通信延时约为 2～3ms，基本符合前期试验及分析结果。见图 9－25。

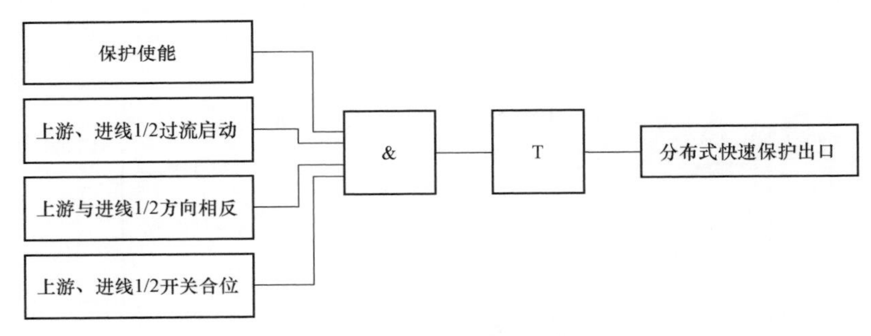

图 9－25　保护动作逻辑

保护启动后 125.5ms，开闭所侧 DTU 装置判别故障在本侧上游，分布式快速保护动作，保护跳闸出口。

保护启动 168.5ms 后，开闭所侧进线 1 开关跳开，同时发信联跳上游环网柜进线 2 开关，故障切除，保护整组动作跳闸时间约为 45ms（含装置继电器出口和一次断路器跳闸时间）。

与此同时，上游环网柜 DTU 装置的分布式快速保护对故障电流和故障区域也作了相应的反应：

在保护启动 127ms 后，分布式快速保护动作，同时判断出故障点在本侧下游，保护动作，切除进线 2 开关，隔离故障。

本项实验中，上下游 DTU 设备间协调工作，分布式快速保护快速判断出了

故障点所在区域，并且准确地切除隔离了故障，保证了其他区域的供电安全，验证了合环状态下，智能分布式配电自动化保护动作的选择性和正确性。

9.3.2 缓动型智能分布式配电自动化建设改造案例

1. 单环网型案例（断路器）

（1）线路概况。以 D 市某配网试点线路为例说明智能分布式配电自动化在现场工程中应用情况。该线路为东浦变电站 916 麦华 Ⅰ 回出线与东浦变电站 923 怡阳 Ⅱ 回线形成的单环网双电源网架结构。线路上现有环网柜 2 台，开闭所 1 台，其中，麦华开闭所 900 开关作为联络开关，麦华 1 号环网柜及怡阳环网柜进线开关为断路器，出线开关为负荷开关。该线路一次网架结构简图如图 9－26 所示。

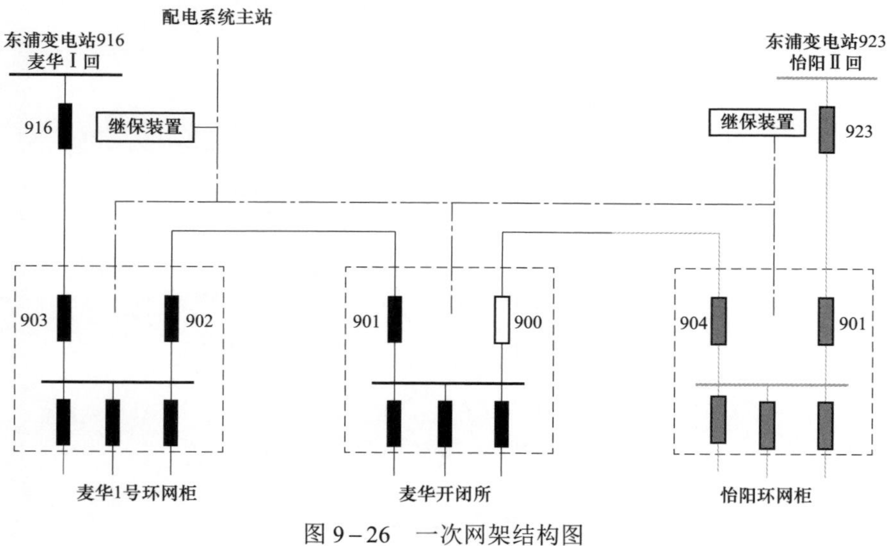

图 9－26　一次网架结构图

（2）改造方案。

1）一次设备及配电终端改造。

a. 麦华 1 号环网柜及怡阳环网柜。由于不满足环进环出全为断路器的原则，麦华 1 号环网柜需要按照原尺寸整体更换，同时更换原有终端设备，增设 DC48V 电操。安装 1 台 6 间隔遮蔽式终端以及各线路 TA，加装 OUN 实现 EPON 通信，配置终端之间两两通信。

b. 麦华开闭所。麦华开闭所现有Ⅰ段和Ⅱ段共计12条线路，均投运了综自保护，环进环出、母联及馈线均采用断路器，故不用更换。

该开闭所中综自设备运行时间较长（投运10年），需要退出原综自保护。开闭所增设DC48V电操，开闭所Ⅰ段和Ⅱ段加装1台组屏式双终端，每个终端核心单元配置8条线路，接入原有的TV和TA采集遥测，其中环进环出、母联及馈线电流均需采集，加装48V电操用作遥控，接入遥信节点。Ⅰ段终端采集环进开关901、母联开关900以及Ⅰ段各馈线的信号量；Ⅱ段终端采集环出开关902以及Ⅱ段各馈线的信号量。加装OUN实现EPON通信，配置终端之间两两通信。

退出开闭所环进开关901、环出开关902和母联开关900原有保护。Ⅰ段和Ⅱ段终端各配置一个IP，用作分布式FA互相通信用，对主站通信通过级联方式由其中1台终端将Ⅰ段和Ⅱ段终端数据进行上送。开闭所电气接线图见图9－27。

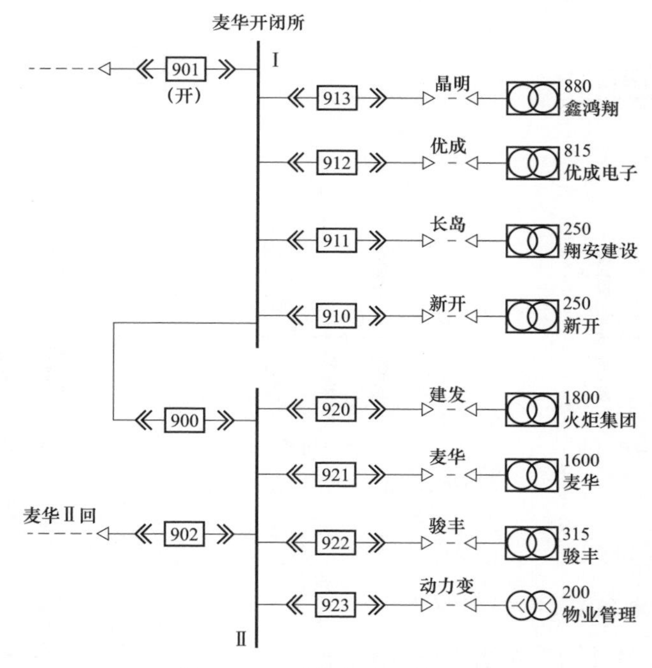

图9－27　开闭所电气接线图

2）线路保护配置要求。

a. 试点线路的二次设备及通信系统改造完成后，在东浦变电站内配置继保

装置，投运三段保护。

b. 环网线路上各环网柜和开闭所配置FA终端，投运分布式FA保护；环网柜、开闭所各馈线配置零秒速断保护。分布式FA实现故障隔离的动作时间小于0.2s，东浦变电站内线路保护段动作时间Ⅰ段动作时间设为0.3s、Ⅱ段动作时间为0.8s、Ⅲ段动作时间为1.1s，两环网柜及麦华开闭所内馈线配置零秒速断保护。由于东浦变电站916出线到东浦变电站923出线中间线路长度只有2km左右，发生相间短路故障时，由馈线零秒速断保护、分布式FA保护以及站内Ⅰ段保护形成三级级差保护。继电保护配置情况见表9-6。

表9-6　　继电保护配置情况

间隔	保护配置	整定值（A）	启动时间（ms）	备　　注
变电站端出线	电流速断保护	8000	300	躲过下一级保护安装处最大三相短路电流整定
	限时电流速断保护	2200	800	按躲过单台配电变压器低压侧最大三相短路电流整定
	过流保护	600	1100	按躲配电线路允许的最大负荷电流整定
开闭所/环网柜进线、出线	过流保护	720	100	躲过合闸时配电变压器合闸时涌流冲击、故障时的功率导向
开闭所馈线	过流保护	900	0	1.5倍负荷电流

3）与主站配合。主站集中式FA配合分布式FA进行故障处理辅助决策，对通信异常、开关拒动、开关越级跳等异常情况进行处理，充分结合分布故障处理快速以及主站全局监控修正控制的优势，体现两者的协同控制。在故障处理的过程中，通过FA终端上送的动作原因信号（如下游故障信号、上游故障信号、开关拒动信号、联络开关合闸等），判断故障处理是否执行成功。当发生不满足分布式FA功能运行条件时，则退出分布式FA功能，并将控制权移交配电主站系统，由主站集中式FA来处理。

（3）故障处理过程。

1）环内主干线故障（见图9-28）。环内主干线发生永久性一般故障：如902和901开关之间线路发生故障。分布式FA启动判据，快速定位到故障发生开关902和901之间，对应终端快速操作开关902和901跳闸隔离故障，并合闸联络开关 900，恢复非故障区域供电。上述故障处理过程中变电站出口保护不会动作，环内其他区域不断电。

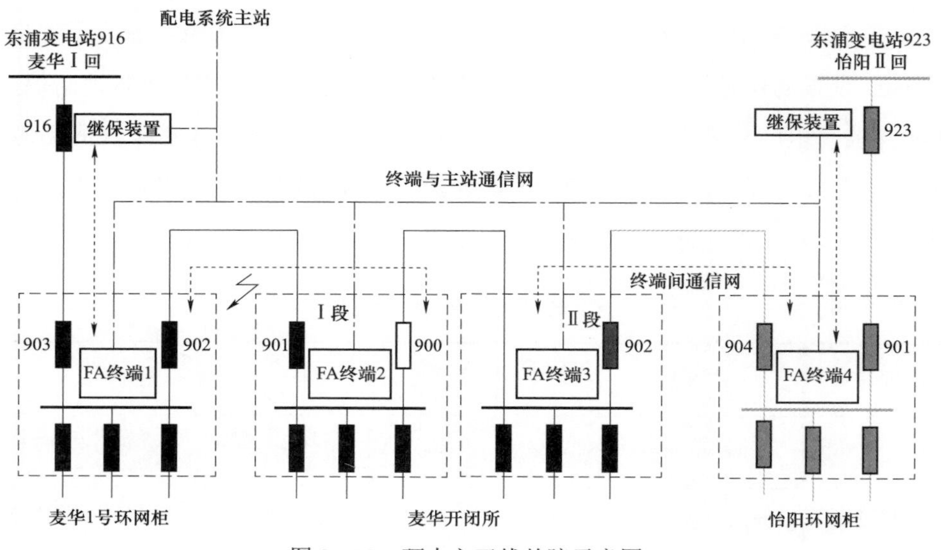

图 9－28　环内主干线故障示意图

2）馈线故障（见图 9－29）。

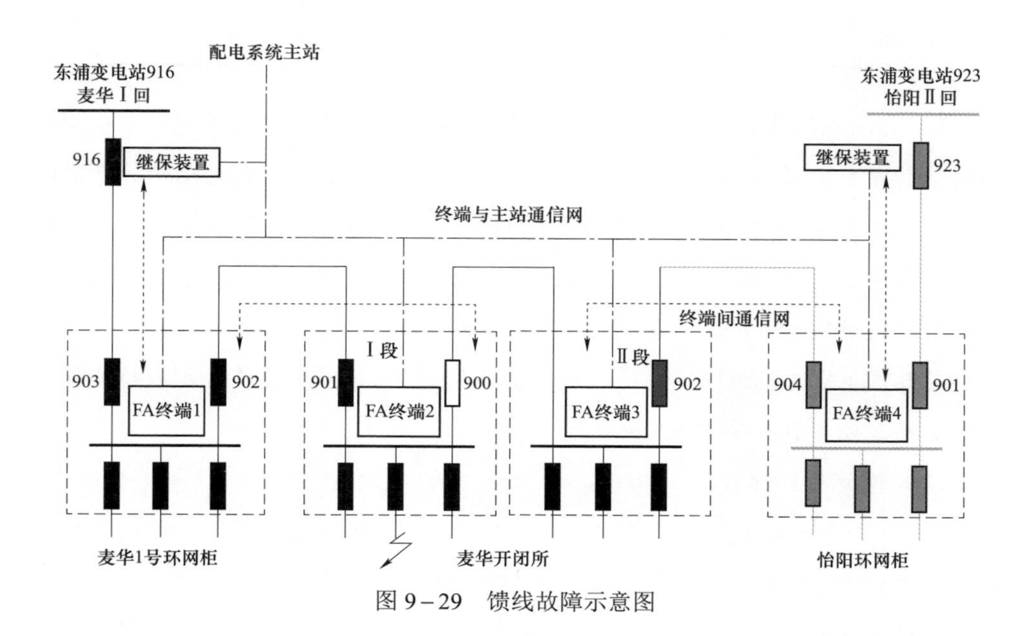

图 9－29　馈线故障示意图

开闭所馈线发生永久性一般故障：如开闭所一馈线负荷线路发生故障。分布式FA启动判据，快速定位到故障发生在馈线下游，若馈线上配置有馈线保护，则由馈线保护动作，切除故障；若馈线上未配置有馈线保护，则分布式FA启动，对应终端快速操作开关 901 跳闸，切除馈线故障。上述故障处理过程中变电站出口保护不会动作，环内其他区域不断电。

3）检修状态下发生故障（见图9-30）。

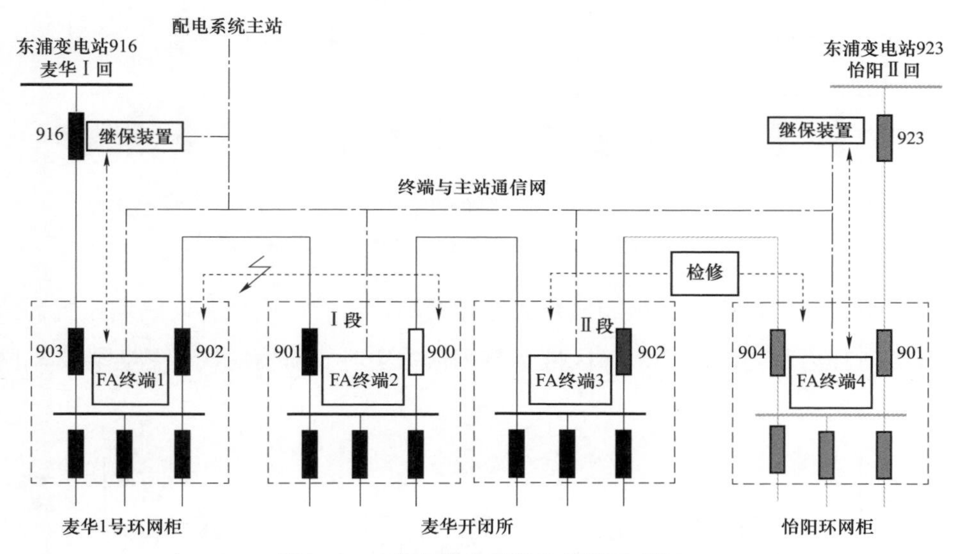

图9-30　检修状态下发生故障示意图

若开关902和904之间检修时，902和901开关之间线路发生永久性故障。分布式FA启动判据，快速定位到故障发生开关902和901之间，对应终端快速操作开关902和901跳闸隔离故障，此时，联络开关900不合。上述故障处理过程中变电站出口保护不会动作，环内其他区域不断电。

4）站内出口断路器与首端开关之间发生故障（见图9-31）。

若开关916和903之间线路发生永久性故障。站内继保装置启动Ⅰ段保护，916开关跳闸完成故障隔离，分布式FA不启动。

2. 单环网型案例（负荷开关）

（1）线路概况。以E市某配网试点线路为例说明智能分布式配电自动化在现场工程中应用情况。该线路为A+区域单环网电缆线路，为单环网双电源网架结构。线路上现有环网柜 5 台，涉及万向大厦环网柜、东方家园环网柜、泰同

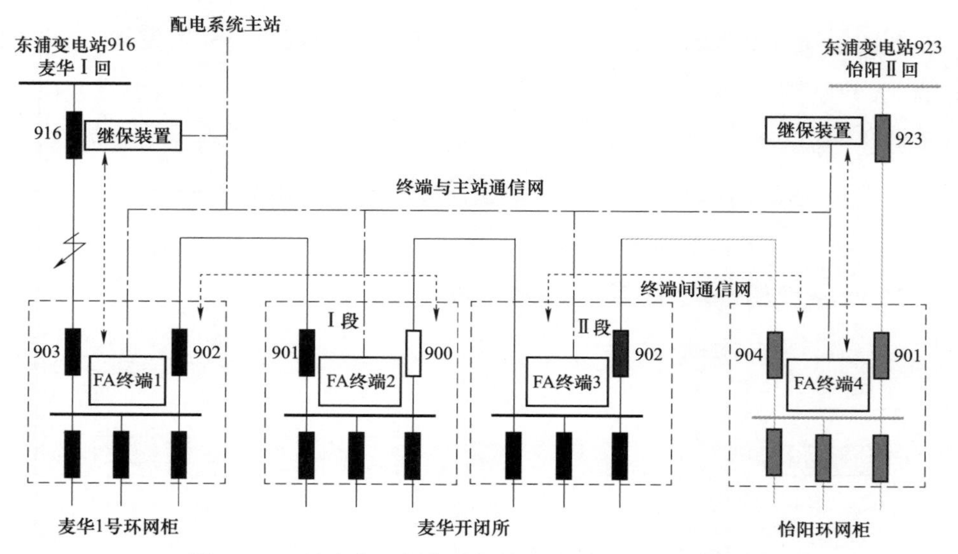

图 9－31　站内出口断路器与首端开关之间故障示意图

路环网柜、世纪银中环网柜和凤翔大地环网柜，所有环网柜各间隔均配置为负荷开关。环内故障时，非故障区域负荷可依据实时负荷情况决定是否转供。网架结构图见 9－32。

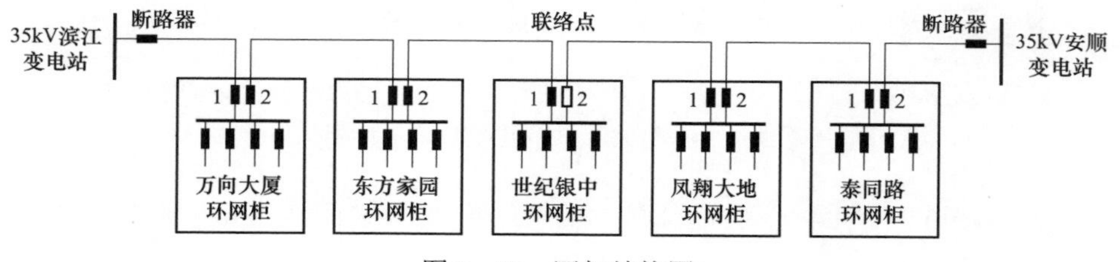

图 9－32　网架结构图

（2）改造方案。

1）一次设备及配电终端改造。

a. 线路上涉及户外环网柜 5 台，均为 2015 年新建环网柜，一次设备电操机构、TA 及 TV 均满足配电自动化要求，无须改造。

b. 选取缓动型分布式 FA 的建设思路，即线路产生故障后先跳变电站出口开关，然后进行故障隔离，故障隔离成功后恢复联络开关和变电站出口开关的方案。

c. 35kV 滨江站和 35kV 安顺站的出线开关保留继电保护装置，单环网线路中每台户外环网柜各配置分布式配电终端 1 台。

d. 本线路采用光纤以太网通信方式，根据分布式FA通信与主站通信信道互不干扰的原则，各环网柜内增设2套独立交换机，配置2个独立通信网络，1个用于分布式FA信息交互，另1个用于与配电主站通信。

2）线路保护配置要求。

a. 变电站出口断路器过流定值设置与故障电流检测参数一致，不设“一次重合闸”功能，故障点隔离后，遥信上送至配电主站，由主站自动判断变电站出口断路器合闸与否。

b. 由于线路上各间隔均配置为负荷开关，变电站保护出口应配置速断无延时；各环进环出间隔配置故障检测功能，各出线间隔配置过流失压跳闸功能。

终端定值参数整定表见表9－7。

表9－7　　终端定值参数整定表

开关名称	负荷开关故障隔离功能（ms）	连锁失电延时分闸功能（ms）	过流检测定值（A）	转供时间及允许负荷
万向大厦环网柜	200	200	1100	＜5s，320A
东方家园环网柜	200	200	1100	＜5s，320A
世纪银中环网柜	200	200	1100	＜5s，320A
泰同路环网柜	200	200	600	＜5s，320A
凤翔大地环网柜	200	200	600	＜5s，320A

3）与主站的配合。

a. 在线路未发生故障时，分布式配电终端上送遥测、遥信及开关状态等信息给主站系统，实现线路状态监测。

b. 在线路发生故障时，分布式配电终端启动分布式FA完成故障定位隔离及恢复非故障区间供电，对正确完成故障定位隔离及恢复供电的情况，配电主站不进行开关操作，只推送故障分析及处理信息。

c. 对于通信异常、操动机构异常等因素造成的分布式FA处理终止的情况，应及时闭锁智能分布式FA功能，避免造成分布式FA误动，同时应以遥信方式上报主站，配电主站可在分布式FA终止操作后进行优化处理，作为分布式馈线自动化的后备。

d. 智能分布式FA应实现与主站集中式FA的相互配合，以智能分布式FA为主，当智能分布式FA遇到各种异常条件闭锁退出时，主站应接管FA功能，当主站对线路开关进行分合闸操作时，分布式FA应自动退出，避免对主站进行的开关操作做出误操作。

e. 当分布式FA运行参数调整时，需重新核准主站集中式馈线自动化等待时间。

f. 终端参数和线路拓扑需要调整时，可通过主站远程对配电终端进行参数和拓扑下装。

g. 分布式FA投退时，主站同步进行馈线自动化方式的调整与提示。

（3）故障处理过程。

1）东方家园环网柜的2号开关与世纪银中环网柜的1号开关之间的线路发生故障。故障点位置示意见图9-33。

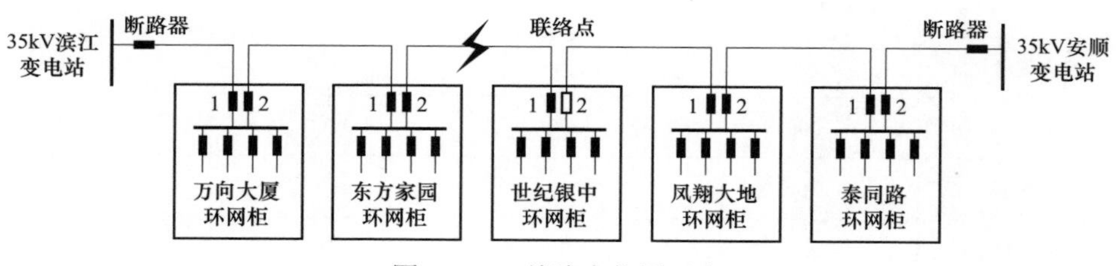

图9-33　故障点位置示意

2）分布式FA启动，在35kV滨江变电站出口断路器跳闸，见图9-34。

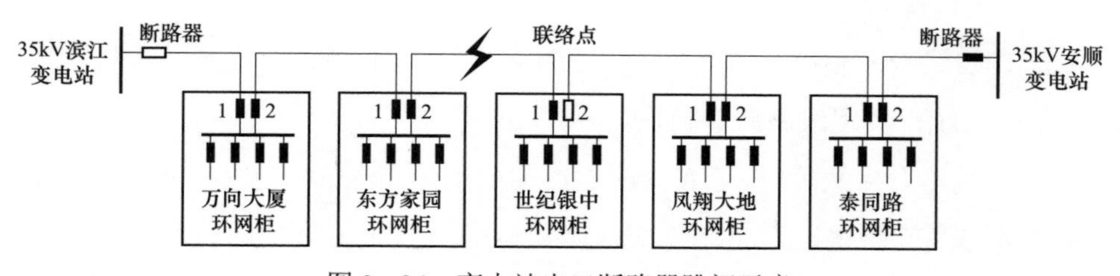

图9-34　变电站出口断路器跳闸示意

3）东方家园环网柜的2号开关分闸，世纪银中环网柜的1号开关分闸，见图9-35。

4）合上世纪银中环网柜的2号开关（不过负荷时），恢复下游非故障区段供电；合上35kV滨江变电站出口断路器（遥控合闸、人工合闸或重合闸），恢

复上游非故障区段供电，故障处理完成，FA 结束。非故障段恢复供电示意见图 9－36。

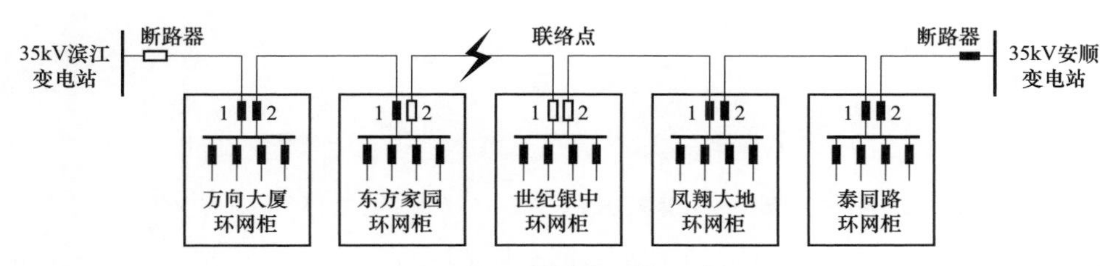

图 9－35　故障段隔离示意

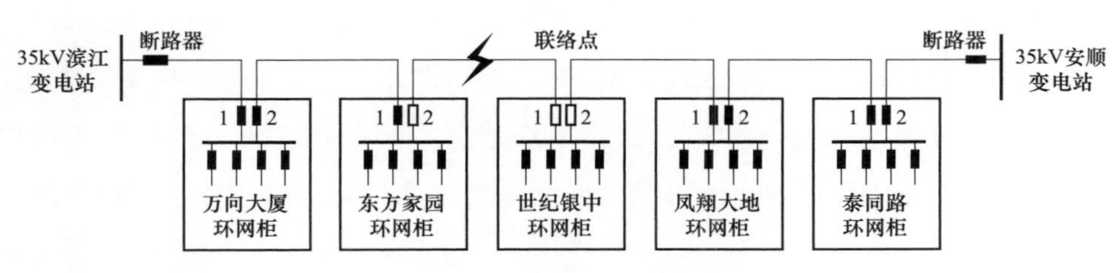

图 9－36　非故障段恢复供电示意

5）若东方家园环网柜的 2 号开关拒动，扩大一级则东方家园环网柜的 1 号开关分闸。东方家园环网柜的 2 号开关拒动故障隔离示意见图 9－37。

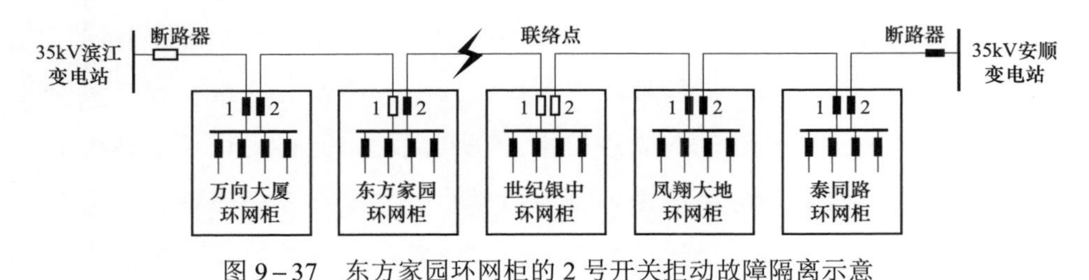

图 9－37　东方家园环网柜的 2 号开关拒动故障隔离示意

6）合上世纪银中环网柜的 2 号开关（不过负荷时），恢复下游非故障区段供电；合上 35kV 滨江变电站出口断路器（遥控合闸、人工合闸或重合闸），恢复上游非故障区段供电，故障处理完成，FA 结束，见图 9－38。

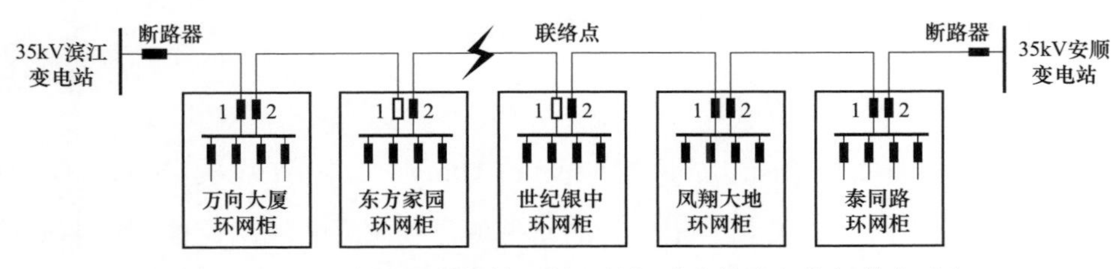

图 9－38　东方家园环网柜的 2 号开关拒动非故障段恢复供电示意

9.4 低压配电物联网建设改造案例

9.4.1 建设背景

当前低压配电网面临的挑战主要包括：一是配电台区规模点多面广量大，且低压设备总量正急剧增加，现有一线运维人员数量短缺且总数受限，依靠增加运维人员数量来提高配电网精益化管理水平的模式不可实现；二是低压设备种类多、分布式安装、缺乏统一标准、通信困难，现有监测管控手段不足，且配电变压器终端本身（接口、协议、形态等）扩展难度大，台区业务拓展和功能深化应用均受限制，无法满足低压配电网精益化管理要求；三是电能替代、用户深度互动、分布式能源大规模接入与消纳，需要以低成本的方式快速实现功能改造与业务调整，而现有资源配置能力无法满足快速变化的业务服务需求。

近年来，以“互联网+”为代表的新一代信息通信技术不断发展渗透，为传统产业发展形成信息物理深度融合的新业态指明了方向。能源管理作为互联网技术应用改造的关键领域，亟须在管控手段薄弱的低压配电网应用互联网理念和“云大物移智”等先进技术，在实现配电网可观可控的基础上，提升信息数据的集成与应用能力，实现信息系统与配电系统的融合，从本质上提升低压配电网建设、运维、管理水平，适应精益化的管理要求，快速灵活地适应业务需求变化，满足能源转型“再电气化”需求。因此，低压配电物联网的理念和解决方案应运而生，并将成为未来配电网发展的新思路、新模式、新焦点。

9.4.2 低压配电物联网的涵义与关键技术

1. 低压配电物联网的涵义

低压配电物联网（Distribution Internet of Things，D－IoT），是物联网（信息流）和低压配电网（电力流）相结合的新型信息物理融合网络。面向能源变革发展和提高电力服务水平的需求，基于物联网的信息感知、传输、汇聚和处理

技术，以新一代配电自动化系统为应用中心，以智能配变终端为数据汇聚和边缘计算中心，以低压传感设备为感知设备，以边缘计算和站端协同为核心，实现低压配电网开放接入、低压配电网全景感知和精益管理。

2. 整体构架

与传统物联网相似，配电物联网（D－IoT）也包括“云、管、边、端”四层，见图 9－39。“端”包含感知设备，实现配网运行数据的全面采集，配网设备状态的全面感知。“边”是在靠近物和数据源头的网络边缘侧，以容器技术为支撑就近提供边缘智能服务。“云”实现海量异构数据采集、数据存储、数据分析，提供应用微服务，完成配网运行状态监测、分析、决策。“管”是网络通道，实现数据端到边、边到云传输，实现网络资源、计算资源管理分配。

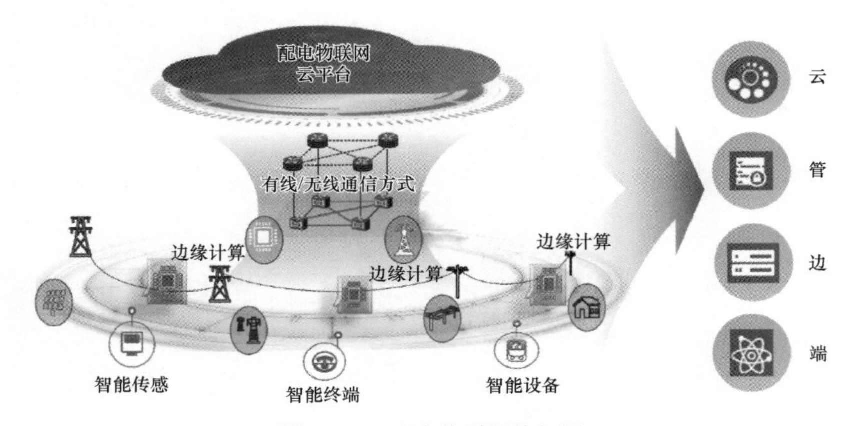

图 9－39　配电物联网构架图

3. 关键技术

（1）低成本广覆盖物联技术（见图 9－40）。采用 LoRa/宽带载波/RS485 相结合的通信部署方式，其原则是本地通信采用 RS485 方式，例如智能配变终端安装在综合配电箱（JP 柜）内，JP 柜内安装的漏保开关、电容器、SVG 等设备，采用 RS485 通信模式接入。低压远端通信采用 LoRa/宽带载波通信融合方式，原则是以 LoRa 为主，两者相济。考虑到低压物联通信实时性要求不高，对通信速率普遍要求不高，低压本地物联普遍采用 LoRa 通信技术，保证低成本的实现；在 LoRa 不能有效覆盖的地方，采用 LoRa/宽带载波双模通信方式；在实时性要求高的场合，宽带载波通信保证高速率大容量数据流的有效实现。

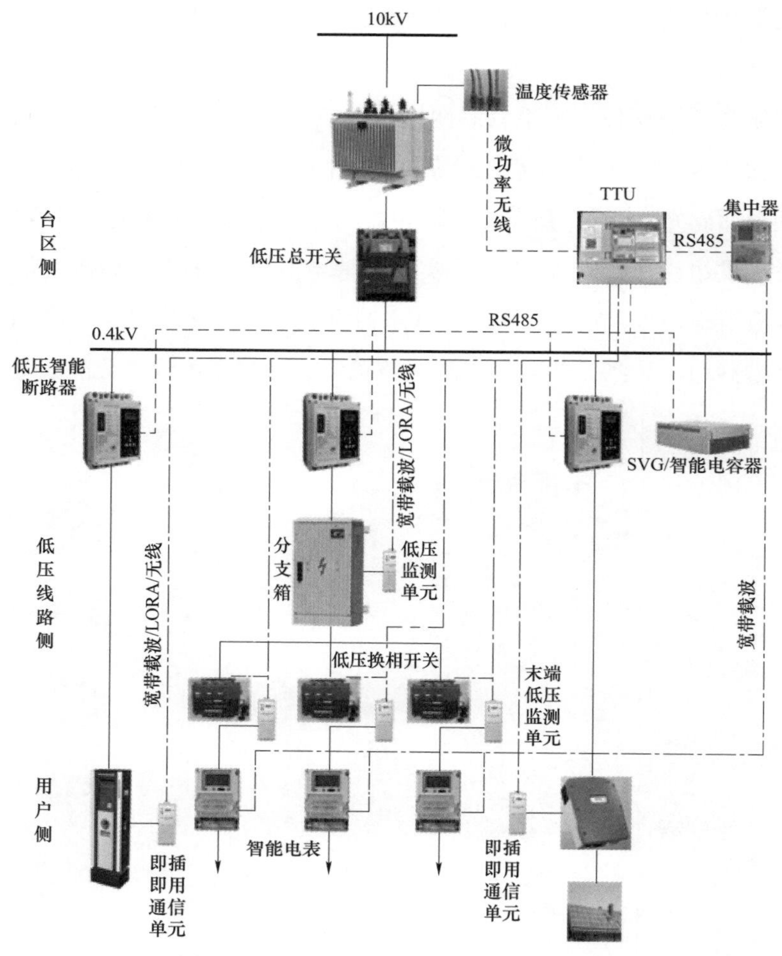

图 9－40　低成本广覆盖物联技术示意图

（2）基于边缘计算和站端协同的数据处理技术（见图 9－41）。配电物联网解决数据处理的技术手段是：① 边缘计算。边缘计算位于端侧数据源头，通过端侧设备数据分布式计算能力，就近进行数据处理，或将处理结果报送主站，或通过站端协调进一步深化数据处理。配电物联网 80%的数据计算处理工作在端侧进行。② 站端协同。配电物联网的计算和决策行为全部依赖于端设备的边缘计算也是不可能的，往往端测的边缘计算只能依赖于台区内部数据，其计算

结果有一定局限性，需要云化站的进一步处理。同时，端侧数据的计算方法和计算依据的更新也依赖云化站，根据需求和实际的变化进行调整。因此，站端协同是配电物联网数据计算实现的保证。

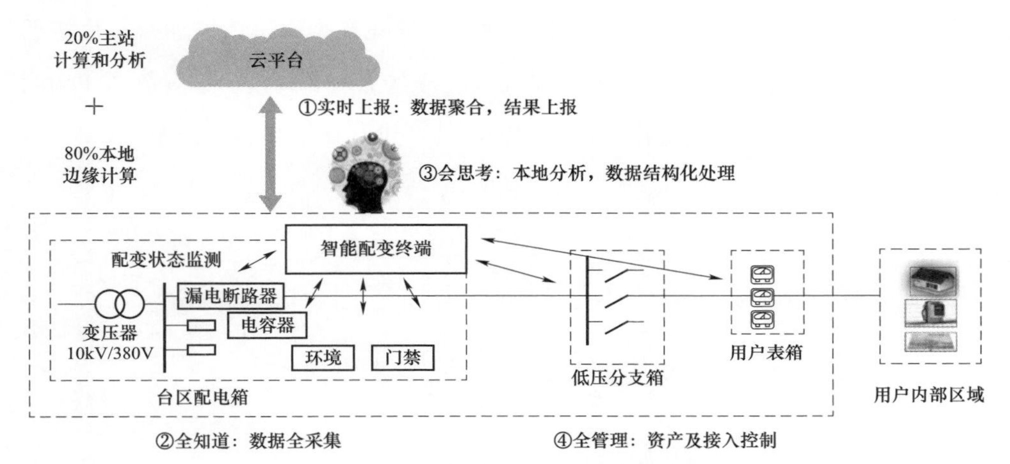

图9－41　配电物联网站端协同实现示意图

（3）基于容器的业务功能软件定义。基于智能配变终端，采用硬件平台化、软件APP化方式，实现试点地区终端业务应用弹性可扩展。其中，基于Docker容器实现智能配变终端功能APP化，基于Docker容器的APP灰度发布技术，实现APP平稳发布，保证系统的稳定，方便APP的调度及升级，见图9－42。

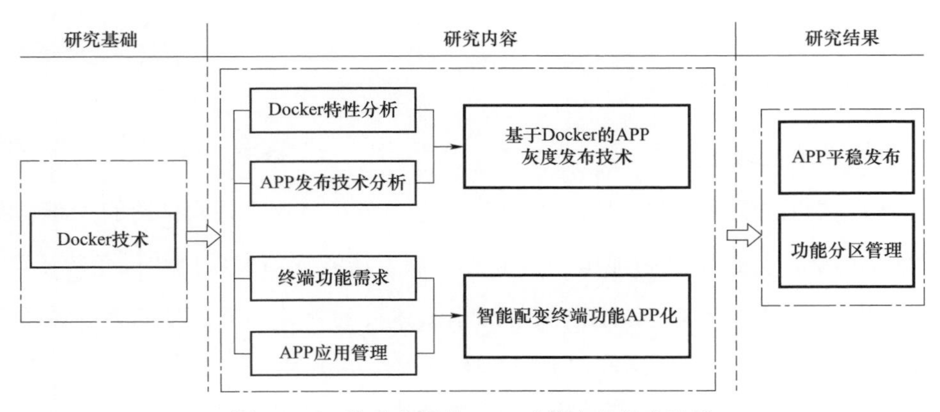

图9－42　基于容器的APP功能定义技术路线

（4）配电物联网信息安全。配电物联网基于传统配电自动化系统站到端安全防护系统的基础上，结合配电物联网管理和业务双流特点，提出单芯片双通道协调防护机制，形成集端节点安全、网络传输安全和平台应用安全于一体的层次化梯级防护体系。单芯片双通道协调防护机制：配电物联网数据传输存在两个流，一个是管理数据流，是终端和云化主站管理模块的交互数据流；一个是业务数据流，是终端和云化主站业务模块的交互数据流。通过加密芯片协调双流加密机制如图 9－43 所示，核心是端安全服务 APP，其甄别站侧数据和端侧数据的流特征，根据不同流特征访问加密芯片，进行认证和加解密服务。

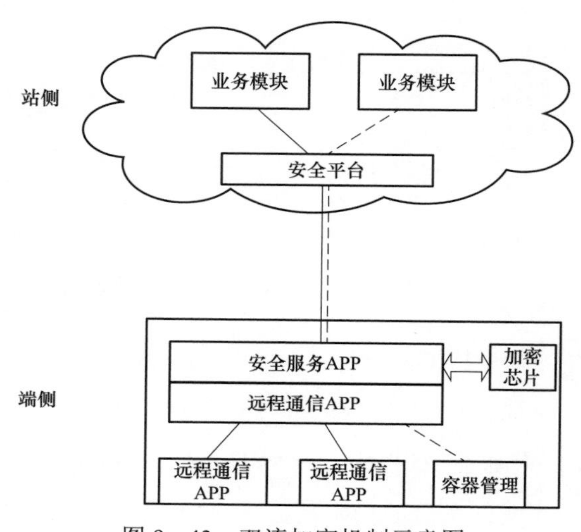

图 9－43　双流加密机制示意图

9.4.3　试点地区概况

1. 试点地区总体情况

（1）试点地区 A。试点地区 A 是当地电力公司与政府共同打造的“新能源小镇”。当前，打造坚强智能电网为核心，探索能源变革发展的“绿色模式”。建设配电物联网示范区是该地区新能源小镇建设的重要环节，将助力区域的可持续性发展，成为国际能源变革典范样本。

试点地区 A 行政区划 176km^2，2017 年，10kV 线路电缆化率 45.50%，架空线路绝缘化率 6.1%，线路联络率 64%，$N-1$ 通过率 58.4%。区域内供电可靠率 99.74%。全社会最大用电负荷 43.80 万 kW，同比增长 4.92%；全社会用电量 32.7

亿 kWh，同比增长 8.20%。

（2）试点地区 B。试点地区 B 区域面积 1067km^2，电力客户数 25.27 万户，区域内共分布有 35kV 及以上变电站 26 座，10kV 配网线路 265 条 2822.94km。2017 年全社会用电量 21.29 亿 kWh，最高负荷 410.07 万 kW。

试点地区 B 在国网内率先开展 4G 无线专网建设，是唯一实现了区域性连续覆盖、单基站信号覆盖最远及单基站最大接入的试点区域，已建成基站 5 座，拉远站 1 座，覆盖面积 400km^2，约占溧水全境面积 40%，2018 年底溧水地区将再新建 34 个基站，实现无线专网信号全覆盖。

2. 试点地区台区及低压线路现状

（1）试点地区台区及低压线路典型拓扑结构。如图 9－44 所示为所变（也称小区变）典型的拓扑结构图，低压侧有 10 条出线，基本安装普通开关即塑壳断路器，分别为 D1～D10；变压器每条出线连接 2 个分支箱，第一条出线连接分支箱为 F11、F12，以此类推；分支箱 F11 内开关为 K111～K116，以此类推；每个分支箱出线开关连接 3 个用户表，分支箱出线开关和用户表接线方式采用星形连接方式，K111 连接用户表为 B1111～B1113。

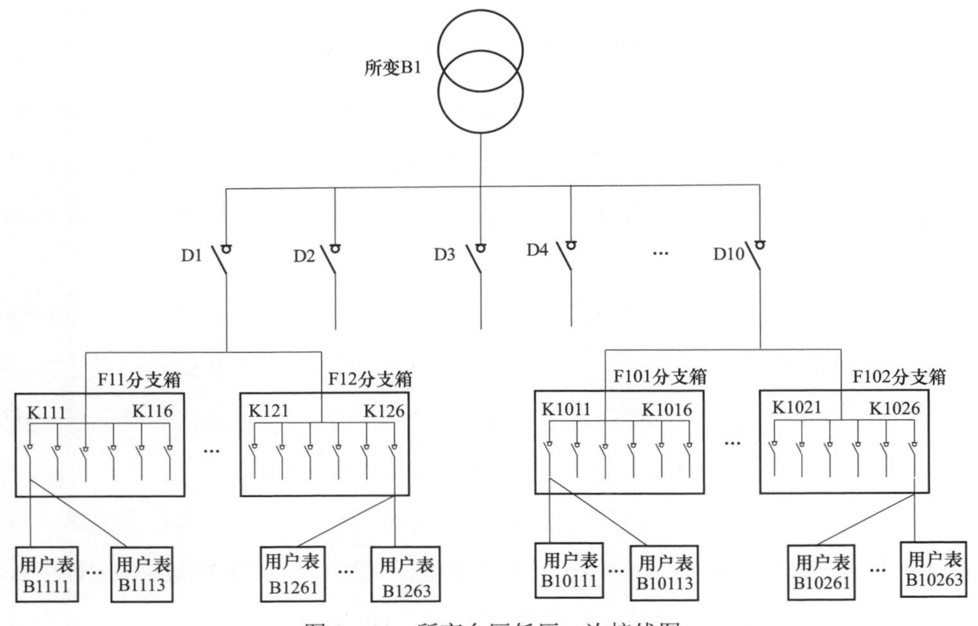

图 9－44 所变台区低压一次接线图

箱式变压器低压侧一般有 3 条出线，安装普通开关即塑壳断路器，分别为 D1～D3；变压器第二条出线为备用；变压器每条出线连接 2 个分支箱，第一条出线连接分支箱为 F11、F12，以此类推；分支箱 F11 内开关为 K111～K116，以此类推；每个分支箱出线开关连接 3 个用户表，分支箱出线开关和用户表接线方式采用星形连接方式，K111 连接用户表为 B1111～B1113，见图 9－45。

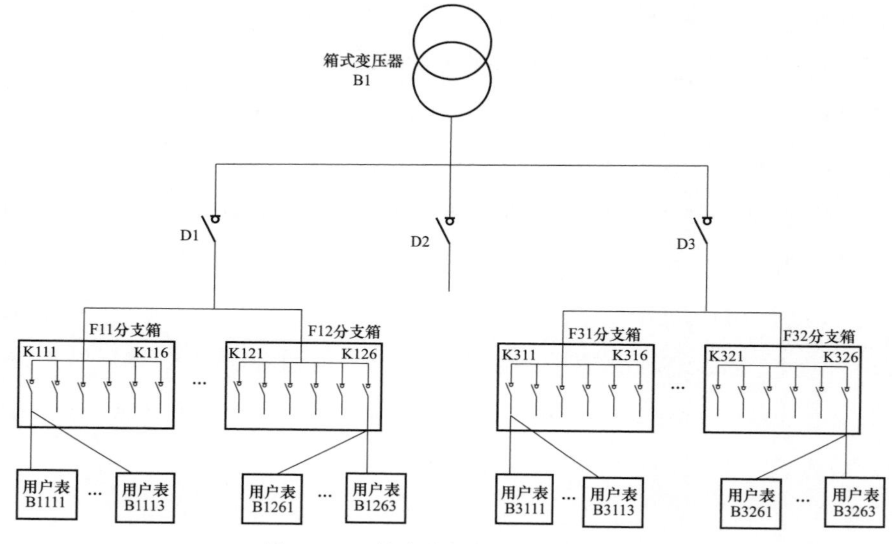

图 9－45　箱变台区低压一次接线图

杆上变压器低压侧有 3 条出线，安装低压智能断路器，分别为 D1～D3；变压器第二条出线为备用；变压器出线架空走线成辐射状，不配置分支箱，各分支线直接从主干线路旁路；Gnn 是电线杆。杆上变压器台区典型一次线路图见图 9－46。

（2）试点地区台区情况统计。试点地区 A 供电所（简称 A 供电所）目前包含台变情况如表 9－8 所示。A 供电所包含的电缆分支箱约有 2158 台，其中主要为新型分支箱约 2058 台，其余为老式分支箱约 100 台。同里地区总共有杆上变压器 703 台，运行出线 1523 条，所带用户共计约 25 000 户。

试点地区 B 南门变电站目前包含台变情况如表 9－9 所示。南门变电站区域总共有杆上变压器 186 台，小区变＋箱式变压器 135 台，专变 103 台，运行出线 920 条，电缆分支箱约有 285 台，所带用户共计约 5000 户。

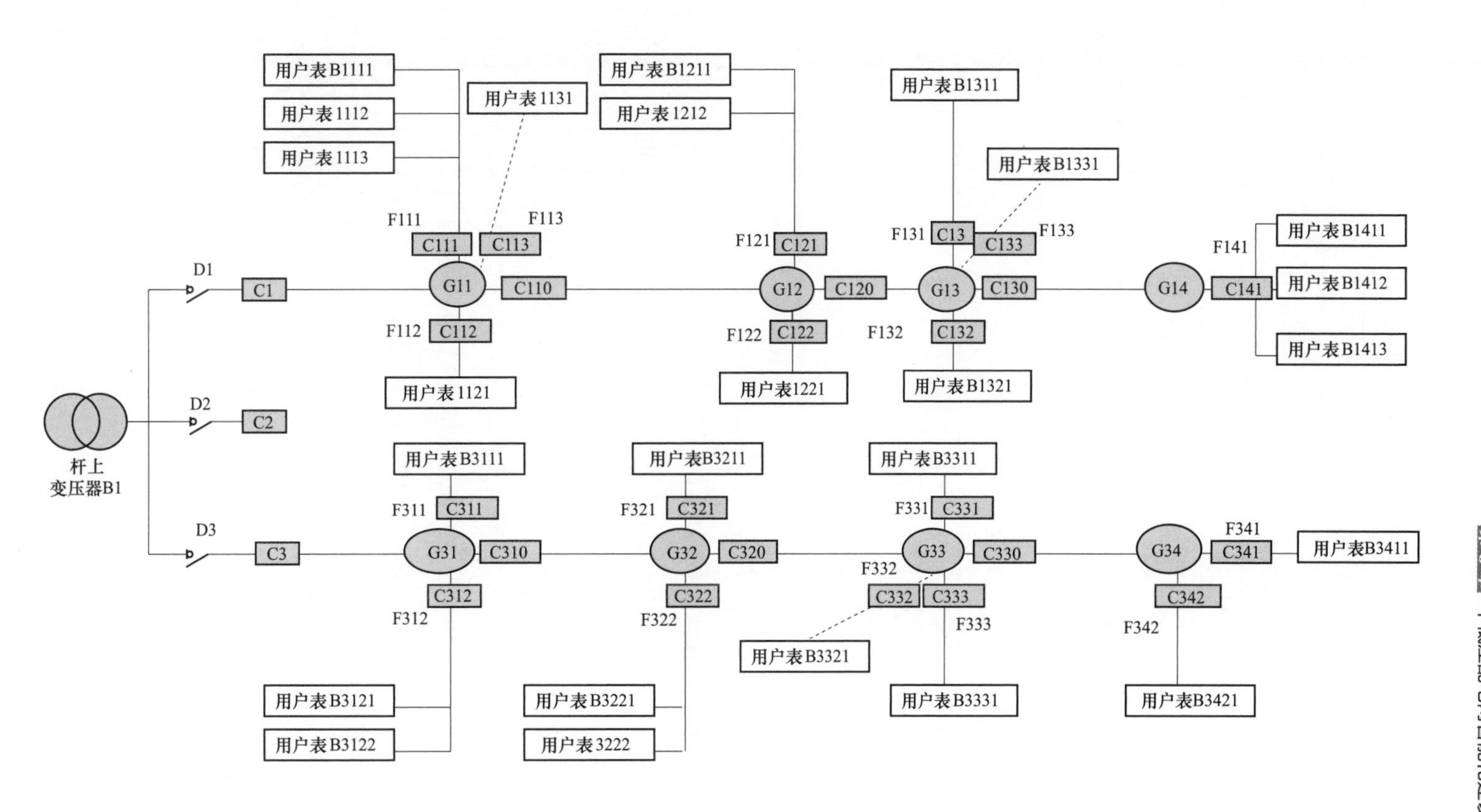

图 9-46 杆上变压器台区典型一次线路图

表 9－8　　A 供电所台变情况

试点地区 A 供电所台变情况				
序号	A 供电所	台数	电缆分支箱	运行出线
1	杆上变压器	703	0	1523
2	小区变压器＋箱式变压器	420	1198	—
3	专用变压器	320	960	—
4	合计	1443	2158	—

表 9－9　　南门变电站供区台变情况

南门变电站台变情况				
序号	南门变电站	台数	电缆分支箱	运行出线
1	杆上变压器	186	0	920
2	小区变压器＋箱式变压器	135	183	—
3	专用变压器	103	102	—
4	合计	424	285	—

3. 试点地区台区及低压线路运维中存在问题

目前试点地区台区及低压线路运维中存在以下问题：

1）配电变压器台区具有点多面广、所带户表数量大和低压供电方式变化快的特点，导致 10kV 台区与户表分相电源关系准确率低，而且通过人工方式核查的管理难度大、成本高，核查准确率和及时性难以保证。

2）低压配网故障数量占配网故障总量 90%以上，供用电设备自动化水平一直较低，其运行状态基本属于监控盲点，且 0.4kV 低压电网故障占比最大，现状低压设备故障相关信息只能通过客户拨打 95598 报修下达工单得知，运行单位无法第一时间掌握停电范围、受影响用户数量及客户等具体情况，故障抢修率低，特别是涉及低压重要客户的服务工作十分被动，无法满足故障快速处理要求。

9.4.4　建设技术方案

1. 总体目标

针对当前试点地区台区及低压线路运维中存在的问题，开展以智能配电变压器终端为核心的配电物联网建设与应用，优化“云、管、边、端”顶层架构。

提升区域能源管理能力，满足分布式能源接入、多元化负荷管控需求。以低成本的软件 APP 方式，实现配网业务的灵活、快速部署。依托站端协同管理和就地化决策机制，助推低压配电网由被动管理向主动管理模式变革，提升台区精益化管理、主动化服务水平。

2. 试点建设具体实施范围

（1）试点地区 A。

配电物联网（D-IoT）试点 A 区域示意图如图 9-47 所示，计划试点台区 244 个，覆盖同里湖周围区域。

（2）试点地区 B。

配电物联网（D-IoT）试点南门变电站区域示意图如图 9-48 所示，计划试点台区 250 个，覆盖南门变电站周围区域。

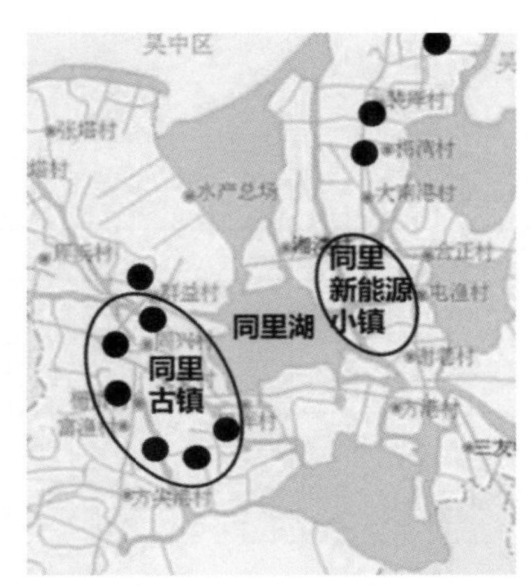

图 9-47 D-IoT 试点区域 A 示意图

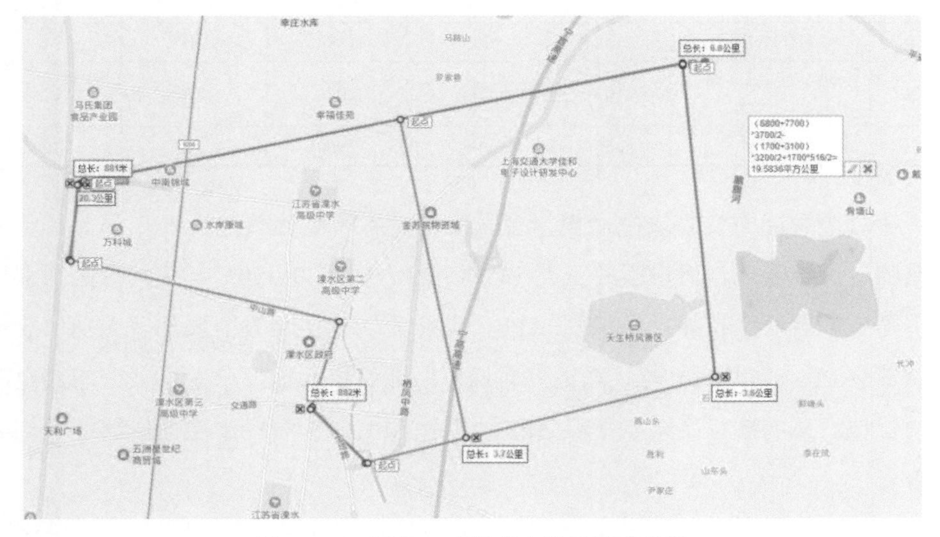

图 9-48 试点 B 南门变电站区域示意图

3. 详细建设方案

分别在试点 A 和试点 B 分别建设一套新一代配电自动化主站Ⅳ区系统，部署低压运维管控模块。在每个试点台区部署新型智能配变终端，并根据试点地区低压电网现状，在台区低压网架各支线及重要节点、末端用户部署低压智能断路器、低压故障传感器（低压故障指示器）、台区识别仪+低压监测单元、即插即用通信单元等设备（数量详见表9－10，智能化设备改造示意见图9－49），采集配电变压器、低压配电网络、分布式电源、低压用户等设备实时运行数据。智能将高关注度的台区数据整理分析后，通过无线或光纤上送到配电自动化主站。

表9－10　　试点区域部署低压智能化设备数量

序号	台区类型	智能配电变压器终端	低压智能断路器	低压故障传感器	台区识别仪+低压监测单元	即插即用通信单元
试点A区域						
1	杆上变压器	154	201	2086	12	34
2	小区变压器+箱式变压器	90	0	1007	10	22
3	合计	244	201	3093	22	56
试点B区域						
序号	台区类型	智能配电变压器终端	低压智能断路器	低压故障传感器	台区识别仪+低压监测单元	即插即用通信单元
1	杆上变压器	145	199	1884	10	24
2	小区变压器+箱式变压器	105	0	1076	10	12
3	合计	250	199	2960	20	36

在每个智能配变终端中，根据台区低压设备智能化改造情况，部署基础采集监测、运维管理、用户服务三类14种APP，见图9－50。其中，台区识别仪设备需要部署低压拓扑动态识别APP，混合无功补偿装置需要部署无功电压自动调节APP，分布式电源、充电桩即插即用通信单元需要分别部署分布式电源并网管理、充电桩有序充电管理APP，其余APP每个智能配电变压器终端均需部署。

（1）主站硬件架构。主站侧设备主要包括：前置服务器、SCADA服务器、AC控制服务器、交换机、防火墙、配电加密认证装置以及数据隔离组件。智能配电变压器终端通过无线公网或者专网经防火墙以及数据隔离组件与主站前置服务器建立连接，交互业务通道与管理通道数据。主站前置服务器将业务通道数据转发至主站SCADA服务器进行分析、处理；将管理通道数据转发至AC控制服务器进行分析、处理。具体数据流架构如图9－51所示。

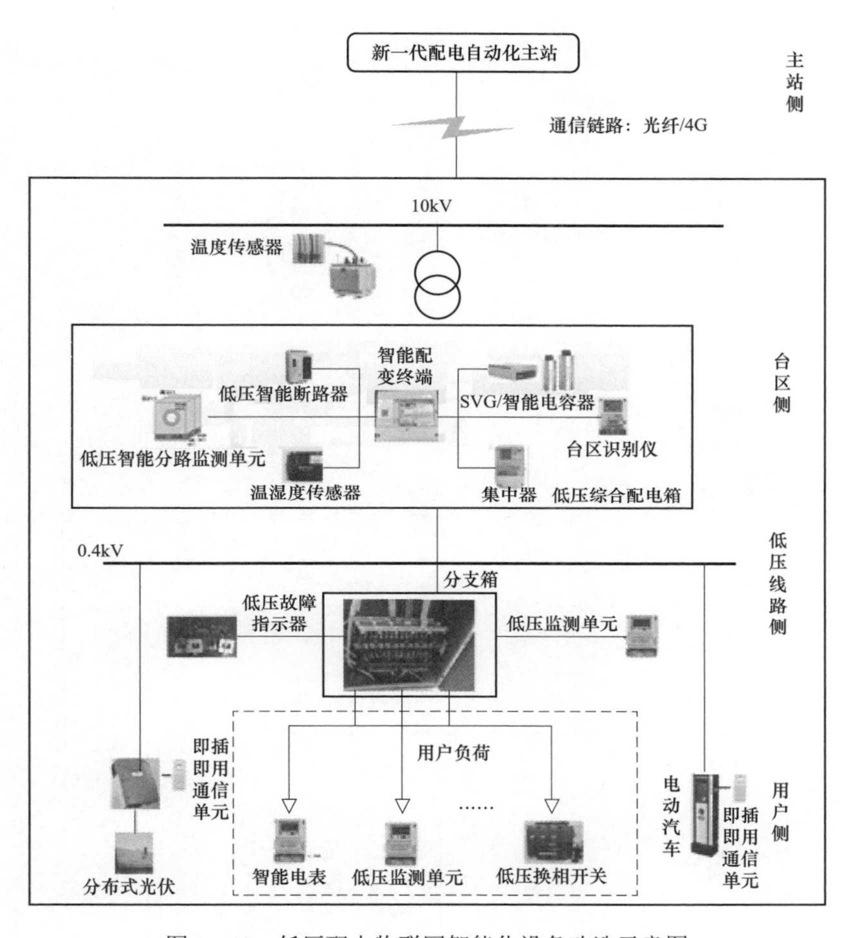

图 9－49　低压配电物联网智能化设备改造示意图

图 9－50　智能配电变压器终端中部署的各类 APP

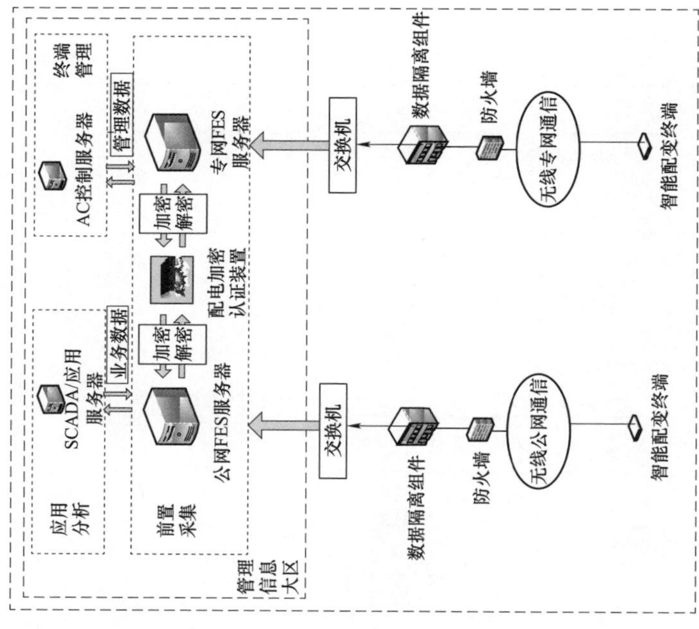

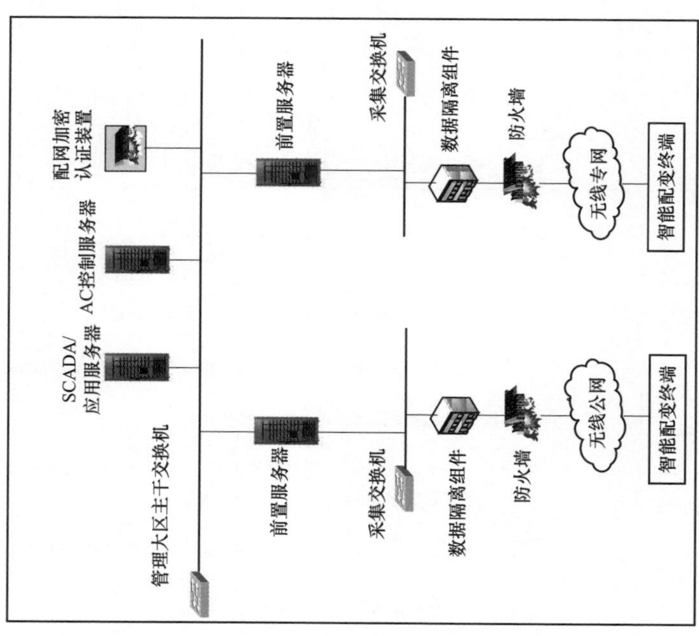

图 9－51 主站硬件架构和数据流架构

（2）主站低压运维管控模块功能。主站低压运维管控模块主要包括负荷监测、停运管理、故障管理、环境监测、终端管理和低压开关状态管理功能，见图9-52。

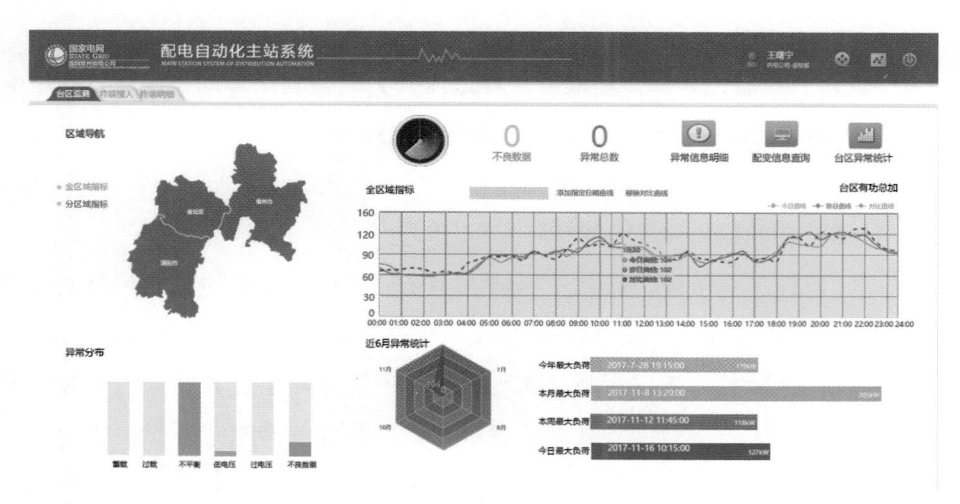

图9-52 主站低压运维管控模块功能示意

1）负荷监测。通过智能配电变压器终端实时上送的数据，对配电变压器的异常状态例如重载、过载、过电压、低电压、三相不平衡等进行实时监测，同时对配电变压器的不良数据例如电压异常、电流异常、功率异常进行实时监测。

2）停运管理。通过接口获取计划停电信息，根据智能配电变压器终端实时上送的失电信号，可依据时间、区域、类型等进行多维度列表展示计划停电信息和故障停运信息，同时结合单线图展示停电范围。

3）故障管理。获取并保存配电台区、低压线路的故障事件，包括短路、缺相、漏电故障、故障发生时间、影响配电台区低压线路的拓扑范围。以表格展示，并联动单线图相关节点高闪结合 tip 指示牌展示故障影响范围和故障点。

4）环境监测。获取现场智能配电变压器终端采集到的温度、湿度信息。采集对象应包括高压侧三相进线温度、低压侧三相进线温度、配电变压器壳体温度、配电变压器油温、箱式变压器湿度、箱式变压器温度等。配电变压器环境异常实时事件以滚动告警窗口展示，并提供设备告警抑制操作。

5）终端管理。智能配电变压器终端参数远程调阅及设定符合配电自动化终端参数配置，包括零漂、变化阈值（死区）、重过载报警限值、保护定值等运行参数；包括终端类型及出厂型号，终端ID号、嵌入式系统名称及版本号、硬件版本号、软件版本号、通信参数（包括IP地址、端口号、通信规约、波特率、通信方式）及二次变比等。

6）低压开关状态管理。获取并保存低压开关分合状态和动作次数、动作原因。以表格和可视化图模结合展示，支持一键跳转明细页面，按区域—变电站—馈线—台区分层统计。具备在线路单线图状态下展示、调阅低压开关状态功能。

4. 低压设备智能化改造方案

试点区域杆上变压器、箱式变压器、小区变所改造需要的智能配电变压器终端、低压智能断路器、低压故障传感器、即插即用通信单元等设备如下。

（1）低压故障传感器。现场美式变压器和欧式变压器配置的低压开关是塑壳开关，杆上变压器出线侧安装漏电保护器，结构和安装型式各异，所变低压开关是抽屉式塑壳开关，更换成智能断路器工作量太大，因此选用低压故障传感器实现开关智能化，其中各低压故障传感器安装于开关出线处，通过RS485方式与智能配变终端通信，开关的动作情况由终端APP或低压故障传感器根据电气信息判断。分支箱内每个塑壳出线安装一套低压故障传感器，通过LoRa方式与智能配电变压器终端进行通信。架空线路上不设分支箱，线路低压故障传感器安装原则如下：有分支的电线杆等同一个分支箱，每一个三相出线可看作一个开关出线，在该处安装低压故障传感器，通过LoRa方式实现与智能配电变压器终端通信。低压故障传感器智能化改造示意见图9－53。

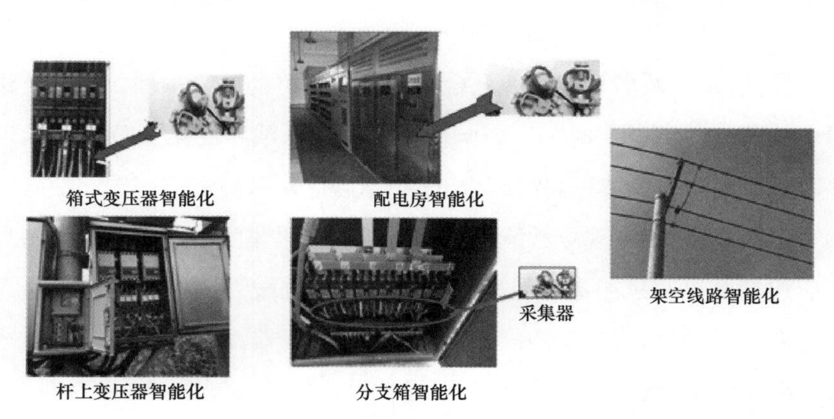

图9－53　低压故障传感器智能化改造示意图

（2）低压智能断路器（见图9－54）。目前台区JP柜内安装的开关一般不具备通信功能，智能配电变压器终端无法读取到开关数据，无法实现对台区监测，通过更换为低压智能断路器，并与智能配电变压器终端之间通过RS485通信，读取低压智能断路器的数据。

图9－54　低压智能断路器

（3）混合无功补偿装置（SVG）（见图9－55）。混合无功补偿装置主要包括了智能电容器和SVG。智能电容器具有三相的相间分相补偿与相零间分相补偿

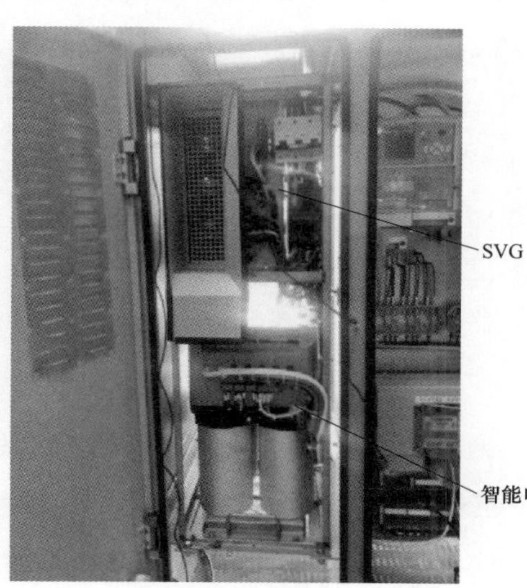

图9－55　混合无功补偿装置

功能，SVG 具有自动调整三相不平衡电流、消除谐波和无功补偿功能，其功能的匹配可以通过软信。

（4）台区识别仪（见图 9－56）。台区识别仪主要包括主机设备和节点设备，主机设备与智能配电变压器终端之间通过 RS485/232 通信，主机设备与节点设备通过宽带载波模块进行通信，主机设备安装在 JP 柜内部，节点设备安装在线路节点处，通过主机发送的信号与节点之间交互识别出台区线路拓扑。

（5）即插即用通信单元（见图 9－57）。现场安装的充电桩/分布式光伏无法与智能配电变压器终端通信，导致数据无法上送配电变压器终端，且配电变压器终端无法下发电动汽车有序充电计划、分布式光伏控制策略。通过即插即用通信单元，将充电桩/分布式光伏与智能配电变压器终端进行信息交互。目前采用的即插即用通信单元主要采用宽带载波/LoRa 方式与智能配电变压器终端进行通信。

图 9－56　台区识别仪

图 9－57　即插即用单元

（6）温湿度传感器（见图 9－58）。温湿度传感器用于监测 JP 柜内环境的温湿度情况，通过 RS485 与智能配电变压器终端通信，将采集到的温湿度数据上送。

图 9-58　温湿度传感器

5. 部署基础采集监测 APP 功能

（1）配电变压器交采。APP 实时采集配电变压器的电压、电流、功率、谐波等实时数据，并计算出配电变压器的停复电、负载率等信息，计量正、反向有功电量、四象限无功电量，生成 15min 电量负荷曲线、日冻结电量数据。

（2）低压分路采集监测。APP 通过与低压智能断路器/低压故障传感器实时通信，实现低压开关实时运行数据采集、停送电及故障告警。

（3）分支监测与用户端监测。APP 定时更新用户端监测单元、分支监测单元的离、在线状态，实现用户端监测单元、分支监测单元的设备管理；定时采集用户端监测单元、分支监测单元的运行数据，并接受、处理异常上报事件。

（4）环境监测。APP 通过与温度传感器、环境监测传感器通信，实时采集配电变压器低压侧桩头温度、低压柜内温度和低压柜内湿度等数据。

6. 部署面向运维管理类 APP 功能

（1）低压拓扑动态识别。采用台区识别仪和低压监测单元信号注入式方法识别低压拓扑。APP 在设备更新时或定点发起低压台区拓扑识别动作，形成拓扑文件，并根据识别结果，生成设备变更、拓扑更新等事件告警上送至主站。

（2）低压故障定位。APP 综合配电变压器、低压智能断路器、低压故障传感器、用户在线监测装置的实时数据和告警信息，实现低压线路故障在拓扑图的精确定位，并确定故障的类型。

（3）无功自动调节。APP 采集智能电容器、SVG 实时数据，实现对无功自动调节装置调节状态、补偿方式（共补或分补或混合）的监测，并结合台区数据分析装置调节效果。

（4）低压分路分段线损分析。APP 根据台区网络拓扑和各监测点小时、日用电量数据，统计台区的日、小时台区线损（率）；统计馈线、分支线路的日、小时线损（率），并按照台区、馈线、分支的线损率生成线损异常事件。

（5）智能配电变压器终端状态管理。APP 在线监测智能配电变压器终端的 CPU、I/O 接口、存储器等关键元器件的状态；通过监测负序电压来判断 TV 是否断线，通过零序电流检测 TA 是否断线，实现二次回路状态在线监测。

7. 部署面向用户服务类 APP 功能

（1）配电变压器负荷预测（近期、中期）。APP 在对配电变压器台区历史负荷数据、气象因素、节假日，以及特殊事件等信息分析的基础上，挖掘配电变压器负荷变化规律，建立预测模型，选择适合策略预测未来台区负荷变化，以定值方式下发至智能配电变压器终端进行本地计算分析。

（2）台区及用户供电可靠性计算。APP 通过采集配电变压器停电时长、低压用户停电时户数两项主要参数作为基础数据定时上报主站，通过阈值、变化率两种计算方式定义供电可靠性主动报警事件，主动上报配电自动化主站。

（3）分布式电源并网管理。APP 通过即插即用通信单元实现对接入分布式电源的监测，并以台区低压侧功率因数为首要目标，节能量为次要目标，计算出调节需求，通过定功率因数控制、下垂控制、紧急无功控制、定有功无功控制等典型控制策略，对分布式电源进行实时控制。

（4）充电桩终端有序充电管理。APP 对上将充电桩运行数据上传配电自动化主站、车联网平台；对下收集充电桩运行数据，并结合配电变压器容量和车联网平台控制模型，制定电动汽车有序充电管理策略，下达即插即用通信单元。

（5）低压负荷接入开放容量及相别确定。APP 基于用户的历史用电数据和负荷预测 APP 的结果，计算用户未来每天的基准负荷，并与待接入用户的配电变压器未来每天的负荷叠加，从中提取日最大负荷，根据日最大负荷和配电变压器容量计算日最大负载率，由此判断低压出线的可开放容量及相别。

9.4.5 建设成效

1. 低压设备台账精准校核

目前，PMS2.0 低压图模数据待优化，存量低压台区图树精准度不高，且缺乏与现场实际数据的校准手段。智能配电变压器终端建设后，一方面，主站通过上送的低压拓扑文件，按台区—分线—表箱层级结构解析并统计实际设备数；另一方面，主站将 PMS2.0 图模同步导入的数据与低压拓扑文件解析的数据进行对比校验，可以作为 PMS2.0 的低压模型修正的辅助支撑。主站解析的智能配电变压器终端低压拓扑文件界面见图 9－59。

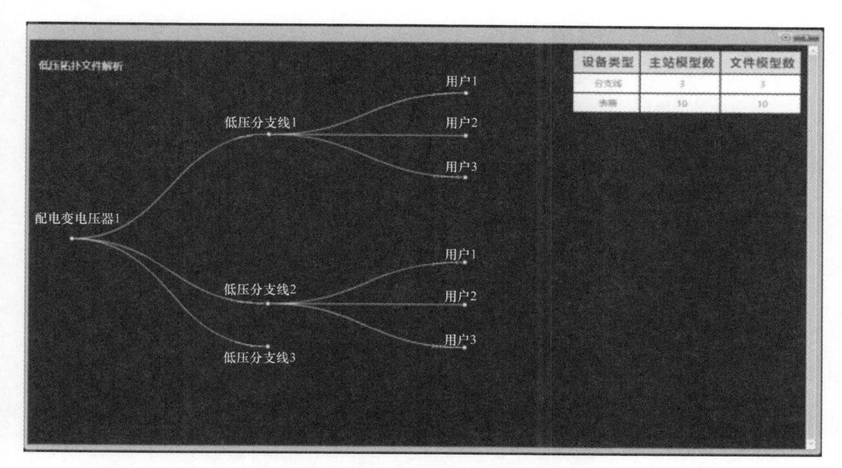

图 9－59 主站解析的智能配电变压器终端低压拓扑文件界面

2. 低压故障抢修精益化管理

传统配网低压故障的发现依赖于用户报修，抢修指挥人员在抵达现场前对故障信息掌握不充分，抢修力量准备缺乏针对性，可能造成抢修工期过长、抢修过程反复，影响优质服务质量。通过智能配电变压器终端建设，实现了对配电变压器台区低压故障的主动感知、主动判断、主动抢修，改变了以往依赖“客户感知”的被动状态。如某一台区低压故障后，运维人员可第一时间获取失电台区、范围、故障类型、故障定位、历史故障记录等多维度信息（见图 9－60）。极大地节省了故障前期判断、探寻的时间，采取针对性的抢修策略，大幅降低抢修时间。

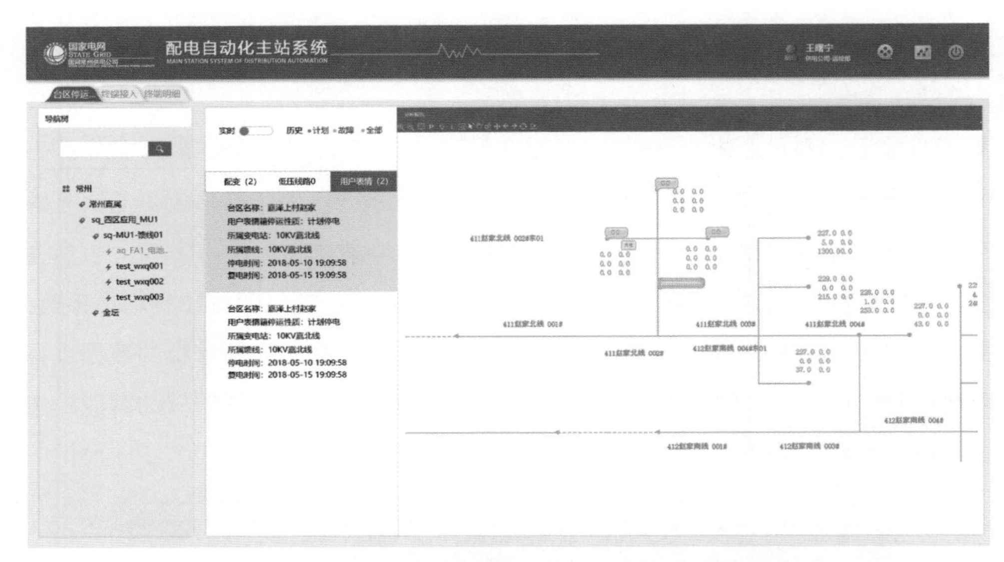

图 9－60　主站高亮显示故障影响范围和疑似故障区域界面

3. 电动汽车充电桩有序充电管理（见图 9－61）

智能配电变压器终端实现了对电动汽车充电桩运行状态数据、电量数据、告警事件等信息的实时采集，同时结合台区配电变压器负荷预测，台区电动汽车充电需求、台区配电变压器功率限制三个主要因素，制定台区内电动汽车充电管理策略，实现对台区内电动汽车充电桩的停启控制管理。根据当地居民典型生活习惯统计分析，台区负荷自 18:30 起进入高负荷运行，电动汽车充电时段

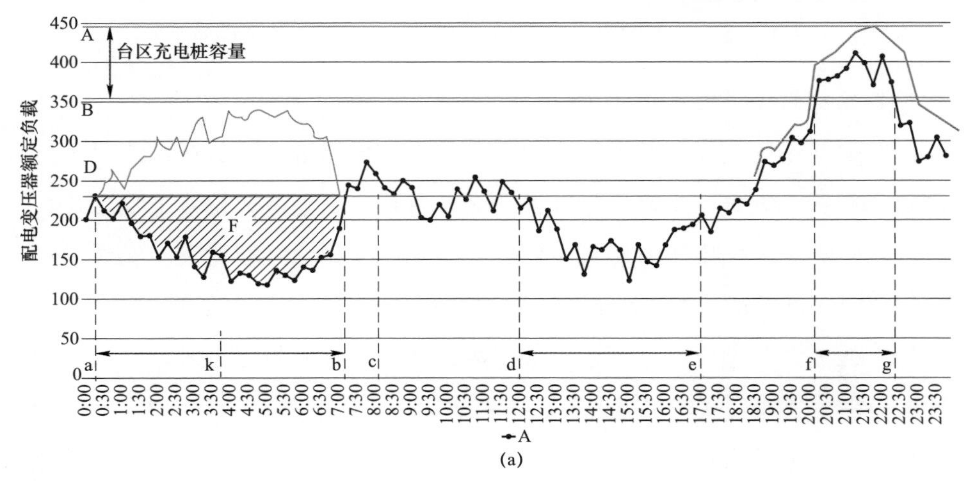

图 9－61　电动汽车充电桩有序充电管理（一）

（a）台区配电变压器典型负荷

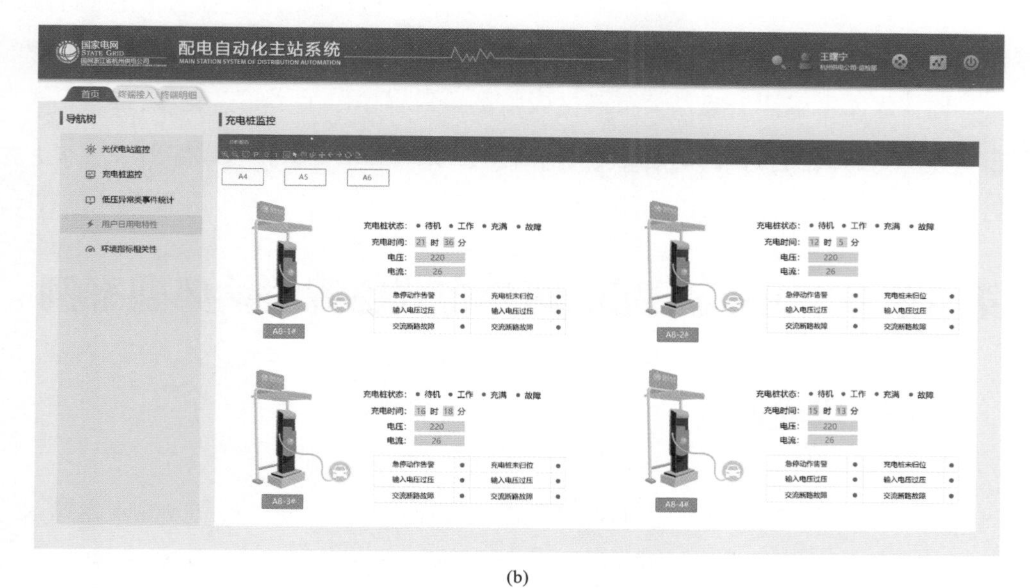

(b)

图 9－61　电动汽车充电桩有序充电管理（二）

（b）界面图

与台区晚高峰生活负荷完全重叠，如不经引导，台区将可能在 21:30 左右出现重超载现象。通过智能配电变压器终端的建设，可将负荷合理引导至 0:00～6:00 时段内，充分利用配电变压器轻载时段，提高配电变压器运行经济性。

第 10 章　中低压配电网分布式电源消纳典型案例

10.1　电网现状

某高新技术产业园区内有 110kV 变电站 2 座——××变电站和 WS 变电站，主变压器共 3 台，总容量 160MVA，其中 110kV ××变电站为 10kV 电源点，110kV WS 变电站为 20kV 电源点。园区运行的供电线路有 32 回，其中 20kV 等级线路 7 回，10kV 等级线路 25 回，以架空线路为主，部分为电缆线路，线路总长约 196km；总用户 485 户，中压配电变压器 536 台，总容量约 229MVA。两个变电站的主接线图分别如图 10－1、图 10－2 所示。

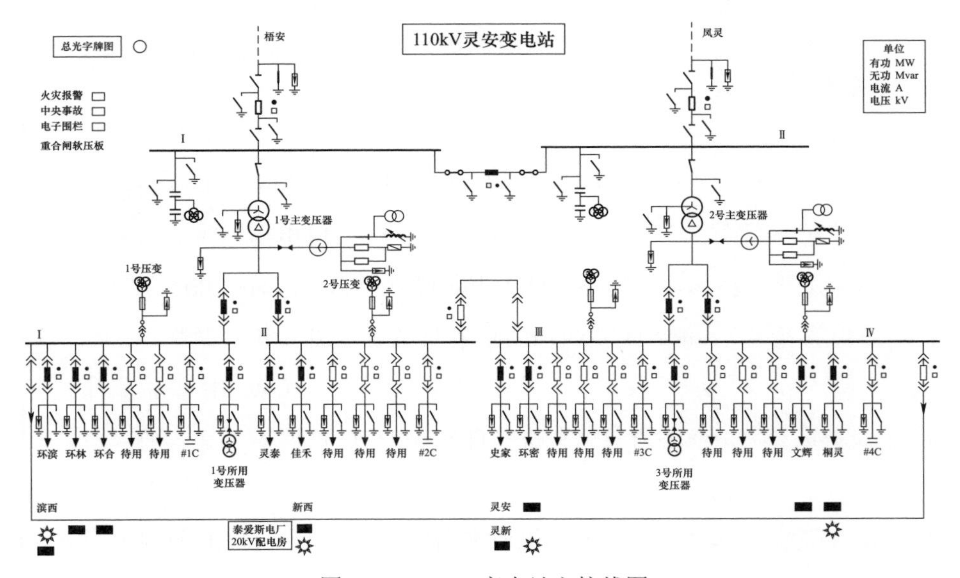

图 10－1　××变电站主接线图

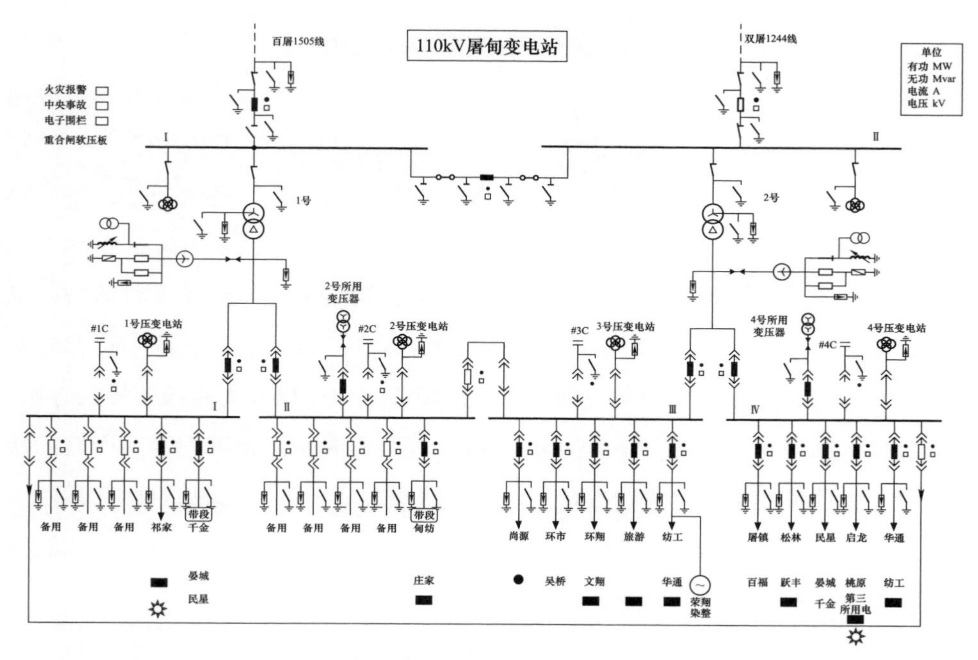

图 10－2　WS 变电站主接线图

目前，园区电网线路的运行情况如下：10kV、20kV 线路的平均负载率分别为 44.78%、41.56%，整体上园区内线路运行情况良好。其中，10kV 高桥 608 线、施皇 605 线年最大负载率分别为 98.36%、80.57%，均为重载状态，南星 618 线、龙兴 611 线、古运 602 线的年最大负载率分别为 74.06%、69.81%和 63.09%，负载较重。

10.2 消纳能力评估

根据园区电网现状，进行 2018 年 61MWp 光伏接入情况评估，主要目的是分析现状电网情况下园区的光伏消纳能力。

1. 消纳能力评估方法及流程

针对 WS 变电站区域电网和××变电站区域电网，分别采用连续潮流法进行系统仿真分析。具体而言，采用一个开源的电力系统配电网仿真计算软件，支持所有的相频域分析，包括谐波潮流分析，在仿真平台上搭建两个区域电网系统级时序稳态仿真模型，然后进行全年每小时的稳态仿真和安全约束校验，获取统计性技术指标，评估现状电网对光伏的消纳能力。

本案例的具体步骤如下：

（1）通过电力用户用电信息采集系统，获取园区用户全年（2017 年）时序用电负荷（包括有功功率和无功功率）数据，建立园区电网各用户全年每小时的负荷时序序列。

（2）根据典型气象年的气象数据，建立园区地表区域全年每小时的太阳辐照度时序序列。

（3）根据光伏安装用户信息统计表，确定各用户光伏发电系统的接入方案。具体包括光伏发电系统的接入点、接入电压等级、典型光伏阵列和逆变器的接入数目，在此基础上建立光伏发电系统仿真模型。

（4）在仿真平台上搭建园区电网各馈线的仿真模型，如电源点、光伏发电系统、架空线路、电缆和负荷等。

（5）建立××变电站区域电网和 WS 变电站区域电网的系统级仿真模型，通过仿真软件进行全年每小时连续稳态仿真。根据全年每小时潮流计算结果，进行电力系统稳态安全约束校验。

（6）根据仿真结果分析，评估××变电站和 WS 变电站的光伏消纳能力。

2. 消纳能力评估过程

根据园区分布式光伏发电装机基本信息统计表，提取光伏装机用户隶属的变电站及其馈线，以及各用户的光伏装机容量与用户专用变压器容量。WS 变电站区域电网光伏布点情况见表 10－1，WS 变电站区域电网光伏接入相关统计信息见表 10－2。

表 10－1　　　　WS 变电站区域电网光伏布点情况

变电站名称	线路名称	光伏装机用户名称	装机容量（MWp）	专用变压器容量（MVA）×台数
WS 变电站	九汇线	NICE 电气	1.8	0.8×1
		食品公司	1.6	0.63×2
		三和机电	1.8	0.8×2
		中节环保	2.8	1.0×2
		电子公司	1.5	0.63×1
		复材公司	3.0	0.5×2

续表

变电站名称	线路名称	光伏装机用户名称	装机容量（MWp）	专用变压器容量（MVA）×台数
WS变电站	唯新线	塑料五金公司	1.5	0.8×1，0.5×1
		瑞嘉电气	1.5	0.4×1
	美晨线	美盾防护	1.0	2.0×2，1.25×2，0.8×1
		汽车模具	3.0	0.8×1，1.6×1，2.5×1
	欣创线	林实服饰	1.5	0.63×1
	创智线	北科建公司	5.0	1.6×2，1.25×2

表10－2　　WS变电站区域电网光伏接入相关统计信息

指　　标	WS变电站
光伏装机容量	26MWp
10kV或20kV接入方式	9.3MWp
0.4kV接入方式	16.7MWp
10kV或20kV接入方式的光伏安装用户个数	5个
0.4kV接入方式的光伏安装用户个数	7个

光伏接入后，WS变电站20kV区域配网经全年每小时连续潮流仿真，所得计算结果月最大值，如图10－3所示。

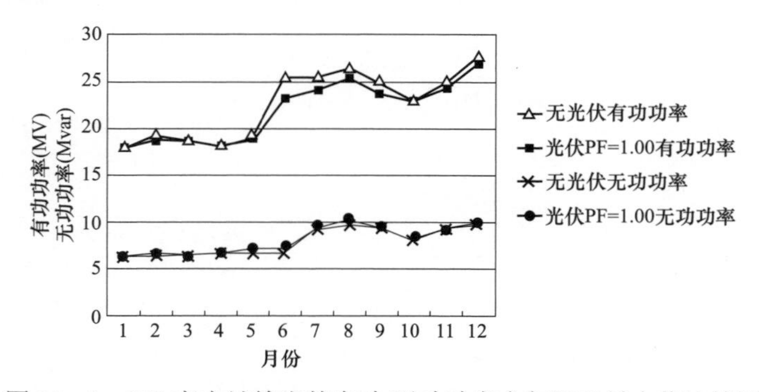

图10－3　WS变电站输出的有功/无功功率全年逐月最大值比较图

图10－3给出了光伏接入前后WS变电站输出的有功/无功功率全年逐月最大值的比较情况。可以看出，光伏接入后，WS变电站多数月份输出的最大有功功率均有一定程度的降低，其中降幅最大的在6月份，约为3MW，削峰作用明显；1、4、10月最大有功功率几乎不变，表明这些月份WS变电站区域电网峰

荷出现在夜间，光伏没有发电。

图 10－4 给出了光伏接入后 WS 变电站 0.4kV 节点电压全年逐月最大值的变化情况。可以看出，光伏接入后，WS 变电站 0.4kV 电压全年逐月最大值均有较大幅度的增加，其中最大增幅量约为 0.025p.u.，发生在 8 月份。此外，除了 1、2、12 月外，全年中其他月份 0.4kV 电压最大值均超出了允许运行上限，不符合 GB/T 12325—2008《电能质量供电电压允许偏差》中“20kV 及以下三相供电电压偏差为标称电压的±7%”的规定。

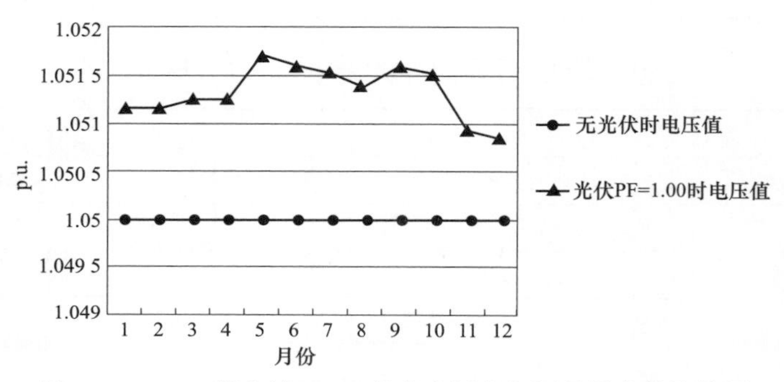

图 10－4　WS 变电站 20kV 节点电压全年逐月最大值比较图

通过仿真结果进一步分析可知，各月 0.4kV 电压最大值节点均为光伏并网点，当光伏发电功率较大时，用户专用变压器低压侧（0.4kV）电压上升较为显著，而且在一些情况下将会发生违限；相对而言，用户专用变压器高压侧（20kV）电压虽略有上升，但变化较小，如图 10－5 所示。

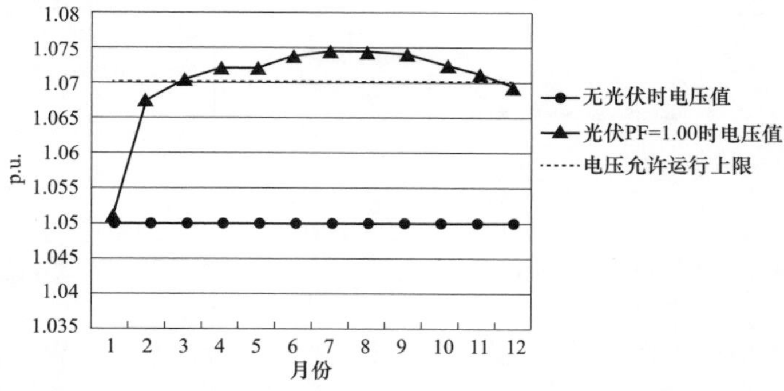

图 10－5　WS 变电站 0.4kV 电压全年逐月最大值比较图

仿真分析光伏接入后 WS 变电站倒送功率全年逐月最大值和倒送时间。如图 10－6 所示。

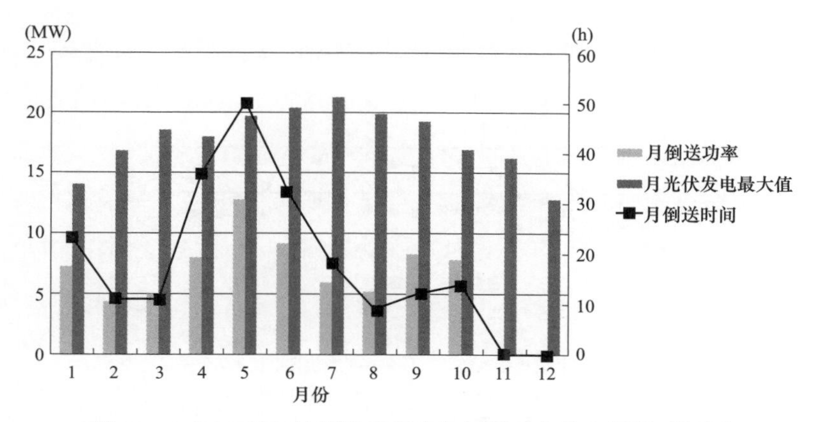

图 10－6 WS 变电站倒送功率全年逐月最大值和倒送时间图

从图 10－6 可以看出，光伏接入后，WS 变电站多数月份存在功率倒送情况，原因在于光伏总发电功率大于负荷功率，其中月倒送功率最大值出现在 5 月份，约为 13MW，月倒送时间约为 52h。经分析进一步得出，5 月份倒送功率最大值出现在 5 月 1 日国际劳动节，由于当天放假，总负荷功率不大，而光伏发电功率较大，造成功率倒送较严重，其中，11、12 月份不存在功率倒送情况。

进一步选取 5 月份某一天，分析该区域光伏出力并网前后，总电流谐波畸变率、电压波动、电压偏差数据对比情况，分别如图 10－7、图 10－8 所示。

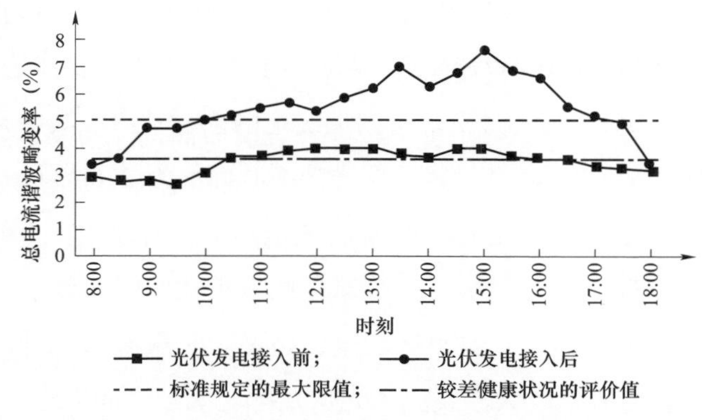

图 10－7 光伏发电并网前后总电流谐波畸变率对比

光伏发电监控系统显示，光伏发电项目有功功率的最大输出约占最大负荷的 40%。在 8:00 和 18:00 左右，光伏发电出力约占最大负荷的 10%。此时，总电流谐波畸变率和电压波动未超出相应标准且并网前后数据相差不大。10:00 左右，光伏发电输出功率约占最大负荷的 17.5%。此时，并网前后总谐波畸变率、电压偏差和电压波动明显变大，总谐波畸变率超出指标限制。

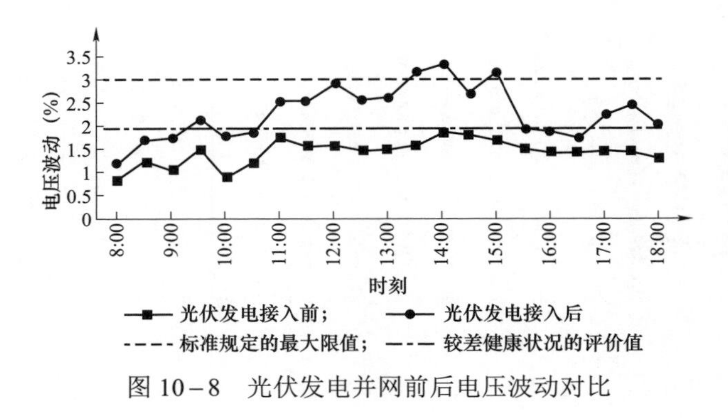

图 10－8　光伏发电并网前后电压波动对比

3. 消纳能力评估结果

针对园区现状电网 61MWp 光伏接入情况，根据目前现有资料，基于分布式能源消纳评估相关内容及稳态潮流仿真分析，得出如下结论：

（1）整个园区电网全年峰荷约为 80MW，光伏最大发电功率约为 35MW，光伏功率渗透率约为 44%。

（2）××变电站区域电网，光伏发电总功率最大值为 17.6MW，对应时刻电网负荷为 41.7MW，光伏渗透率为 42%。由于光伏功率渗透率相对较低，全年未向上级电网倒送功率。WS 变区域电网，光伏发电总功率最大值为 21.40MW，对应时刻电网负荷为 20.70MW，光伏渗透率为 103%。由于光伏渗透率相对较高，除 11、12 月份外，全年其余月份均有向上级电网倒送功率，其中月倒送功率最大值约为 13MW（5 月份），全年累计倒送功率时间约为 216h（9 天）。

（3）光伏接入后，××变电站和 WS 变电站下所有馈线主干线全年均未发生过载，符合线路安全运行要求。多数原负载较重线路因安装了光伏发电系统得到一定程度的缓解；但个别原负载较重线路最大负载率却上升，原因是这两条馈线上的光伏安装容量较大，发生了光伏发电功率较大的倒送。

（4）当光伏发电功率较大时，并网前后，并网点用户专用变压器低压侧（0.4kV）电压上升较为显著。电压总谐波畸变率、电压偏差和电压波动明显变大，总谐波畸变率超出指标限制。园区现状电网对 61MWp 光伏接入后就地消纳能力有限，需要通过增加线路联络、调整运行方式加装控制设备或储能装置予以解决。

10.3 解决措施

（1）针对应光伏装机容量较大，线路负荷较小，产生光伏功率倒送的线路，可与线路负荷较重的线路进行联络，调整运行方式，提高线路负荷。

以××变电站为例在光伏发电功率最大时段，龙兴 611 线发生功率倒送，线路光伏装机容量为 3MWp，最大有功为 – 1.06MW。在电网峰荷时段，龙兴 611 线最大有功为 0.97MW。在此基础上可采取负荷切改与运行方式调整的手段，将联络线路部分负荷至龙兴 611 线，提升就地消纳能力。

目前龙兴 611 线为单环网接线，与 WS 变电站天地 621 线末端联络，对天地 621 线负荷分布情况进行分析后发现，该线路负荷主要集中在前段，线路后段主要为农村分散性负荷，且有部分分布式光伏并网，如果调整天地 621 线线路联络点位置，将负荷集中段线路改至龙兴 611 线，则会造成龙兴 611 线供电半径过长（超过 10km），如果仅将天地 621 线后段由龙兴 611 线供电，无法起到平衡分布式电源并网需求，因此需要对龙兴 611 线周边线路进行综合分析，最终选定 MF 变电站后街 351 线与龙兴 611 线联络，将龙兴 611 线 3 号分段开关后段线路改由后街 351 线供电。优化前后方案如图 10 – 9 所示。

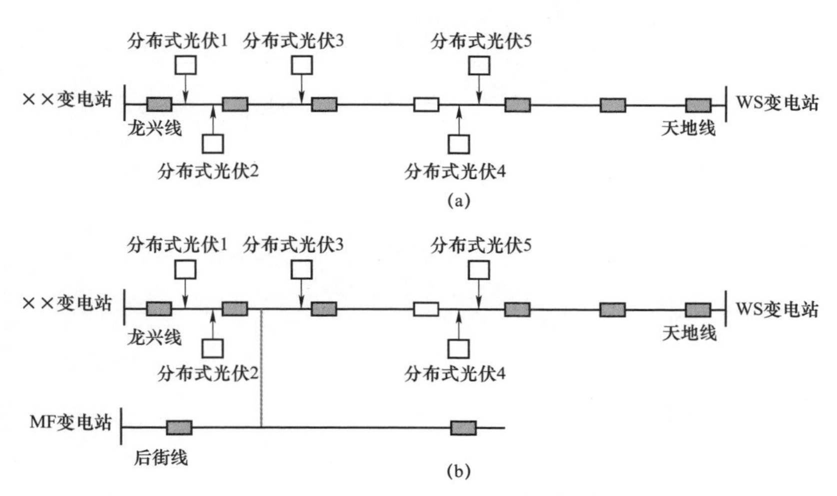

图 10 – 9 提升龙兴 611 线供区分布式光伏消纳能力工程优化前后方案

（a）现状；（b）优化后

通过该联络工程，龙兴线上 1MWp 分布式光伏改在后街 351 线并网，加之龙兴 611 线前段两个新用户接入，使整个环网内的分布式光伏可以得到有效消纳，不会发生负荷倒送情况。

（2）针对变电站功率倒送情况，可采用集中式储能设施消纳。以 WS 变电站为例，全年倒送功率最大时刻光伏总发电功率为 19MW（光伏总安装容量为 26MWp），电网总负荷约为 5.60MW，光伏功率渗透率约为 339.3%。可采用变电站母线侧建设储能电站的形式，消纳该段时间内的光伏发电量。该方法可有效解决变电站对上级电源点的功率倒送问题，但无法解决线路负荷偏差。

针对单条线路的功率倒送问题，可采用分布式储能设施消纳。例如，九汇 X101 线倒送功率最大时刻线路最大有功为 −7.51MW，线路处重载运行水平，其中 3 号接入用户三和机电公司处电压升较大，为 1.051p.u.，为线路电压最高点，建议在该处加设分布式储能设施。WS 变电站下级馈线接入光伏位置调整后的公共连接点电压分布如图 10－10 所示。

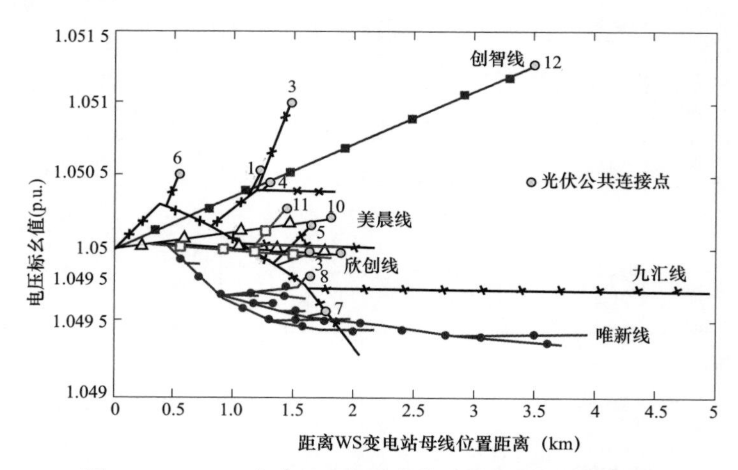

图 10－10　WS 变电站下级馈线接入光伏位置调整后的公共连接点电压分布图

10.4　改善效果

经过以上措施，该区域各月 0.4kV 节点电压、月倒送功率、总电流谐波畸变率、电压波动均有所改善，分别如图 10－11～图 10－14 所示。

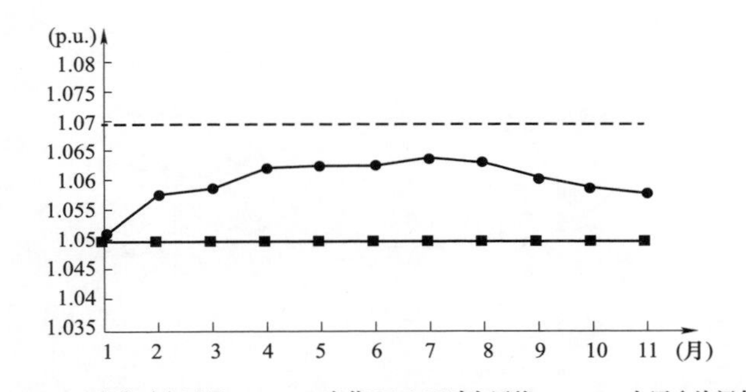

图 10－11 采取措施后 WS 变电站 0.4kV
电压全年逐月最大值比较图

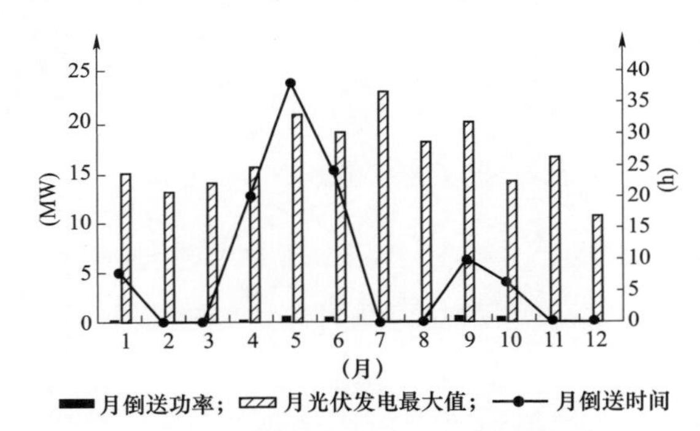

图 10－12 采取措施后 WS 变电站倒送功率
全年逐月最大值和倒送时间图

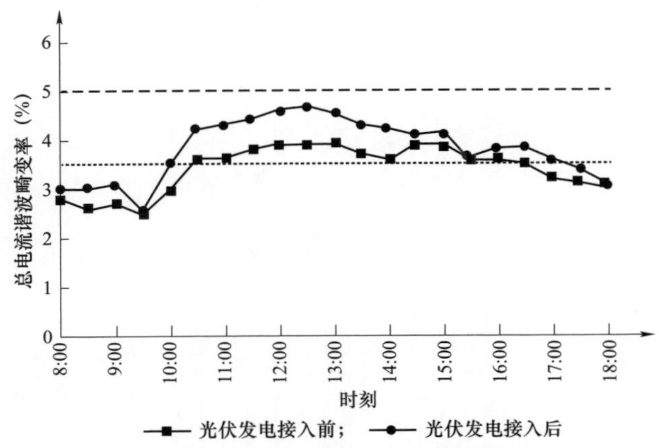

图 10－13 采取措施后光伏发电并网
前后总电流谐波畸变率对比

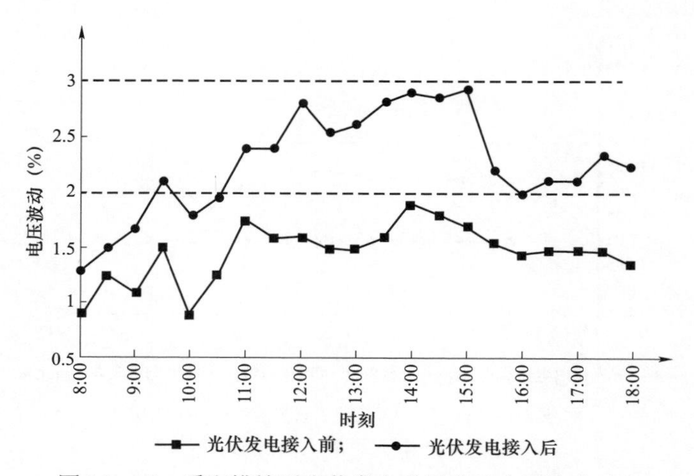

图 10－14　采取措施后光伏发电并网前后电压波动对比

第 11 章　煤改电建设改造典型案例

11.1　分散式煤改电案例

1. 地区概况

某地区地处城区和汽车产业园之间，属城乡接合部，同时为镇政府所在地，该区域属 C 类地区。根据地方政府相关工作安排，该地区纳入 2018 年煤改电改造计划。

根据政府安排，采用蓄热式采暖设备利用谷时段进行电热转换蓄热，非谷时段释放热能供暖，根据此工作特性，结合谷时段电价及政府补贴政策，认为煤改电负荷需求一般发生在冬季谷时段（该地区电网谷时段为 21:00～次日 6:00）。

2. 煤改电区域中低压配网现状

（1）中压配网现状。某地区所辖的东史各庄、西史各庄、弥勒院、二里店、东定福庄目前分别由 10kV 别青 212、10kV 别二 214、10kV 别弥 217 供电。10kV 别弥 217 线路、10kV 别青 212 线路属于架空单联络，且两条线路来自同一个变电站，10kV 别二 214 线路属于单辐射，均未经过配网自动化改造。其中压配电网线路地理接线图见图 11－1。某地区 10kV 线路拓扑结构图见图 11－2。

10kV 别二 214 线主要接带二里店，为架空线路，主路导线型号为 JKLYJ－150，限流值为 403A，供电半径为 18.6km，2017 年至 2018 年冬季谷时最大负载率为 28.72%。

10kV 别青 212 线主要接带西史各庄、东史各庄，为架空线路，主路导线型号为 JKLYJ－150，限流值为 403A，最大供电半径为 8.98km，2017 年至 2018 年冬季谷时最大负载率为 35.25%。

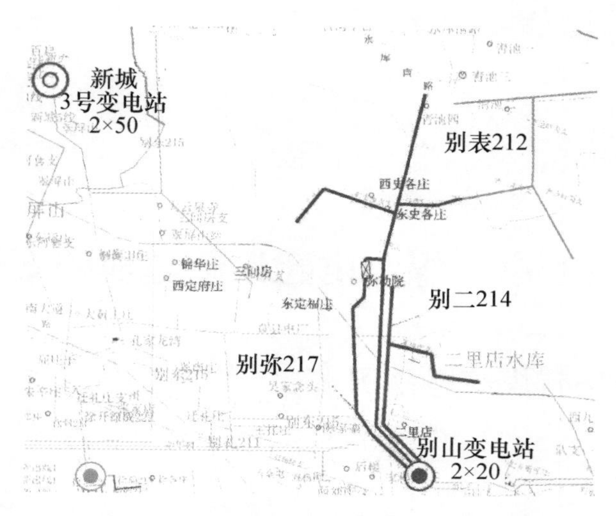

图 11－1　某地区中压配电网线路地理接线图

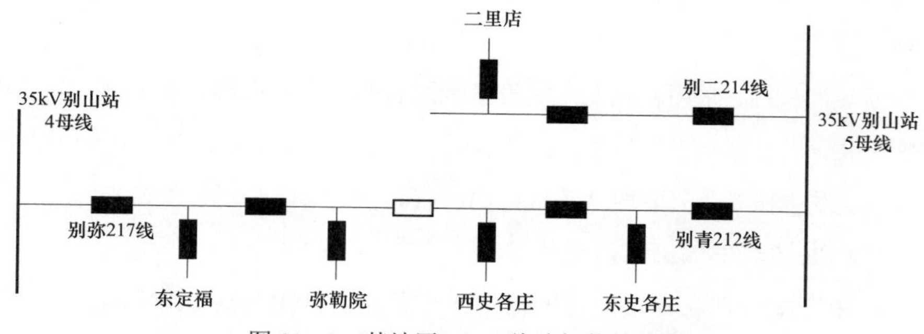

图 11－2　某地区 10kV 线路拓扑结构图

10kV 别弥 217 线主要接带弥勒院、东定福庄村，为架空线路，主路导线型号为 JKLYJ－150，限流值为 403A，最大供电半径为 6.8km，2017 年至 2018 年冬季谷时最大负载率为 37.15%。

（2）低压配网现状。对二里店、西史各庄等台区进行分析，低压配网存在的主要问题一是户均容量偏低，不满足新增负荷接入需求；二是供电半径过大，不符合技术导则要求，大负荷期间存在末端低电压问题；三是导线线径过小，存在卡脖子问题，不满足煤改电负荷输送要求；四是大部分线路和杆塔设备老旧，金具腐蚀严重。二里店等 5 个村的低压配网现状见表 11－1。

表11－1　　中低压配电网现状

序号	煤改电地区	台区名称	配电变压器型号	最大负载率（%）	户均容量（kVA/户）	供电半径（m）	主路导线型号	支路导线型号	投运年份
1	二里店	1号台区	S11－200/10	61	1.5	410	JKLYJ－95	JKLYJ－50	2009
		2号台区	S11－160/10	58	1.9	320	JKLYJ－95	JKLYJ－50	2009
		3号台区	S11－160/10	60	1.9	490	JKLYJ－95	JKLYJ－50	2009
2	东史各庄	1号台区	S11－200/10	58	3.3	370	JKLYJ－95	JKLYJ－50	2012
		2号台区	S13－200/10	55	3.1	410	JKLYJ－95	JKLYJ－50	2012
		3号台区	S13－315/10	62	2.3	510	JKLYJ－95	JKLYJ－50	2012
3	西史各庄	1号台区	S11－80/10	70	0.5	700	LJG－50	LJG－50	2001
4	东定福庄	1号台区	S11－315/10	45	3.6	450	JKLYJ－95	JKLYJ－50	2009
		2号台区	S13－200/10	40	4.4	320	JKLYJ－95	JKLYJ－50	2009
		3号台区	S13－200/10	42	2.2	490	JKLYJ－95	JKLYJ－50	2009
5	弥勒院	1号台区	S11－250/10	62	1.9	420	JKLYJ－95	JKLYJ－50	2008
		2号台区	S13－200/10	59	1.9	400	JKLYJ－95	JKLYJ－50	2008

（3）主要存在问题汇总。现状中压配电网存在供电半径过长、干线线规不统一、辐射线路以及未通过 $N-1$ 校验等问题，低压配电网存在户均容量过低、低压供电半径过长、低压线路建设标准低且老旧等问题，问题设施和设备清单见表11－2。

表11－2　　中低压配电网主要存在问题

序号	问题及分级情况		存在问题数量	问题设施和设备清单
1	技术合理性	中压供电半径过长	3	别二214、别弥217、别青212
2		中压干线线规不统一	3	别二214、别弥217、别青212
3		挂接配变容量过大	0	
4		低压户均容量过低	12	东史各庄等5村12台配电变压器
5		低压供电半径过长	12	东史各庄等5村12台配电变压器
6	组网规范性	辐射线路	1	别二214

续表

序号	问题及分级情况		存在问题数量	问题设施和设备清单
7	组网规范性	环网结构复杂	0	
8		同站联络	2	别弥 217、别青 212
9	运行安全可靠性	重过载	0	
10		未通过 $N-1$ 校验	1	别二 214
11		低压压导线线径细，线路和杆塔设备老旧，金具腐蚀严	12	东史各庄等 5 村 12 台配电变压器

3. 煤改电区域负荷需求分析

政府部门确定该地区煤改电采用分散式蓄热电暖器，设备功率因数为 1，每户采暖面积按照 60m^2 考虑。依据表 2－24（电采暖户均负荷配置参考表），按电采暖户均负荷 200W/m^2 确定煤改电负荷需求，同时率按 0.8 考虑，配电变压器负载率按不低于 70%考虑，得出新增煤改电配电变压器容量需求为 13.5kVA/户。

考虑谷时段夜间生活用电较少，在煤改电负荷容量配置基础上，再按户均容量 2kVA/户配置非煤改电用电需求容量，综上所述按户均 15.5kVA/户配置配电变压器容量。

（1）中压配网负荷需求。10kV 别二 214 线路现带拟煤改电村为二里店村，户数为 295 户，新增煤改电负荷 2832kW，2017 年至 2018 年冬季谷时最大负载率为 28.72%，接入煤改电负荷后，预计冬季谷时段负载率为 69.26%。

10kV 别青 212 线路现带拟煤改电村落为西史各庄、东史各庄村，户数共计 418 户，新增煤改电负荷 4013kW，线路 2017 年至 2018 年冬季谷时最大负载率为 35.25%，接入煤改电负荷后，预计冬季谷时段负载率为 92.71%。

10kV 别弥 217 线路现带拟煤改电村落为弥勒庄、东定福庄村，户数共计 456 户，新增煤改电负荷 4378kW，现状线路 2017 年至 2018 年冬季谷时最大负载率为 37.15%，加上煤改电负荷后，预计冬季谷时段负载率为 99.83%。

根据现状中压供电方式和煤改电新增负荷分析，现有线路及网架不满足煤改电负荷接入需求。需要从临近的 110kV 新城变电站新出 10kV 线路，切带史各庄地区及临近煤改电负荷，改善和提升中压网架。现状线路未完成自动化改造，

同步开展配电自动化建设改造。

（2）低压配网负荷需求。二里店、西史各庄等村负荷需求及配电变压器容量缺口见表 11－3。

表 11－3　中低压配电网负荷需求预测表

序号	煤改电地区	台区数量	现配电变压器总容量（kVA）	户均容量（kVA/户）	煤改电负荷需求（kW）	配电变压器容量缺口（kVA）
1	二里店	3	520	1.76	2832	3020
2	西史各庄	1	80	0.5	1516	1816
3	东史各庄	3	715	2.75	2497	2405
4	东定福庄	3	715	3.25	2112	1925
5	弥勒院	2	550	2.33	2266	2282

4. 煤改电区域中压配网建设改造方案

在网架上，构建多分段适度联络的网架接线组别，以满足供电可靠性要求，同时为满足负荷输送，提升线路配送容量以及解决卡脖子等问题，将原有主干线路导线更换成 JKLYJ－240mm^2 型导线。

参照配网网格化建设改造思路，以与史各庄相邻的几个城郊接合部村作为一个供电单元分析，从附近 110kV 新城变电站不同母线新出 2 回 10kV 线路，与原线路构建多分段两联络接线组，同时以分支线方式，向每个煤改电区域配置两路 10kV 电源。改造 10kV 线路拓扑结构图如图 11－3 所示。

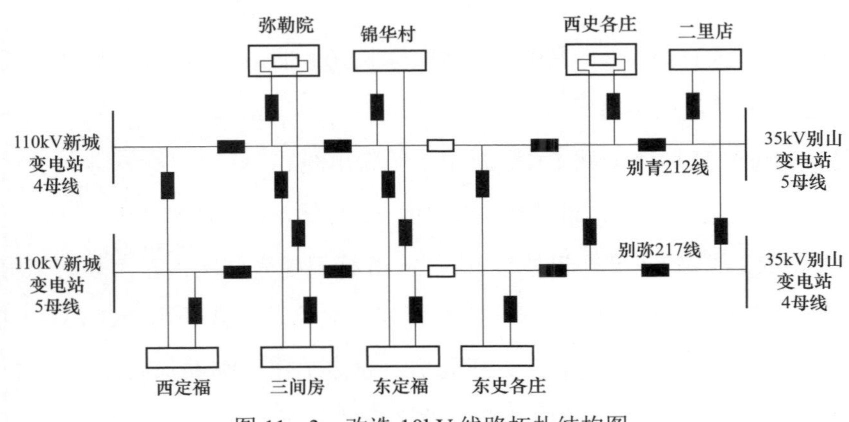

图 11－3　改造 10kV 线路拓扑结构图

（1）10kV 别青 212 线路。

1）系统方案。35kV 别山变电站 10kV 别青 212 线路 69 号杆 T 接分支 36 号杆与 110kV 新城变电站 1 号主变压器 10kV 新出 1 号线 69 号杆间建立联络，并在西史各庄与 35kV 别山站 10kV 别二 214 进行联络，全线更换 JKLYJ－240mm^2 型导线。接带西史各庄、东史各庄、二里店 531 户共计 3186kW，加上原有非煤改电负荷，改造后线路预计负载率 45.6%，预留容量裕度满足远景年发展需求。

2）改造工程量。共新立 15m 电杆 268 基，13m 钢管杆 8 基；新架设高压 JKLYJ－240mm^2 型导线长 45km（路径长 13.3km）；新建高压电缆 ZC－YJY22－8.5/15kV－3×300mm^2 型电缆长 0.650km；新增智能型柱上断路器 19 台，配电自动化同步建设。

（2）10kV 别二 214 线路。

1）系统方案。35kV 别山变电站 10kV 别二 214 线路 65 号杆 T 接分支 48 号与 110kV 新城变电站 2 号主变压器 10kV 新出 1 号线在 88 号间建立联络，并在西史各庄与 35kV 别山变电站 10kV 别青 212 线路进行联络，全线更换 JKLYJ－240mm^2 型导线。接带二里店、西史各庄、东史各庄 537 户共计 3222kW，加上原有非煤改电负荷，改造后线路预计负载率 39.1%，预留容量裕度满足远景年发展需求。

2）改造工程量。共新立 15m 电杆 252 基，13m 钢管杆 8 基；新架设高压 JKLYJ－240mm^2 型导线长 44.14km（路径长度 13km）；新建高压电缆 ZC－YJY22－8.5/15kV－3×300mm^2 型电缆长 0.85km；新增智能型柱上断路器 21 台，配电自动化同步建设。

（3）110kV 新城变电站 10kV 新城 1 号新出线。

1）系统方案。110kV 新城变电站 10kV1 号线 69 号杆与 35kV 别山变电站 10kV 别青 212 线路 69 号杆 T 接分支线 36 号杆间建立联络，并在弥勒院附近与 110kV 新城变电站 10kV 2 号线路 74 号杆建立联络，全线采用 JKLYJ－240mm^2 型导线。接带锦华庄、西定府庄、三间房、东定福庄、弥勒院共计 5 个村 572 户 3432kW，加上原有非煤改电负荷，改造后线路预计负载率 41.1%，预留容量裕度满足远景年发展需求。

2）改造工程量。共新立15m电杆108基；新架设高压JKLYJ－240mm^{2}型导线长16.89km（路径长5.017km）；新建高压电缆ZC－YJY22－8.5/15kV－3×300mm^{2}型电缆长4.6km（路径长度3.933km）；新建智能型柱上断路器21台，新建4间隔环网箱3台，配电自动化同步建。

（4）110kV新城变电站10kV新城2号新出线。

1）系统方案。110kV新城变电站10kV2号线路88号杆与35kV别山变电站10kV别二214线路65号杆T接分支线48号杆间建立联络，并弥勒院与110kV新城变电站10kV1号线路69号杆T接分支20号杆建立联络，全线采用JKLYJ－240mm^{2}型导线。接带锦华庄、西定府庄、三间房、东定福庄、弥勒院共计5个村573户3438kW，加上原有非煤改电负荷，改造后线路预计负载率40.6%，预留容量裕度满足远景年发展需求。

2）改造工程量。共新立15m电杆118基；新架设高压JKLYJ－240mm^{2}型导线长19.37km（路径长5.75km）；新建高压电缆ZC－YJY22－8.5/15kV－3×300mm^{2}型电缆长4.67km（路径长度4.004km）；新建智能型柱上断路器12台，新建4间隔环网箱3台，配电自动化同步建设。

5. 煤改电村低压配网建设改造方案

（1）低压总体方案。低压电网改造主要是充分利用原0.4kV线路路径，对原0.4kV架空线路主干线及分支线进行升级改造。0.4kV架空线路主干线改造采用JKLYJ－150mm^{2}型绝缘导线，支路采用JKLYJ－120mm^{2}型绝缘导线，12m电杆。按户均13.5kVA/户配置配电变压器容量，新增配电变压器按照就近原则设置，在保证供电半径的同时能够满足50m范围内具备应急发电车停靠条件，在现场受地理因素限制，无法精准满足户均容量10kVA/户的要求时，个别台区可以适度浮动。低压接户线采用JKLYJ－70mm^{2}型下线至抱杆表箱，表后采用电缆入户。

（2）具体方案。东史各庄方案。东史各庄采暖户数为260户，需增设8台变压器；新增的1号、2号、3号、7号、8号台区由别青212线路110号杆T接10kV线路供电，4号、5号、6号台区由村西侧别二214线路100号杆T接

10kV 线路提供电源。具体负荷分配见表 11－4。

表 11－4　　中低压配电网负荷分配表

煤改电地区	台区名称	台区容量（kVA）	切带户数（户）	户均容量（kVA）	供电半径（m）
东史各庄	原 1 号台区	200	15	13.3	150
	原 2 号台区	200	15	13.3	210
	原 3 号台区	315	25	12.6	200
东史各庄	新增 1 号台区	400	32	12.5	170
	新增 2 号台区	200	17	11.7	220
	新增 3 号台区	400	30	13.3	180
	新增 4 号台区	400	30	13.3	190
	新增 5 号台区	200	16	12.5	220
	新增 6 号台区	400	33	12.1	190
	新增 7 号台区	200	16	12.5	160
	新增 8 号台区	400	31	12.9	160

共新建 15m 电杆 24 基，12m 电杆 137 基；新架设高压 JKLYJ－10－240 型导线长 1.46km（路径长度 0.405km）；低压 JKLYJ－1－150 型导线长 33.108km（路径长度 7.664km），新建 YJV22－8.7/15－3×300mm^{2}10kV 型电缆路径长度 0.100km，低压 YJV22－0.6/1－4×240mm^2 型电缆路径长度 0.750km；新增 400kVA 柱上变压器 4 台、400kVA 箱式变电站 1 座、200kVA 柱上变压器 3 台、应急接入箱 3 台。由 10kV 别青 212 线和 10kV 别二 214 线形成双电源供电。东史各庄低压线路改造路径见图 11－4。

其余村参照东史各庄村实施改造，不再一一赘述。

6. 建设改造项目需求

本案例建设改造架空线路共计 420.422km，电缆线路共计 17.912km，电杆共计 1851 基，环网箱共计 6 座。建设改造项目需求汇总表见表 11－5。

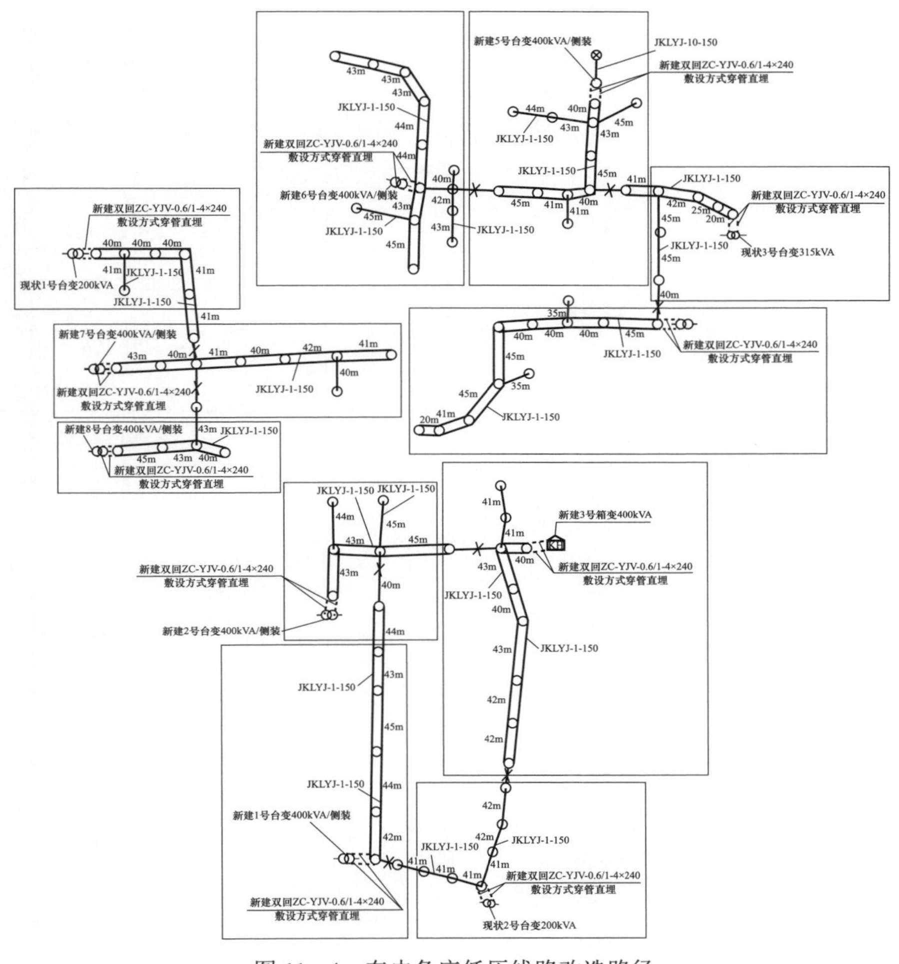

图 11－4 东史各庄低压线路改造路径

表 11－5 建设改造项目需求汇总表

序号	项目名称	工程量				建设时间
		电缆（km）	架空线（km）	电杆（基）	环网箱（座）	
1	10kV 别青 212 线路改造工程	0.87	45	268	0	2018
2	10kV 别二 214 线路改造工程	1.240	44.140	252	0	2018
3	新城 110kV 变电站 10kV 1 号出线新建工程	4.6	16.890	108	3	2018
4	新城 110kV 变电站 10kV 2 号出线新建工程	4.670	19.370	118	3	2018
5	东史各庄低压线路及配电变压器台区改造工程	0.935	47.276	197	0	2018
6	二里店村低压线路及配电变压器台区改造工程	0.831	59.543	196	0	2018

续表

序号	项目名称	工程量				建设时间
		电缆（km）	架空线（km）	电杆（基）	环网箱（座）	
7	西史各庄低压线路及配电变压器台区改造工程	0.911	26.620	95	0	2018
8	东定福庄台区及低压线路改造工程	1.008	37.116	139	0	2018
9	弥勒院村低压线路及配电变压器台区改造工程	0.963	56.032	182	0	2018
10	三间房村低压线路及配电变压器台区改造工程	0.660	36.544	156	0	2018
11	锦华庄等村低压线路及配电变压器台区改造工程	1.224	31.891	140	0	2018
合计		17.912	420.422	1851	6	2018

7. 成效分析

工程实施后将有效提升该地区的配网承载力，优化网架结构，大幅提高供电可靠性，保障百姓冬季取暖。东史各庄地区配电网建设改造效果对比与问题清单解决情况分别见表 11－6 和表 11－7。

表 11－6　　东史各庄地区配电网建设改造效果对比

序号	指标名称	现状年	建设改造后
1	最大负荷（MW）	13	23.84
2	线路总条数（条）	3	4
3	公用线路（条）	3	4
4	电缆化率（%）	0.44	8.32
5	架空绝缘化率	69.56	91.68
6	联络率（%）	67	100
7	$N-1$ 通过率（%）	50	100
8	平均线路负载率（%）	60.44	41
9	供电可靠率（%）	98.66	99.962
10	电压合格率（%）	94.32	99.88

表 11－7　　问题清单解决情况

问题清单	现状问题数量	解决数量		剩余问题个数	解决率（%）
		现状	建设改造后		
供电半径过长	2	2	0	0	100
挂接配变容量过大	2	2	0	0	100
同站联络	1	1	0	0	100
低压户均容量过低	12	12	0	0	100

11.2 集中式煤改电案例

1. 地区概况

某区域地处城市边缘，属城乡接合部，共计 129 户，总面积 1.88km^2。该区域主要经济收入来源为手工业和农副产品销售，兼有水产捕捞及旅游服务业，2017 年人均纯收入 15 743 元，为 C 类供电区域。

2. 电网概况

（1）高压配电网情况。为该区域供电的变电站为 35kV 小辛码变电站，现状 2 台变压器，容量为 2×6.3MVA，2017 年冬季谷时段最大负载率为 12.3%，共有 10kV 出线间隔 8 个，已出间隔 4 个。高压配电网变电站布局示意见图 11－5，小辛码变电站情况统计表见表 11－8。

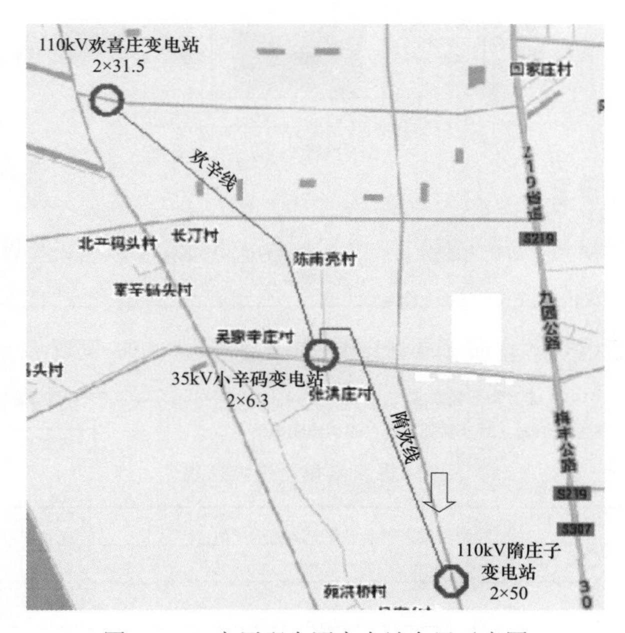

图 11－5 高压配电网变电站布局示意图

表 11－8 **小辛码变电站情况统计表**

小区	电压等级（kV）	变电容量（MVA）	冬季最大负载率（%）	冬季谷段最大负载率（%）	总间隔数（个）	已出间隔（个）
小辛码	35	12.6	14.52	12.30	16	4

（2）中压配电网情况。该区域由小辛码变电站小23线路供电，现状为架空多分段单联络接线，主线路导线型号为JKLYJ－150mm^{2}型，供电半径8.9km，线路绝缘化率85.6%，最大负荷为1.7MW，可以通过$N-1$校验，未进行配网自动化改造。10kV供电线路情况见表11－9，小辛码变电站小23线路结构图见图11－6。

表11－9　　10kV供电线路情况

线路名称	主干导线型号	线路长度（km）		网架结构	分段数（段）	装接配电变压器容量（MVA）	最大负荷（MW）	最大负载率（%）	平均负载率（%）
		架空长度	电缆长度						
小辛码变电站小23线	JKLYJ－150	48.12	0.10	架空单联络	3	16.53	1.70	43.51	19.26

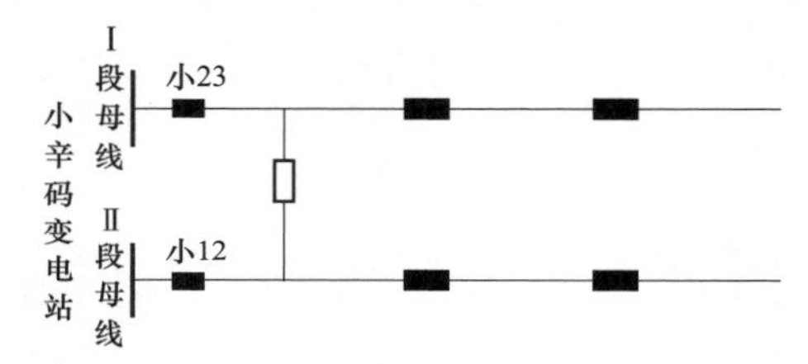

图11－6　小辛码变电站小23线路结构图

3. 负荷需求分析

区域建筑类型为联排平房，缺少房屋保温措施，因此电采暖户均负荷选择160W/m^2，每户取暖面积按照80m^{2}计算，确定户均新增负荷12.8kW。

预测区域新增煤改电负荷1651.2kW（见表11－10），同时系数按0.85考虑，变压器负载率按75%考虑，共需630kVA箱式变电站3座，总容量1890kVA。

表11－10　　区域煤改电负荷预测结果

街镇	村（社区）	户数（户）	面积（m^2）	负荷（kW）
黄庄乡	小辛码	129	10 320	1651.2

4. 配电网建设改造技术方案

（1）集中式电锅炉特点。所辖区政府结合当地气候特征、财政状况和百姓生活习惯，选择蓄热式电锅炉集中供热。蓄热式电锅炉供暖是在夜间谷电时段，利用电加热锅炉产生热量，然后将热量蓄积在蓄热装置中（目前蓄热方式主要包含热水蓄热和镁砂固体蓄热），在白天用电高峰时段，停止电锅炉运行，利用

蓄热装置向外供热。

蓄热式电锅炉采用专用变压器为续热机组供电，不需要对现状低压配电网进行改造。能够实现削峰填谷，并充分利用低谷电价，大幅度减少用电成本，同时实现停电不停暖。但由于蓄热装置体积较大，导致占地面积较大，适合地势开阔区域。蓄热式电锅炉供暖系统运行原理示意图见图 11－7。

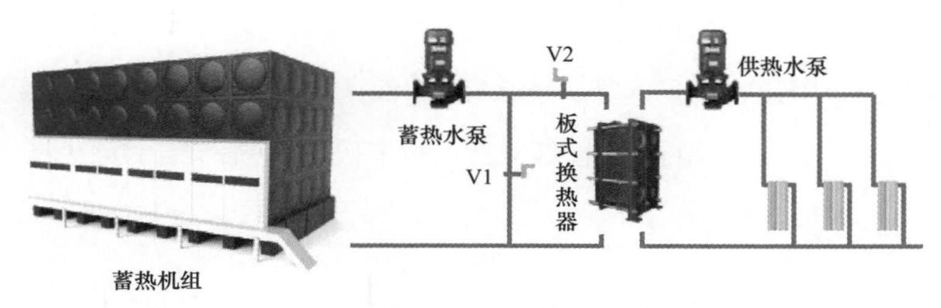

图 11－7 蓄热式电锅炉供暖系统运行原理示意图

（2）高压配电网供电规划方案。考虑到 35kV 小辛码站同时为唐家庄等其他煤改电区域（共计 7.6MW 负荷）供电，现有主变压器容量无法满足该区域煤改电新增负荷接入需求。规划由 110kV 欢喜庄站作为高压电源供电，见表 11－11。

表 11－11　　欢喜庄变电站情况统计表

变电站	电压等级（kV）	变电容量（MVA）	冬季最大负载率（%）	冬季谷段最大负载率（%）	总间隔数（个）	已出间隔（个）
欢喜庄	110	63	32.78	19.90	16	6

（3）中压配电网建设改造方案。区域内现有接线方式以架空多分段单联络接线方式为主，且网格属于 C 类供区，因此选取架空三分段两联络接线为目标网架结构。

中压供电采用多分段适度联络接线方式，见图 11－8。

由 110kV 欢喜庄站新建 8 号、9 号线路 2 条，欢喜庄 8 号线接与欢喜庄 9 号线、小辛码 4 号线形成联络，欢喜庄 9 号线接与欢喜庄 8 号线、小辛码 5 号线形成联络，配电自动化同步建设，新建 630kVA 箱式变压器 3 台，置于小辛码头村南侧。

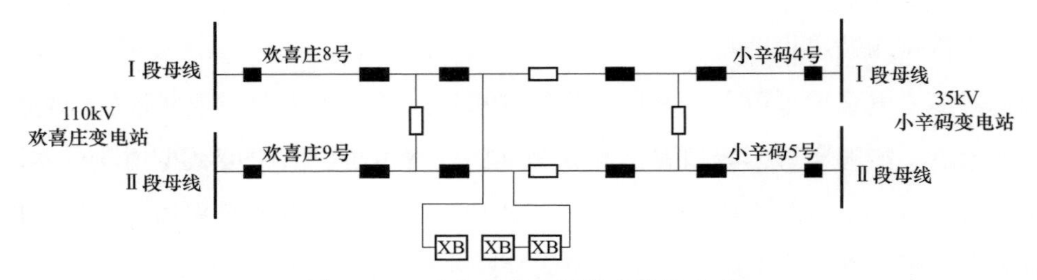

图 11－8　小辛码村中压供电接线方式

本工程新建中压 YJV22－3×300 电缆 0.3km，中压 JKLYJ－240 导线 12.15km（路径长 3.9km），JKLYJ－150 型导线 2.1km，低压 YJV22－4×240 型电缆 0.6km，柱上开关 6 台，630kVA 箱式变电站 3 座。小辛码村系统方案示意见图 11－9。

图 11－9　小辛码村系统方案示意图

第12章　输变配一体化建设改造典型案例

12.1　区域概况及发展情况

1. 区域概况

城市新城是在围垦海涂滩地上规划建设的城市功能扩展区，总面积约31.33km^2，属于A类供电区域。

2. 功能定位

城市新城总体功能定位为生态型、低密度滨海科技新城，总体规划结构形成“一心、一园、两轴、四区”的布局。城市新城规划结构与用地规划见图12－1。

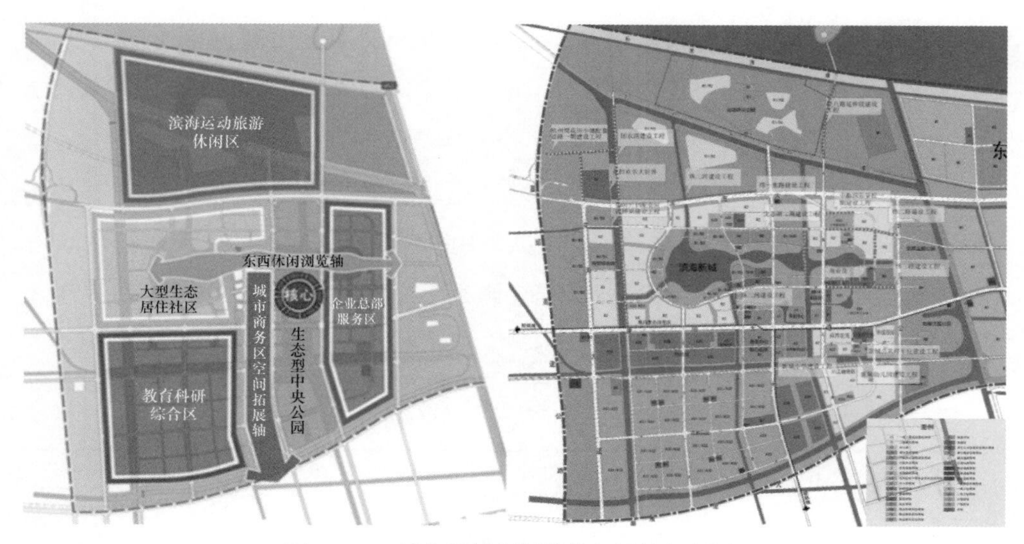

图12－1　城市新城规划结构与用地规划图

（1）一心：新城核心生态型综合功能区，综合布局行政中心、商业金融、商务办公、展览展示、休闲娱乐等多元功能，促进、引导新城整体发展。

（2）一园：指片区中心南北向的生态公园，结合基地现有水系形成生态型中央公园，北侧布置旅游科研综合体，同时也是新城的能源中心与信息中心，中部布置以新城行政中心为核心的行政办公功能，南侧布置文化体育功能。

（3）两轴：分别指纵向沿经九路西侧的新城中央商务区城市空间拓展轴，引导新城向南拓展；以及横向以人工串湖为核心、串联各片区的东西休闲游览轴，两轴在新城中心处交汇，形成本片区的标志性景观核心。

（4）四区：包括滨海运动旅游休闲区、大型生态居住社区、教育科研综合区以及企业总部服务区。

12.2 现状电网评估和诊断分析

当前城市新城全社会最大负荷35.41MW，配电网电压等级序列为220/110/20（10）/0.38kV，下面分高压配电网和中压配电网两个部分介绍，并对整个配电网整体诊断评估。

1. 高压配网现状

现状城市新城内无变电站布点，为其供电的区外高压电源点有2座，分别为220kV展望变电站和110V盖北变电站。其中，220kV展望变电站主变压器2台，单台主变压器容量均为240MVA，变电容量共计480MVA，20kV出线间隔共计24个，已用间隔24个；110kV盖北变电站主变压器2台，单台主变压器容量均为50MVA，变电容量共计100MVA，10kV出线间隔共计24个，已用间隔20个，城市新城高压变电站装备情况统计和周边变电站布点及电网结构示意分别见表12－1和图12－2。

表12－1　城市新城高压变电站装备情况统计汇总表

序号	变电站名称	电压变比	主变压器台数	总容量（MVA）	负荷（MW）	10kV间隔总数	10kV已用间隔数	20kV间隔总数	20kV已用间隔数
1	展望变电站	220/110/20	2	480	181	—	—	24	24
2	盖北变电站	110/35/10	2	100	56	24	20	—	—

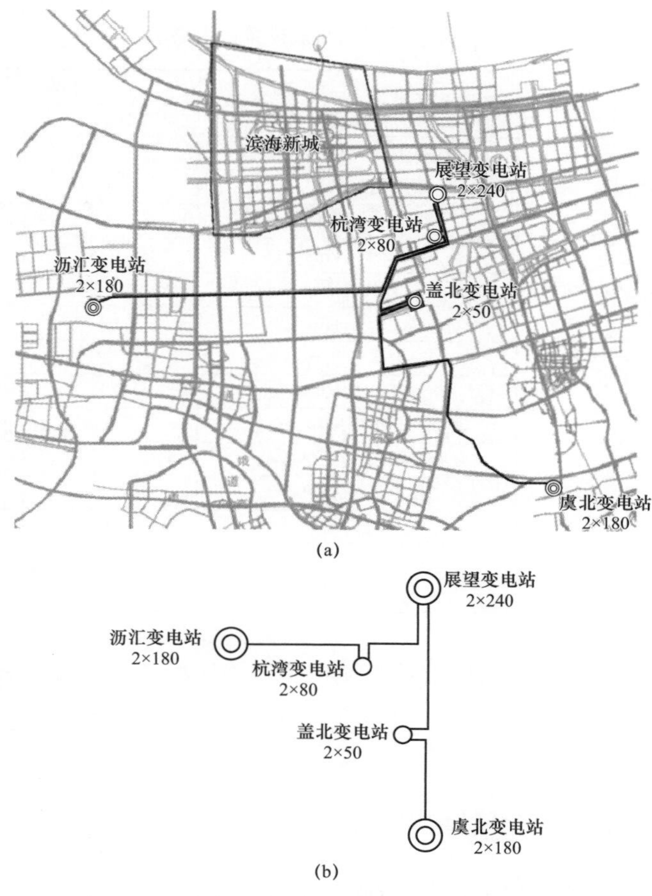

图 12－2　城市新城周边变电站布点及电网结构图

（a）变电站布点；（b）电网结构图

2. 中压配网现状

（1）中压电网规模。表 12－2 给出了城市新城中压配电网规模统计汇总情况，向城市新城供电的中压线路有 7 条，其中：20kV 线路有 4 条，线路总长度 50.43km，包含架空线路长度 33.96km，电缆长度 16.47km，线路挂接配电变压器 80 台，总容量 43.87MVA，其中公用配电变压器 12 台，容量 14MVA；中压电缆化率为 32.66%。

10kV 线路有 3 条，分别为 10kV 世东 708 线、涂南 711 线和涂北 719 线；线路总长度 65.59km，其中架空线路长度 63.47km，电缆长度 2.12km，线路挂接配电变压器 193 台，总容量 19.77MVA，挂接配电变压器均为专用配电变压器。

表 12－2　　城市新城中压配电网规模统计汇总表

项目名称		数值	
		10kV	20kV
中压线路数量	其中：公用（条）	3	4
	专用（条）	0	0
	合计（条）	3	4
中压线路长度	架空线（km）	61.35	33.96
	电缆线（km）	2.12	16.47
	总长度（km）	63.47	50.43
公用线路挂接配变	台数（台）	193	80
	容量（MVA）	19.77	43.87
公用线路挂接配变	其中：公用变压器（台）	0	12
	公用变压器容量（MVA）	0	14
中压配电设施数量	柱上开关（台）	5	8
	开关站（座）	0	0
	环网室（座）	0	3
	环网箱（座）	0	0

（2）中压配电网拓扑结构。目前城市新城中压配电网接线方式以架空多分段适度联络为主，中压配电网环网比例为 100%，不同站之间线路环网比例为 57.14%；区域内无干线线规差异较大线路，不存在挂接容量差异较大线路。城市新城现状年中压电网拓扑结构见图 12－3。

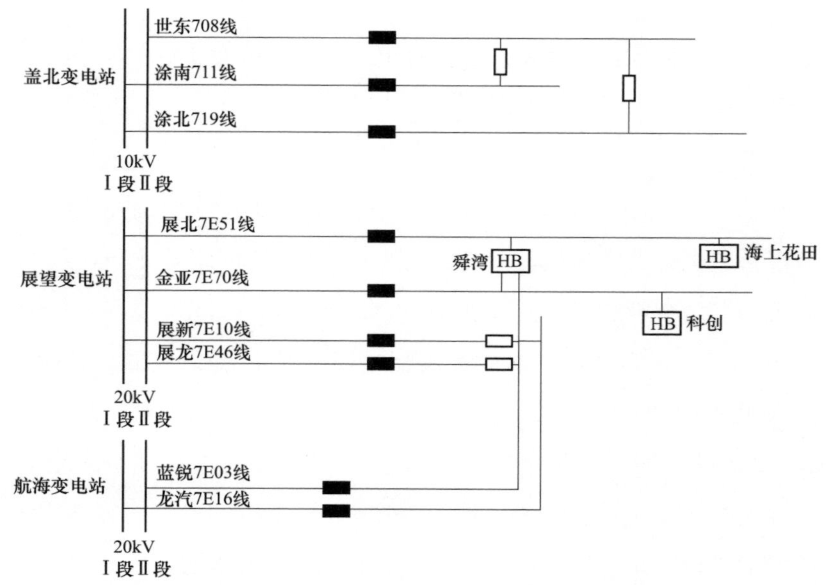

图 12－3　城市新城现状年中压电网拓扑结构图

3. 配网现状指标评估

从指标对比情况来看，城市新城处于快速发展阶段，在多个方面仍有很大的提升空间，尤其是安全可靠方面10（20）kV配电网结构标准化率、10（20）kV线路站间联络率、供电可靠率和智能互动方面配电自动化覆盖率等指标方面。城市新城中压配电网评估表见表12－3。

表12－3　城市新城中压配电网评估表　%

序号	指标分类	指标名称	目标值	现状值
1	安全可靠	10（20）kV配电网结构标准化率	100	57.1
2		10（20）kV线路联络率	100	100
3		10（20）kV线路电缆化率	—	16.3
4		10（20）kV线路站间联络率	100	29.6
5		10（20）kV线路$N-1$通过率	100	100
6		变电站全停全转率	100	—
7		10（20）kV母线全停全转率	100	—
8		10（20）kV线路重载比例	0	0
9		10（20）kV架空线路绝缘化率	100	100
10		供电可靠率	99.999	99.936
11	优质高效	综合电压合格率	100	99.954
12	绿色低碳	本地清洁能源消纳率	100	100
13		10kV及以下综合线损率	下降趋势	5.32
14	智能互动	配电自动化覆盖率	100	0
15		智能电表覆盖率	100	100

12.3 电力需求预测

目前城市新城实现控规全覆盖，各开发地块用地性质、用地面积、容积率均已明确，用地信息、建设开发时序较为清晰，因此本次电力需求预测目标年采用空间负荷预测法，阶段年负荷预测在目标年预测基础上采用时间序列法进行拟合，反推近中期负荷。

1. 负荷特性分析

（1）一般用户负荷特性。新城负荷由主要由居住、商业、教育科研三大类成，此外还有一定规模的商住混合用电负荷，从目前调查结果看，教育科研类负荷占全区最大负荷的 60%左右，居住、商业负荷占比在 30%左右，其余为文化、广场用地等负荷，目前区域各区域控制性规划已经明确，都处于基建状态，负荷性质较为明确，因此今后负荷构成不会出现明显变化。

1）以居住类用户为主的地区：负荷高峰出现在 17:00～20:00 之间，凌晨 5 点钟左右负荷最低，日负荷峰谷差大约为日最大负荷的 40%～50%，负荷高峰出现时峰值基本持续不变。

2）以商业、教育科研为主的地区：负荷从上午 8 点开始迅速攀升，10:00 左右达到峰值，一般持续至 16:00 左右开始下降，凌晨 0:00～5:00 间为负荷低谷期，日负荷峰谷差大约为日最大负荷的 60%，负荷曲线变化与工作时间基本吻合。

3）商业、办公、居住混合地区：负荷从 8:00 开始上升，11:00 左右达到峰值，一般持续至 14:00 左右开始下降，18:00 左右开始出现第二轮负荷高峰，持续到 22:00 左右，晚高峰峰值略低于午高峰，凌晨 5:00 左右负荷最低，日负荷峰谷差大约为日最大负荷的 40%。

4）高度城市化地区具有负荷高峰持续时间较长、同时率较高的特点，综合性城区基本全天处于到高峰负荷期，对各级电网均会产生较大压力，需要电网具备较强适应性与灵活转移能力，确保供电安全与可靠。

（2）电动汽车充电设施负荷特性调研。新城今后还将建设多处电动汽车充电设施，根据公共停车场内将建设公用电动汽车充站，根据现有地区公用充电站建设经验看，这部分充电设施内将以大容量（快充）充电桩为主，一般单个充电桩为 60～120kW；按照目前住宅小区电动汽车充电设施建设要求，住宅小区停车场内应 100%预留充电设施建设空间与供电能力，这类型充电桩以小容量（慢充）充电桩为主，一般单个充电桩为 7kW。不同类型充电设施其最大负荷与系统最大负荷出现时间有一定差异，调研了部分充电设施运行情况，作为后续电力需求预测的依据，所得出的不同类型充电设施与系统最大负荷同时系数取值见表 12－4。

部分典型电动汽车充电设施负荷曲线见图 12－4。

表12-4 不同类型充电设施与系统最大负荷同时系数取值

序号	充电设施类型		充电设施同时率
1	公共充电设施	散布式充电设施	35%～60%
2		充电站	40%～65%
3	专用充电设施	超级电容公交车充电站	40%～50%
4		纯电动公交车充电站	40%～50%
5		电动出租车充电桩	80%～90%
6		物流车充电桩	15%～20%
7		环卫车充电桩	10%～20%
8		租赁车充电桩	15%～20%
9		单位用车充电桩	20%～30%
10	自用充电设施	散布式充电设施	5%～15%

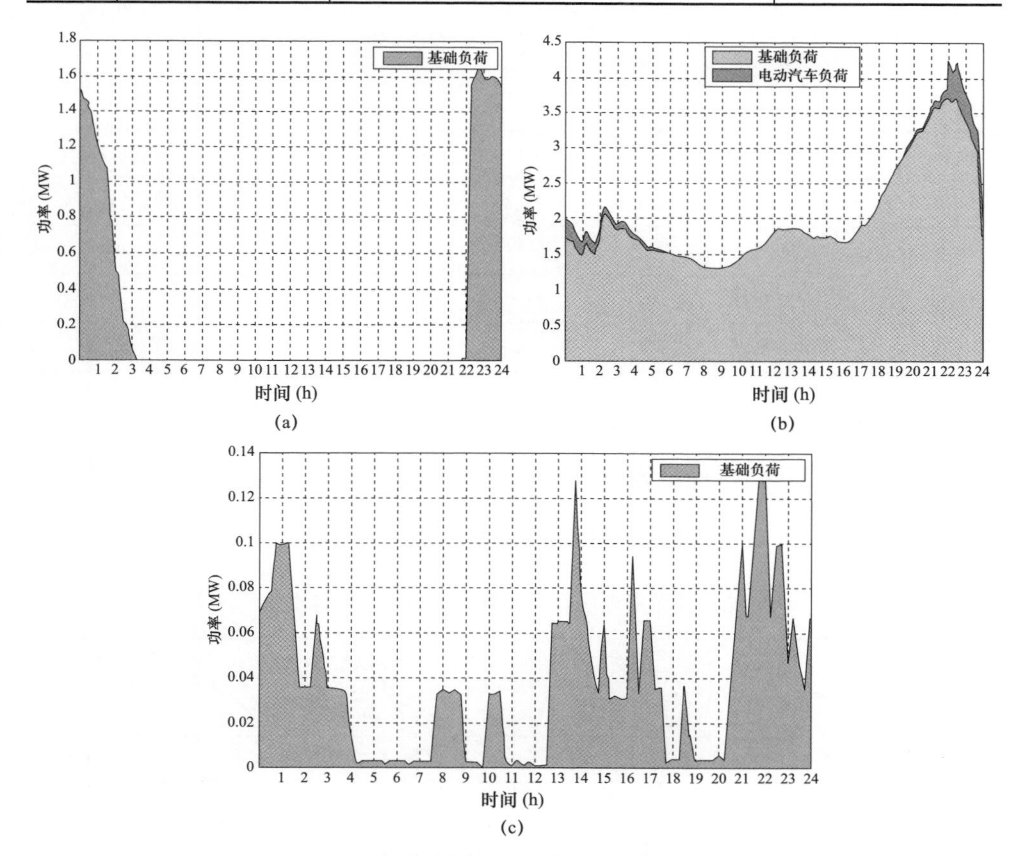

图12-4 部分典型电动汽车充电设施负荷曲线

(a) 某电动公交车充电站负荷曲线；(b) 某住宅小区充电桩负荷与小区系统负荷关系；(c) 某公共电动汽车充电站日负荷曲线

2. 目标年电力需求预测

在掌握城市多维度负荷需求特性的基础上，根据城市基础控规资料及不同地块用电需求，采用空间负荷预测方法对目标年负荷进行预测。

（1）负荷密度指标选取。结合新城所在城市的住宅工程配电设计技术规定中对负荷密度指标选取建议，通过上海、青岛、石家庄、绍兴、无锡、厦门、广州和南京等多个城市成熟地块负荷密度指标的调研分析，确定城市新城负荷密度指标。城市新城负荷密度指标选取结果汇总见表 12-5。

表 12-5　　城市新城负荷密度指标选取结果汇总表

序号	用地性质	负荷密度指标（W/m^2）	同时率	需用系数
1	居住用地	50～120	0.5	0.6
2	教育科研用地	60～90	0.6	0.8
3	行政办公用地	80～120	0.8	0.8
4	商业金融业用地	80～150	0.9	0.9
5	道路广场用地	20	1	1
6	市政设施	20	1	0.6
7	大功率充电桩	80kW/桩	按表 12-4 选取	
8	小功率充电桩	7kW/桩		

（2）空间负荷预测。根据各区块的负荷预测结果，城市新城目标年最大负荷在 275～401MW 之间，推荐中方案即最大负荷 340MW，平均负荷密度 19.74MW/km^2，城市新城用电区块空间负荷预测结果汇总见表 12-6。

表 12-6　　城市新城用电区块空间负荷预测结果汇总表

序号	地块编号	性质名称	建设用地面积（ha）	容积率	车位数	预测充电桩负荷（MW）	负荷预测结果（MW）		
							低	中	高
1	BH-01-1	R1/R2	5.6	1.8	841	0.59	0.98	1.1	1.22
2	BH-01-2	R1/R2	9.77	1.8	1466	1.03	1.71	1.92	2.13
3	BH-01-3	R1/R2	7.55	1.8	1133	0.79	1.32	1.48	1.64
4	BH-02-1	R1/R2	10.49	1.8	1573	1.1	1.68	1.87	2.06

续表

序号	地块编号	性质名称	建设用地面积（ha）	容积率	车位数	预测充电桩负荷（MW）	负荷预测结果（MW）		
							低	中	高
5	BH－02－2	R1/R2	22.28	1.8	3342	2.34	3.57	3.97	4.37
6	BH－03－1	B2/A3	3.03	3	726	0.51	1.79	2.06	2.33
7	BH－03－2	B2/A3	4.23	3	815	0.57	2.5	2.88	3.26
8	BH－03－3	B2/A3	3.03	3	727	0.51	1.79	2.06	2.34
9	BH－04	B2/A3	7.43	3	782	0.55	4.39	5.06	5.73
10	BH－05－1	B2/A3	8.31	3	995	0.7	4.91	5.66	6.41
…	…	…	…	…	…	…	…	…	…
140	BH－62－1	A31/A32	9.42	3	151	0.11	3.7	4.89	6.08
141	BH－63－1	B2	0.59	3	9	0.01	0.46	0.61	0.72
142	BH－63－2	U12	0.47	1.5	0	0	0.06	0.07	0.09
143	合计（同时率取0.9）				75 174	52.62	275	340	401

（3）目标年负荷预测校验。根据空间负荷预测结果，尤其是不同负荷类型地区平均负荷密度对比结果看，目标年年负荷密度与青山湖科技城核心区持平，本次空间负荷预测结果与城市新城性质定位相符，可以作为今后指导配电网建设改造的基础性成果。城市新城目标年负荷预测密度同其他地区新城区横向对比情况见表12－7。

表12－7　城市新城目标年负荷预测密度同其他地区新城区横向对比情况

序号	分类区域			面积（km^2）	平均负荷密度（MW/km^2）
	分类	区域名称	用户性质		
1	横向对比的新城区	钱江新城	居住、商业、商务办公、行政办公	15.8	35.6
2		青山湖科技城核心区	居住、教育科研、商务公共	12.4	18.9
3		未来科技城	商务、办公、居住	16.3	21.8
4		海曙区创新复合园区	居住、科研、工业	7.46	16.3
5		宁波新材料科技城	科研、居住、商业、商务办公	15.89	20.1
6		宁波东部新城	居住、商业、行政办公	8.42	27.3
7		国际商务区	商贸、办公、居住	40	18.5
8		滨海新区	商务、办公、工业	26	10.4
9	城市新城（目标年）		商业、教育科研、商务办公、居住	17.2	19.74

12.4 网格化划分

依照体系构建与网格划分原则，将城市新城作为一个供电分区，并以此为总体框架，依据地块电力需求将142个地块划分17个供电单元，结合区域路网建设、电源布局及中压网架构建原则，自上而下地将城市新区划分为4个供电网格，每个供电网格由3～5个供电单元组成，见图12-5。城市新城分区供电网格即供电分区划分情况见表12-8。

表12-8　　城市新城分区供电网格即供电分区划分情况

供电分区	供电网格编号	供电单元编号	主要用地性质	面积（km^2）	目标年负荷（MW）	负荷密度（MW/km^2）
新城分区	1号	1-1号	商业、居住	1.1	16.78	15.3
		1-2号		0.91	15.65	17.2
		1-3号		1.11	17.31	15.6
		1-4号		0.96	18.23	19.0
		1-5号		0.5	16.93	33.9
		合计		4.58	84.9	18.5
	2号	2-1号	商业、居住	1.09	19.79	18.2
		2-2号		0.87	18.5	21.3
		2-3号		1.34	23.42	17.5
		合计		3.3	61.71	18.7
	3号	3-1号	教育科研	1.28	23.4	18.3
		3-2号		1.14	21.3	18.7
		3-3号		0.98	18.69	19.1
		3-4号		0.76	19.63	25.8
		合计		4.16	83.02	20.0
	4号	4-1号	教育科研、商业、居住	1.14	24.65	21.6
		4-2号		0.95	20.38	21.5
		4-3号		1.26	25.63	20.3
		4-4号		0.98	14.85	15.2
		4-5号		0.84	24.54	29.2
		合计		5.17	110.05	21.3
	总计		商业、居住、教育科研	17.21	339.68	19.7

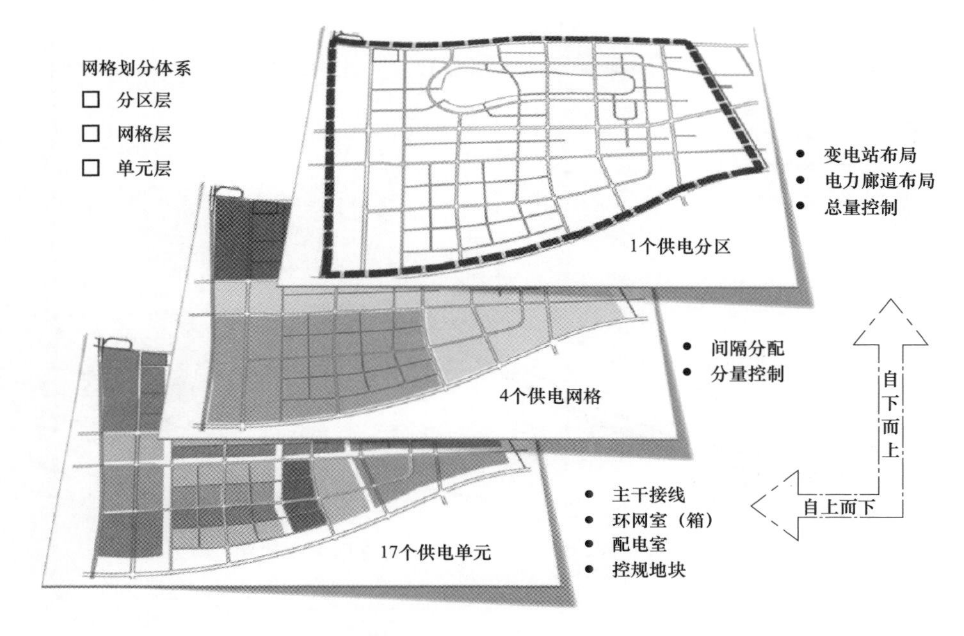

图 12－5　城市新城分区供电网格及供电单元划分示意图

12.5　高压电网建设方案

目标年，为城市新城供电的高压变电站有 6 座，其中 220kV 变电站 2 座，主变压器 4 台，变电容量 960MVA，110kV 变电站 4 座，主变压器 12 台，容量 960MVA，保留现状 220kV 展望变电站，新建 1 座 220kV 变电站和 4 座 110kV 变电站，具体见表 12－9、图 12－6、图 12－7。

表 12－9　　高压变电站新建方案一览表

序号	变电站名称	现状年容量（MVA）	过渡年容量（MVA）	目标年容量（MVA）
1	220kV 展望变电站	480	480	480
2	110kV 涂北变电站	—	160	160
3	220kV 高路变电站	—	480	480
4	110kV 新城变电站	—	160	160
5	110kV 跨海变电站	—	—	160
6	110kV 团结变电站	—	—	160

图 12-6　目标年新建变电站位置及地理接线图

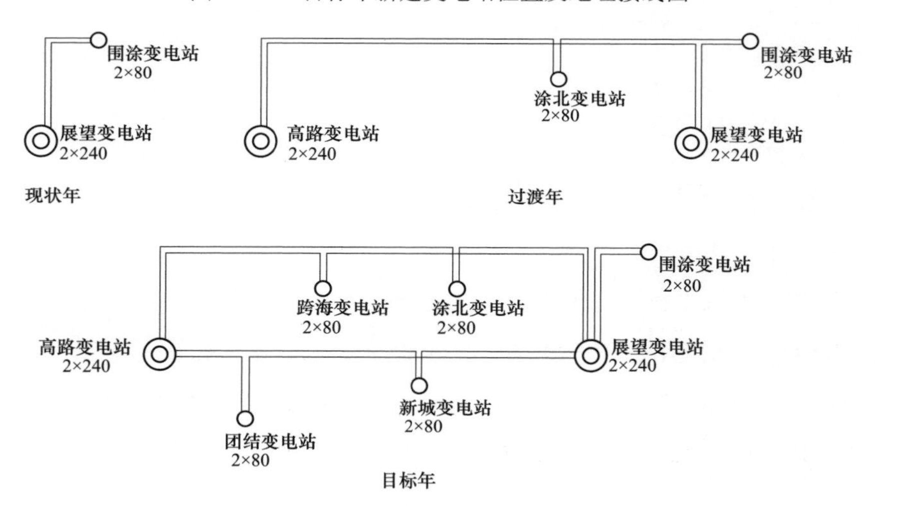

图 12-7　城市新城高压变电站拓扑结构示意图

12.6　中压配电网建设改造

从目标网架构建、过渡年网架方案制订和配电自动化方案三个方面介绍。

1. 目标网架构建

（1）建设改造边界条件。本次配电网建设改造方案采用网格化建设改造理念，在 4 个用电网格划分基础上，综合考虑规现状电网建设情况、负荷发展情

况、可靠性需求和高压电源点建设等因素，按照双环网构建配电网目标网架，并对现有配电网结构进行优化调整，确保目标配电网可以满足区域负荷发展需求，具有较强负荷转移能力、运行灵活、网架结构清晰、供电可靠性满足 A 类供电区要求。本次目标网架建设相关边界条件和建设结果如表 12－10 所示。

表 12－10　城市新城目标网架构建边界条件

序号	指标名称		单位	城市新城
1	边界条件	建设年		目标年
2		最大负荷	MW	340
3		供电可靠率	%	99.999 2
4		电压合格率	%	100
5		标准接线覆盖率	%	100
6		转供能力		实现任意变电站全停负荷全倒
7		平均负荷密度	MW/km^2	19.74
8		电压等级序列	kV	220/110/20
9		区内电源点		高路、跨海、新城
10		区内变电容量	MVA	480
11		区外电源点		团结、涂北
12		可提供变电容量	MVA	240

（2）目标网架构建结果。

1）目标网架整体情况。至目标年，城市新城 20kV 线路共 68 条，环网室 73 座，形成电缆环网网 17 组，中压电网目标控制和变电站间隔使用情况如表 12－11 所示。

表 12－11　目标年中压电网目标控制和变电站间隔使用

<table>
<tr><th colspan="2">项　目</th><th>规模</th><th>单位</th><th rowspan="4">变电站间隔使用</th><th>电压等级</th><th>变电站名称</th><th>间隔总数</th><th>使用间隔数</th><th>剩余间隔</th></tr>
<tr><td rowspan="3">中压电网目标控制</td><td>20kV 线路总数</td><td>68</td><td>条</td><td>110kV</td><td>涂北变电站</td><td>20</td><td>12</td><td>8</td></tr>
<tr><td>平均每条线路供电负荷控制</td><td><7</td><td>MW/条</td><td>220kV</td><td>高路变电站</td><td>20</td><td>18</td><td>2</td></tr>
<tr><td>环网室</td><td>73</td><td>座</td><td>110kV</td><td>新城变电站</td><td>20</td><td>16</td><td>4</td></tr>
</table>

续表

<table>
<tr><th colspan="2">项　目</th><th>规模</th><th>单位</th><th rowspan="4">变电站间隔使用</th><th>电压等级</th><th>变电站名称</th><th>间隔总数</th><th>使用间隔数</th><th>剩余间隔</th></tr>
<tr><td rowspan="3">中压电网目标控制</td><td>平均每座环网室供电负荷控制</td><td><6</td><td>MW/座</td><td>110kV</td><td>跨海变电站</td><td>20</td><td>18</td><td>2</td></tr>
<tr><td>双环网</td><td>17</td><td>组</td><td>110kV</td><td>团结变电站</td><td>20</td><td>4</td><td>16</td></tr>
<tr><td>平均每组供电负荷控制</td><td><28</td><td>MW/组</td><td colspan="2">合计</td><td>100</td><td>68</td><td>32</td></tr>
</table>

城市新城目标网架中压配电网拓扑接线图见图12－8。

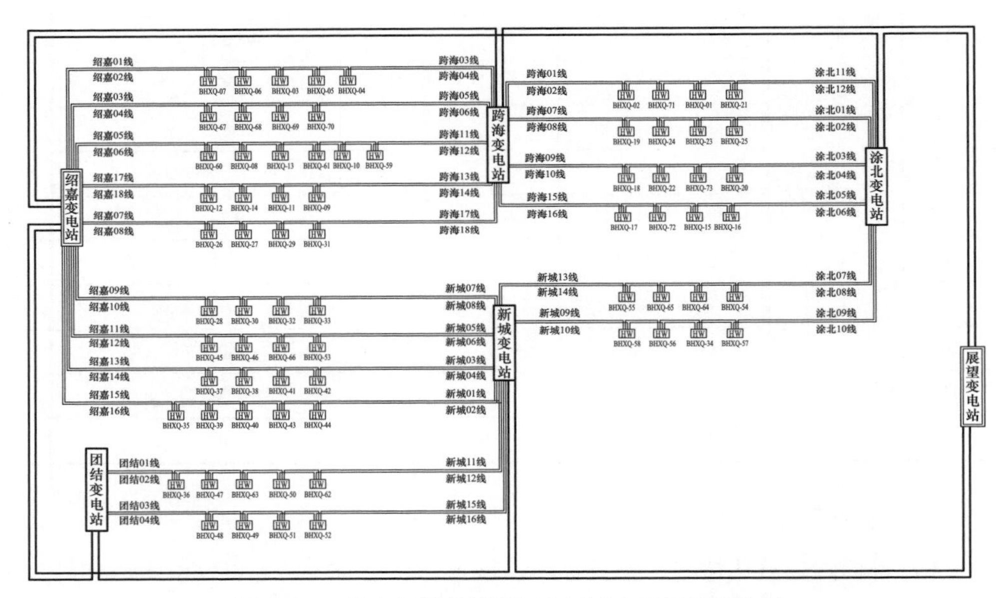

图12－8　城市新城目标网架中压配电网拓扑接线图

2）供电单元目标网架情况。至目标年，17个供电单元均由1组电缆双环网供电，供区明确、清晰。各供电单元线路平均负荷在3.91～6.16MW之间，供电单元内线路均能够满足$N-1$供电安全标准，改造方案见表12－12。

表12－12　城市新城供电单元目标网架建设改造方案

供电分区	供电网格编号	供电单元编号	主要用地性质	面积（km²）	目标年负荷（MW）	线路条数（条）	线路平均负荷（MW）	接线组别
新城分区	1号	1－1号	商业、居住	1.1	16.78	4	4.2	1组双环网
		1－2号		0.91	15.65	4	3.91	1组双环网

续表

供电分区	供电网格编号	供电单元编号	主要用地性质	面积（km^2）	目标年负荷（MW）	线路条数（条）	线路平均负荷（MW）	接线组别
新城分区	1号	1－3 号		1.11	17.31	4	4.33	1 组双环网
		1－4 号		0.96	18.23	4	4.56	1 组双环网
		1－5 号		0.5	16.93	4	4.23	1 组双环网
		合计		4.58	84.9	20	4.25	5 组双环网
	2号	2－1 号	商业、居住	1.09	19.79	4	4.95	1 组双环网
		2－2 号		0.87	18.5	4	4.63	1 组双环网
		2－3 号		1.34	23.42	4	5.86	1 组双环网
		合计		3.3	61.71	12	5.14	3 组双环网
	3号	3－1 号	教育科研	1.28	23.4	4	5.85	1 组双环网
		3－2 号		1.14	21.3	4	5.33	1 组双环网
		3－3 号		0.98	18.69	4	4.67	1 组双环网
		3－4 号		0.76	19.63	4	4.91	1 组双环网
		合计		4.16	83.02	16	5.19	4 组双环网
	4号	4－1 号	教育科研、商业、居住	1.14	24.65	4	6.16	1 组双环网
		4－2 号		0.95	20.38	4	5.1	1 组双环网
		4－3 号		1.26	25.63	4	6.41	1 组双环网
		4－4 号		0.98	14.85	4	3.71	1 组双环网
		4－5 号		0.84	24.54	4	6.14	1 组双环网
		合计		5.17	110.05	20	5.5	5 组双环网
	总计		商业、居住、教育科研	17.21	339.68	68	5	17 组双环网

2. 过渡年网架方案制订

（1）过渡年网架建设思路。过渡年建设方案主要结合 220kV 和 110kV 变电站建设时序，通过“有序回推、正序建设”理念，制订过渡年网架方案。过渡年网架建设思路示意见图 12－9。

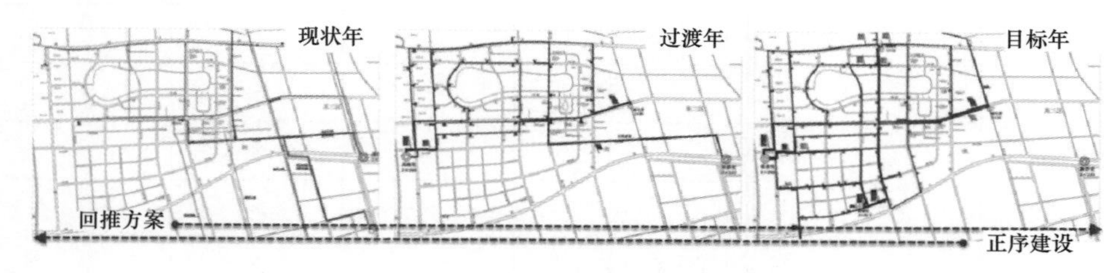

图 12－9 过渡年网架建设思路示意图

第一步：目标网架与现状电网对比，分析差异并提出总体建设规模的需求。

第二步：明确供电电源的建设时序，将该建设时间节点作为建设阶段年，在目标网架指导下，由远及近回推各个建设阶段年的建设方案。

第三步：通过建设阶段年将过渡过程分割为若干段，对比每个阶段起止年电网建设方案差异，形成每个阶段的建设方案，实现在目标网架指导下的建设方案一体化，建立初步过渡方案意向。

第四步：以供电网格或供电单元为单位分析存在问题严重程度、用户用电时间、市政建设时序等关键因素，明确各供电网格或供电单元电网建设时间窗口，以时间窗口为单位对初步过渡方案进行整合优化，形成建设方案清单。

第五步：在时间窗口的基础上综合考虑其他因素，建立目标实现度及投资效益为导向的方案评价体系，综合考虑民生需求、政策导向后，对建设方案进行评价并实现建设方案排序，形成高实施性和高经济性的过渡建设方案。

（2）供电单元目标网架实现时序。按照“成熟一批、固化一批”的原则，逐个对未实现目标供电单元实施新建改造方案。详见表 12－13 和图 12－10。

表 12－13　城市新城供电单元接线方式建设改造方案时序

供电分区	供电网格编号	供电单元编号	现状年	过渡年	目标年
新城分区	1号	1－1号	×	√	√
		1－2号	×	√	√
		1－3号	×	√	√
		1－4号	×	√	√
		1－5号	×	√	√
	2号	2－1号	×	√	√
		2－2号	×	√	√
		2－3号	×	×	√
	3号	3－1号	×	×	√
		3－2号	×	×	√
		3－3号	×	×	√
		3－4号	×	×	√

续表

供电分区	供电网格编号	供电单元编号	现状年	过渡年	目标年
新城分区	4 号	4－1 号	×	×	√
		4－2 号	×	×	√
		4－3 号	×	×	√
		4－4 号	×	×	√
		4－5 号	×	×	√

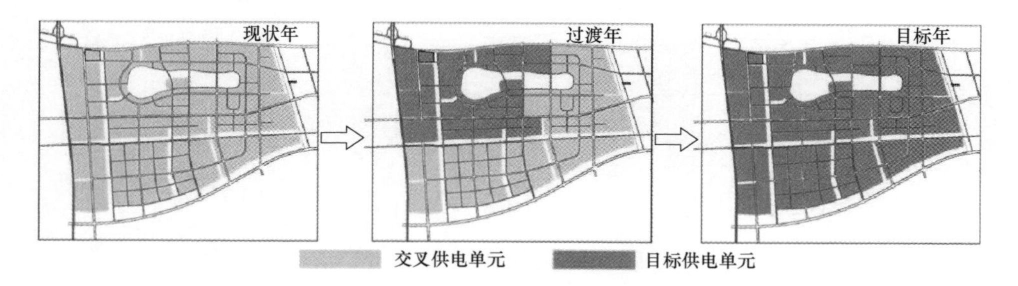

图 12－10 城市新城目标接线方式建设改造方案时序示意图

（3）建设改造方案介绍。以 1 号供电网格为典型案例进行建设改造方案介绍，按照以下三个阶段进行。

1）第一阶段：110kV 涂北变电站配套送出。

a. 必要性：目前 1 号供电网格由展望变电站 4 条 20kV 线路和 2 条 10kV 线路供电，上述 6 条中压线路同时为周边供电，预计第一阶段末期 1 号供电网格负荷 57.5MW，现有中压线路不能满足新增用电需求。

b. 方案简介：拆除 10kV 电网，新建 12 座环网室（双母线，不带母联），110kV 涂北变电站馈出 6 条 20kV 线路，同现有 4 条 20kV 线路组成 1 组双环网、1 组双环 T 型接线。

c. 建设改造成效。建设改造方案实施后 10kV 电网退出运行，1 号供电网格电源点有 2 个，共计 10 条 20kV 线路，线路平均负荷 5.75MW，满足 $N-1$ 供电安全标准。1 号供电网格 110kV 涂北变电站配套送出工程地理接线图、拓扑结构图分别见图 12－11、图 12－12。

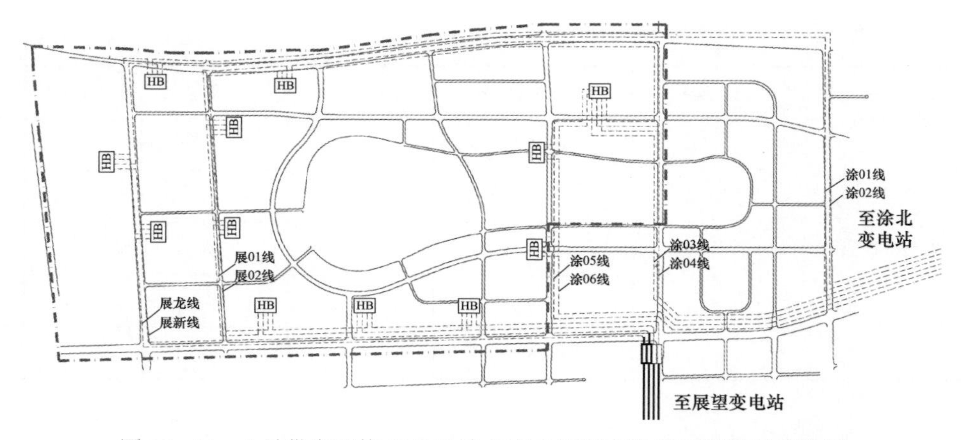

图 12－11　1 号供电网格 110kV 涂北变电站配套送出工程地理接线图

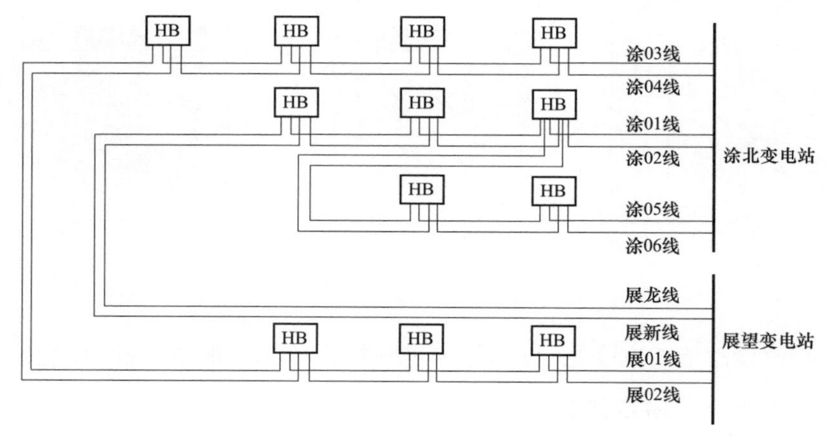

图 12－12　1 号供电网格 110kV 涂北变电站配套送出工程拓扑结构图

2）第二阶段：220kV 高路变电站配套送出。

a. 必要性：220kV 展望变电站向 1 号供电网格供电线路供电半径过长，结合 220kV 高路变配套送出 20kV 线路缩短供电半径。

b. 方案描述：新建 1 座环网室，220kV 高路变电站馈出 6 条 20kV 线路，其中：

220kV 高路变电站馈出高 01、02 线，就近接入环网室，切转展望变电站展龙线和展新线负荷，同涂 01、02 线环网保留，形成 1 组双环网。

220kV 高路变电站馈出高 03、04、05、06 线，新建 1 座环网室，以此环网室开环现有环网组，形成 1 组双环网和 1 组双环 T 型接线。

c. 建设改造成效。预计第二阶段末期 1 号供电网格负荷 64.4MW，建设改

造方案实施后，在满足新增用电需求的同时；缩短了展 01 线和展 02 线的供电半径。1 号供电网格 220kV 高路变电站配套送出工程地理接线图、拓扑结构图分别见图 12－13、图 12－14。

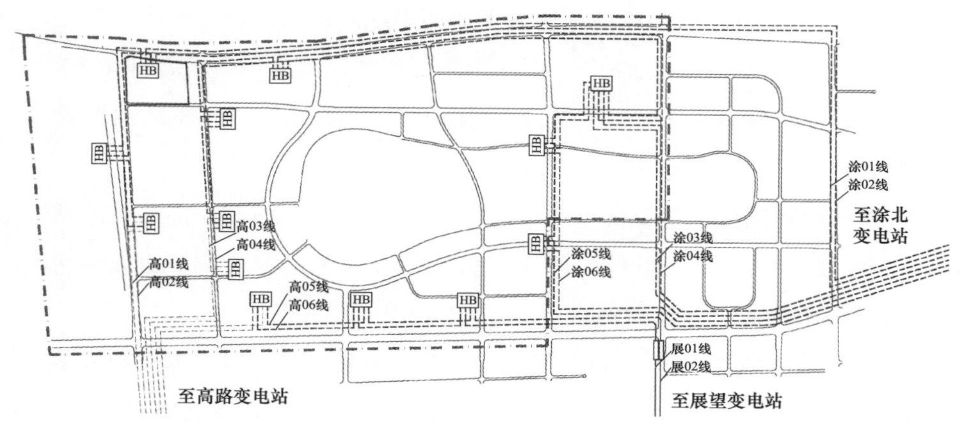

图 12－13　1 号供电网格 220kV 高路变电站配套送出工程地理接线图

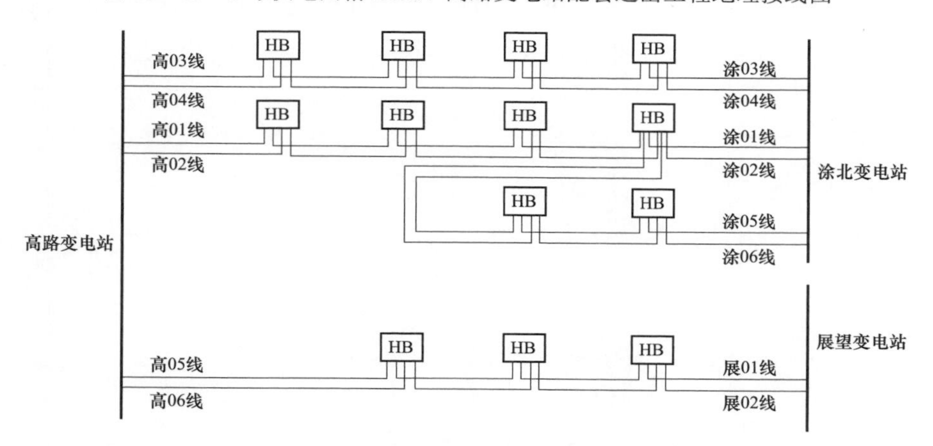

图 12－14　1 号供电网格 220kV 高路变电站配套送出工程拓扑结构图

3）第三阶段（过渡至目标年）：110kV 跨海变电站配套送出。

a. 必要性：满足新增用电需求，结合 110kV 跨海变电站配套送出完善变电站供电范围，中压网架过渡至目标网架。

b. 方案描述：1 号供电网格内新建 6 座环网室，110kV 跨海变电站馈出 14 条 20kV 线路，其中：跨海变电站馈出海 01、02 线、海 13 线和海 14 线，开环涂北变电站涂 01、02 线同高路变电站高 01、02 线组成的双环网，开环点位于 1 号供电网格边界，形成 2 组双环网接线，其中海 01、02 线新出线形成的 1 组双环网向供电网格内供电。

跨海变电站馈出海03、04、13、14线，开环涂北变电站涂03、04线同高路变电站高01、02线组成的双环网，开环点位于1号供电网格边界，形成2组双环网接线，其中海03、04线新出线形成的1组双环网向供电网格内供电。

将涂05、06线T接线断开，接入跨海变电站，线路暂命名海09、10线；新建1座环网室接入海09、10线后，同涂05、06线末端环网室环网形成1组双环网。

新建5座环网室，跨海变电站馈出海05、06、07、08线，高路变电站馈出高07、08线，将高05、06线同展01、02线组成的双环网拆为2组双环网，展01、02线不再为1号供电网格供电。

c. 建设改造成效。第三阶段末期即目标年，1号供电网格负荷84.9MW。共计20条20kV线路供电，形成5组双环网。线路平均供电负荷4.25MW，满足$N-1$供电安全标准。1号供电网格110kV跨海变电站配套送出工程地理接线图、拓扑结构图分别见图12－15、图12－16。

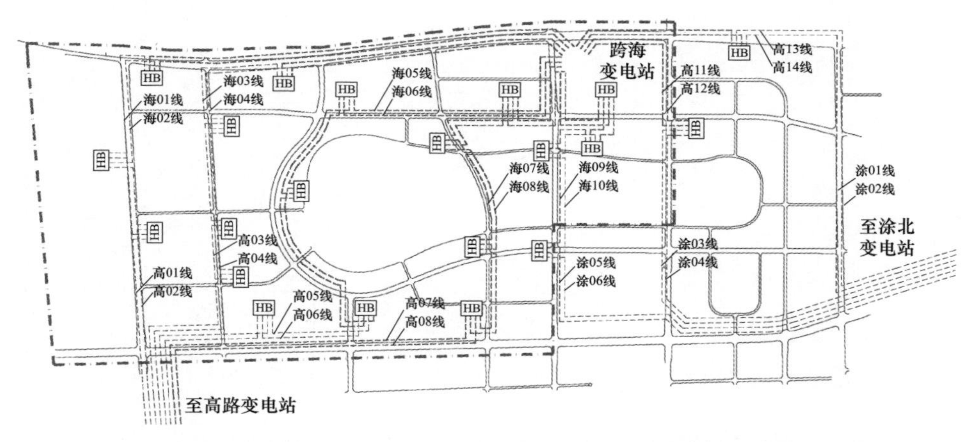

图12－15　1号供电网格110kV跨海变电站配套送出工程地理接线图

3. 配电自动化方案

至目标年，区域内73座环网室按照上述配置要求全部实现相应建设改造目标，所有线路实现全自动馈线自动化，完成配电自动化全覆盖工作，后续新建线路站点按照自动化标准配置。对于存量环网室未实现配电自动化进行改造升级，新建环网室均按照“三遥”标准一次建成，光纤同步到位。

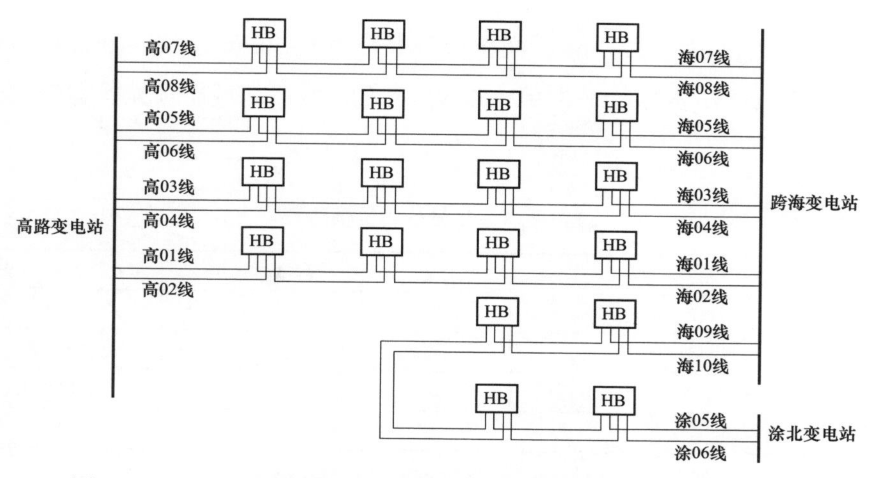

图 12－16　1号供电网格 110kV 跨海变电站配套送出工程拓扑结构图

12.7　分布式光伏及多元负荷的全接入全消纳

1. 分布式光伏全接入方案

（1）屋顶光伏装机容量预估。

1）单位屋顶面积可装接容量分析。调研已安装屋顶光伏区域可装接容量情况见表 12－14，本次取单位屋顶面积可装接容量平均值为 0.151kWp/m² 作为城市新城的光伏装机预估标准。

表 12－14　　屋顶可装接容量调研

序号	道路名称	面积（m²）	可安装容量（kWp）	单位可安装容量（kWp/m²）
1	屋顶 1	1561.52	624.4	0.400
2	屋顶 2	9374.47	535.4	0.057
3	屋顶 3	484.53	121.8	0.251
4	屋顶 4	409.68	57	0.139
5	屋顶 5	3352.84	189.2	0.056
6	屋顶 6	85 901.43	5373.8	0.063
7	屋顶 7	13 507.74	1186.4	0.088

2）屋顶光伏容量预估。针对科研用地、高等院校中等专业学校混合用地、商业科研用地分布式光伏系统安装可能性较高区域进行容量预估（见图 12－17）。根据《城市新城控制性详细规划》用电面积统计情况，其中，专业学校混合用

地 282hm^2、科研用地 121hm^2、商业科研混合用地 20hm^2，按照 0.151kWp/m^2 预估城市新城可安装容量在 319 365kWp 左右，城市新城屋顶光伏容量预估见表 12－15。

表 12－15　　　　城市新城屋顶光伏容量预估表

序号	项目名称	占地面积（ha）	屋顶面积（ha）	可安装容量（kWp）
1	商业科研混合用地	20	10	15 100
2	科研用地	121	60.5	91 355
3	高等院校中等专业学校混合用地	282	141	212 910
4	合　计			319 365

图 12－17　城市新城分布式光伏系统安装可能性较高区域

（2）分布式光伏接入方案。新城预估的分布式光伏位于西南部，区域光伏总体预估为 319.37MWp。需新建 34 座环网室用于分布式光伏接入。各接入站点位置及分区情况见表 12－16 及图 12－18。

表 12－16　　　　分布式光伏接入预留站点表

序号	项目名称	接入容量（kWp）	接入环网室（座）	接入线路数（条）
1	商业科研混合用地	15 100	1	2
2	科研用地	91 355	11	12
3	高等院校中等专业学校混合用地	212 910	22	15

图 12－18　城市新城分布式光伏接入预留站点分布图

2. 电动汽车全消纳方案

（1）电动汽车充换电设施。根据《城市新城控制性详细规划》可知，到目标年，区内将建设公共停车场 9 处，配套机动车停车位 1590 个。此外不同类型用地电动汽车充电设施预留要求见表 12－17 和图 12－19。

表 12－17　　不同类型电动汽车充电设施预留标准

项目	建成时电动汽车充电停车位配置总数量（占建筑配建机动车停车位数量的比例）			快充停车位配置数量（占建成时充电停车位总数量的比例）		
指标级别	Ⅰ	Ⅱ	Ⅲ	Ⅰ	Ⅱ	Ⅲ
住宅	10%	12%	14%	2%	2%	3%
办公	10%	10%	12%	10%	10%	14%
商业	10%	12%	12%	10%	10%	12%
科研用地	10%	12%	14%	10%	14%	18%
大、专院校	10%	10%	12%	10%	10%	10%
中学、小学、幼儿园	10%	10%	10%	—	—	—
其他类民用建筑	10%	10%	12%	10%	12%	15%
公共停车场（库）	10%	12%	15%	50%	50%	50%

图 12－19 集中式电动汽车充电设施分布图

（2）电动汽车充电设施全消纳方案。

根据控制性详细规划，新城内将建设 9 处集中式电动汽车充电设施，充电桩 188 个，总装机容量 13 350kVA。此外各类用地配套分散式电动汽车充电桩 7500 个，总装机容量约 52 600kVA。集中式电动汽车充电设施供电方案汇总表见表 2－18。

表 12－18　集中式电动汽车充电设施供电方案汇总表

序号	编号	面积（m^2）	机动车停车位（个）	性质	形式	充电桩（个）	新增配电变压器容量（kVA）	供电线路	接入点	电缆线路（km）
1	T1	3000	85	公共桩	集中式	12	800	高路 05、06 线	BHXQ－13	0.5
2	T2	2400	70	公共桩	集中式	10	800	高路 05、06 线	BHXQ－60	0.8
3	T3	4350	120	公共桩	集中式	18	1250	跨海 13、14 线	BHXQ－11	1

续表

序号	编号	面积（m^2）	机动车停车位（个）	性质	形式	充电桩（个）	新增配电变压器容量（kVA）	供电线路	接入点	电缆线路（km）
4	T4	3300	90	公共桩	集中式	15	1000	跨海15、16线	BHXQ－72	0.5
5	T5	3400	95	公共桩	集中式	15	1000	跨海09、10线	BHXQ－18	0.8
6	T6	4100	110	公共桩	集中式	18	1250	跨海09、10线	BHXQ－22	0.5
7	T7	3500	100	公共桩	集中式	15	1000	跨海07、08线	BHXQ－24	0.8
8	T8	13 300	380	公共桩	集中式	35	2500	涂北09、10线	BHXQ－34	1
9	T9	18 950	540	公共桩	集中式	50	3750	新城09、10线	BHXQ－56	1
10	合计		1590	—	—	188	13 350	—	—	6.9

12.8 增量配电网建设改造快速响应机制

增量配电网建设改造快速响应机制见图12－20。

图12－20 电网建设改造快速响应机制

1. 政企联动、主配营协同的电网建设机制

（1）建立电力部门与地方政府关于负荷需求及电网建设协调联络机制，加强与地方发改等部门关于用电项目的前期对接，政府部门定期将新建项目等用电需求信息反馈给电力部门，电力部门加强对内信息传递，分工落实各职能部室开展负荷需求分析，根据项目规模及建设时间，提前规划、安排和实施电网布局与改造。加强与当地政府的沟通，将电力项目计划和园区用电项目建设相结合，通过长期对接，使地方政府熟悉供电公司的建设思路，并取得互相信任，推进电网建设落地，实现电网建设与地方社会发展共赢。

（2）建立涵盖主网、配网、营销涉及电网建设方面的统一协调机制，将配电网建设作为一个整体，实现高压电网发展、用户需求之间的协调配合，提升配电网供电能力，实现配网全容量开放。加强主配网项目部门信息沟通，掌握主网发展及建设情况，反馈负荷发展需求及高压电网建设要求，统筹利用全公司资源，加快推进电网卡脖子区域内的电源点建设。根据变电所投产计划，结合配电网目标网架构建，提前做好配电网改造方案，在新建变电所投产后的三个月内完成相关配电网的分流改造工作。加强主、配网与营销部门信息沟通，结合用户业扩报装情况，做好负荷预测，针对配电网负荷增长区域，提前做好输变电项目的前期储备工作、配网重载线路分流和人口密集区域新增台区布点工作，同时对用户侧三相不平衡现象加大整改力度。

2. 速响应的业扩配套工程建设机制

针对用户业扩的不确定性，建立业扩配套工程的绿色通道，从工程项目可研、投资计划、物资招投标、工程实施和停电计划等方面建立独立于常规电网投资项目的以用户需求为导向的绿色快速响应机制，加快工程立项及实施，使用电需求能得到最快速度的响应和满足。

（1）建立规划可研设计捆绑模式，前置设计环节，减少设计阶段用时，深入开展园区电力整体规划，对满足规划深入要求的项目采取简化可研、设计审批流程及时间。实现项目动态储备审批，增加每年项目可研上报审批批次，按照季度将计划新增到配电网项目储备库中的项目以批次进行上报、审批并滚动列入项目储备库。按照项目计划完成进度及需求开放计划增补和下达，以更适应地方政府发展模式。

（2）创建集调度、运行、营销等数据于一体的大数据平台，为电网现状分析、用户接入方案制定、项目立项可研提供快速、准确的数据支撑。建立配网项目智能决策与效益研判体系，前瞻性开展项目建议，指导配网建设改造项目储备，开展配电网建设成效多方位评价，提高配网投资效益。

（3）缩短工程实施用时，采用通用设计标准化模块，根据城市新城用电性质、用电规模以及供电可靠性等，编制标准化设计模块库，一旦有设计需求，根据用户要求在标准化设计模块库中选择组合，缩短设计时限。为城市新城电网建设工程开辟绿色通道，开展物资专项采购，增加采购批次，缩短采购周期。由服务机构或客服经理组织召开园区业扩专题停电平衡会，优化合理制定停电计划，缩短停电周期。加强带电作业培训，建立带电作业奖惩制度，对具备带电作业条件的业扩搭火等单一性简单工作，要求带电实施，确保“能带不停”。

（4）主动适应新能源，保障分布式电源发展。结合现有配电网建设与改造工作，梳理和优化配电网网架结构，进一步提高配电网对分布式电源的接纳能力。加快推进智能配电网建设，提高配电网信息化、自动化水平，更好地协调有效利用各种类型的分布式电源，实现多能互补和协调控制。研究适应分布式电源接入的电网建设改造典型模式，为接入系统工程建设开辟绿色通道，加快配套电网建设。

12.9 电力设施布局需求

1. 高压电网电力廊道需求

高压电网电力廊道需求示意见图12－21。

2. 中压电缆排管需求

城市新城目前已建成区域主干道采用排管方式敷设电缆，确保主干道、主干道引入地块的连接点以及地块内部支线道路的电缆通道资源可以满足区域负荷发展，根据目标网架构建，提出城市海新城道路电缆排管需求，结果如图12－22所示。

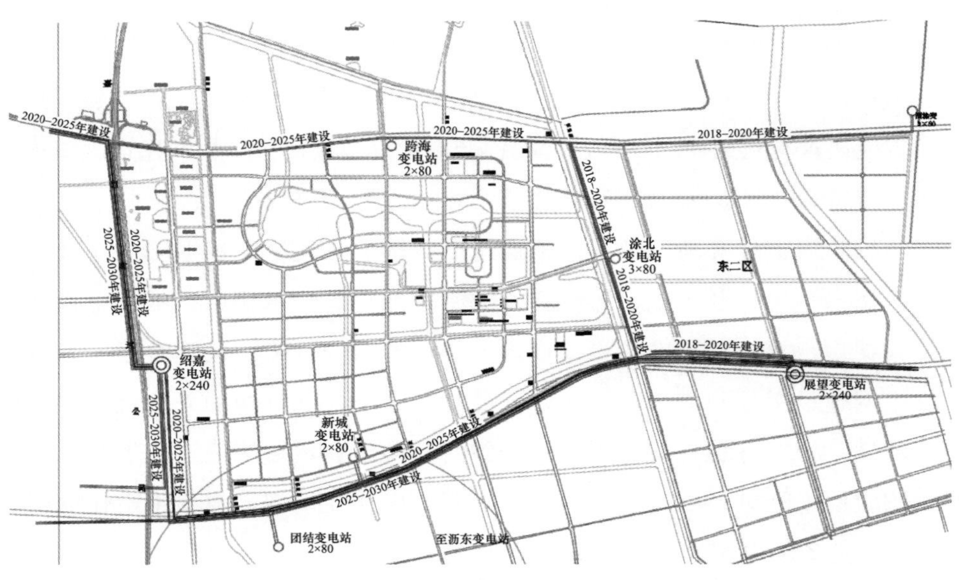

图 12－21　城市新城高压电力廊道需求示意图

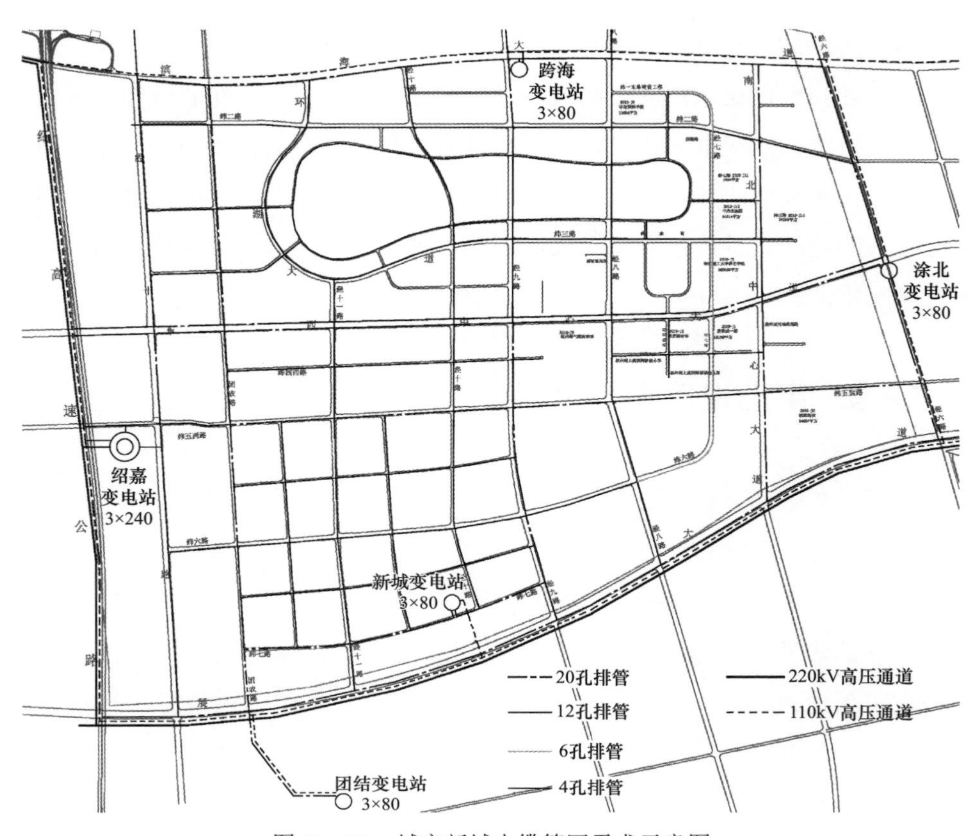

图 12－22　城市新城电缆管网需求示意图

3. 环网室布局需求

根据城市新城负荷分布，共有20kV环网室73座，平均每座环网室供电负荷约4.66MW/座。具体分布如图12－23所示。

城市新城内环网室一般采用双列布置，占地面积9m×6m；空间不足区块可采用单列布置，占地面积16.2m×4m。

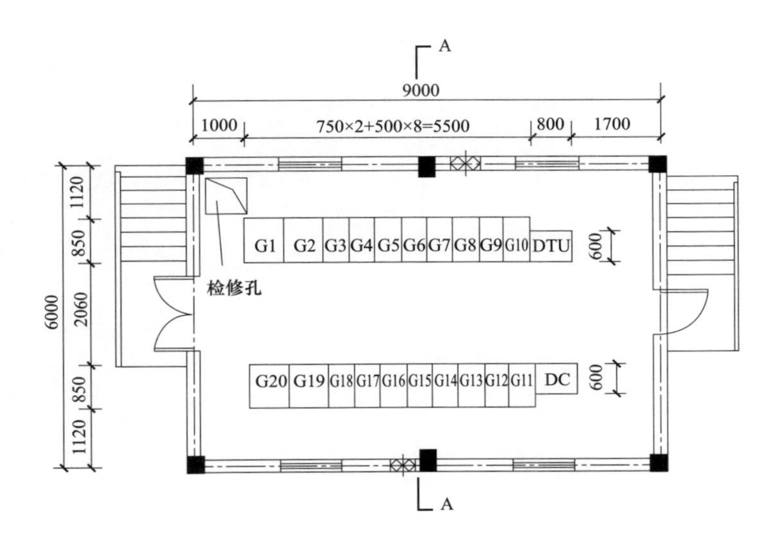

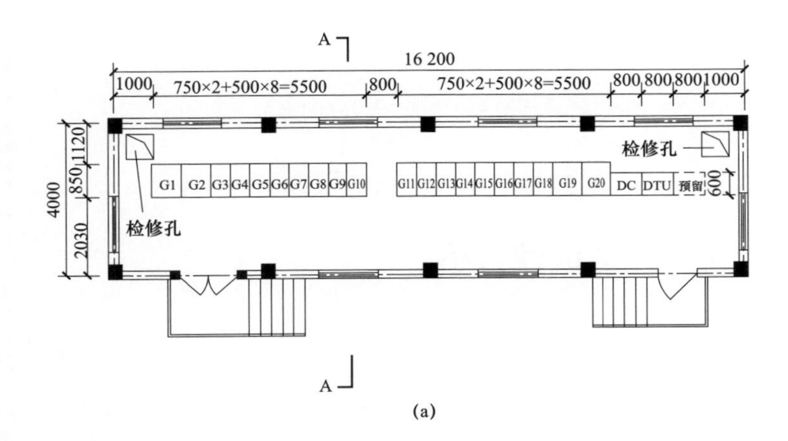

(a)

图12－23　城市新城环网室平面布置及空间布局示意图（一）

（a）环网室平面布置；

图 12－23　城市新城环网室平面布置及空间布局示意图（二）
（b）环网室布局

12.10　建设改造成效分析

针对现状未能实现建设改造目标的问题，通过建设改造方案的实施，20kV 线路电缆化率达到 100%，20kV 线路站间联络率达到 100%，变电站全停全转率为 100%，变电站全部实现全停全转，供电可靠性显著提升，至目标年供电可靠率达到 99.999 5%。同时，优质高效、绿色低碳和智能互动方面均实现目标。配

电网建设改造效果对比表见表 12－19。

表 12－19　　配电网建设改造效果对比表

序号	指标分类	指标名称	目标值	现状年		过渡年		目标年	
				数值	是否实现	数值	是否实现	数值	是否实现
1	安全可靠	20kV 配电网结构标准化率	100	57.1	×	100	√	100	√
2		20kV 线路联络率	100	100	√	100	√	100	√
3		20kV 线路电缆化率	—	16.3	—	100	√	100	√
4		20kV 线路站间联络率	100	29.6	×	100	√	100	√
5		20kV 线路 $N-1$ 通过率	100	100	√	100	√	100	√
6		变电站全停全转率	100	—	×	100	√	100	√
7		20kV 母线全停全转率	100	—	×	100	√	100	√
8		20kV 线路重载比例	0	0	√	0	√	0	√
9		20kV 架空线路绝缘化率	100	100	√	100	√	100	√
10		供电可靠率	99.999	99.936	×	99.9992	√	99.9995	√
11	优质高效	综合电压合格率	100	99.954	×	100	√	100	√
12	绿色低碳	本地清洁能源消纳率	100	100	√	100	√	100	√
13		10kV 及以下综合线损率	下降趋势	5.32	—	2.17	√	1.79	√
14	智能互动	配电自动化覆盖率	100	0	×	100	√	100	√
15		智能电表覆盖率	100	100	√	100	√	100	√

第 13 章　配电网项目建设成效跟踪评价典型案例

13.1　区域配电网及建设概况

1. 基本情况

某市城中分区北至北二环路、东至东二环路、南至环城南路、西至富春路、西二环路，总面积约 39km²，某市城中分区主要以居住用地为主，商业用地主要集中于城中分区东部及北部两个区域，还有部分工业用地位于城中分区的西北部及西南区域。城中分区范围见图 13－1。

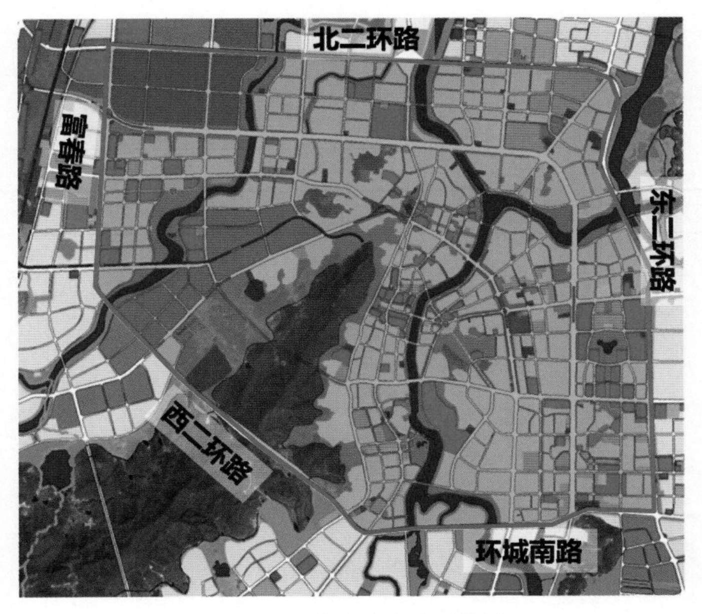

图 13－1　某市城中分区范围

2. 2014 年底配电网概况

2014 年某市城中分区电网有高压变电站 12 座，其中 110kV 变电站 9 座，主变压器 18 台，总容量为 826MVA；35kV 变电站 3 座，主变压器 6 台，总容量为 105MVA。2014 年某市城中分区高压配电网规模见表 13－1。

表 13－1　　2014 年某市城中分区高压配电网规模

电压等级（kV）	名称	指标
110	变电站（座）	9
	主变（台）	18
	容量（MVA）	826
35	变电站（座）	3
	主变压器（台）	6
	容量（MVA）	105

2014 年某市城中分区中压配电网 10kV 线路有 149 回，其中公用线路 139 回，专用线路 10 回。城中分区中压配电网规模见表 13－2。

表 13－2　　2014 年某市城中分区中压配电网规模

名　　称		指标
中压线路数量（条）	其中：公用	139
	专用	10
	合计	149
中压线路长度	架空线（km）	225.3
	电缆线（km）	284.02
	总长度（km）	509.32
线路采用主要导线型号	架空线	JKLYJ－185、JKLYJ－240
	电缆导线	YJLV22－500、YJV22－400、YJV22－300、YJV22－240、YJV22－185
平均主干线长度（km）		2.09
电缆化率（%）		50.77
公用线路挂接配电变压器总数	台数（台）	2344
	容量（MVA）	1125.19

续表

名　　称		指标
公用线路挂接配电变压器总数	其中：公用变压器（台）	1198
	容量（MVA）	564.72
线路平均装接配电变压器数	台数（台/线路）	19.37
	容量（MVA/线路）	9.30
中压线路平均最大负载率（%）		20.90
环网率（%）		91.74

13.2　网格划分及负荷

考虑用地性质及发展程度等情况将某市城中分区划分为12个网格，网格的划分情况如图13－2所示。

图13－2　城中分区网格划分情况

城中分区网格负荷分布情况见表13－3。

表13－3　　城中分区网格负荷分布情况

序号	网格名称	供区类型	用地性质	面积（km^2）	线路数（条）
1	SXZJ－ZC－01B	B	工业、居住	4.10	12
2	SXZJ－ZC－02B	B	居住、商业	2.35	14

续表

序号	网格名称	供区类型	用地性质	面积（km²）	线路数（条）
3	SXZJ－ZC－03B	B	居住、商业	4.18	18
4	SXZJ－ZC－04B	B	工业、居住	2.79	9
5	SXZJ－ZC－05B	B	居住、商业	4.60	8
6	SXZJ－ZC－06B	B	居住、商业	2.10	12
7	SXZJ－ZC－07B	B	居住、商业	3.43	12
8	SXZJ－ZC－08B	B	居住、商业	2.11	6
9	SXZJ－ZC－09B	B	居住、商业	4.00	14
10	SXZJ－ZC－10B	B	居住、商业	3.70	13
11	SXZJ－ZC－11B	B	居住、商业	2.08	15
12	SXZJ－ZC－12B	B	居住、商业	3.12	16
合　计				38.56	149

13.3 2015～2017 年配电网建设改造情况

2015～2017 年期间，某市城中分区共实施中压项目 84 项，总投资 30 185 万元，新建电缆线路 330.07km，架空线路 81.86km，新建环网室/箱 82 座，柱上开关 27 台，新建配电变压器 78 台。2015～2017 年某市城中分区已实施中压项目统计见表 13－4。

表 13－4　　2015～2017 年某市城中分区已实施中压项目统计

年份	项目个数（个）	金额（万元）	电缆长度（km）	架空线长度（km）	环网室/箱（座）	柱上开关（台）	配电变压器（台）
2015	24	8489	92.32	24.036	23	8	22
2016	28	8974	96.73	27.38	24	9	24
2017	32	12 722	141.03	30.435	35	10	32
总计	84	30 185	330.07	81.86	82	27	78

2015～2017 年配电网已实施项目见表 13－5。

表 13-5　　2015～2017 年配电网已实施项目

序号	项目名称	年份	投资额（万元）	电缆长度（km）	架空线长度（km）	环网室/箱（座）	柱上开关（台）	配电变压器（台）
1	某市 110kV 商业变电站 10kV 配套工程	2015	1344.47	15.78	10.52	4	0	0
2	某市 110kV 城山变电站协和 9928 线、圣格 9200 线负荷分流工程	2015	360.19	1.5	4.87	0	2	0
3	某市 110kV 城西变电站健力 1312、跨湖 1309 线网架优化工程	2015	822	9.6	0	3	0	0
4	某市城区 10kV 线路改造工程	2015	62.92	6.96	4.64	0	0	0
5	2015 年新建开关站及配套电缆工程（二期）	2015	800	6.3	0	4	0	0
6	某市 110kV 城西变电站曲山 1317 线网架优化工程	2016	206	0	5.6	0	2	0
7	某市东安等老旧小区改造工程	2016	314.28	4.24	1.82	2	0	8
8	某市 110kV 浣纱变电站新出一回至金鸡开关站	2016	64.41	1.5	0	0	0	0
9	某市 110kV 城山变电站新医 9219 线、富村 9202 线网架优化工程	2016	654	7.2	0	3	0	0
10	某市 10kV 新建开关站及配套电缆工程	2016	1518.27	20	0	8	0	0
11	某市城区低压线路及台区改造工程	2016	106.12	13.13	5.63	0	0	26
12	某市望云路沿线供电工程	2017	299.5	2.3	1.1	2	0	0
13	某市富春路架空入地改造工程	2017	436	4.8	0	2	0	0
14	某市 110kV 梁家变电站 10kV 配套工程	2017	660	11.17	4.785	5	0	0
15	某市 0.4kV 城区城郊片区低压改造工程	2017	787	9.94	4.26	0	0	11
16	…	—	21 750	216	39	49	23	33
合计		—	30 185	330	82	82	27	78

13.4　总体建设成效

至 2017 年，某市城中分区中压配电网指标大幅提升，标准接线比例由 66% 提升至 90%，2015～2017 年某市城中分区配电网建设成效汇总见表 13-6。其中，

电缆双环网增加至 17 组，电缆单环网增加至 16 组，架空多分段单联络增加至 14 组，多分段适度联络增加至 9 组，剩余非标准接线 18 条。

表 13－6　　2015～2017 年某市城中分区配电网建设成效汇总

序号	指标\年份		2014 年	2015 年	2016 年	2017 年
1	环网化率		91.74%	94%	95%	97%
2	同站联络比例		14.50%	10%	7%	5%
3	典型接线比率		52%	61%	65%	90%
3.1	典型接线	双环网（组）	2	3	4	17
3.2		单环网（组）	12	14	15	16
3.3		多分段单联络（组）	11	14	14	14
3.4		多分段适度联络（组）	8	9	11	9
3.5		线路条数（条）	78	95	107	155
3.6	非典型接线	线路条数（条）	71	62	58	18
4	线路 $N-1$ 通过率		43%	49%	66%	72%
5	线路负载率平均值		20.9%	25%	29%	34%
6	重载线路比率		7.4%	6.8%	5.1%	2.3%
7	配电变压器最大限度负载率平均		26.46%	31.2%	36.8%	43.5%
8	绝缘化率		97%	98%	100%	100%
9	供电半径过长比率		7.8%	7.5%	6.8%	3.1%
10	挂接配变容量过大比例		11.30%	11.1%	10.5%	3.9%
11	供电可靠率（RS－3）		99.986 0%	99.986 2%	99.987 0%	99.987 5%
12	综合电压合格率		99.95%	99.96%	99.97%	99.98%

13.5　基于网格的配电网建设成效评价

1. SXZJ－ZC－03B 网格

（1）配电网建设规模。2015～2017 年，每年选取 1 个网架类项目，分析网格内指标变化情况。SXZJ－ZC－03B 网格中压项目汇总如表 13－7 所示。

表 13－7　　2015～2017 年 SXZJ－ZC－03B 网格中压项目汇总

序号	项目名称	年份	投资额（万元）	架空线长度（km）	电缆长度（km）	环网室/箱（座）	柱上开关（台）	配电变压器（台）
1	某市 110kV 城西变电站健力 1312、跨湖 1309 线网架优化工程	2015	822	0	9.6	3	0	0
2	某市 110kV 城山变电站新医 9219 线、富村 9202 线网架优化工程	2016	654	0	7.2	3	0	0
3	某市富春路架空入地改造工程	2017	436	0	4.8	2	0	0
4	合计	—	1912	0	21.6	8	0	0

由表 13－7 可知，2015～2017 年 SXZJ－ZC－03B 网格共选取中压项目 3 项，总投资 1912 万元，新建电缆线路长度 21.6km，新建环网箱 8 座。SXZJ－ZC－03B 网格 10kV 主干网架地理接线图见图 13－3。

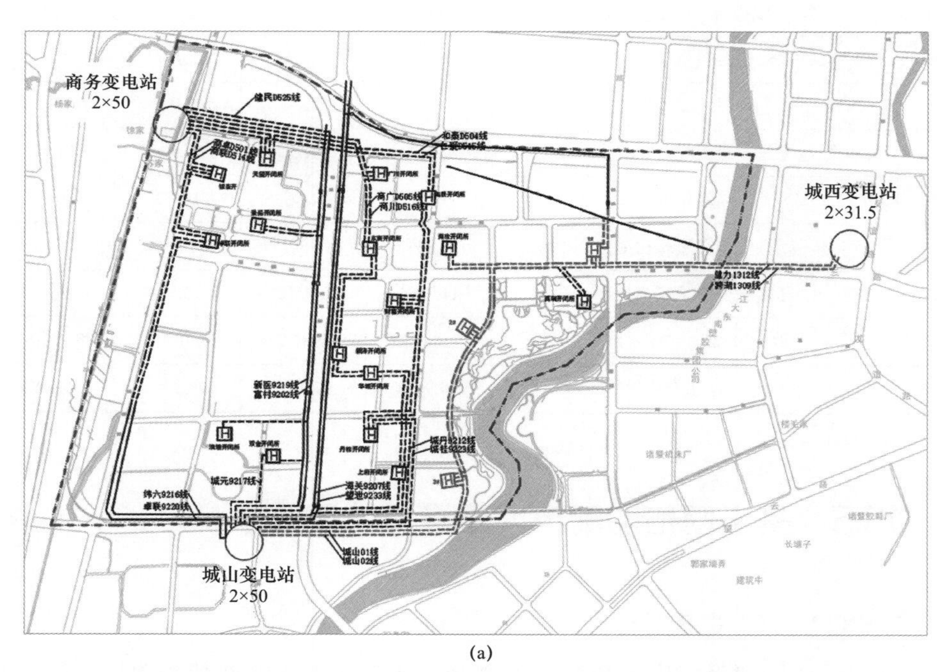

(a)

图 13－3　SXZJ－ZC－03B 网格 10kV 主干网架地理接线图（一）
（a）2015 年

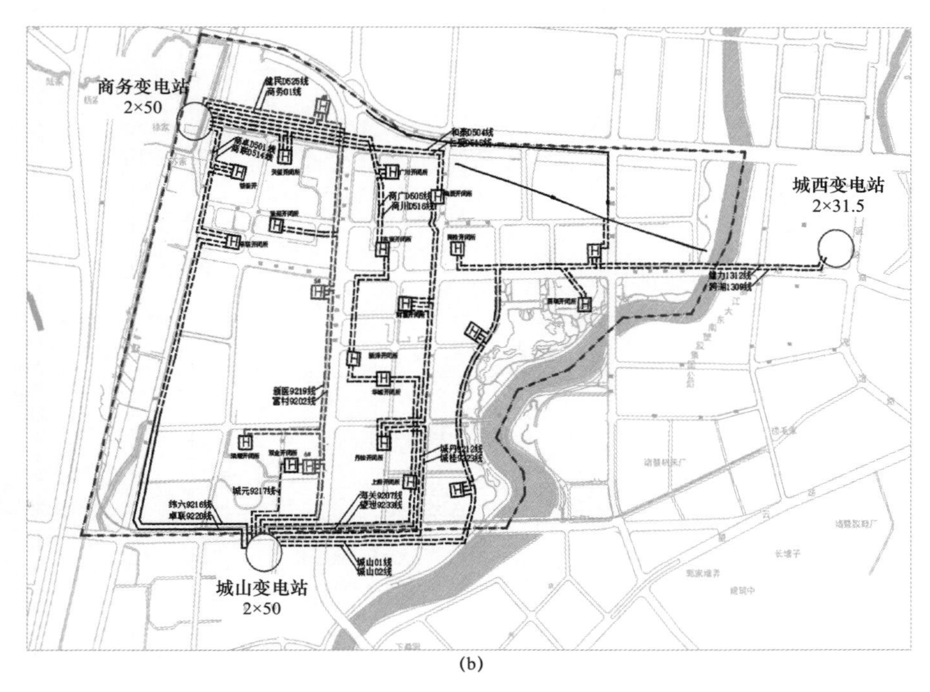

(b)

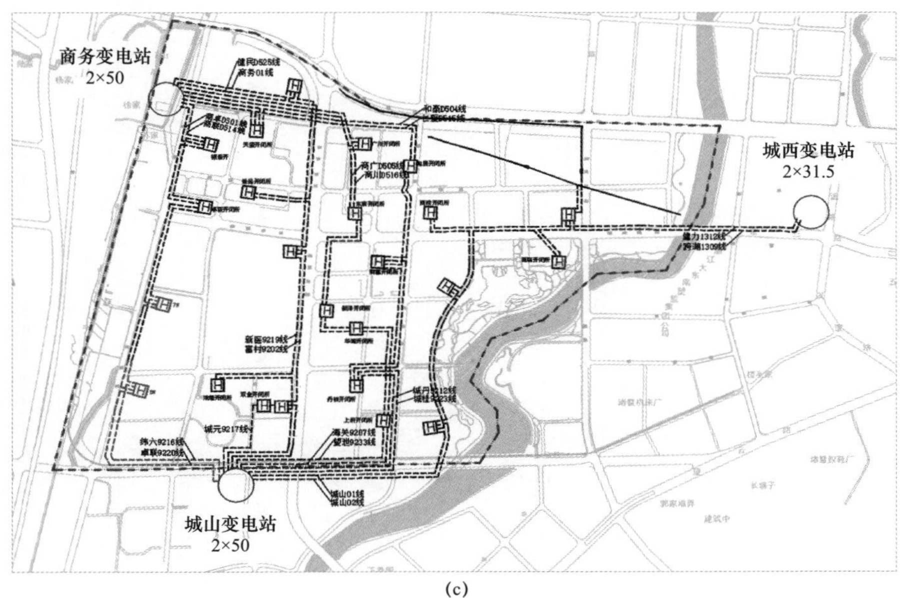

(c)

图 13－3　SXZJ－ZC－03B 网格 10kV 主干网架地理接线图（二）

（b）2016 年；（c）2017 年

（2）标准化建设情况。2014～2015 年、2016～2017 年标准化建设接线情况分别见图 13-4、图 13-5。

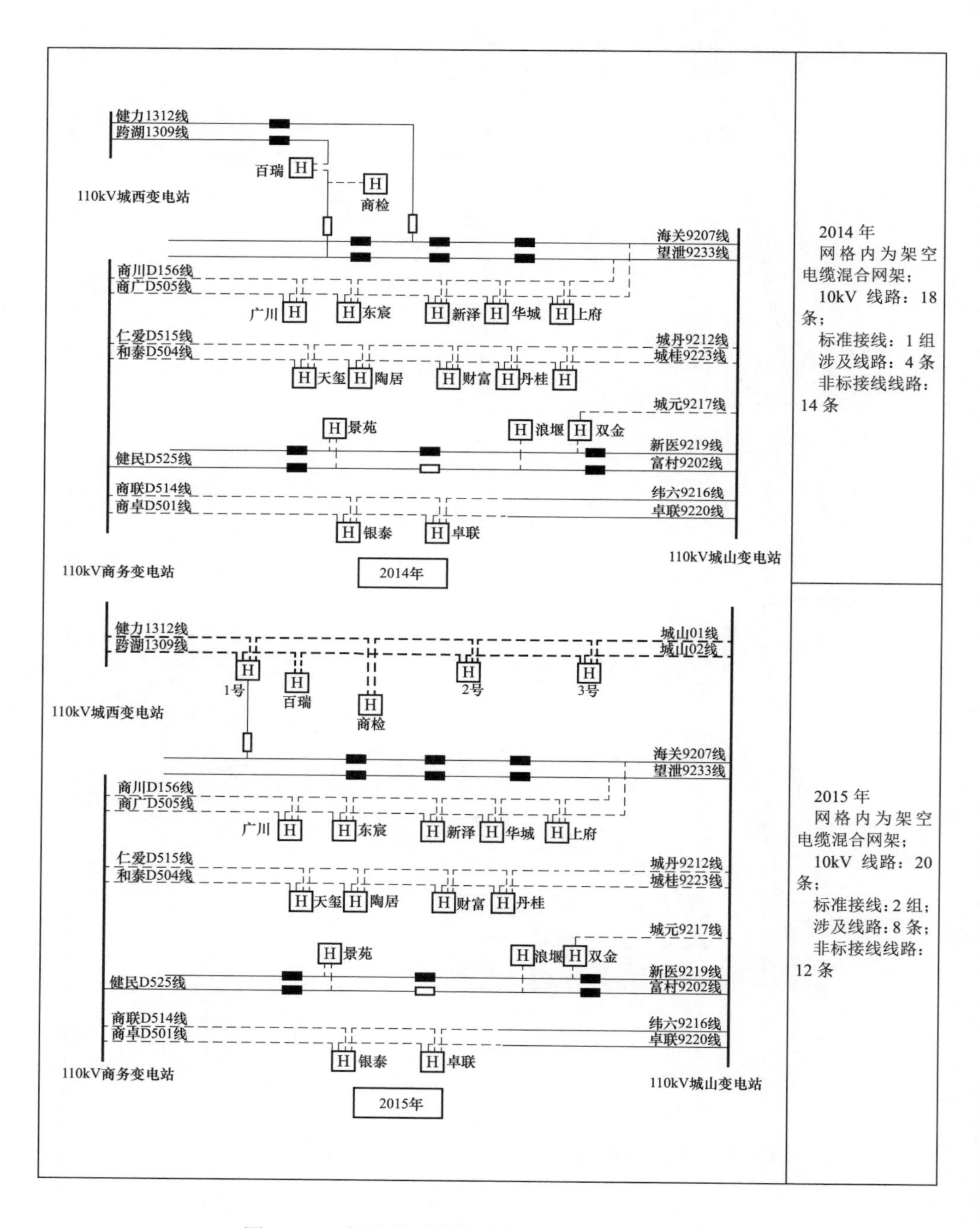

图 13-4　标准化建设接线情况（2014～2015 年）

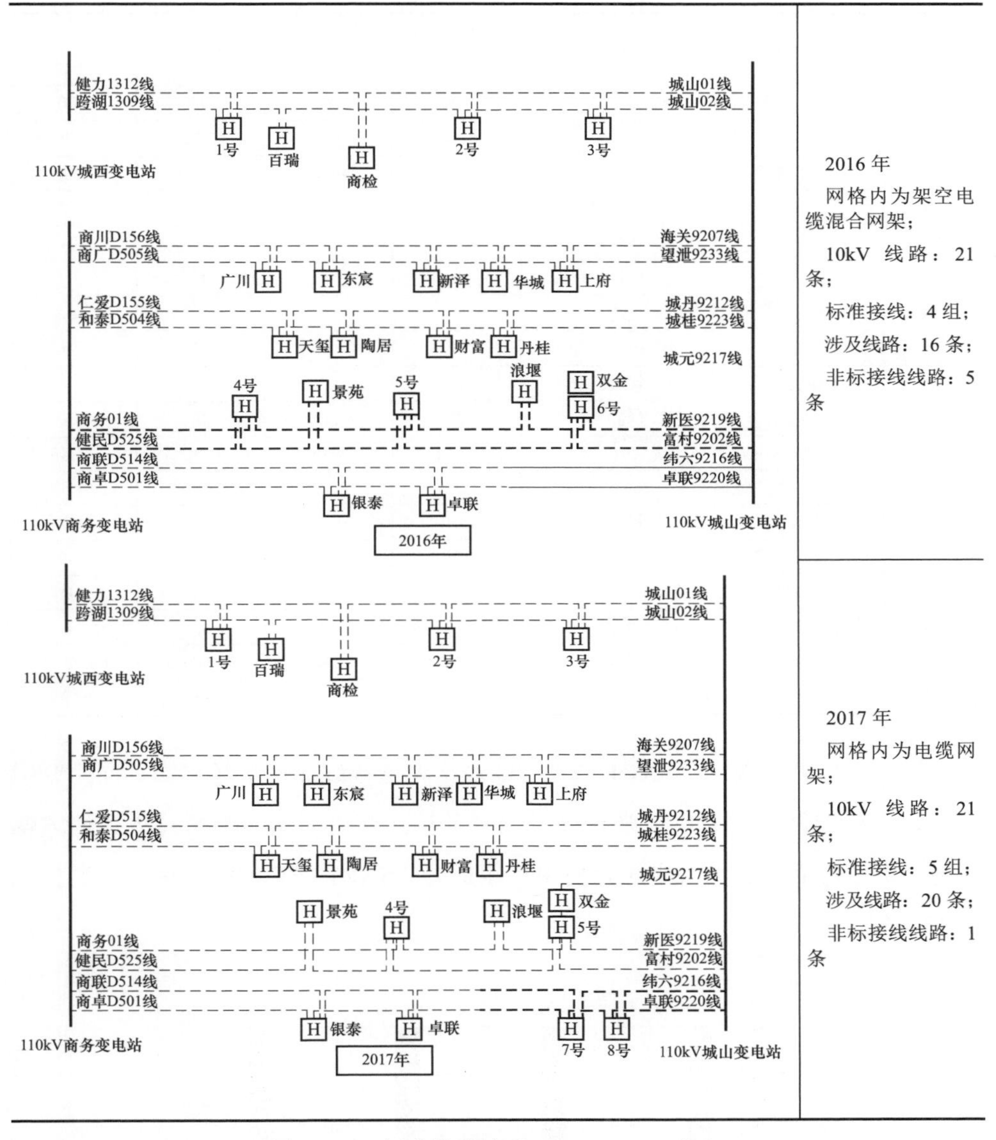

图 13－5　标准接线情况（2016～2017 年）

（3）网格指标分析。SXZJ－ZC－03B 网格指标见表 13－8。从表 13－8 中 SXZJ－ZC－03B 网格近 3 年的指标变化情况可以看出，经过 3 年的网架改造，网格内已基本实现电缆双环网接线方式，供电可靠性大幅提高，且网格内用户均满足双电源接入需求。

表 13－8　　　　SXZJ－ZC－03B 网格指标

SXZJ－ZC－03B 网格						
序号	年份		2014	2015	2016	2017
1	环网化率（%）		100	100	100	100
2	同站联络比例（%）		11.11	10.00	4.76	4.76
3	典型接线比率（%）		22.22	40.00	76.19	95.24
3.1	典型接线	双环网（组）	1	2	4	5
3.2		单环网（组）	0	0	0	0
3.3		多分段单联络	0	0	0	0
3.4		多分段适度联络	0	0	0	0
3.5		线路条数（条）	4	8	16	20
3.6	非典型接线	线路条数（条）	14	12	5	1
4	线路 $N-1$ 通过率（%）		22	20	24	86
5	线路负载率平均值（%）		33.51	34.00	35.82	31.86
6	重载线路比率（%）		22.2	15.0	9.5	4.8
7	配电变压器最大限度负载率平均（%）		38.12	39.86	37.19	34.38
8	绝缘化率（%）		100	100	100	100
9	供电半径过长比率（%）		33	25	24	10
10	挂接配电变压器容量过大比例（%）		50	40	33	14
11	供电可靠率（RS－3）（%）		99.986 0	99.986 2	99.987 0	99.987 5
12	综合电压合格率（%）		99.95	99.96	99.97	99.98

经过 3 年新建改造，SXZJ－ZC－03 网格典型接线比例大幅提高，同站联络比率、重载线路比率、供电半径过长比率及挂接配电变压器容量过大比例大幅下降，供电可靠率和综合电压合格率逐年提升。SXZJ－ZC－03 网格指标变化见图 13－6。

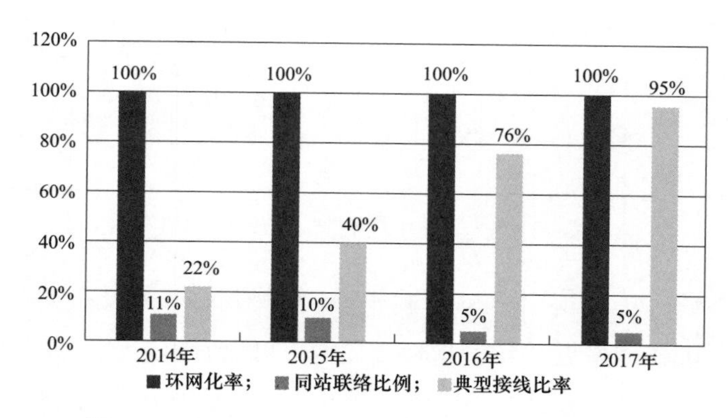

图 13－6　SXZJ－ZC－03 网格指标变化（一）

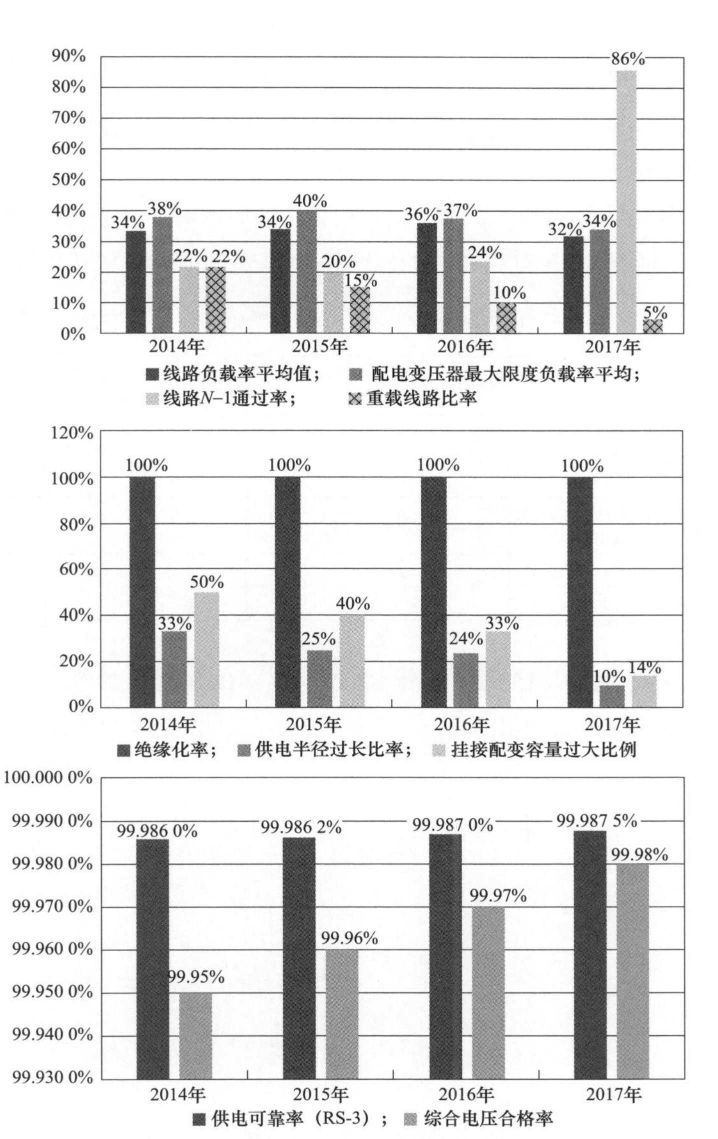

图 13－6　SXZJ－ZC－03 网格指标变化（二）

（4）网格中还存在的问题。

1）仍存在一条非典型接线，后续需逐步完善网架结构。

2）仍存在重载线路 1 条，无法满足 $N-1$ 线路 3 条，供电半径过长线路 2 条，挂接配电变压器容量过大线路 3 条。

（5）下一步改造方案。至 2017 年底，SXZJ－ZC－03B 网格共有 21 条 10kV 线路，共形成 5 组电缆双环网接线，1 组非标准接线。应结合道路改造升级，逐步将架空分支线路入地改造，同时，优化 110kV 变电站（商务变电站、城山变电站、城西变电站）、10kV 线路供区，进一步提高网格供电可靠性。

2. SXZJ－ZC－04B 网格

（1）配电网建设规模。2015～2017 年，每年选取 1 个网架类项目，分析网格内指标变化情况。SXZJ－ZC－04B 网格中压项目汇总见表 13－9。

表 13－9　2015～2017 年 SXZJ－ZC－04B 网格中压项目汇总

序号	项目名称	年份	投资额（万元）	架空线长度（km）	电缆长度（km）	环网室/箱（座）	柱上开关（台）	配电变压器（台）
1	某市 110kV 城山变电站协和 9928 线、圣格 9200 线负荷分流工程	2015	360.19	4.87	1.5	0	2	0
2	某市 110kV 城西变电站曲山 1317 线网架优化工程	2016	206	5.6	0	0	2	0
3	某市望云路沿线供电工程	2017	299.5	1.1	2.3	2	0	0
4	合　　计		865.69	11.57	3.8	2	4	0

由表 13－9 可知，2015～2017 年 SXZJ－ZC－04B 网格共选取中压项目 3 项，总投资 865.69 万元，新建电缆线路长度 3.8km，架空线路 11.57km，新建环网箱 2 座，柱上开关 4 台。

SXZJ－ZC－04B 网格 10kV 主干网架地理接线图见图 13－7。

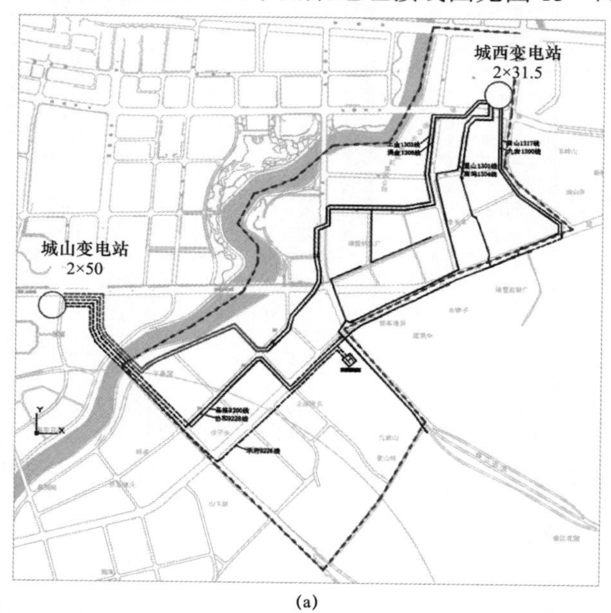

(a)

图 13－7　SXZJ－ZC－04B 网格 10kV 主干网架地理接线图（一）
（a）2015 年

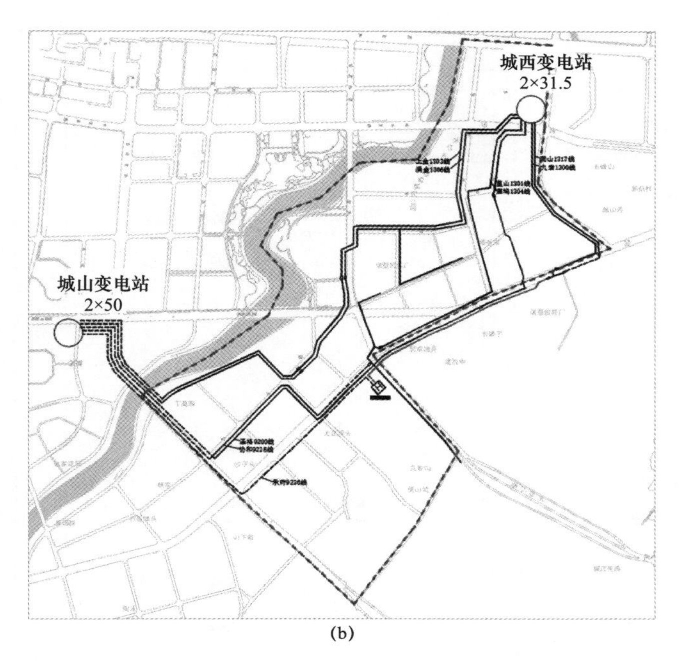

(b)

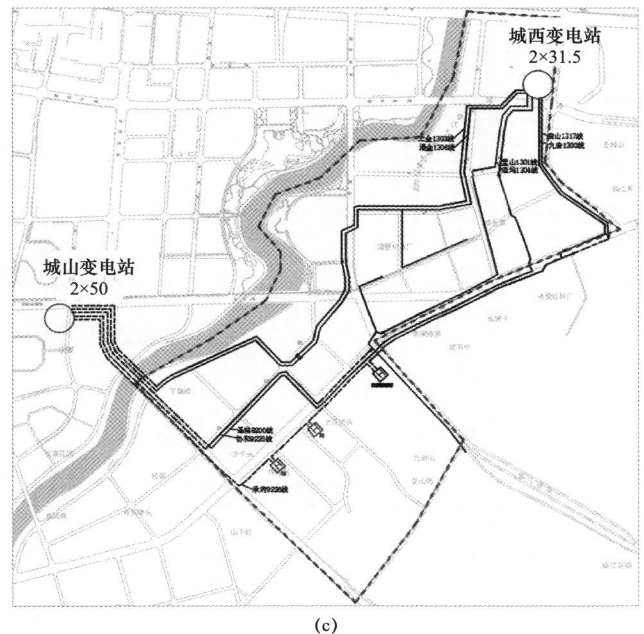

(c)

图 13－7　SXZJ－ZC－04B 网格 10kV 主干网架地理接线图（二）
（b）2016 年；（c）2017 年

（2）标准化建设情况。2014～2015 年、2016～2017 年标准化建设接线情况分别见图 13－8、图 13－9。

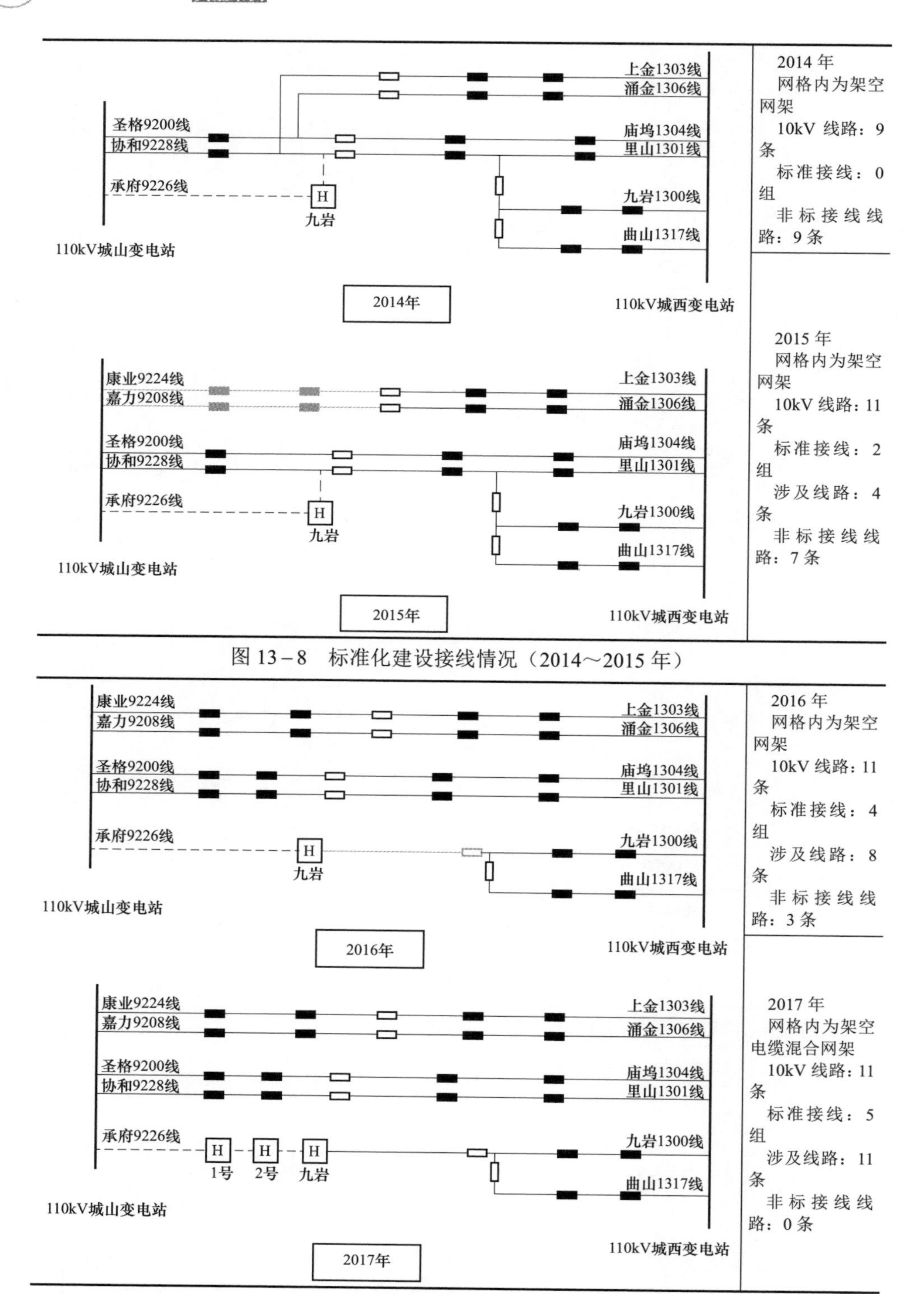

图 13－8　标准化建设接线情况（2014～2015 年）

图 13－9　标准化建设接线情况（2016～2017 年）

（3）网格指标分析。SXZJ－ZC－04B 网格指标见表 13－10。从表 13－10 中 SXZJ－ZC－04B 网格近 3 年的指标变化情况可以看出，经过 3 年的网架改造，网格内已基本实现架空多分段单联络、多分段适度联络，供电能力、供电可靠性大幅提高。

表 13－10　　SXZJ－ZC－04B 网格指标

<table>
<tr><th colspan="7">SXZJ－ZC－04B 网格</th></tr>
<tr><th>序号</th><th colspan="2">年份</th><th>2014 年</th><th>2015 年</th><th>2016 年</th><th>2017 年</th></tr>
<tr><td>1</td><td colspan="2">环网化率（%）</td><td>100</td><td>100</td><td>100</td><td>100</td></tr>
<tr><td>2</td><td colspan="2">同站联络比例（%）</td><td>55.56</td><td>27.27</td><td>18.18</td><td>18.18</td></tr>
<tr><td>3</td><td colspan="2">典型接线比率（%）</td><td>0</td><td>54.55</td><td>73</td><td>73</td></tr>
<tr><td>3.1</td><td rowspan="5">典型接线</td><td>双环网（组）</td><td>0</td><td>0</td><td>0</td><td>0</td></tr>
<tr><td>3.2</td><td>单环网（组）</td><td>0</td><td>0</td><td>0</td><td>0</td></tr>
<tr><td>3.3</td><td>多分段单联络（组）</td><td>0</td><td>3</td><td>4</td><td>4</td></tr>
<tr><td>3.4</td><td>多分段适度联络（组）</td><td>0</td><td>0</td><td>0</td><td>0</td></tr>
<tr><td>3.5</td><td>线路条数（条）</td><td>0</td><td>6</td><td>8</td><td>8</td></tr>
<tr><td>3.6</td><td>非典型接线</td><td>线路条数（条）</td><td>9</td><td>5</td><td>3</td><td>3</td></tr>
<tr><td>4</td><td colspan="2">线路 $N-1$ 通过率（%）</td><td>33.33</td><td>36.36</td><td>36.36</td><td>81.82</td></tr>
<tr><td>5</td><td colspan="2">线路负载率平均值（%）</td><td>40.46</td><td>42.00</td><td>41.85</td><td>37.61</td></tr>
<tr><td>6</td><td colspan="2">重载线路比率（%）</td><td>33</td><td>27</td><td>18</td><td>9</td></tr>
<tr><td>7</td><td colspan="2">配变最大限度负载率平均（%）</td><td>45.07</td><td>41.76</td><td>43.40</td><td>35.48</td></tr>
<tr><td>8</td><td colspan="2">绝缘化率（%）</td><td>100</td><td>100</td><td>100</td><td>100</td></tr>
<tr><td>9</td><td colspan="2">供电半径过长比率（%）</td><td>33.33</td><td>27.27</td><td>27.27</td><td>18.18</td></tr>
<tr><td>10</td><td colspan="2">挂接配变容量过大比例（%）</td><td>44.44</td><td>36.36</td><td>36.36</td><td>18.18</td></tr>
<tr><td>11</td><td colspan="2">供电可靠率（RS－3）（%）</td><td>99.946</td><td>99.946</td><td>99.947</td><td>99.958</td></tr>
<tr><td>12</td><td colspan="2">综合电压合格率（%）</td><td>99.91</td><td>99.92</td><td>99.93</td><td>99.95</td></tr>
</table>

经过 3 年新建改造，SXZJ－ZC－04 网格典型接线比例、线路 $N-1$ 校验通过率大幅提高，重载线路比率、供电半径过长比率及挂接配电变压器容量过大比例大幅下降，供电可靠率和综合电压合格率逐年提升。SXZJ－ZC－04 网格指标变化见图 13－10。

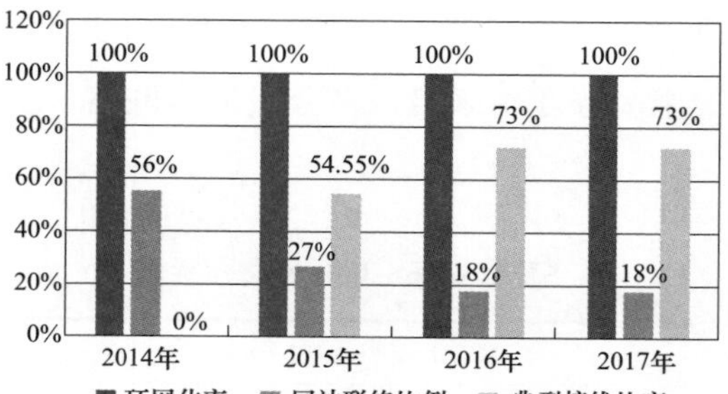

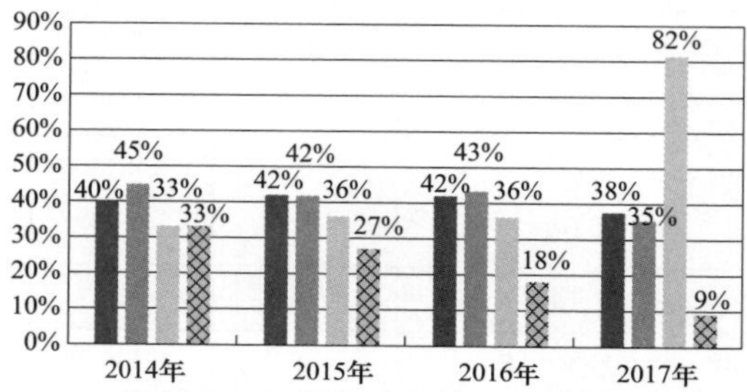

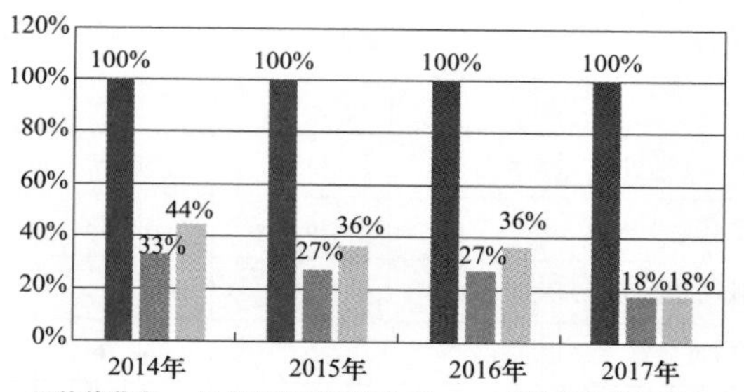

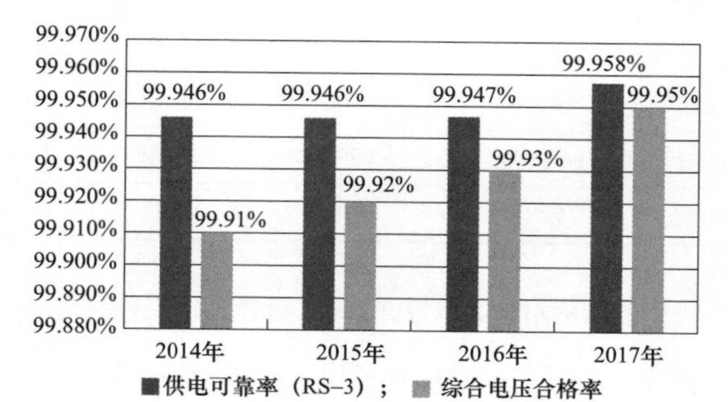

图 13－10 SXZJ－ZC－04 网格指标变化

（4）网格中还存在的问题。

1）存在一组架空多分段两联络，其为架空、电缆混合网架，架空线部分为同杆架设，电缆线部分供电范围偏大，随着负荷的增长，供电能力和转供能力将略显不足。

2）仍存在重载线路1条，无法满足$N-1$线路2条，供电半径过长线路2条，挂接配电变压器容量过大线路2条。

（5）下一步改造方案。至2017年底，SXZJ－ZC－04B网格共有11条10kV线路，共形成4组架空多分段单联络，1组架空多分段两联络。由于工业用地负荷增长迅速，建议110kV城山变电站新出线路，加强该网格供电能力，同时，进一步完善10kV网架结构，优化110kV城山变电站、城西变电站供区，提高供电可靠率。

13.6 总结

本书某市城中分区2015～2017年配网项目建设后评价，从整体建设成效和逐网格建设成效两个层面，由整体到局部，对配电网项目实施情况和实施后指标提升情况进行系统性评估。

整体建设成效方面：对某市城中分区配电网工程项目进行后评价。主要包括项目实施过程、年度整体成效评价。从项目决策过程可以看出，项目建设与改造需求充分，从规划库到储备库过程中，项目评审优化效果较为明显。至2017年，某市城中分区中压配电网指标大幅提升，标准接线比例由66%提升至90%，其中，电缆双环网增加至17组，电缆单环网增加至16组，架空多分段单联络增加至14组，多分段适度联络增加至9组，剩余非标准接线18条。

逐网格建设成效方面：以用电网格为单位，从网架结构、转供能力、装备水平三个方面评价配电网建设项目的成效。各网格经过近3年的配网建设，各网格评价指标均有提升，但个别网格的问题指标，在3年内始终处于无变化状态。随着配电网建设和负荷增长，在消除问题的同时，也出现负面指标增长趋势。由此，配电网项目的建设是一个动态的过程，应从通盘考虑网格内建设项目，否则，容易在消除某一电网指标问题后暴露出新的问题。

经过近 3 年的配网建设，城中分区配电网整体指标得到有效提升，但从各网格建设成效来看，部分网格指标提升不明显，且存在因配网新建改造导致新的问题出现，说明部分网格配电网建设缺乏整体通盘考虑，或项目建设成效考虑不充分，需进一步优化提升。

参 考 文 献

［1］ 国家电网有限公司．国家电网公司配电网工程典型设计 10kV 电缆分册．北京：中国电力出版社，2016．

［2］ 国家电网有限公司．国家电网公司配电网工程典型设计 10kV 配电站房分册．北京：中国电力出版社，2016．